"十四五"时期国家重点出版物出版专项规划项目

材料先进成型与加工技术丛书

申长雨 总主编

钢质大型长轴件精密辊锻技术

蒋鹏 等 著

科学出版社

北京

内容简介

本书为"材料先进成型与加工技术丛书"之一。精密辊锻技术是一种净形/近净形成形技术，可以成形出全部或部分达到产品最终形状和尺寸的锻件，在汽车前轴、铁路货车钩尾框等钢质大型长轴件生产中得到了广泛应用，取得了良好的效果。本书分 7 章介绍了钢质大型长轴件精密辊锻技术。第 1 章绪论，第 2 章汽车前轴辊锻过程中的金属流动与数值模拟，第 3 章汽车前轴精密辊锻试验研究、工业应用与持续优化，第 4 章重卡前轴近精密辊锻技术研发与应用，第 5 章铁路货车钩尾框精密辊锻技术研发与应用，第 6 章大型长轴件精密辊锻用 1250 mm 辊锻机的研发与应用，第 7 章核电汽轮机用超大叶片精密辊锻技术的初步研究。

本书可以作为从事金属塑性成形及相关专业研究院所科研人员、大专院校师生和工程技术人员的参考技术资料，也可以供对金属塑性成形专业有兴趣的人士阅读。

图书在版编目（CIP）数据

钢质大型长轴件精密辊锻技术 / 蒋鹏等著. -- 北京：科学出版社，2025. 6. --（材料先进成型与加工技术丛书 / 申长雨总主编）. -- ISBN 978-7-03-082813-2

Ⅰ. TG316

中国国家版本馆 CIP 数据核字第 2025B5N386 号

丛书策划：翁靖一
责任编辑：翁靖一 张 莉 / 责任校对：杜子昂
责任印制：徐晓晨 / 封面设计：东方人华

科学出版社 出版
北京东黄城根北街 16 号
邮政编码：100717
http://www.sciencep.com

北京中科印刷有限公司印刷
科学出版社发行 各地新华书店经销

*

2025 年 6 月第 一 版　开本：720 × 1000　1/16
2025 年 6 月第一次印刷　印张：23 3/4
字数：451 000

定价：238.00 元
（如有印装质量问题，我社负责调换）

材料先进成型与加工技术丛书

编 委 会

学术顾问：程耿东　李依依　张立同

总 主 编：申长雨

副总主编（按姓氏汉语拼音排序）：

　　韩杰才　贾振元　瞿金平　张清杰　张　跃　朱美芳

执行副总主编：刘春太　阮诗伦

丛书编委（按姓氏汉语拼音排序）：

　　陈　光　陈延峰　程一兵　范景莲　冯彦洪　傅正义

　　蒋　斌　蒋　鹏　靳常青　李殿中　李良彬　李忠明

　　吕昭平　麦立强　彭　寿　徐　弢　杨卫民　袁　坚

　　张　荻　张　海　张怀武　赵国群　赵　玲　朱嘉琦

材料先进成型与加工技术丛书

总　序

核心基础零部件（元器件）、先进基础工艺、关键基础材料和产业技术基础等四基工程是我国制造业新质生产力发展的主战场。材料先进成型与加工技术作为我国制造业技术创新的重要载体，正在推动着我国制造业生产方式、产品形态和产业组织的深刻变革，也是国民经济建设、国防现代化建设和人民生活质量提升的基础。

进入21世纪，材料先进成型加工技术备受各国关注，成为全球制造业竞争的核心，也是我国"制造强国"和实体经济发展的重要基石。特别是随着供给侧结构性改革的深入推进，我国的材料加工业正发生着历史性的变化。**一是产业的规模越来越大**。目前，在世界500种主要工业产品中，我国有40%以上产品的产量居世界第一，其中，高技术加工和制造业占规模以上工业增加值的比重达到15%以上，在多个行业形成规模庞大、技术较为领先的生产实力。**二是涉及的领域越来越广**。近十年，材料加工在国家基础研究和原始创新、"深海、深空、深地、深蓝"等战略高技术、高端产业、民生科技等领域都占据着举足轻重的地位，推动光伏、新能源汽车、家电、智能手机、消费级无人机等重点产业跻身世界前列，通信设备、工程机械、高铁等一大批高端品牌走向世界。**三是创新的水平越来越高**。特别是嫦娥五号、天问一号、天宫空间站、长征五号、国和一号、华龙一号、C919大飞机、歼-20、东风-17等无不锻造着我国的材料加工业，刷新着创新的高度。

材料成型加工是一个"宏观成型"和"微观成性"的过程，是在多外场耦合作用下，材料多层次结构响应、演变、形成的物理或化学过程，同时也是人们对其进行有效调控和定构的过程，是一个典型的现代工程和技术科学问题。习近平总书记深刻指出，"现代工程和技术科学是科学原理和产业发展、工程研制之间不可缺少的桥梁，在现代科学技术体系中发挥着关键作用。要大力加强多学科融合的现代工程和技术科学研究，带动基础科学和工程技术发展，形成完整的现代科学技术体系。"这对我们的工作具有重要指导意义。

过去十年，我国的材料成型加工技术得到了快速发展。**一是成形工艺理论和技术不断革新**。围绕着传统和多场辅助成形，如冲压成形、液压成形、粉末成形、注射成型，超高速和极端成型的电磁成形、电液成形、爆炸成形，以及先进的材料切削加工工艺，如先进的磨削、电火花加工、微铣削和激光加工等，开发了各种创新的工艺，使得生产过程更加灵活，能源消耗更少，对环境更为友好。**二是以芯片制造为代表，微加工尺度越来越小**。围绕着芯片制造，晶圆切片、不同工艺的薄膜沉积、光刻和蚀刻、先进封装等各种加工尺度越来越小。同时，随着加工尺度的微纳化，各种微纳加工工艺得到了广泛的应用，如激光微加工、微挤压、微压花、微冲压、微锻压技术等大量涌现。**三是增材制造异军突起**。作为一种颠覆性加工技术，增材制造（3D 打印）随着新材料、新工艺、新装备的发展，广泛应用于航空航天、国防建设、生物医学和消费产品等各个领域。**四是数字技术和人工智能带来深刻变革**。数字技术——包括机器学习（ML）和人工智能（AI）的迅猛发展，为推进材料加工工程的科学发现和创新提供了更多机会，大量的实验数据和复杂的模拟仿真被用来预测材料性能，设计和成型过程控制改变和加速着传统材料加工科学和技术的发展。

当然，在看到上述发展的同时，我们也深刻认识到，材料加工成型领域仍面临一系列挑战。例如，"双碳"目标下，材料成型加工业如何应对气候变化、环境退化、战略金属供应和能源问题，如废旧塑料的回收加工；再如，具有超常使役性能新材料的加工技术问题，如超高分子量聚合物、高熵合金、纳米和量子点材料等；又如，极端环境下材料成型技术问题，如深空月面环境下的原位资源制造、深海环境下的制造等。所有这些，都是我们需要攻克的难题。

我国"十四五"规划明确提出，要"实施产业基础再造工程，加快补齐基础零部件及元器件、基础软件、基础材料、基础工艺和产业技术基础等瓶颈短板"，在这一大背景下，及时总结并编撰出版一套高水平学术著作，全面、系统地反映材料加工领域国际学术和技术前沿原理、最新研究进展及未来发展趋势，将对推动我国基础制造业的发展起到积极的作用。

为此，我接受科学出版社的邀请，组织活跃在科研第一线的三十多位优秀科学家积极撰写"材料先进成型与加工技术丛书"，内容涵盖了我国在材料先进成型与加工领域的最新基础理论成果和应用技术成果，包括传统材料成型加工中的新理论和新技术、先进材料成型和加工的理论和技术、材料循环高值化与绿色制造理论和技术、极端条件下材料的成型与加工理论和技术、材料的智能化成型加工理论和方法、增材制造等各个领域。丛书强调理论和技术相结合、材料与成型加工相结合、信息技术与材料成型加工技术相结合，旨在推动学科发展、促进产学研合作，夯实我国制造业的基础。

本套丛书于 2021 年获批为"十四五"时期国家重点出版物出版专项规划项目，具有学术水平高、涵盖面广、时效性强、技术引领性突出等显著特点，是国内第一套全面系统总结材料先进成型加工技术的学术著作，同时也深入探讨了技术创新过程中要解决的科学问题。相信本套丛书的出版对于推动我国材料领域技术创新过程中科学问题的深入研究，加强科技人员的交流，提高我国在材料领域的创新水平具有重要意义。

最后，我衷心感谢程耿东院士、李依依院士、张立同院士、韩杰才院士、贾振元院士、瞿金平院士、张清杰院士、张跃院士、朱美芳院士、陈光院士、傅正义院士、张荻院士、李殿中院士，以及多位长江学者、国家杰青等专家学者的积极参与和无私奉献。也要感谢科学出版社的各级领导和编辑人员，特别是翁靖一编辑，为本套丛书的策划出版所做出的一切努力。正是在大家的辛勤付出和共同努力下，本套丛书才能顺利出版，得以奉献给广大读者。

中国科学院院士
工业装备结构分析优化与 CAE 软件全国重点实验室
橡塑模具计算机辅助工程技术国家工程研究中心

前　言

精密辊锻技术是在普通辊锻工艺基础上发展起来的一种净形/近净形成形技术，可以成形出全部或部分达到产品最终形状和尺寸精度要求的锻件，在汽车前轴、铁路货车钩尾框等钢质大型长轴件生产中得到了广泛应用，取得了良好的技术经济效果。

钢质大型长轴件精密辊锻技术的典范之作是汽车前轴精密辊锻技术，这是一种我国自主研发的、独具特色的实用金属成形技术，其投资小、见效快、成本低、产品质量稳定，在 20 世纪 90 年代到 21 世纪初期的十几年间取得了迅速的发展，成为当时国内汽车前轴锻造的主流工艺，有力保障了国内商用汽车的快速发展对前轴锻件的需求。

汽车前轴精密辊锻技术由北京机电研究所有限公司（以下简称机电所）原所长海锦涛研究员提出技术思路，魏梦顺研究员成功地实施了工程应用，刘才正研究员进行了最初的理论总结。他们三位是这项技术的开拓者，留下了宝贵的技术方向和工程实践经验。作者曾在山东聊城的前轴项目中跟随魏梦顺研究员学习辊锻模设计，并到现场参加调试，亲身感受了老先生认真的工作态度。

四川雅安汽车配件总厂车桥厂（以下简称雅安车桥厂）的前轴项目是机电所承接的第五条前轴精密辊锻生产线，也是新一代技术人员主持建设的第一条前轴线，是新老交替的转折点。在雅安车桥厂的大力支持下，克服条件困难，攻克技术难关，建成了生产线并投入量产，在技术上接过了接力棒。在接下来的几年时间里，机电所锻压技术中心发挥工艺装备和电控液压的集成优势，将该项技术不断完善提高和发扬光大，目前在全国推广建设使用该技术的前轴生产线有三十余条。

高效节材的铁路火车钩尾框精密辊锻工艺，缩短了工艺流程，提高了生产效率，提高了锻件质量并降低了生产成本，成为原自由锻制坯的替代工艺，为中国铁路重载提速做出了贡献。

核电汽轮机用特大型叶片是精密辊锻技术的新的研究方向之一，具有较高的研究价值，机电所在这方面也进行了创新性的初步研究，相关内容在书中也有所体现。

机电所的钢质大型长轴件精密辊锻技术相关项目曾获国家科学技术进步奖二等奖一项，中国机械工业科学技术进步奖一等奖一项、二等奖四项，福建省科学技术进步奖二等奖一项。本书作者带领的课题组前后有数十篇相关论文在国内外杂志上发表，并获中国机械工程学会优秀科技论文一项。但是，目前还没有系统性地介绍该项技术的书籍，本书的出版将填补这一空白。

本书分 7 章介绍了钢质大型长轴件精密辊锻技术及其应用情况。第 1 章绪论，介绍了辊锻的基本原理、变形特点及国内外相关的工艺与装备技术研究与应用情况，简述了我国辊锻技术的发展情况。第 2 章汽车前轴辊锻过程中的金属流动与数值模拟，介绍了精密辊锻过程中的金属流动特点，进行了前后壁成形分析，并介绍了精密辊锻孔型系统设计与模具几何尺寸确定，还介绍了精密辊锻成形过程数值模拟与结果分析相关内容。第 3 章汽车前轴精密辊锻技术试验研究、工业应用与持续优化，介绍了钢质大型长轴件精密辊锻用的 1000 mm 辊锻机的技术特点，汽车前轴精密辊锻的物理模拟、试验研究及精密辊锻制件性能检测和质量控制，并介绍了该技术的工业应用范例以及该技术的持续优化与改进情况。第 4 章重卡前轴近精密辊锻技术研发与应用，介绍了重型卡车前轴采用近精密辊锻技术取得的技术和经济效果，还介绍了相关模具快换方面的技术内容。第 5 章铁路货车钩尾框精密辊锻技术研发与应用，介绍了精密辊锻技术在铁路货车钩尾框成形中的研究开发过程和应用效果。第 6 章大型长轴件精密辊锻用 1250 mm 辊锻机的研究与应用，介绍了可以完成更大规格钢质长轴锻件精密辊锻工艺当时国内最大规格的 1250 mm 辊锻机的研究开发过程，并介绍了研究开发的 1250 mm 辊锻机在 16 型铁路货车钩尾框辊锻工艺中的应用实践。第 7 章核电汽轮机用超大叶片精密辊锻技术的初步研究，介绍了在 1600 mm 辊锻机上辊锻核电汽轮机用超大型叶片精密辊锻成形技术的一些探索性的研究进展。

本书主要内容为作者带领的机电所从事辊锻工艺的课题组所做的研发工作，为原创或独立研发的成果或技术。全书由蒋鹏撰写，并邀请了课题组原硕博士研究生杨勇、付殿宇、贺小毛分别参加了第 4 章、第 5 章、第 7 章的撰写工作，原硕士研究生陈杰鹏、杨光参加了第 6 章的撰写工作。此外，陈浩工程师撰写了 4.8 节。

钢质大型长轴件精密辊锻是工程应用类技术，作者带领的团队也主要致力于技术开发和应用推广，因此在对其中的科学问题深入探索方面相对不足，这是本书的不足之处，也是未来应该继续深入研究的方向。

感谢郑州大学副校长刘春太教授的邀请，让作者能够参加申长雨院士总主编的"十四五"时期国家重点出版物出版专项规划项目"材料先进成型与加工技术丛书"的分册编写工作，得以将机电所和课题组多年的精密辊锻技术成果汇集成书。感谢责任编辑翁靖一的鼓励和督促，使得本来停笔很长时间的半成品书稿能够重新启动并得以完成。在本书的成书过程中，机电所元莎博士做了大量出版相关的工作，北京信息科技大学硕士研究生姚纪阳、陈程也付出了辛勤的劳动，在此一并致谢。

由于水平有限，书中疏漏之处在所难免，敬请各位读者谅解指正。欢迎反馈给出版社或作者，以便在书稿再版时加以改正。

蒋 鹏

2025 年 3 月

于北京海淀区学清路

目 录

总序

前言

第1章 绪论 ··· 1
  1.1 概述 ··· 1
  1.2 辊锻的基本原理 ··· 1
    1.2.1 辊锻工艺及其优点 ·· 1
    1.2.2 辊锻变形区主要参数 ·· 3
    1.2.3 金属在变形区内的流动规律 ································· 4
    1.2.4 辊锻过程中的前滑 ·· 5
  1.3 辊锻技术的国内外研究与应用 ··································· 6
    1.3.1 国外辊锻工艺的研究与应用 ································· 6
    1.3.2 国内辊锻工艺的研究与应用 ································· 6
  1.4 辊锻机的种类及特点 ··· 8
    1.4.1 辊锻机的工作原理 ·· 8
    1.4.2 辊锻机的分类 ·· 9
    1.4.3 辊锻装备技术的引进吸收与国产化 ······················· 10
    1.4.4 辊锻装备技术的研究手段 ··································· 13
  1.5 辊锻力能参数的确定 ·· 14
    1.5.1 辊锻力与辊锻力矩 ·· 14
    1.5.2 辊锻力的计算方法 ·· 14
    1.5.3 辊锻力矩的计算方法 ··· 17
  1.6 辊锻模相关行业标准 ·· 17
    1.6.1 回转成形模在用标准情况 ··································· 17
    1.6.2 《锻模 辊锻模 结构型式和尺寸》 ······················ 17
    1.6.3 《辊锻模 技术条件》 ······································· 22

  1.7 辊锻工艺应用实例：CR350A 连杆制坯辊锻模设计……………………25
  参考文献……………………………………………………………………………29

第 2 章 汽车前轴辊锻过程中的金属流动与数值模拟…………………………32

  2.1 引言…………………………………………………………………………32
  2.2 国内外汽车前轴锻件生产技术状况………………………………………33
    2.2.1 汽车前轴锻件的工艺特点……………………………………………33
    2.2.2 国外前轴锻件生产技术的发展………………………………………34
    2.2.3 国内前轴锻件的几种典型生产工艺…………………………………36
  2.3 具有纵向突变截面形状钢质大型长轴件的精密辊锻成形特点…………38
    2.3.1 长轴类精密辊锻件的形状特点和辊锻变形过程……………………38
    2.3.2 纵向突变截面辊锻的基本方程………………………………………40
    2.3.3 纵向突变截面锻件辊锻变形分析……………………………………41
    2.3.4 前轴精密辊锻模锻工艺理论依据……………………………………43
  2.4 精密辊锻过程中前壁和后壁成形与不均匀变形分析……………………45
    2.4.1 纵向突变截面锻件前壁成形的种类…………………………………45
    2.4.2 长轴类件精密辊锻的前壁部位………………………………………46
    2.4.3 前轴精密辊锻成形过程前壁成形分析………………………………46
    2.4.4 纵向突变截面锻件后壁成形的种类…………………………………48
    2.4.5 前轴精密辊锻件的后壁部位…………………………………………48
    2.4.6 前轴精密辊锻成形过程后壁成形分析………………………………49
    2.4.7 不均匀变形下辊锻件各部分之间的金属转移………………………51
    2.4.8 不均匀变形对精密辊锻过程的稳定性的影响………………………53
  2.5 汽车前轴精密辊锻孔型选择与工艺设计分析……………………………54
    2.5.1 前轴精密辊锻的关键技术与难点……………………………………54
    2.5.2 前轴精密辊锻件的设计方法和过程…………………………………56
    2.5.3 精密辊锻孔型系统的选择和延伸率的确定…………………………58
    2.5.4 典型锻件的特点与技术要求…………………………………………61
    2.5.5 热收缩率的选择和热锻件图的确定…………………………………61
    2.5.6 毛坯直径与各道次延伸率的选择……………………………………63
    2.5.7 精密辊锻件图设计……………………………………………………63
    2.5.8 第 3、2、1 道辊锻件图设计…………………………………………64
  2.6 前轴辊锻模具与锻件啮合运动的几何分析与型槽确定…………………65
    2.6.1 模具型槽曲面与锻件轮廓的共轭关系………………………………65
    2.6.2 共轭曲线方程的建立…………………………………………………66

2.6.3	锻件轮廓曲线为直线时的型槽轮廓曲线 …………………………	67
2.6.4	锻件轮廓曲线为圆时的型槽轮廓曲线 ……………………………	68
2.6.5	锻件轮廓曲线为参数方程给出的任意曲线时型槽轮廓的确定 …	69
2.6.6	锻件轮廓曲线由三次样条拟合时的型槽轮廓 ……………………	69
2.6.7	精密辊锻模具型槽的确定 …………………………………………	70

2.7 前轴精密辊锻成形过程模拟条件 ……………………………………… 73
　　2.7.1 辊锻成形过程模拟技术的特点 ………………………………… 73
　　2.7.2 精密辊锻模具的几何模型 ……………………………………… 75
2.8 精密辊锻变形过程模拟结果及讨论 …………………………………… 77
　　2.8.1 辊锻变形过程金属流动规律分析 ……………………………… 77
　　2.8.2 精密辊锻中的飞边形成与特点 ………………………………… 80
　　2.8.3 精密辊锻过程中各道次力矩 …………………………………… 82
　　2.8.4 第 1 道典型截面的应力、应变的分析 ………………………… 82
　　2.8.5 第 2 道增加约束前后的应力、应变的比较研究 ……………… 86
　　2.8.6 第 2 道弹簧座部位不均匀变形引起的纵向弯曲 ……………… 88
2.9 各道次辊锻力的分析和轴向分力的评估 ……………………………… 90
　　2.9.1 辊锻力的模拟结果与分析 ……………………………………… 90
　　2.9.2 前轴精密辊锻的轴向力分析 …………………………………… 92
参考文献 ……………………………………………………………………… 94

第 3 章 汽车前轴精密辊锻技术试验研究、工业应用与持续优化 ……… 96

3.1 引言 ……………………………………………………………………… 96
3.2 前轴辊锻成形试验条件和试验过程 …………………………………… 97
　　3.2.1 试验用主要设备 ………………………………………………… 97
　　3.2.2 加强型辊锻机的结构原理与技术特点 ………………………… 98
　　3.2.3 加强型 1000 mm 自动辊锻机主要技术参数 ………………… 99
　　3.2.4 辊锻机部分的主要配置 ………………………………………… 100
　　3.2.5 辊锻机械手的结构特点 ………………………………………… 102
　　3.2.6 辊锻机电气和液压部分的特点 ………………………………… 104
　　3.2.7 试验用辊锻模具 ………………………………………………… 104
　　3.2.8 试验过程 ………………………………………………………… 105
3.3 物理模拟试验与工艺试验过程中出现的问题与对策 ………………… 106
　　3.3.1 物理模拟试验的目的 …………………………………………… 106
　　3.3.2 铅的物理性质及铅料的制作方法 ……………………………… 107
　　3.3.3 用铅件代替热钢件进行模具调试的特点 ……………………… 108

3.3.4　前轴弹簧座部位的精密辊锻试验与调试 ……………………… 110
　　3.3.5　前轴工字梁部位的精密辊锻问题与对策 ……………………… 112
　　3.3.6　前轴精密辊锻过程的稳定性问题 ………………………………… 113
　　3.3.7　前轴精密辊锻件长度控制 ………………………………………… 115
3.4　前轴精密辊锻试验件的尺寸和性能 …………………………………… 115
　　3.4.1　尺寸检测 …………………………………………………………… 115
　　3.4.2　疲劳寿命试验结果 ………………………………………………… 117
3.5　前轴精密辊锻技术的工业应用及效果 ………………………………… 118
　　3.5.1　工艺流程的确定与设备选型 ……………………………………… 118
　　3.5.2　生产线的使用效果 ………………………………………………… 120
　　3.5.3　经济效益分析 ……………………………………………………… 121
3.6　减少辊锻道次的技术可行性与工程实践 ……………………………… 123
　　3.6.1　技术可行性 ………………………………………………………… 123
　　3.6.2　前轴3道次精密辊锻的工艺和模具设计 ………………………… 125
　　3.6.3　153前轴3道次精密辊锻过程中的问题与解决方法 …………… 128
3.7　在专用液压机上实现切边校正工艺复合化的实践 …………………… 130
　　3.7.1　切边校正复合模结构与功能 ……………………………………… 130
　　3.7.2　切边热校正复合工艺专用设备 …………………………………… 132
3.8　16MN摩擦压力机前轴切边校正复合模架设计与应用 ……………… 134
　　3.8.1　切边校正复合模架设计方案 ……………………………………… 134
　　3.8.2　切边校正复合模具介绍 …………………………………………… 135
　　3.8.3　切边校正工艺过程介绍 …………………………………………… 136
　　3.8.4　模具安装 …………………………………………………………… 136
　　3.8.5　主要技术特点及功能 ……………………………………………… 137
　　3.8.6　现场应用情况介绍 ………………………………………………… 137
参考文献 ………………………………………………………………………… 138

第4章　重卡前轴近精密辊锻技术研发与应用　　139

4.1　引言 ……………………………………………………………………… 139
4.2　近精密辊锻技术的工艺方法与模具设计 ……………………………… 140
　　4.2.1　近精密辊锻的工艺的提出 ………………………………………… 140
　　4.2.2　近精密辊锻的工艺特点与思路 …………………………………… 141
　　4.2.3　近精密辊锻工艺设计方法 ………………………………………… 142
　　4.2.4　辊锻件图及特征孔型的设计 ……………………………………… 144
　　4.2.5　第1道辊锻件图及2道次辊锻模的设计 ………………………… 145

4.3 前轴2道次近精密辊锻工艺的模拟 · 147
4.3.1 前轴2道次近精密辊锻三维造型 · 147
4.3.2 第1道数值模拟结果与分析 · 147
4.3.3 第2道数值模拟结果与分析 · 147
4.4 重卡前轴近精密辊锻工艺试验 · 151
4.4.1 近精密辊锻工艺的试验条件及过程 · 151
4.4.2 出现的问题及解决方法 · 152
4.4.3 弯曲终锻中出现的问题及解决措施 · 155
4.5 近精密辊锻技术经济性分析 · 156
4.5.1 三种工艺方案的对比分析 · 156
4.5.2 近精密辊锻的节材效果 · 157
4.5.3 加热能耗与锻件质量对比分析 · 159
4.5.4 锤击次数、生产效率、机组人数和锻模寿命的对比 · · · · · · · · · · · · · · · · 160
4.5.5 近精密辊锻工艺与精密辊锻工艺的对比 · 162
4.6 近精密辊锻工艺在大吨位螺旋压力机上的应用 · 163
4.6.1 工艺的流程、特点 · 163
4.6.2 工艺应用概况 · 163
4.7 热模锻压力机上采用近精密辊锻工艺生产前轴 · 165
4.7.1 工艺流程和生产线设备 · 165
4.7.2 加热设备和辊锻机 · 166
4.7.3 热模锻、切边、校正压力机 · 166
4.7.4 现场试验 · 166
4.8 快换模架及辅助装置设计与应用 · 167
4.8.1 快换模架及辅助装置基本结构 · 167
4.8.2 快换模具设计 · 168
4.8.3 快换模架设计 · 169
4.8.4 换模平台 · 169
4.8.5 自动夹紧机构 · 170
4.8.6 生产应用 · 171
参考文献 · 171

第5章 铁路货车钩尾框精密辊锻技术研发与应用 · 173
5.1 引言 · 173
5.2 研究开发背景 · 174
5.2.1 钩尾框材料工艺的发展 · 174

5.2.2　锻造钩尾框通用工艺技术方案……………………………………176
　　5.2.3　初期锻造钩尾框的生产工艺流程…………………………………177
5.3　钩尾框精密辊锻技术方案的确定………………………………………………178
　　5.3.1　钩尾框锻件的特点…………………………………………………178
　　5.3.2　精密辊锻模锻复合成形技术方案的提出…………………………178
　　5.3.3　基本原理和工艺难点………………………………………………180
5.4　精密辊锻模具和模锻模具设计…………………………………………………181
　　5.4.1　各工序的温度变化和线膨胀系数…………………………………181
　　5.4.2　辊锻模具设计………………………………………………………182
　　5.4.3　模锻模具设计………………………………………………………188
5.5　17型钩尾框精密辊锻过程数值模拟与结果分析………………………………189
　　5.5.1　第1道辊锻…………………………………………………………189
　　5.5.2　第2道辊锻…………………………………………………………190
　　5.5.3　第3道辊锻…………………………………………………………193
　　5.5.4　第4道辊锻…………………………………………………………196
5.6　钩尾框模锻过程数值模拟………………………………………………………202
　　5.6.1　预锻模拟结果………………………………………………………202
　　5.6.2　终锻模拟结果………………………………………………………202
　　5.6.3　弯曲模拟结果………………………………………………………204
5.7　工艺试验与工艺调试……………………………………………………………205
　　5.7.1　试验准备……………………………………………………………205
　　5.7.2　试验过程……………………………………………………………206
　　5.7.3　试验结果与分析……………………………………………………207
　　5.7.4　第4道辊锻件弯曲分析与解决办法………………………………211
5.8　生产应用情况……………………………………………………………………212
　　5.8.1　生产设备组成………………………………………………………212
　　5.8.2　工艺过程的合理性…………………………………………………213
　　5.8.3　工艺使用情况………………………………………………………215
　　5.8.4　产品质量……………………………………………………………216
　　5.8.5　经济效益分析………………………………………………………218
5.9　带镦头工序的16型钩尾框精密辊锻试验研究…………………………………218
　　5.9.1　工艺方案的确定……………………………………………………218
　　5.9.2　工艺试制过程………………………………………………………220
　　5.9.3　试验结果与分析……………………………………………………223
参考文献………………………………………………………………………………225

第 6 章　大型长轴件精密辊锻用 1250 mm 辊锻机的研发与应用 ·················· 227

6.1　引言 ·················· 227
6.2　1250 mm 辊锻机主要结构与技术参数 ·················· 227
6.3　1250 mm 辊锻机机架静力有限元分析 ·················· 229
  6.3.1　有限元方法用于设备力学分析技术现状 ·················· 229
  6.3.2　1250 mm 辊锻机机架强度、刚度分析计算条件 ·················· 230
  6.3.3　1250 mm 辊锻机机架应力分析 ·················· 232
  6.3.4　1250 mm 辊锻机机架刚度分析 ·················· 236
6.4　1250 mm 辊锻机机架动态分析 ·················· 241
  6.4.1　动态分析技术现状 ·················· 241
  6.4.2　模态分析理论 ·················· 242
  6.4.3　模态分析结果 ·················· 243
6.5　机架瞬态动力学分析 ·················· 245
  6.5.1　模拟条件 ·················· 245
  6.5.2　机架模型的建立 ·················· 246
  6.5.3　变形计算结果 ·················· 247
6.6　1250 mm 辊锻机气动离合器、制动器动态特性分析 ·················· 251
  6.6.1　浮动镶块式气动摩擦离合器、制动器 ·················· 251
  6.6.2　高压气体通过收缩喷管的流动 ·················· 253
  6.6.3　气动离合器、制动器物理模型 ·················· 255
  6.6.4　气动离合器、制动器动态特性仿真 ·················· 256
  6.6.5　气动离合器、制动器协调性分析 ·················· 260
  6.6.6　入模角、制动角分析 ·················· 262
6.7　1250 mm 辊锻机上 16 型钩尾框辊锻工艺设计 ·················· 265
  6.7.1　16 型钩尾框辊锻件的特点 ·················· 265
  6.7.2　1250 mm 辊锻机辊锻钩尾框工艺的提出 ·················· 266
  6.7.3　1250 mm 辊锻机辊锻模具设计 ·················· 267
  6.7.4　辊锻模孔型设计 ·················· 270
6.8　16 型钩尾框辊锻变形过程数值模拟及结果分析 ·················· 271
  6.8.1　数值模拟软件和建模过程 ·················· 271
  6.8.2　辊锻过程模拟结果分析 ·················· 272
  6.8.3　模拟辊锻过程等效应变场 ·················· 277
  6.8.4　辊锻变形过程的温度场 ·················· 279
  6.8.5　影响钩尾框辊锻件长度的因素 ·················· 280

    6.8.6　辊锻过程中的扭矩和力 ·· 283

    6.8.7　模锻过程数值模拟 ·· 286

  6.9　16 型钩尾框辊锻-整体模锻工艺试验研究 ······························ 289

    6.9.1　试验设备 ··· 289

    6.9.2　工艺试验 ··· 290

    6.9.3　现场调试过程 ··· 290

    6.9.4　试验结果 ··· 292

  参考文献 ··· 292

第 7 章　核电汽轮机用超大叶片精密辊锻技术的初步研究 ············· 294

  7.1　引言 ·· 294

  7.2　国内外汽轮机叶片相关技术状况 ······································ 295

    7.2.1　特大型末级长叶片发展现状 ······································ 295

    7.2.2　叶片锻造技术现状 ·· 296

    7.2.3　叶片锻造工艺数值模拟 ·· 298

    7.2.4　特大型叶片精密辊锻多场耦合数值分析 ···························· 299

  7.3　特大型叶片精密辊锻技术方案与模锻坯料算法 ·························· 300

    7.3.1　叶片特点和工艺流程确定 ·· 300

    7.3.2　叶片精密辊锻原理 ·· 302

    7.3.3　辊锻坯料尺寸计算方法 ·· 303

    7.3.4　模锻开坯坯料尺寸计算 ·· 304

    7.3.5　大叶片原材料尺寸选取原则 ······································ 305

  7.4　镦头工艺多场耦合分析 ·· 306

    7.4.1　镦头工艺方案确定 ·· 306

    7.4.2　镦头工艺模拟分析 ·· 308

    7.4.3　半开式镦头场量分析 ·· 310

    7.4.4　动态再结晶组织演变模拟 ·· 312

  7.5　模锻制坯多场耦合分析 ·· 316

    7.5.1　工艺参数优化 ·· 316

    7.5.2　正交试验结果 ·· 317

    7.5.3　极差分析 ··· 318

    7.5.4　多场量耦合模拟分析 ·· 319

  7.6　精密辊锻工艺多场耦合分析 ·· 326

    7.6.1　精密辊锻模拟参数 ·· 326

    7.6.2　精密辊锻力能分析 ·· 327

  7.6.3 第 1 道辊锻多场耦合分析 ·················· 328
  7.6.4 第 2 道次辊锻多量耦合分析 ·················· 330
  7.6.5 第 3 道辊锻多场耦合分析 ·················· 332
7.7 超大型叶片叶根模锻与叶片终锻多场耦合分析 ·················· 334
  7.7.1 叶根模锻成形分析 ·················· 334
  7.7.2 叶根模锻多场耦合分析 ·················· 336
  7.7.3 叶片终锻成形分析 ·················· 338
  7.7.4 叶片终锻多场耦合分析 ·················· 340
  7.7.5 叶片整形分析 ·················· 343
7.8 多火次锻造对 1Cr12Ni3Mo2VN 组织影响 ·················· 344
  7.8.1 多火次锻造对叶根组织影响 ·················· 344
  7.8.2 多火次锻造对叶身组织影响 ·················· 347
7.9 特大型叶片精密辊锻工艺试验验证 ·················· 351
  7.9.1 镦头工艺试验 ·················· 351
  7.9.2 模锻制坯试验 ·················· 353
  7.9.3 试验小结与展望 ·················· 354
参考文献 ·················· 355

关键词索引 ·················· 357

第1章

绪 论

1.1 概述

连续局部塑性成形是金属压力加工领域中一类重要的加工技术,在轧制领域的应用已相当成熟,如板材、型材和管材等轧制技术,其成形特点之一是生产不同形状等横截面的产品,如各种圆钢、方钢、扁钢、工字钢等,此类加工技术一般归类到冶金工业领域。

能够生产变截面产品的连续局部成形技术是在20世纪50年代才逐渐发展起来的,如辊锻、楔横轧、旋压和摆辗等,这些技术一般归类到机械制造领域。

辊锻是用一对安装在辊锻机上的相向旋转的扇形模具使坯料在模具型槽中产生塑性变形,从而获得所需锻件或锻坯的锻造工艺[1-3]。在工业应用中,辊锻既可作为模锻前的制坯工序为长轴类锻件提供锻造用毛坯(一般称为制坯辊锻或普通辊锻),也可在辊锻机上实现主要的锻件成形过程或直接辊制出锻件(一般称为成形辊锻或精密辊锻)。

1.2 辊锻的基本原理

1.2.1 辊锻工艺及其优点

辊锻是将轧制变形引入锻造生产中的一种成形工艺[4],图1-1是其工艺过程示意图。可以看出,在辊锻变形过程中,坯料在高度方向经辊锻模压缩后,除一小部分金属横向流动外,大部分金属沿坯料的长度方向流动。因此,辊锻变形的实质是坯料在压力下产生的延伸变形,适用于减小坯料截面的锻造过程,如轴类件的拔长、板坯的碾片以及沿轴类件轴线分配金属体积[5, 6]。

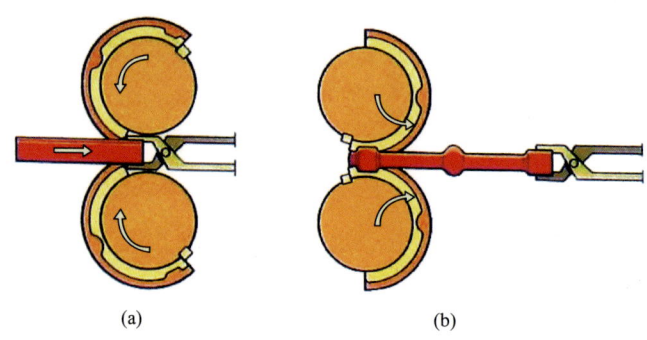

图 1-1 辊锻工艺过程示意图

(a) 辊锻变形开始阶段；(b) 辊锻变形结束阶段

由于辊锻的变形特点，辊锻工艺无法完成在模锻锤上滚挤工序所具有的聚料的功能，这一点在设计辊锻工艺时应该充分考虑。

辊锻工艺的优点如下[7]：

1）提高锻件质量和降低废品率

在辊锻机上辊锻制坯，因有辊锻模的限制，故辊锻件形状较为准确，由于机器操作的节拍稳定，完成辊锻制坯的时间也相对固定，因此到达模锻设备的坯料温度和尺寸一致性好，这样不仅可以获得形状、尺寸和表面质量较好的毛坯，避免由制坯形状问题造成的锻件折叠、充不满等缺陷，而且辊锻件的内部质量也好，辊锻过程中的连续局部变形使得金属纤维的走向和锻件形状一致，金相组织均匀、致密、机械性能高，有利于得到机械性能良好的锻件。

2）提高生产效率

辊锻机制坯效率明显高于空气锤或模锻锤上制坯，可以彻底解决锤类设备制坯效率低的问题，可以提高生产节拍和生产效率。例如，采用 460 mm 自动辊锻机制坯的效率可达 8 s/件，一般使用自动辊锻机的连杆生产线年生产能力可达 100 万件。

3）节约原材料

由于辊锻制坯精度高、尺寸稳定，可以在模锻工步采用小飞边锻造，减小下料重量，锻件材料利用率和空气锤制坯相比有较大提高，一般可节材 10%以上。

4）节约能源

有如下三个原因：①材料利用率提高，下料重量变小，所需加热能量减少；②辊锻机组主电机功率远小于同能力空气锤电机功率；③由于效率高，实际每件工件的占用制坯设备时间即用电时间减少，设备空转时间减少，电力浪费少。

5）提高锻造模具寿命

辊锻制坯的坯料精化、锻造飞边小，因而对模具的磨损小，有利于锻造模具寿命的提高，一般来说锻造模具寿命可提高 20%。

6）减少操作人员

从加热到自动辊锻到传送到主锻压力机理论上可以做到无人操作，一般安排一名工人巡视上料，可减少操作人员一到两名。

7）减小模锻主机打击力

精化毛坯减小了模锻主机的打击力，对延长模锻主机的使用寿命有利。

8）改善劳动条件

辊锻是连续局部静压成形，冲击、震动、噪声小。辊锻机易于实现自动化操作，可大大减轻工人劳动强度。

1.2.2 辊锻变形区主要参数

辊锻变形过程中，坯料在连续局部成形的每一瞬间，与模具接触的那部分金属产生塑性变形，坯料上与模具接触部分的前后局部区域内也有少量塑性变形产生。辊锻过程中坯料处于变形阶段的区域称为塑性变形区。

图 1-2 为平辊上轧制矩形坯料的情况，从坯料入模到坯料出模的垂直平面围成的区 AA_1B_1B 称为轧制变形区或几何变形区。

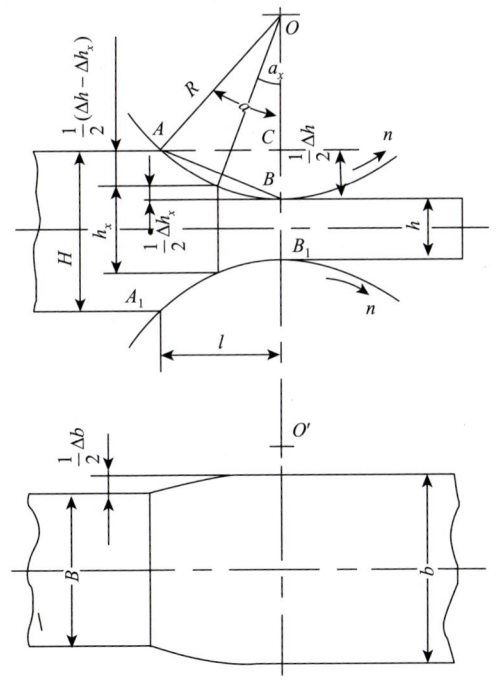

图 1-2 辊锻变形区的几何形状

常用绝对变形、相对变形和变形系数来表示辊锻时的变形程度：

（1）绝对压下量 Δh、展宽量 Δb 和延伸量 Δl 分别表示如下：

$$\Delta h = H - h$$
$$\Delta b = b - B$$
$$\Delta l = l - L \tag{1-1}$$

（2）相对压下量 $\Delta h/H$、相对展宽量 $\Delta b/B$ 和相对延伸量 $\Delta l/L$，通常用百分数表示：

$$\Delta h / H = 100\% \times (H - h) / H \tag{1-2}$$
$$\Delta b / B = 100\% \times (b - B) / B \tag{1-3}$$
$$\Delta l / L = 100\% \times (l - L) / L \tag{1-4}$$

（3）压下系数 η、展宽系数 β 和延伸系数 λ 分别表示如下：

$$\eta = h / H \tag{1-5}$$
$$\beta = b / B \tag{1-6}$$
$$\lambda = l / L \tag{1-7}$$

1.2.3　金属在变形区内的流动规律

轧制变形的分布有两种不同的理论，一种是均匀变形理论，另一种是不均匀变形理论。不均匀变形理论比较客观地反映了轧制时金属的变形规律。不均匀变形理论认为，沿轧件断面高度方向的变形、应力和金属流动都是不均匀的，如图 1-3 所示。其主要内容为[8]：

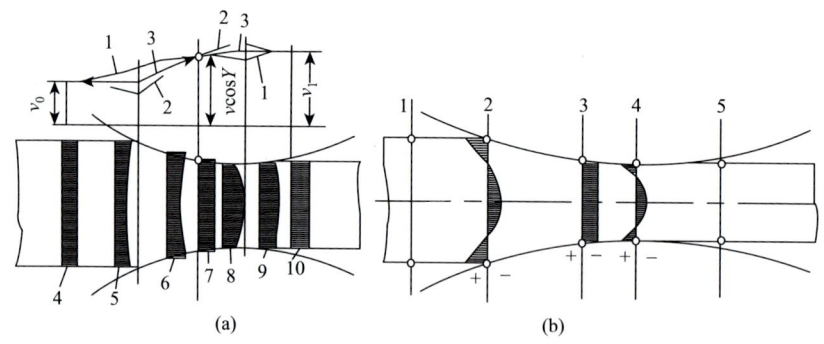

图 1-3　按不均匀变形理论金属流动速度和应力分布

（a）金属流动速度分布：1. 表层金属流动速度；2. 中心层金属流动速度；3.平均流动速度；4. 后外端金属流动速度；5. 后变形过渡区金属流动速度；6. 后滑区金属流动速度；7. 临界面金属流动速度；8. 前滑区金属流动速度；9. 前变形过渡区金属流动速度；10. 前外端金属流动速度。

（b）应力分布：+. 拉应力；−. 压应力；1. 后外端；2. 入辊处；3. 临界面；4. 出辊处；5. 前外端

（1）沿轧件断面高度方向的变形、应力和流动速度分布都是不均匀的。

（2）在几何变形区内，在轧件与轧辊接触表面上，不仅有相对滑动，还有黏着，即轧件和轧辊间无相对滑动。

（3）变形不仅发生在几何变形区内，也产生在几何变形区外，其变形分布都是不均匀的。这样就将轧制变形区分成了变形过渡区、前滑区、后滑区和黏着区。

（4）在黏着区内有一个临界面，在这个面上金属的流动速度分布均匀，并且等于该处轧辊的水平速度。

图 1-4 为根据试验研究对轧制变形区变形情况的描述，其变形区分布和自由锻中金属简单镦粗相似。

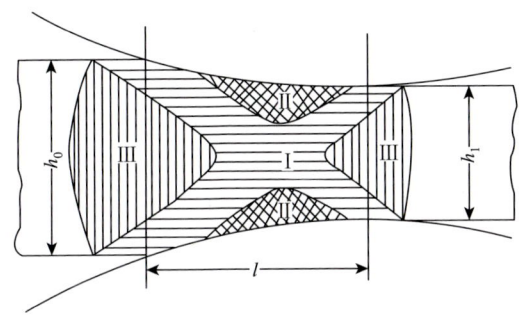

图 1-4　轧制变形区

Ⅰ. 易变形区；Ⅱ. 难变形区；Ⅲ. 自由变形区

1.2.4　辊锻过程中的前滑

在辊锻过程中辊锻坯料在高度方向上受到压缩的金属，一部分纵向流动，使辊锻件形成延伸，另一部分金属横向流动，使辊锻件形成展宽。辊锻件的延伸是被压下金属向锻辊前后两个方向流动的结果。在辊锻过程中，辊锻件辊出辊锻模的速度大于辊锻模的线速度的现象称为前滑，而辊锻件毛坯进入辊锻模的速度小于辊锻模的线速度的现象称为后滑。简单变形下的前滑率可由以下公式计算：

$$S = \frac{V_1 - V_x}{V_x} = \frac{V_1}{V_x} - 1 \tag{1-8}$$

式中，V_1——金属辊出辊锻模的速度；

V_x——锻辊的水平线速度。

前滑可由简化的芬克前滑公式计算：

$$S = \frac{d}{2h}\phi_N^2 = \frac{R}{h}\phi_N^2 \tag{1-9}$$

式中，d、R——辊锻工作直径和半径；

h——出口高度或辊锻件高度；

ϕ_N——临界角或中性角。

影响前滑的主要因素为锻辊工作直径、辊锻件高度、相对压下量、坯料宽度和摩擦系数等，由简化的芬克前滑计算公式计算可以看出，前滑随着锻辊工作直径和临界角的增大而增大，随着出口高度的增加而减小。

1.3 辊锻技术的国内外研究与应用

1.3.1 国外辊锻工艺的研究与应用

国外 20 世纪 50 年代开始热模锻压力机得到迅速发展，由于热模锻压力机上不适合原来模锻锤上容易实现的拔长、滚挤等制坯工步，因此在热模锻压力机上模锻轴类锻件时，必须配有制坯辅助设备，这促进了辊锻工艺和辊锻机的研究、开发、应用和推广。

美国雪佛兰（CHEVROLET）汽车公司 1955 年安装的模锻设备中，14 台 16000～60000 kN 热模锻压力机就配有 10 台规格不同的辊锻机。

德国某汽车厂的前轴锻造工艺，原用 3 台空气锤制坯供应坯料还很紧张，锻件质量低、金属消耗大、飞边损失达 20%，后来采用 1 台自动辊锻机制坯就满足了生产要求，且锻件质量好，材料利用率提高。

苏联某汽轮机叶片厂对 200 余种叶片采用了辊锻制坯工艺，使材料消耗降低 16%，1 年即可节约合金钢 585 t。

自动辊锻机和热模锻压力机及步进式机械手组合成的先进锻造生产线在世界各地被广泛采用。在制坯辊锻的孔型设计方面美国国民机械公司、德国 EUMUCO 公司等都总结出了自己的设计方法[9]。图 1-5 是德国某公司的自动辊锻机的结构图，该型号辊锻机在世界上取得了广泛的应用。

在辊锻 CAD 技术的研究上，德国汉诺威大学的 Deoge 于 1991 年开发出 Semgment 软件至今仍在被应用，后来又有辊锻模具三维 CAD 专用软件开发成功并获得良好的应用效果[10]。图 1-6 是用自动辊锻机生产连杆的实际工步图。

1.3.2 国内辊锻工艺的研究与应用

我国从 20 世纪 60 年代开始研究辊锻技术，原吉林工业大学辊锻工艺研究所（现吉林大学辊锻工艺研究所）的专家学者做了大量的工作，取得了很有价值的研究和

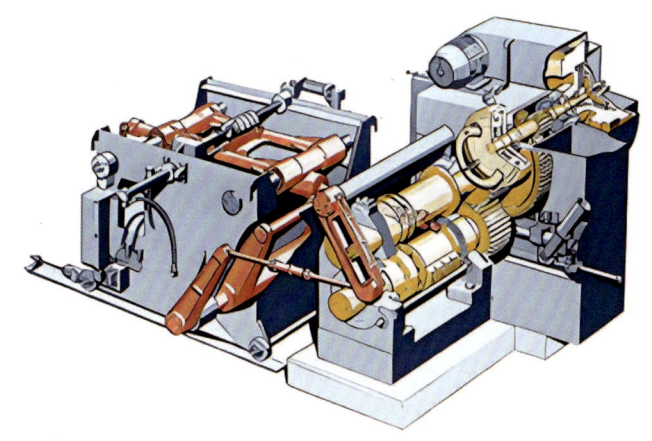

图 1-5　小型自动辊锻机的结构图

图 1-6　辊锻机制坯生产连杆的实际工步

应用成果,并出版专著[11, 12],促进了制坯辊锻和成形辊锻工艺在国内的应用。例如,连杆的成形辊锻技术的应用研究[13],汽车变截面板簧的成形技术与设备[14, 15],机引犁铧[16]、护刃器和农垦锄头的辊锻工艺,扳钳工具辊锻工艺[17],以及一些其他种类的轴类件的辊锻工艺的研究与开发[18]。

机电所对叶片精密辊锻技术应用做了长期深入研究,其成果曾获得国家科学技术进步奖二等奖。机电所的研发团队研究并持续改进了汽车前轴精密辊锻-整体模锻技术,在全国推广建设该种前轴生产线 30 余条,取得了节能、节材、节约投资、显著降低成本的良好效果。还开发了高效节材的铁路火车钩尾框精密辊锻工艺,缩短了工艺流程,提高了生产效率,提高了锻件质量并降低了生产成本。机电所的研究团队曾经开发过多种钢质零件的辊锻成形工艺,并在全国各大锻造厂推广应用[19-23]。近期,在铝合金轴类件制坯辊锻的工艺和装备方面都进行了新的尝试并取得了有用的成果[24, 25]。

上海交通大学[26]、第二汽车制造厂（现东风汽车集团有限公司）[27]、河北科技大学[28]、大连铁道学院（现大连交通大学）[29]等单位的技术人员也对辊锻工艺理论和应用做了有益的探索。

1.4 辊锻机的种类及特点

1.4.1 辊锻机的工作原理

用于辊锻工艺的锻压设备称为辊锻机，其主要结构与两辊式轧钢机相似，装有一对转速相同、转向相反的锻辊，图 1-7 为其工作原理图。

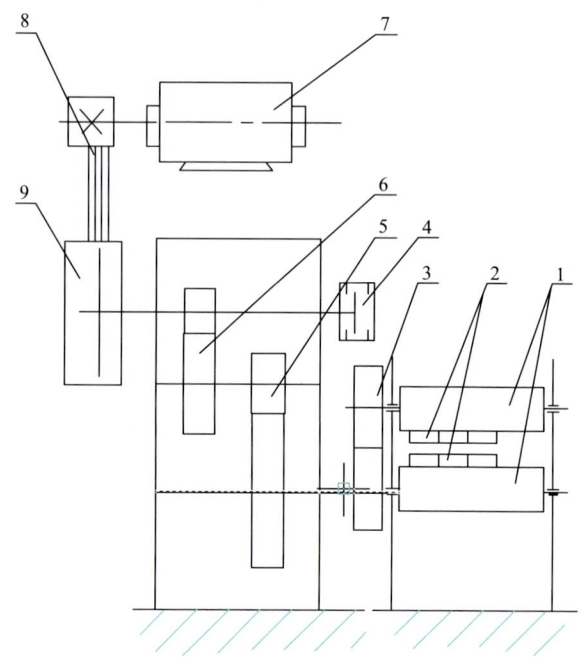

图 1-7 辊锻机工作原理

1. 锻辊；2. 辊锻模；3、5、6. 齿轮副；4. 制动器；7. 电机；8. 传动皮带；9. 离合器

辊锻模 2 通过键固定在锻辊 1 上，电机 7 经传动皮带 8、齿轮副 6 和 5 减速后，经过齿轮副 3 带动上下锻辊做等速反向旋转。通常，辊锻机上还有摩擦离合器 9 和制动器 4，以得到点动、单动、连动等多种操作规范。大型辊锻机一般装有液动低速回转机构，由径向柱塞液压马达驱动，在自动化辊锻中使辊锻模能够准确地停止在任意位置上。

辊锻工艺的迅速发展与广泛应用，也同时带动了辊锻机的设计、制造和系列化等，随着国产辊锻机的不断进步，辊锻机正朝着大型化、自动化、高效率与高精度方向发展。

1.4.2 辊锻机的分类

辊锻机可按工艺特点、送料方式和结构形式分类，见表1-1。

表 1-1　辊锻机分类

	送料方式	结构形式	工艺特点
辊锻机	水平送料	悬臂式辊锻机	制坯
		双支承辊锻机	制坯或成形
		复合辊锻机	制坯及横向展宽
		多机架自动辊锻机	大批量生产
	垂直送料	垂直送料辊锻机	特长而重的辊锻件

悬臂式辊锻机的工作锻辊悬伸在机架之外，环形辊锻模可从锻辊端部套入，更换模具比较方便，可在前面和侧面进行操作，适合完成毛坯的横向展宽，缺点是刚度较差，因此多用于制坯。国外悬臂式辊锻机有西德基泽林 SWF 系列、日本后藤锻工 M 系列、美国国民 No 系列等[30]。

双支承辊锻机在国内外使用比较普遍，国外有德国 EUMUCO 的 ARWS 系列、日本粟本的 RF 系列、苏联的 CA 系列。无锡动力机厂在 1974 年成功制造了我国第一台 D42-400 型双支承辊锻机。

复合辊锻机的锻辊分为两部分：支承在机架之间的部分称为内锻辊，悬伸在机架外的称外锻辊，它同时具有悬臂式和双支承的某些特点。

20 世纪 60 年代初，德国 EUMUCO 公司开发了多机架自动辊锻机，可以满足大批量和自动化生产的需要。生产一台汽车半轴的八机架自动辊锻机，该辊锻机是由八台悬臂式辊锻机串联在一起，由一个电机启动。每台辊锻机上只有一副模具，相邻两对锻辊的轴线可以错开一定角度。锻辊间的距离可在一定范围内调整。根据工艺和生产的需要，单元辊锻机的数目也可选择。多机架辊锻机上一般可以没有夹钳，推料杆将热坯料推入第一对锻辊后，锻辊就自动咬入毛坯，并进行辊锻，同时第二对锻辊咬入毛坯，依次进行，直至完成辊锻工艺过程。

一般的辊锻机都是水平方向送料，这种形式的辊锻机称为卧式辊锻机。在其前后两面均可操作，进出料比较方便，适用于辊锻小型毛坯或锻件，是现有辊锻机的一种主要结构形式。

在卧式辊锻机上辊锻特长锻件时，烧红的毛坯在自重下很容易弯曲，并使送料夹钳承受很大的弯矩。为克服上述缺点，将两锻辊布置在同一水平面内，坯料在两锻辊正上方沿铅垂方向送入，辊锻时坯料咬入向上运动，这种辊锻机被称为垂直送料辊锻机。

1976 年底，西德哈森克勒弗尔公司研制了一台辊锻模直径 1500 mm 的垂直送料辊锻机，该机总重 330 t，用于辊制长 3 m、宽 0.4 m 的铝合金螺旋桨叶片[31]。

1.4.3 辊锻装备技术的引进吸收与国产化

在辊锻设备方面，贵州险峰机床厂（现贵阳险峰机床股份有限公司）1968 年开始生产悬臂式辊锻机，此后的一段时间内，该厂生产的各种规格的辊锻机向全国供货，为辊锻机的推广提供了装备条件。1980 年险峰机床厂成功制造出了当时我国最大的一台 D42-1000 型双支承辊锻机，为前轴成形辊锻技术提供了技术保障。

20 世纪 80 年代，我国引进德国 EUMUCO 公司的全套技术和标准生产 ARWS 型系列自动辊锻机，由两部分组成：RW 型辊锻机和配套机械手[32]。其中规格为 370～680 mm 辊锻机配备与辊锻机刚性联动的 AS 型辊锻机械手，930 mm 辊锻机则配备具有独立传动装置的机械手，与辊锻机配合实现全自动操作。

自动辊锻机的引进和国产化大幅度地提升了我国辊锻装备技术水平，使得我国可以和世界水平同步生产最先进的辊锻机[33]。图 1-8 为机电所在引进技术的基础上开发制造的 370 mm 自动辊锻机组。

图 1-8　机电所引进制造的 370 mm 自动辊锻机组

辊锻机用于制坯辊锻时，一般与相应的热模锻设备配合使用[33]。制坯辊锻时与辊锻机配用的模锻设备可参照表 1-2 选用。

表 1-2 制坯时辊锻机与模锻主机选配参照

辊锻机公称直径/mm	配用锻锤打击能量/kJ	配用锻锤吨位/t	配用热模锻压力机公称压力/MN	配用螺旋压力机公称压力/MN
φ370	≤50	≤2	≤25	≤10
φ460	50～80	2～3	25～40	10～16
φ560	80～125	3～5	40～50	16～31.5
φ680	125～250	5～10	50～80	31.5～50
φ930、1000	≥250	≥10	≥80	≥50

辊锻机用于成形辊锻时，一般相应的热模锻设备起整形或局部成形的作用，这时辊锻机与主机的匹配应视具体零件和具体工艺而定。

辊锻机一般连接在感应加热炉和模锻主机之间，370～560 mm ARWS 自动辊锻机和加热炉的连接方式一般是将加热炉设置为高架形式，坯料依靠自重经滑道滑至喂料机械手，然后再由喂料机械手将坯料传给辊锻机械手。370～560 mm ARWS 自动辊锻机的喂料机械手设计了 45°和 135°两种接料位置，使在进行设备平面布置时更具有灵活性，通常使用以下两种布置方式[34]。

1）喂料机械手采用 135°接料的布置方式

图 1-9 是喂料机械手采用 135°接料的布置方式，特点是将辊锻机机械手布置在高架的感应加热炉上方，喂料机械手在 135°接料后传递给辊锻机械手，辊锻完毕后由辊锻机械手将坯料抛送至传送带，再由传送带传送到模锻主机。这种布置的特点是节省空间，物流顺畅。

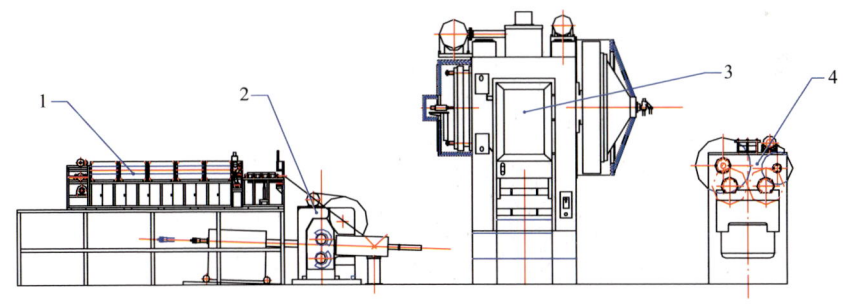

图 1-9 喂料机械手采用 135°接料的布置方式（立面图）
1. 感应加热炉；2. φ560 mm 辊锻机机械手；3. 50 MN 热模锻压力机；4. 5 MN 切边压力机

2）喂料机械手采用 45°接料的布置方式

图 1-10 是喂料机械手采用 45°接料的一种布置方式，辊锻完成后的坯料机械

手将坯料抛送至传送带,该传送带位于感应加热炉和辊锻机之间且与图面方向垂直,随后坯料通过传送带被传送至模锻主机。

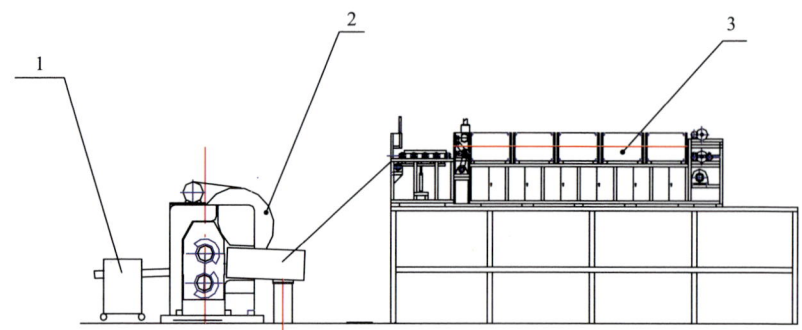

图 1-10　喂料机械手采用 45°接料的布置方式（立面图）
1. 机械手；2. ϕ560 mm 辊锻机；3. 感应加热炉

图 1-11 是喂料机械手采用 45°接料的布置方式的平面图。从平面图上可以看出这种布置方式占地面积较大,由于机械手布置在开放的空间里,对机械手的维护和调整有利。

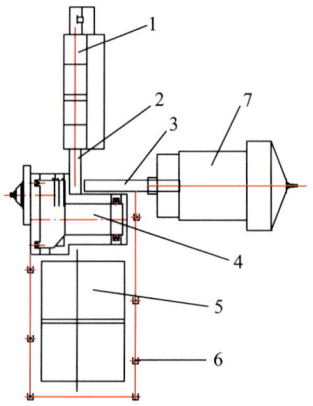

图 1-11　喂料机械手采用 45°接料的布置方式（平面图）
1. 感应加热炉；2. 滑道；3. 辊锻机；4. 机械手；5. 安全护栏；6. 传送带；7. 热模锻压力机

机电所曾是国内自动辊锻机的主要生产厂家之一,在提供设备的同时还提供辊锻工艺与模具技术,为汽车发动机连杆、曲轴[35,36]汽车悬架系统的支撑臂和挂臂、铁路内燃机车用大型柴油机连杆、货车车辆制动梁支柱等的锻造提供辊锻制坯工艺,取得了良好的应用效果。图 1-12 为汽车悬架系统的一种弯曲形状长轴类件的照片和在国产 460 mm 辊锻机上 3 道次辊锻的辊锻工步图[37]。

第 1 章 绪　论

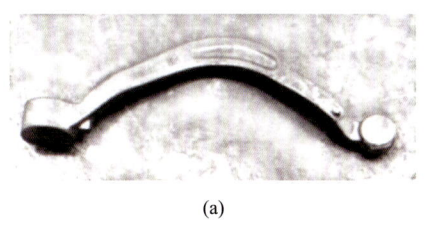

(a)

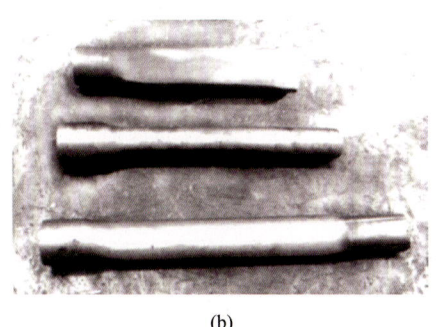

(b)

图 1-12　一种长轴类件的制坯辊锻工艺

(a) 锻件照片；(b) 辊锻工步

机电所在引进技术的基础上开发了适合钢质大型长轴件精密辊锻用的多种型号的辊锻机，如 1000 mm 自动辊锻机、加强型 1000 mm 自动辊锻机、1250 mm 辊锻机、世界最大规格型号的 1600 辊锻机等。另外，还开发了更小规格的伺服直驱的 250 mm 辊锻机[38-40]。成系列的辊锻机组的开发不仅丰富了产品线，为不同类型的零件辊锻提供了更多和更适合的装备选择，也有力支撑了钢质大型长轴件精密辊锻技术的快速发展。

1.4.4　辊锻装备技术的研究手段

辊锻机是一种锻压机械，其工作环境恶劣，服役条件严苛，因此对可靠性和稳定性要求高。同时辊锻机的设备制造费用高，生产周期较长。自动化生产线对辊锻机的故障停车率、精度稳定性指标提出了更高的要求。

在计算机出现以前，设计者往往凭直觉和经验，通过一些推导出的经验公式进行计算，并进行小规模的试验，类比相似的产品和设计。传统设计主要有以下特点：人工试凑、经验比较、静态设计、设计者脱离实际等。随着社会的不断进步和发展，技术也在快速发展，特别是计算机技术的发展为进行机械设计优化分析和计算提供了条件和手段[41]。

20 世纪 60 年代以来，现代设计方法被逐渐推广应用，主要包括设计方法学、可靠性设计、优化设计、计算机辅助设计、有限元法、工业艺术造型设计、模块化设计、机械功态设计、反求工程设计等。传统设计中的经验法、类比法被提升到逻辑的、理性的、系统的分析和计算[42]。

对于辊锻机的机架,过去往往利用材料力学或弹性力学的简单公式,估算某一部分尺寸的改动对整个结构刚度带来的影响,但这种计算只能说明是定性的,却难以确定该尺寸的变化与结构性能间的精确关系,因此这种分析是粗糙的。采用有限元法进行计算,配合使用现代化测试设备进行实际试验时,会较好地完成这个任务,在产品制造出来以前,准确地预测出其性能指标,基本上做到定量化成为现实。有限元计算具有计算模型假设少、综合性强、计算速度快和计算精度高等优点,为大型辊锻机的设计提供了有效的数值方法[43-45]。

对于辊锻机离合器、制动器的设计,传统设计方法中只考虑结合力矩、摩擦块单位面积比压、制动力矩、制动角等参数,进行静态设计。而现代设计方法中,应该对离合器制动器结合的各瞬态过程进行动力学分析。西安交通大学赵升吨等进行了大量的试验与理论研究,建立了描述离合器制动器结合过程的数学模型,根据活塞缸气压变化对结合过程进行阶段划分[46,47]。清华大学何娟蓉等在设计制动器时,考虑了制动器气缸充放气过程中气缸气压变化对制动器制动力矩的影响。他们建立了相应的数学模型,并做了大量试验[48]。一重集团大连设计研究院(现一重集团大连工程技术有限公司)侯彦武分析了 50 MN 热模锻压力机离合器、制动器的协调性,并做了实验验证[49]。

1.5 辊锻力能参数的确定

1.5.1 辊锻力与辊锻力矩

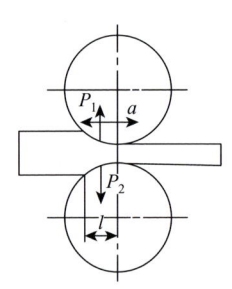

图 1-13 辊锻力与力矩

辊锻时,变形金属作用在锻模上的力有两个:沿半径方向的径向力和沿切线方向的摩擦力。它们的合力称为辊锻力,如图 1-13 所示。由于它的方向与铅垂线夹角很小,可认为辊锻力方向是垂直的。辊锻力和辊锻力矩是设计和选用辊锻机的重要依据,必须进行计算。

1.5.2 辊锻力的计算方法

辊锻力等于变形区金属与模具接触面上的平均单位压力乘以变形区的水平投影面积,即

$$P = pF \tag{1-10}$$

辊锻时，变形各瞬间往往单位压力和变形区面积是变化的。计算辊锻力时，要选择压下量最大且接触面也最大的变形区，即最大辊锻力所处的变形区。

变形区水平投影面积的确定：简单变形条件下，变形区的水平投影面积为

$$F = \bar{b}_1 = \frac{b_0 + b_1}{2}\sqrt{R\Delta h} \tag{1-11}$$

复杂变形条件下，也可按式（1-11）进行近似计算，此时，应取型槽半径的平均值和压下量的平均值代替式（1-11）中的 R 和 Δh。不同毛坯在各种型槽中辊锻（图1-14）的平均压下量可按表1-3中公式进行计算。

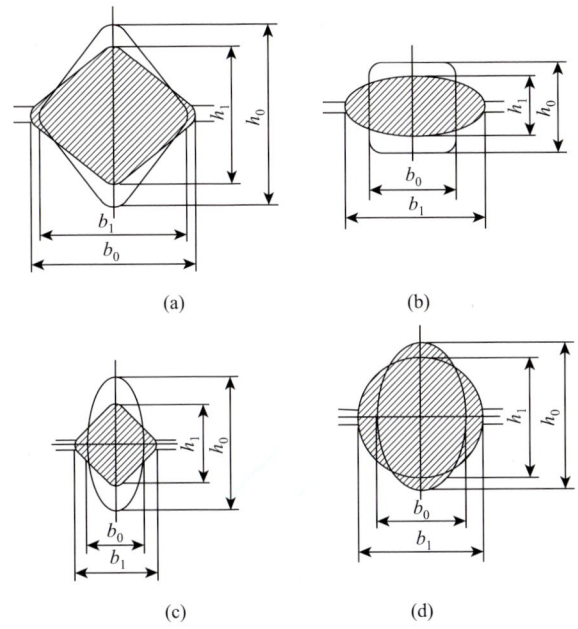

图 1-14 不同毛坯在各种型槽中辊锻

（a）菱形毛坯进理想菱形型槽；（b）方形毛坯进椭圆形型槽；（c）椭圆形毛坯进方形型槽；
（d）椭圆形毛坯进圆形型槽

表 1-3 各种型槽的平均压下量

毛坯及型槽的形状	平均压下量
菱形毛坯进理想菱形型槽	$\Delta \bar{h} = (0.55 \sim 0.6)(h_0 - h_1)$
方形毛坯进椭圆形型槽	$\Delta \bar{h} = h_0 - 0.7h_1$ $\Delta \bar{h} = h_0 - 0.85h_1$
椭圆形毛坯进方形型槽	$\Delta \bar{h} = (0.65 \sim 0.7)h_0 - (0.55 \sim 0.6)h_1$
椭圆形毛坯进圆形型槽	$\Delta \bar{h} = 0.85h_0 - 0.79h_1$

平均单位压力的确定：由于辊锻时金属与模具接触面上的单位压力分布是不均匀的，精确计算很困难，可用经验数值确定辊锻的平均单位压力。

（1）辊锻碳钢件（其质量分数 $W_C < 0.35\%$，$W_{Si} < 0.3\%$，$W_{Mn} < 0.7\%$）的平均单位压力根据其锻件复杂程度和辊锻温度不同，按表1-4确定。

表1-4　成形辊锻的平均单位压力

锻件复杂程度	辊锻温度/℃	平均单位压力/MPa
简单形状	900	250
	1000	200
复杂形状	900	300
	1000	250
最复杂形状	900	350
	1000	300

（2）成形辊锻合金钢锻件，其平均单位压力按表1-4选取后，再按式（1-12）修正：

$$p' = p\varphi \qquad (1-12)$$

修正系数 φ 根据材料不同，按表1-5选取。

表1-5　修正系数 φ

材料牌号	辊锻温度/℃	
	900	1000
30CrMnSiA	0.7	0.8
18Cr2Ni4WA	1.0	1.0
2Cr13	1.5	1.3
1Cr17V12	2.0	1.6

当采用润滑剂时会比表中所列试验数据低些。例如，用石墨润滑剂比无润滑时的平均单位压力低30%～35%。

（3）制坯辊锻的平均单位压力，根据其相对压下量和辊锻温度按表1-6选取。

表1-6　制坯辊锻的平均单位压力

相对压下量/%	辊锻温度/℃	平均单位压力/MPa	
		无润滑	石墨润滑剂
30	1150	80	60
40	1150	100	80
50	1150	120	100
60	1150	170	130

注：辊锻条件是材料为50钢，锻模公称直径为500 mm。

1.5.3 辊锻力矩的计算方法

如图 1-13 所示，设辊锻力的作用点到锻辊中心连线的距离为 a，则上下两锻辊的总力矩 M 为

$$M = 2Pa \tag{1-13}$$

式中，P——辊锻力；
a——力臂，$a = \varphi l$；
φ——力臂系数，成形辊锻时可取 0.25～0.30，制坯辊锻时可取 0.40～0.60。

1.6 辊锻模相关行业标准

1.6.1 回转成形模在用标准情况

辊锻模是回转成形模大类中的一种，目前在用的回转成形模标准由三部分组成，均为机械行业标准，分别是：

《辊锻模 技术条件》（JB/T 9195—2017）；
《锻模 辊锻模 结构型式和尺寸》（JB/T 9194—2017）；
《锻模 两辊式楔横轧模 结构型式和尺寸》（JB/T 6961—2017）。

回转成形有多种细分工艺，也有不同的模具结构形式，如辊锻模、楔横轧模、摆辗模等，目前的三个标准反适用于辊锻模和楔横轧模使用，尚未涵盖其他回转成形模，建议在条件允许的情况下，增加不同种类的回转成形模相关标准，丰富和完善回转成形模相关标准体系。

本书中仅介绍与辊锻模相关的两个标准[50,51]即 JB/T 9194—2017 和 JB/T 9195—2017。

1.6.2 《锻模 辊锻模 结构型式和尺寸》

1. 辊锻模类型

辊锻模按外形结构分为扇形模和整体模。扇形模根据固定方式可以分为嵌入式扇形模和楔式扇形模。整体模一般用于悬臂式辊锻机或一侧带可移动立柱的双支撑辊锻机。整体模结构如图 1-15 所示。整体模用键固定，悬臂式辊锻机整体模紧固结构如图 1-16 所示。扇形模基本结构如图 1-17 所示。

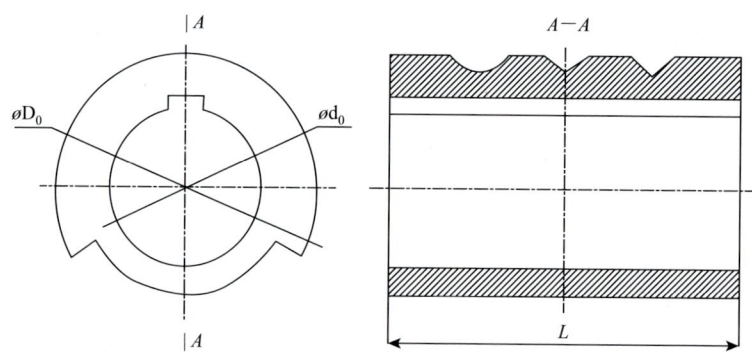

图 1-15 整体模结构

L 按工艺要求确定

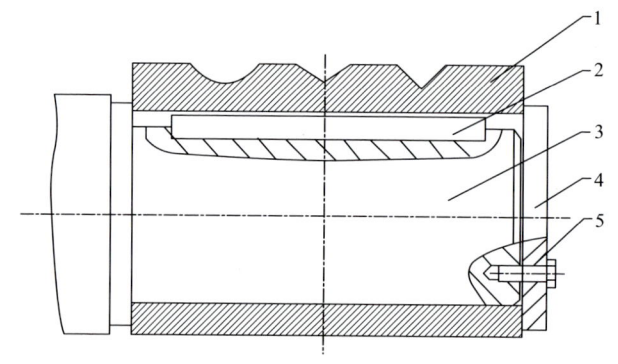

图 1-16 悬臂式辊锻机整体模紧固结构

1. 整体模；2. 平键；3. 锻辊；4. 压盖；5. 螺钉

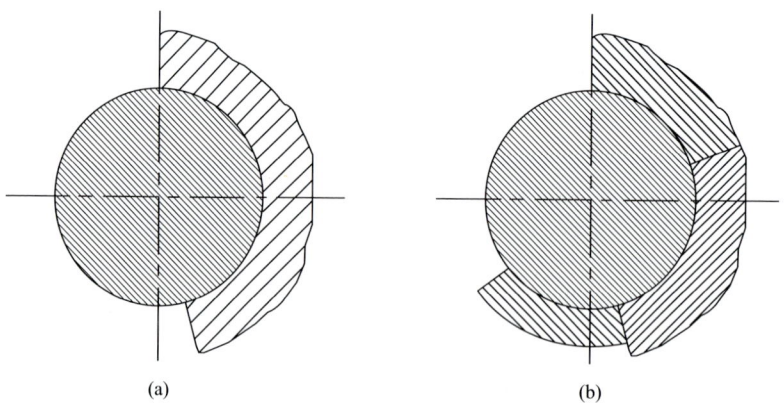

图 1-17 扇形模基本结构

(a) 单体模；(b) 组合模

2. 扇形模结构

1）嵌入式扇形模

嵌入式扇形模结构如图 1-18 所示。嵌入式扇形模侧壁具有配合连接的弧形凸起或凹槽，使用时用压环或楔形压块紧固在锻辊上。嵌入式扇形模紧固结构如图 1-19、图 1-20 所示。

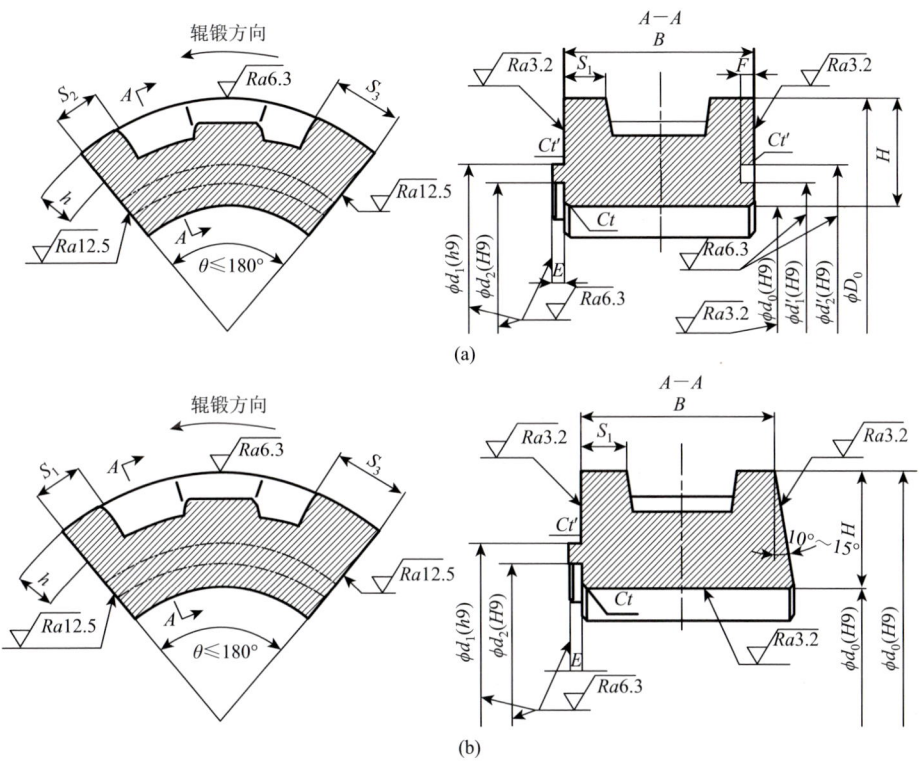

图 1-18 嵌入式扇形模结构

（a）压环紧固结构；（b）压块紧固结构

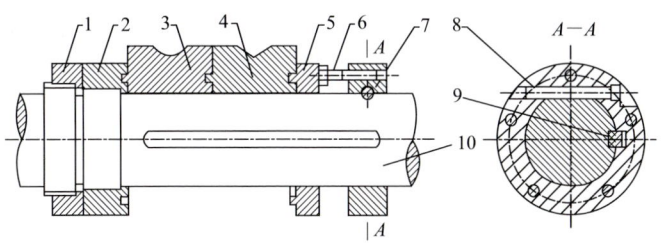

图 1-19 嵌入式扇形模紧固结构——用压环紧固

1. 锁紧螺母；2. 定位环；3、4. 扇形模；5. 压紧环；6. 挡环；7. 螺钉/压紧块；8. 定位销；9. 平键；10. 锻辊

20 钢质大型长轴件精密辊锻技术

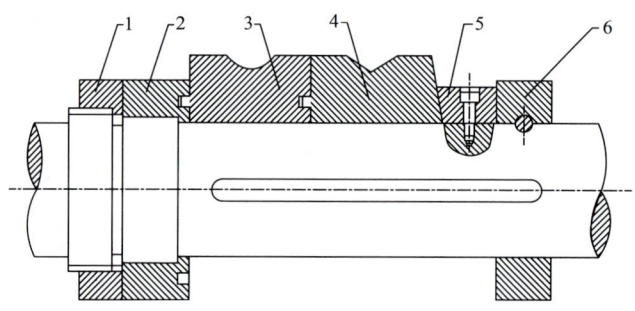

图 1-20　嵌入式扇形模紧固结构——用压块紧固
1. 锁紧螺母；2. 定位环；3、4. 扇形模；5. 压紧环/压紧块；6. 挡环

2）楔式扇形模

楔式扇形模结构如图 1-21 所示，楔式扇形模紧固结构如图 1-22 所示。

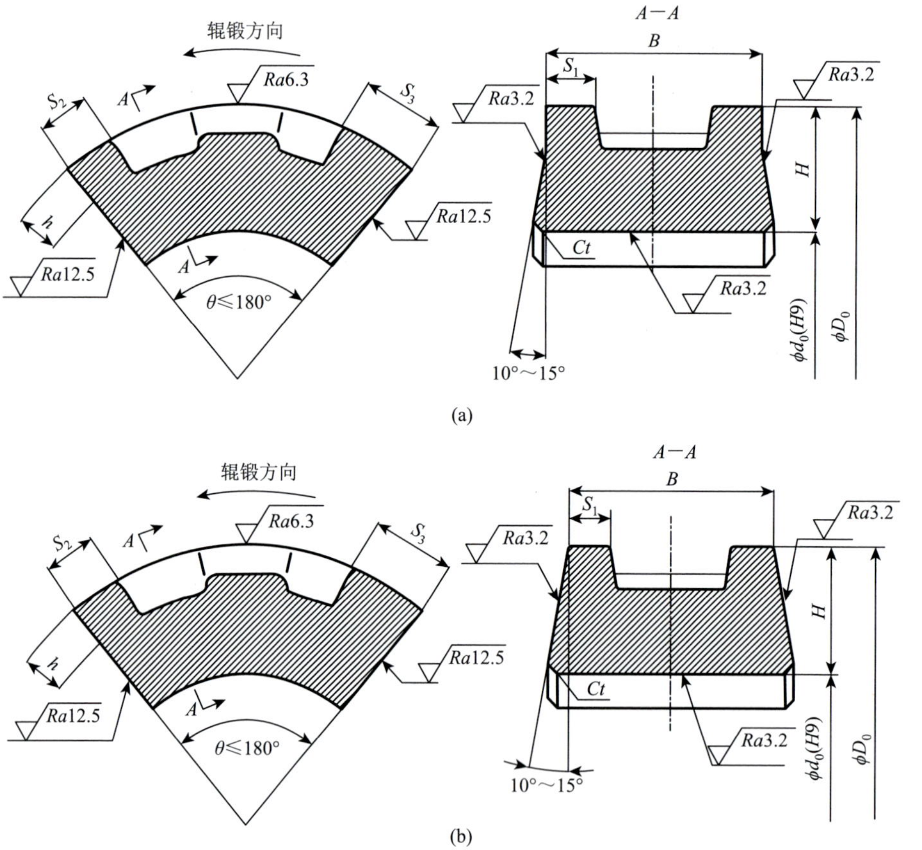

图 1-21　楔式扇形模结构
（a）部分楔面；（b）全楔面

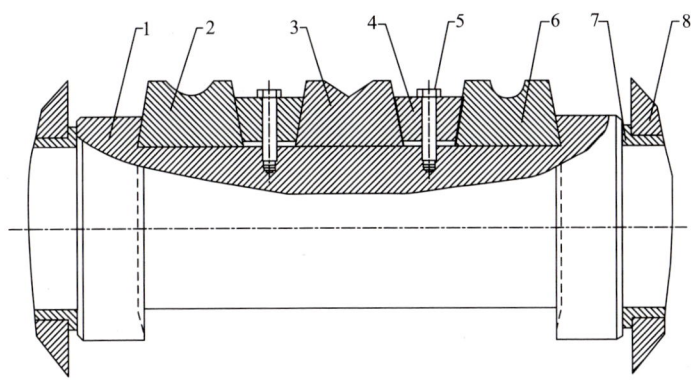

图 1-22 楔式扇形模紧固结构

1. 锻辊；2、3、6. 扇形模；4. 压块；5. 螺钉；7. 轴瓦；8. 轴承座

3. 扇形模尺寸

扇形模的外形尺寸、型槽尺寸、侧壁与端部壁厚等，应根据辊锻机系列有关参数、热辊锻件图及各部分壁厚强度要求确定。

辊锻模外径 D_0：

$$D_0 = D - \Delta S \tag{1-14}$$

式中，D——辊锻模公称直径，指辊锻模分模面处的回转直径，其值等于两锻辊的中心距；

ΔS——上下辊锻模间隙。

辊锻模侧壁厚度 S_1：

$$S_1 = (1.1 \sim 1.5)h_{\max} \tag{1-15}$$

辊锻模前端壁厚 S_2：

$$S_2 \geqslant h \tag{1-16}$$

辊锻模后端壁厚 S_3：

$$S_3 = (1.0 \sim 1.5)h \tag{1-17}$$

式中，$h_{\max}$——型槽最大深度；

h——型槽深度。

辊锻模厚度 H：

$$H = \frac{D_0 - d_0}{2} \tag{1-18}$$

式中，d_0——辊锻机轧辊直径。

辊锻模宽度 B：

$$B = b_{max} + 2 \times S_1 \qquad (1\text{-}19)$$

式中，b_{max}——型腔最大宽度。

辊锻模其他尺寸 d_0、d_1、d_1'、d_2、d_2'、t、t'、E、F 按表 1-7 确定。

表 1-7　辊锻模尺寸　　　　　　　　　　（单位：mm）

D	d_0	D_0^a	S_1^a	S_2^a	S_3^a	H^a	B^a	d_1、d_1'	d_2、d_2'	t	t'	E	F
160	105							135	120				
250	170							210	190	3	1	6	8
370	240							310	280				
400	260							330	300				
460	300							380	340				
500	330	—	—	—	—	—	—	410	370				
560	360							490	430	5	2	8	10
630	430							550	490				
680	440							580	500				
800	540							680	600				
1000	600							800	700	8	3	10	12
1250	800							1000	900				

4. 要求与标记

辊锻模技术要求应符合《辊锻模 技术条件》（JB/T 9195—2017）的规定。

辊锻模标记示例如下：

示例 1　嵌入式扇形辊锻模 JB/T 9194—560：表示符合 JB/T 9194—2017 的嵌入式扇形辊锻模，锻模公称直径 D 为 560 mm。

示例 2　楔式扇形辊锻模 JB/T 9194—680：表示符合 JB/T 9194—2017 的楔式扇形辊锻模，锻模公称直径 D 为 680 mm。

示例 3　整体辊锻模 JB/T 9194—250：表示符合 JB/T 9194—2017 的整体辊锻模，锻模公称直径 D 为 250 mm。

1.6.3　《辊锻模 技术条件》

1. 辊锻模材料

按表 1-8 选用辊锻模材料。

表 1-8　行业标准推荐辊锻模材料

材料牌号	标准代号	适用范围
3Cr2W8V（或 3Cr2W6） 5CrNiMo 5CrMnMo	GB/T 1299—2014	生产节拍高、批量大的制坯辊锻模， 形状复杂的成形辊锻模
ZG4Cr3 Mo2WV ZG5CrMnMoV	—	衬陶瓷型精密铸造大型的制坯辊锻模， 衬陶瓷型精密铸造大型复杂的成形辊锻模
45	GB/T 699—2015	形状较复杂，批量不大的制坯辊锻模或成形辊锻模， 新产品试制或辊锻模型槽定型的研制
ZG310–570	GB/T 11352—2009	

注：允许采用性能相近的钢号代替。

2. 辊锻模技术要求

辊锻模技术要求见表 1-9。

表 1-9　辊锻模技术要求

序号	项目	要求	试验方法
1	内在缺陷	采用热轧钢或钢锭锻制的模块毛坯、铸造的辊锻模半成品，其内部均不允许有白点、裂纹、气孔、缩孔、疏松等缺陷	用脉冲反射式超声波探伤试验方法，对辊锻模型槽加工表面、铸造辊锻模型槽表面进行全面探伤试验
2	锻造比	用钢锭锻制的辊锻模毛坯，锻造比应符合相关标准的规定	
3	热处理状态	1. 辊锻模毛坯与铸造的辊锻模半成品的热处理硬度（HB）为 197~241； 2. 形状复杂的成形辊锻模模块与铸造辊锻模的热处理硬度（HRC）为 38~44； 3. 形状简单的辊锻模模块与铸造辊锻模的热处理硬度（HRC）为 44~48	1. 对辊锻模毛坯、铸造辊锻模半成品硬度试验按 GB/T 231—2022 的有关规定进行； 2. 对辊锻模硬度试验按 GB/T 230—2018 的有关规定进行
4	形状和尺寸	1. 辊锻模形状和尺寸应符合有关规定； 2. 辊锻模与锻辊的配合公差为 H9/h9； 3. 型槽的形状按热辊锻件图样确定，其尺寸偏差按表 10-5 确定，特殊情况由供需双方商定	1. 型槽形状和尺寸一般采用样板检测； 2. 对难以进行样板测量的型槽做试模试验，试模工艺按正常生产进行，试件材料应符合产品图样要求
5	表面质量	1. 辊锻模表面粗糙度应符合标准有关规定； 2. 辊锻模毛坯型槽加工表面如有裂纹、折叠、斑疤、夹渣、夹砂等缺陷，其深度不得超过单面加工余量的 2/3； 3. 型槽表面粗糙度 Ra 的最大允许值为 1.6 μm	

3. 辊锻模公差

辊锻模公差见表 1-10。

表 1-10 辊锻模公差

公称尺寸	制坯			初成形			终成形		
	长度	宽度	深度	宽度	深度	长度	宽度	深度	长度
≤18	±1.10	+2.20 −1.10	±0.43	+0.43 −0.27	+0.18 −0.11	±0.11	+0.18 −0.11	+0.11 −0.07	±0.11
>18~30	±1.30	+2.60 −1.30	±0.52	+0.52 −0.33	+0.21 −0.13	±0.13	+0.21 −0.13	+0.13 −0.08	±0.13
>30~50	±1.60	+3.20 −1.60	±0.62	+0.62 −0.39	+0.25 −0.16	±0.16	+0.25 −0.16	+0.16 −0.10	±0.16
>50~80	±1.90	+3.80 −1.90	±0.74	+0.74 −0.46	+0.30 −0.19	±0.19	+0.30 −0.19	+0.19 −0.12	±0.19
>80~120	±2.20	+4.40 −2.20	±0.87	+0.87 −0.54	+0.35 −0.22	±0.22	+0.35 −0.22	+0.22 −0.14	±0.22
>120~180	±2.50	—	±1.00	+1.00 −0.63	+0.40 −0.25	±0.25	+0.40 −0.25	+0.25 −0.16	±0.25
>180~250	±2.90	—	—	+1.15 −0.72	—	±0.29	+0.46 −0.29	—	±0.29
>250~315	±3.20	—	—	+1.30 −0.81	—	±0.32	+0.52 −0.32	—	±0.32
>315~400	±3.60	—	—	+1.40 −0.89	—	±0.36	+0.57 −0.36	—	±0.36
>400~500	±4.00	—	—	+1.55 −0.97	—	±0.40	+0.63 −0.40	—	±0.40
>500~630	±4.40	—	—	+1.75 −1.10	—	±0.44	+0.70 −0.44	—	±0.44
>630~800	±5.00	—	—	+2.00 −1.25	—	±0.50	+0.80 −0.50	—	±0.50
>800~1000	±5.60	—	—	+2.30 −1.40	—	±0.56	+0.90 −0.56	—	±0.56

注：沿辊锻方向为长度方向，与其垂直的方向为宽度方向。

4. 检验规则

辊锻模应由制造厂质量检验部门按辊锻模图样和本标准检验。

每批钢材应有符合国家标准的钢材化学成分和力学性能的质量保证书，否则必须进行化学分析与力学性能试验，试验结果符合该钢号国家标准规定，方能投产。

辊锻模应逐件进行超声波探伤检测内在缺陷，检测方法按表 1-10 的规定进行。

成形辊锻模的型槽形状误差和尺寸误差要用样板逐件进行检测，超差者应报废。

5. 标志、包装、运输

经检验合格的辊锻模，应由制造厂家用 10 号字码打出钢印，包括材料牌号、制造厂家标记、制造序号等，涂防锈油入库。

经验收合格的辊锻模应附上检验合格证，其内容包括：①辊锻模模具号；

②辊锻模名称；③材料牌号；④热处理硬度；⑤合同号；⑥厂名；⑦质量检查合格印记。辊锻模包装和运输方法应在订货协议中注明。

1.7 辊锻工艺应用实例：CR350A 连杆制坯辊锻模设计

连杆属轴杆类锻件，其大头、小头、杆部截面积相差较大，需经制坯使坯料体积沿轴线合理分布后再进入模锻工序，是特别适用于辊锻制坯的典型零件。我国也曾对连杆的成形辊锻工艺进行过多年研究，但辊锻过程中的前滑难以控制，而且随着锻压设备水平的提高，对连杆这样的小型锻件，利用成形辊锻来减小模锻力似乎越来越没有必要。因此，连杆"辊锻制坯-模锻成形"为目前国内外的通用工艺[51,52]。CR350A 连杆锻件如图 1-23 所示，采用机械压力机热模锻工艺，工艺流程为：辊锻制坯、压扁、预锻、终锻、切边和冲孔。

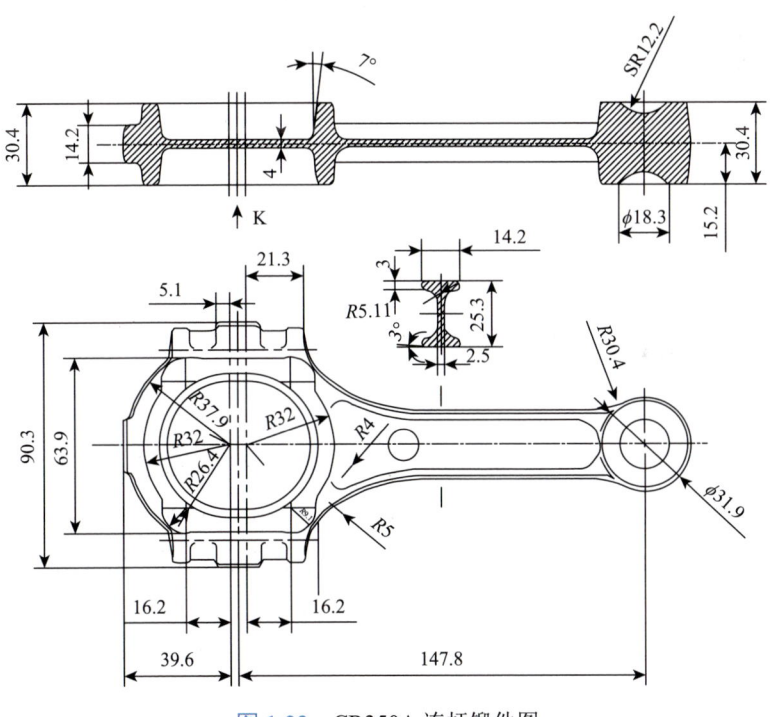

图 1-23　CR350A 连杆锻件图

辊锻工艺为连杆热模锻锻造工艺的制坯工序，根据锻件最大截面积计算得到坯料热尺寸为 $\phi 45.7$ mm，依据锻件体积计算得到坯料长度为 110 mm。经计算得到辊锻道次为 4 道次，辊锻型槽系采用椭-方-椭-方，辊锻工步图如图 1-24 所示。

26 钢质大型长轴件精密辊锻技术

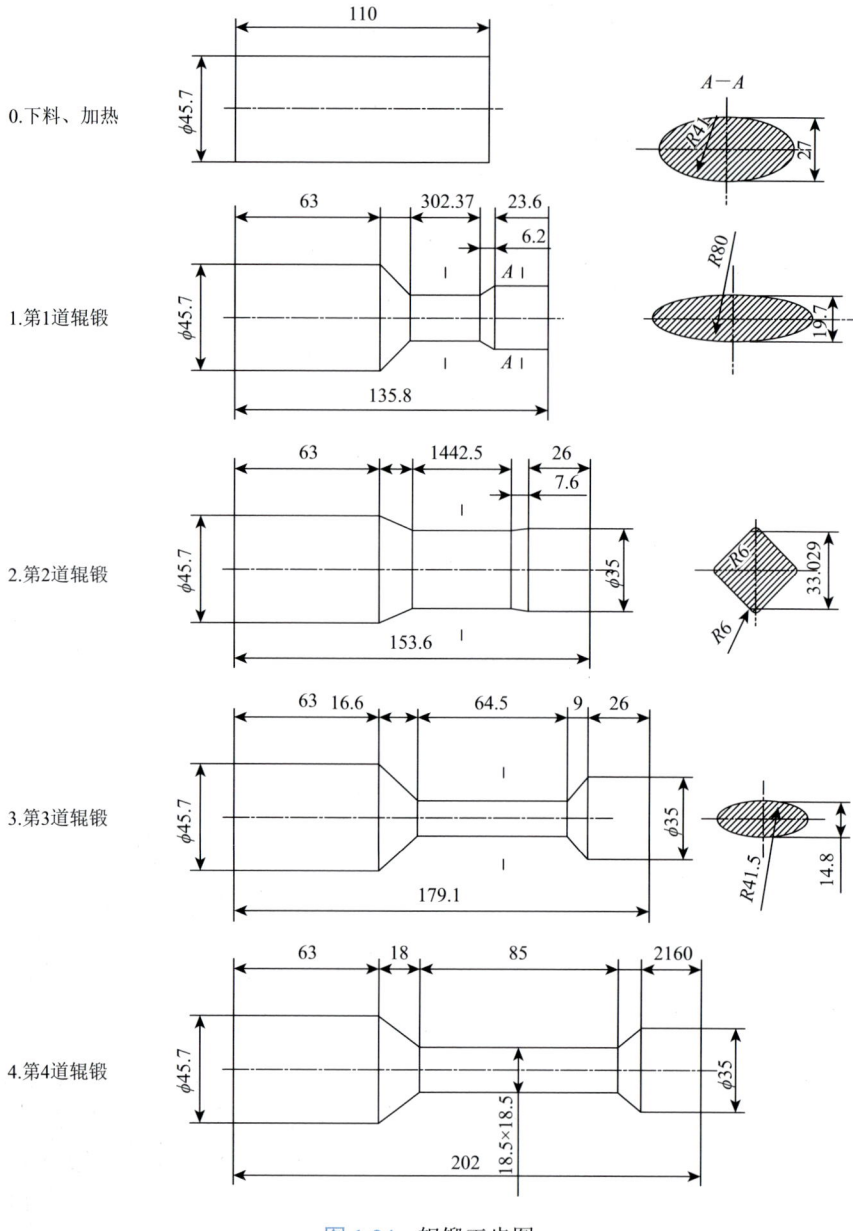

图 1-24 辊锻工步图

  φ45.7 mm 的坯料可以在 370 mm 和 460 mm 辊锻机上实施，生产线配置的是 460 辊锻机，辊锻模设计选用 460 辊锻机的参数。经计算辊锻扇形模的角度为 85°，辊锻模装配图如图 1-25 所示。辊锻模结构尺寸按辊锻机规格根据辊锻机装模形式和尺寸确定，绘制的 1～4 道次辊锻模如图 1-26 所示。

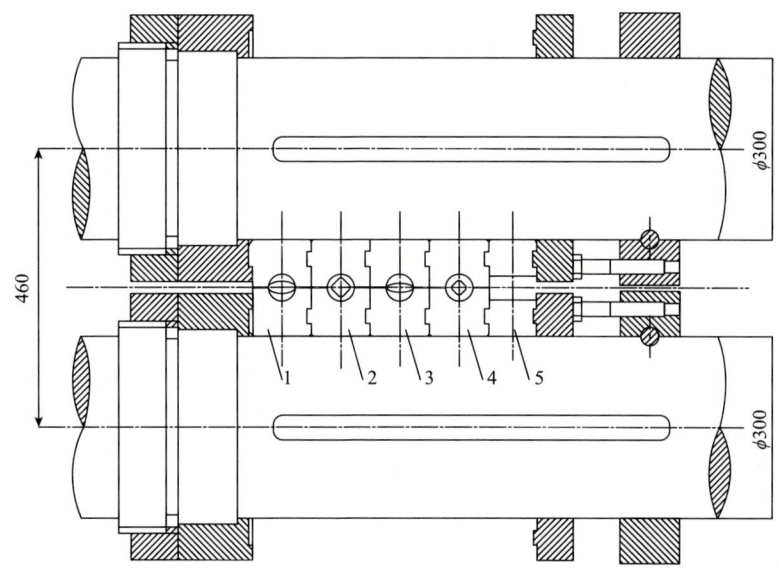

图 1-25　CR350A 连杆辊锻模装配图

1. 第 1 道辊锻模； 2. 第 2 道辊锻模； 3. 第 3 道辊锻模； 4. 第 4 道辊锻模； 5. 定位块

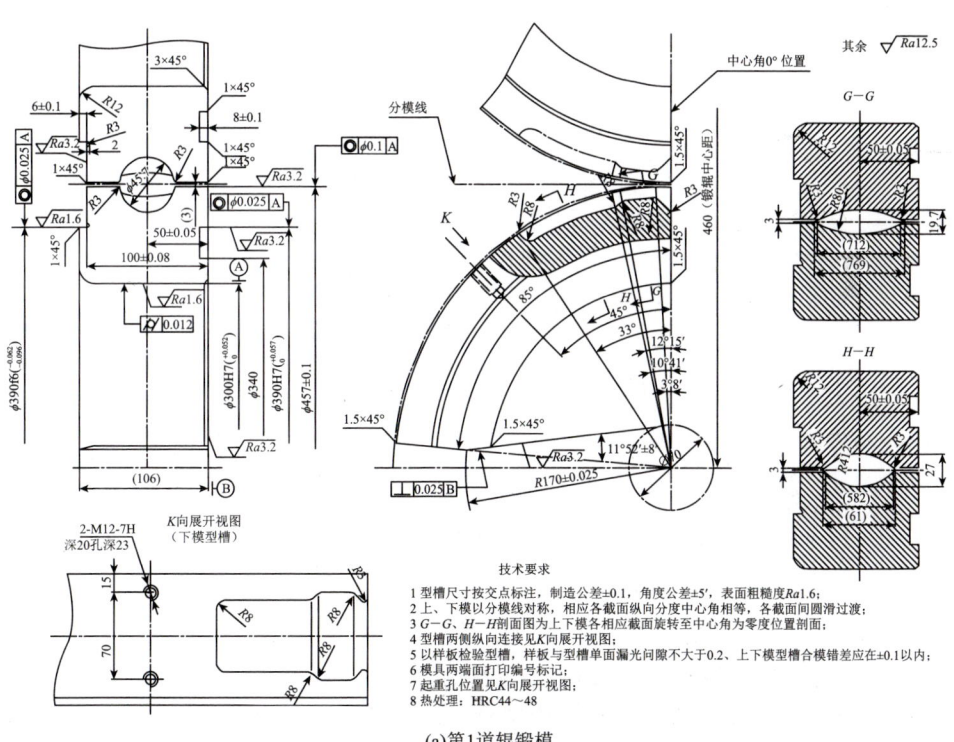

(a) 第1道辊锻模

技术要求

1 型槽尺寸按交点标注，制造公差±0.1，角度公差±5′，表面粗糙度*Ra*1.6；
2 上、下模以分模线对称，相应各截面纵向分度中心角相等，各截面间圆滑过渡；
3 *G*−*G*、*H*−*H*剖面图为上下模各相应截面旋转至中心角为零度位置剖面；
4 型槽两侧纵向连接见*K*向展开视图；
5 以样板检验型槽，样板与型槽单面漏光间隙不大于0.2、上下模型槽合模错差应在±0.1以内；
6 模具两端面打印编号标记；
7 起重孔位置见*K*向展开视图；
8 热处理：HRC44～48

(b) 第2道辊锻模

技术要求

1 型槽尺寸按交点标注，制造公差±0.1，角度公差±5′，表面粗糙度*Ra*1.6；
2 上、下模以分模线对称，相应各截面纵向分度中心角相等，各截面间圆滑过渡；
3 *G*−*G*、*H*−*H*剖面图为上下模各相应截面旋转至中心角为零度位置剖面；
4 型槽两侧纵向连接见*K*向展开视图；
5 以样板检验型槽，样板与型槽单面漏光间隙不大于0.2、上下模型槽合模错差应在±0.1以内；
6 模具两端面打印编号标记；
7 起重孔位置见*K*向展开视图；
8 热处理：HRC44～48

(c) 第3道辊锻模

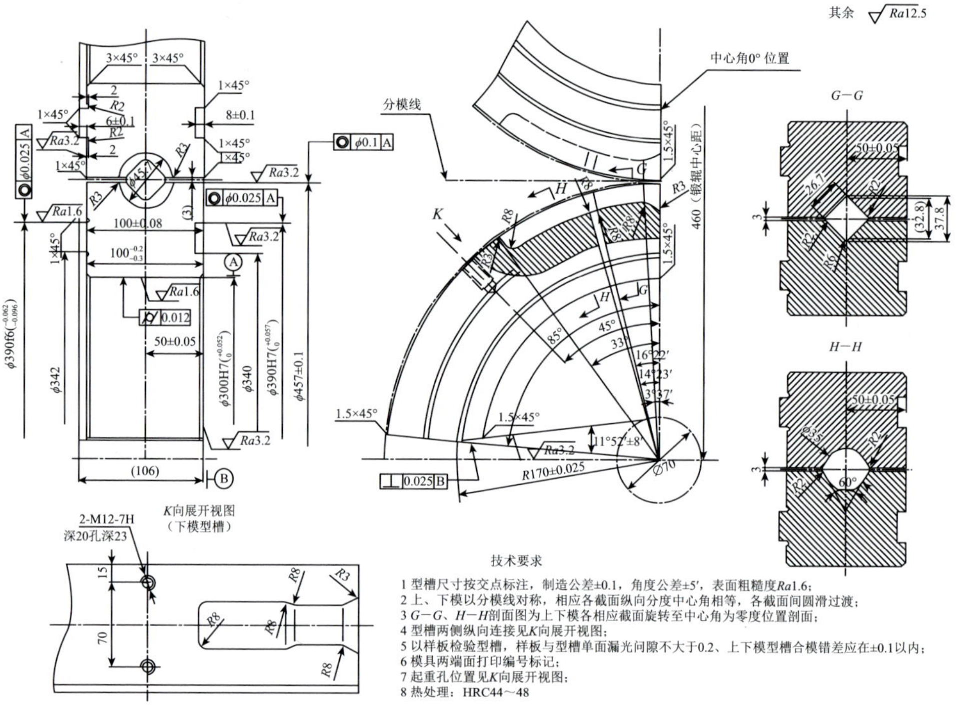

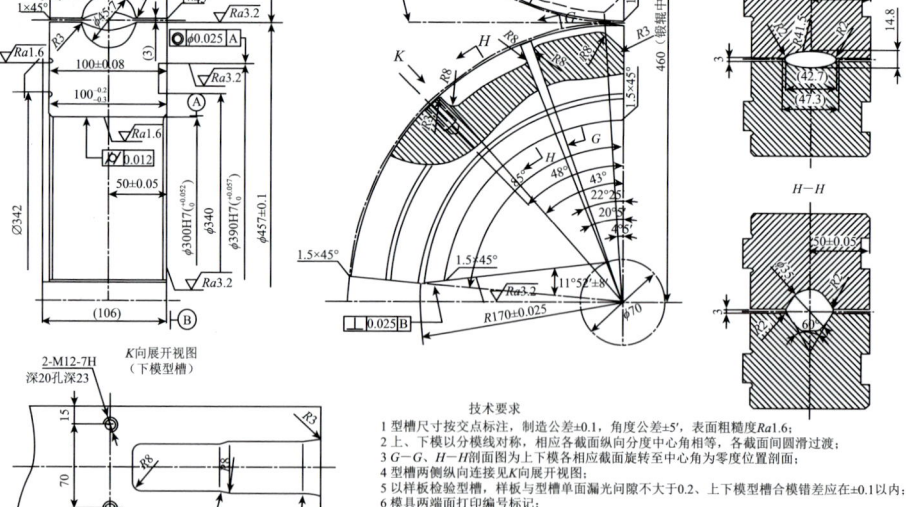

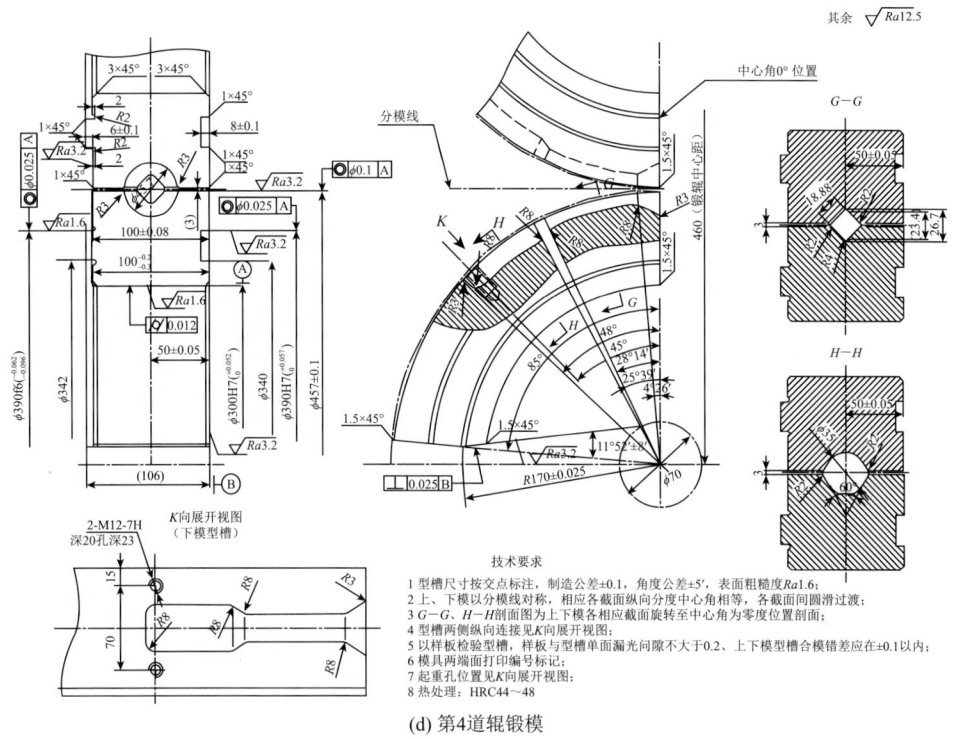

(d) 第4道辊锻模

图 1-26　CR350A 辊锻模

辊锻模材料根据辊锻模技术条件标准 JB/T 9195—2017，选用 5CrNiMo，选用钢锭锻制的辊锻模毛坯要求按 GB/T 11880—2008 的有关规定。

参 考 文 献

[1] 中国机械工程学会塑性工程分会. 锻压手册（第 1 卷，锻造）[M]. 4 版. 北京：机械工业出版社，2020

[2] 洪涛，蒋鹏. 国内辊锻技术装备的研究与应用（上）[J]. 锻造与冲压，2015（5）：56-59

[3] 洪涛，蒋鹏. 国内辊锻技术装备的研究与应用（下）[J]. 锻造与冲压，2015（7）：53-57

[4] 美国金属学会. 金属手册第十四卷——成型和锻造[M]. 9 版. 涂光祺，范坚祥，何德誉，等译. 北京：机械工业出版社，1994

[5] 库特·朗格，海因茨·梅迈尔-诺肯佩尔. 模锻[M]. 杜忠权，张海明，李国仁，译. 北京：机械工业出版社，1989

[6] Gao S Y, Zhang J M, Gao H Y. Study on the dynamics of the forward slip in roll forging[J]. Advanced Technology of Plasticity，1990（2）：689-694

[7] 蒋鹏，胡福荣，曹飞，等. 柴油机连杆采用自动辊锻制坯工艺的技术经济效果[J]. 机械工人（热加工），2003（9）：75-76

[8] 王廷薄，齐克敏. 金属塑性加工学——轧制理论与工艺[M]. 2 版. 北京：冶金工业出版社，2001

[9] Thomas A. 辊锻孔型设计图解法的改进与简化[J]. 张士宏，译. 锻压技术，1989，14（5）：1-13

[10] 王强, 何芳, Eratz H. 辊锻模具三维 CAD 专用软件开发[J]. 模具工业, 2002, 28 (4): 8-11
[11] 傅沛福. 辊锻理论与工艺[M]. 长春: 吉林人民出版社, 1982
[12] 张承鉴. 辊锻技术[M]. 北京: 机械工业出版社, 1986
[13] 高士义, 刘喜方, 李东平, 等. 提高连杆成形辊锻工艺稳定性的研究[J]. 锻压技术, 1983, 8 (3): 23-26
[14] Yang S H, Kou S Q, Deng C P. Research and application of precision roll-forging taper-leaf spring of vehicle[J]. Journal of Materials Processing Technology, 1997, 65 (1-3): 268-271
[15] 杨慎华, 谷诤巍, 寇淑清, 等. 汽车变截面板簧精密成形自动化装置研究[J]. 锻压机械, 1999, 34 (6): 16-18
[16] 寇淑清, 杨慎华, 黄良驹. 机引犁铧闭式型槽精密辊锻技术研究[J]. 热加工工艺, 2001, 30 (4): 33-34
[17] 金文明, 姜维林, 金明华. 辊锻工艺在扳钳工具生产中的应用[J]. 吉林工业大学学报, 1998, 28 (2): 98-102
[18] 杨慎华, 邓春萍, 金文明. 轿车连杆精密辊锻-液压模锻锤模锻复合工艺[J]. 汽车技术, 2003 (8): 34-36
[19] 蒋鹏, 胡福荣, 余光中, 等. 内燃机车大型柴油机连杆自动掉头制坯辊锻工艺[J]. 机械工人（热加工）, 2004 (10): 69-71
[20] 蒋鹏, 罗守靖, 胡福荣. ϕ460 自动辊锻机上连杆制坯辊锻工艺两例[J]. 锻造工业, 2003 (4): 5-7
[21] 蒋鹏, 胡福荣, 张忠东, 等. 制坯辊锻在铁路车辆组合式制动梁中间支柱生产中的应用[J]. 机械工人（热加工）, 2005 (12): 22-23
[22] 杨勇, 蒋鹏, 汪非, 等. 126 型销轨辊锻-整体模锻工艺研究[J]. 锻造与冲压, 2013 (21): 22-26
[23] 杨勇, 蒋鹏, 赵昌德, 等. 汽车差速器壳辊锻制坯工艺及应用效果[C]. 武汉: 第 4 届全国精密锻造学术研讨会, 2010
[24] Wei W, Jiang P, Cao F. Numerical Simulation of Blank Making Roll Forging for Aluminium Controlling Arm[C]. Su Zhou: Proceeding of the 12th Asian Symposium on Precision Forging, SuZhou, 2012
[25] 韦韡, 蒋鹏, 曹飞. 铝合金三角臂制坯辊锻工艺与辊锻模设计[J]. 模具工业, 2012, 38 (5): 61-65
[26] 上海交通大学. 增压器动叶片辊锻[M]. 北京: 国防工业出版社, 1981
[27] 王玉远. 大型辊锻椭圆型槽的设计[J]. 锻压技术, 1993, 18 (4): 33-37
[28] 崔世强, 孙士宝. 歪头连杆制坯辊锻模具设计[J]. 锻压技术, 1999, 24 (1): 49-52
[29] 詹红, 运新兵. 辊锻模型槽与锻件轮廓曲面的几何分析[J]. 大连铁道学院学报, 1999, 20 (2): 94-98
[30] 樊德书, 张伦兰. 国外辊锻机发展概况[J]. 锻压机械, 1977, 12 (4): 60-70
[31] 王啸宇. 大型立式辊锻机[J]. 锻压机械, 1978, 13 (1): 64-65
[32] 蒋鹏, 罗守靖, 钱浩臣. ARWS 型自动辊锻机的特点与选型[C]. 北京: 第八届全国塑性加工学术年会, 2002
[33] 蒋鹏. 我国锻造技术装备 60 年的进步与发展（下）[J]. 金属加工（热加工）, 2010, (13): 1-4
[34] 锻工手册编写组. 锻工手册（下册）[M]. 北京: 机械工业出版社, 1978
[35] 蒋鹏, 罗守靖, 胡福荣, 等. ARWS 型自动辊锻机与加热炉、模锻主机的连接方式[J]. 锻压装备与制造技术, 2003, 38 (4): 17-18
[36] 胡福荣, 蒋鹏. G2500 曲轴辊锻件的模锻成形过程的模拟与分析[J]. 锻压技术, 2015, 40 (8): 153-157
[37] 蒋鹏. 复杂弯曲长摇臂制坯辊锻工艺设计与调试[J], 锻造与冲压, 2004 (4): 8
[38] 侯惠敏, 陈杰鹏, 蒋鹏, 等. 250 mm 伺服辊锻机的驱动方案及结构设计[C]. 合肥: 第十四届全国塑性工程学术年会. 2015
[39] 侯惠敏, 蒋鹏, 陈杰鹏, 等. 250 mm 伺服驱动辊锻机锻辊有限元静力学分析[J]. 锻压技术, 2016, 41 (5): 1112-1116
[40] 侯惠敏, 谷泽林, 陈杰鹏, 等. 250 mm 伺服驱动辊锻机机架刚度与强度的有限元分析[C]//蒋鹏, 夏汉关. 精密锻造技术研究与应用. 北京: 机械工业出版社, 2016
[41] 刘刚, 陈体恒. 浅谈现代设计方法中的优化设计[J]. 河南工学院学报, 1998 (6): 23-29

[42] 龙慧. 论机械产品的现代设计方法[J]. 稀有金属与硬质合金, 2001（9）: 146-152
[43] 詹会彬, 任学平, 赵祖德. 轧机刚度的有限元模拟[J]. 塑性工程学报, 2007（14）: 50-53
[44] 赵朋, 束学道. 汽车半轴楔横轧机机架动态特性有限元法分析[J]. 重型机械, 2006（4）: 34-37
[45] 米凯夫, 张杰, 李洪波, 等. 冷连轧机垂直振动特性的有限元仿真分析[J]. 现代制造工程, 2012（12）: 66-70
[46] 赵升吨, 于德弘, 高民, 等. 气动摩擦制动器制动过程的制动角计算[J]. 锻压技术, 1995, 20（6）: 43-51
[47] 赵升吨, 谢关烜, 许晋孚, 等. 气动摩擦制动器制动过程动态特性的试验研究（续）[J]. 重型机械, 1995（5）: 31-37
[48] 何娟蓉, 何德誉, 杨津光. 新的压力机摩擦制动器设计理论及实验结果分析下[J]. 锻压技术, 1981（6）: 37-41
[49] 侯彦武. 5000 t 热模锻压力机制动器与离合器协调性研究[J]. 一重技术, 2005（1）: 6-9
[50] 郝媛, 周江奇, 蒋鹏, 等. 锻模相关国家标准和机械行业标准现状及应用示例[J]. 模具工业, 2021, 47（6）: 1-9
[51] 蒋鹏. 模具标准应用手册（锻模卷）[M]. 北京: 中国标准出版社, 2018
[52] 蒋鹏, 王冲, 张旭敏. 连杆锻造工艺、装备与自动化技术的若干问题探讨[J]. 锻造与冲压, 2016（19）: 18-24

第2章 汽车前轴辊锻过程中的金属流动与数值模拟

2.1 引言

辊锻工艺和轧制工艺相近,但又有明显的不同,主要区别是:各种钢材和型钢的轧制过程是稳定的,任何一个时刻的变形情况都可以代表整个轧制过程。辊锻和纵向断面周期型材的变形类似,都是不稳定的过程,各瞬间的变形情况都不相同。辊锻的变形区、前滑和后滑、延伸和展宽规律都较一般轧制复杂。在前轴精密辊锻的试验和生产中,研究辊锻过程的啮合运动对模具和毛坯的相对运动进行分析研究是必要的,前轴是一种带有纵向突变截面的辊锻件,保证其各部位良好地填充与成形,是提高前轴锻件质量的必要条件,影响锻件辊锻成形的因素很多,如模具形状、毛坯尺寸、锻辊直径、锻辊速度、温度、润滑条件及飞边尺寸等,这些因素都将影响精密辊锻时的金属流动。

前轴精密辊锻存在多处前壁和后壁部位,该部分金属的流动规律复杂,成形比较困难,研究前轴纵向突变截面的前壁和后壁的成形规律有助于前轴精密辊锻工艺技术水平的提高。在前轴精密辊锻变形过程中存在较大的不均匀变形,造成辊锻过程中金属转移,对辊锻工艺的稳定性有一定影响,应采取适当措施加以预防[1]。

目前前轴的几种锻造方法中,前轴精密辊锻-整体模锻工艺以其诸多独特的优点在国内获得越来越广泛的应用。精密辊锻是前轴精密辊锻-整体模锻工艺中的关键技术,精密辊锻工艺的设计关键是精密辊锻孔型系统的选择和辊锻工步的设计。辊锻模具型槽曲面与辊锻件轮廓存在共轭关系,应用共轭理论可以更准确地设计前轴辊锻模具。本章不仅介绍了精密辊锻孔型系统的选择、辊锻工步设计方法,以及模具的设计要点和设计方法,还介绍了应用共轭理论设计模具型槽几何尺寸的原理，确定了典型锻件 4 道次精密辊锻模具型槽几何尺寸，为后续的数值模拟提供了依据。

在辊锻工艺中，工件的成形形状不像型轧和模锻那样完全由模具来决定，所以利用 Euler 方法来模拟存在一定的困难。本章所介绍的辊锻有限元模拟是在采用 Lagrange 方法的静态塑性大变形有限元分析程序上进行的。与传统的锻造工艺相比，辊锻成形过程中，模具在不断旋转，模具与坯料的接触区域在不断发生变化，是一种典型的局部成形过程。因此，辊锻工艺的数值模拟也比较复杂。前轴精密辊锻因辊锻模具型腔更加复杂，模拟难度更大。经过努力，前轴精密辊锻的过程得以实现，并和实际变形情况吻合良好。

2.2　国内外汽车前轴锻件生产技术状况

2.2.1　汽车前轴锻件的工艺特点

汽车前轴是汽车传动系统的重要零件之一，形状复杂，承受冲击性负荷，尤其是在汽车下坡急刹车时，前轴将承受汽车负荷的 2/3。因此，对其强度、刚度及疲劳寿命要求较高，其质量直接影响到汽车传动系统的稳定性和负荷运行时的安全性。一般载货汽车和大型客车的前轴都必须采用锻件，以保证材质的强度和要求的疲劳寿命指标[2]。

图 2-1 是一种汽车前轴锻件，它是具有弯曲轴线的零件，将其展开后则是主轴线和分模线为直线的长轴类锻件，该类锻件具体有以下特点：

（1）锻件质量 33～140 kg，甚至更重，锻件展开长 1200～2100 mm，甚至更长，锻造工艺比较复杂，按常规锻造工艺需要大型锻锤（如 10～16 t）或大型热模锻压力机（如 80～120 MN 或 160 MN）来模锻成形，是民用机械工业最大的模锻件之一。

（2）锻件主轴线上下部分形状对称，而左右截面在某些区段具有较大的不对称性。

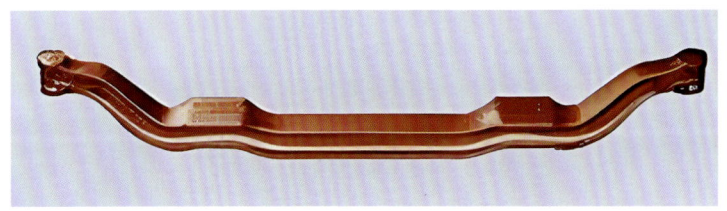

图 2-1　汽车前轴锻件

（3）前轴属形状复杂的锻件，特别是限位块和弹簧座工字型一侧的锻件形状在模具型腔上会形成深而窄的沟槽，这对于任何形式的模锻方法，金属都是较难填充成形的。

（4）锻件纵向截面起伏变化较多，某些部位具有较大的高度落差，一般中、重型前轴会具有两级落差形状。

2.2.2 国外前轴锻件生产技术的发展

早在 1920 年，在美国一些工厂就开始试验前轴周期轧制型材，在普通轧机的开式孔型内，多道次轧制成形。工字梁部分精轧成形，达到锻件尺寸。由于型材轧后产生飞边，清除飞边使生产复杂化。20 世纪 50~60 年代在美国试验轧制无飞边的等宽周期型材成功，但由于增加了轧制道次，限制了周期轧制型材的普及应用。

20 世纪 50 年代末苏联开始采用周期轧制型材，取代一般圆坯或方坯锻造前轴，周期轧制型材切断加热后在模锻锤或热模锻压力机上弯曲后终锻成形。例如，苏联斯大林汽车厂等开始采用周期轧制型材生产前轴锻件，这种方法可以提高生产效率 1.5~2 倍，节约金属 10%。前提是周期轧制型材的批量要大，轧钢厂才能接受订货。

20 世纪 50 年代后，前轴锻件大部分采用圆坯或方坯在模锻锤或对击锤上模锻成形（需用辊锻机或其他锻压设备粗制坯），如德国汉锡尔厂 350 kJ 对击锤生产线生产 160 kg 的双层公共汽车前轴，意大利 SIT 厂的 400 kJ 对击锤生产多种前轴。图 2-2 是本书作者 2004 年在捷克 CDF 工厂拍摄的在 450 kJ 对击锤上锻造汽车前轴的生产现场。

图 2-2　捷克 CDF 工厂 450 kJ 对击锤上锻造汽车前轴

20 世纪 60 年代末 70 年代初，大型热模锻压力机的问世，为整体模锻前轴创造了条件，在德国、苏联和我国都建成了前轴、曲轴自动化锻造生产线。对于 8 t 以上卡车的前轴锻件，需采用 160 MN 热模锻压力机模锻，如瑞典 VOLVO 汽车制造公司的前轴锻造生产线。

大型热模锻压力机的开发和发展以德国为领先，EUMUCO 公司和莱茵斯塔尔公司领先开发成功的 5～6 t 卡车前轴锻造生产线，采用 120 MN 热模锻压力机，该生产线为全自动化操作，生产速度为 45～60 s/件。

EUMUCO 公司的 120 MN 热模锻压力机前轴线示意图如图 2-3 所示，全线装备了与加热炉、辊锻机、压力机配套的 6 台机器人和多条传送带，全部由机器人操作，实现了从加热、辊锻制坯、弯曲和预（终）锻成形、切边、扭转、校正的全过程自动化。

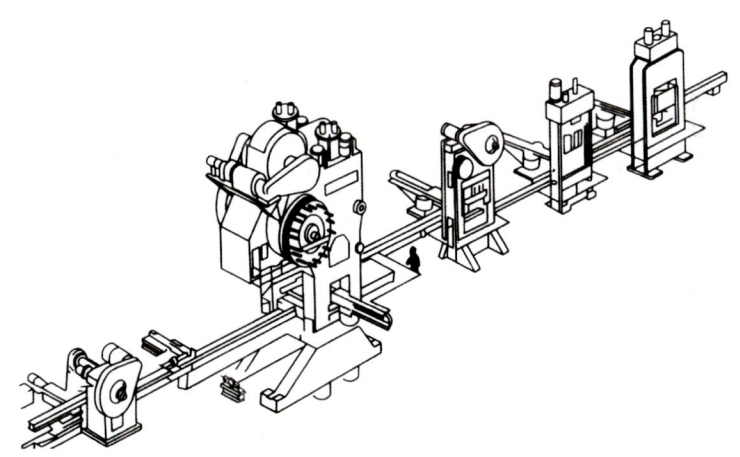

图 2-3　120 MN 热模锻压力机前轴锻造生产线示意图

重型热模锻压力机模锻前轴工艺如图 2-4 所示，主要工艺流程为：

中频感应加热→制坯辊锻（930 mm 辊锻机二道次辊锻）→弯曲→预锻→终锻（120 MN 热模锻压力机）→切边→热校正。

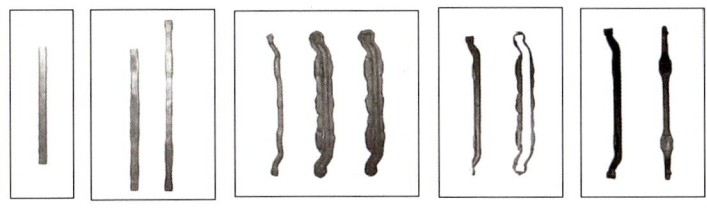

图 2-4　重型热模锻压力机模锻前轴工艺

该种模锻生产线自动化程度高、锻件质量好、生产效率高,适用于大批量生产,但投资极大。

2.2.3 国内前轴锻件的几种典型生产工艺

1. 锤上模锻工艺

1)模锻锤掉头锻工艺

我国自 20 世纪 50 年代开始采用在 5 t 蒸-空模锻锤上掉头模锻前轴工艺,该工艺产品质量和劳动条件都较差,锻件长度难以控制,锻造完成后需在专用机床上整形以满足图纸要求。由于对前轴锻件的要求不断提高,该工艺已经很少使用。

2)模锻锤整体模锻工艺

国内一些厂家采用 10 t、16 t 模锻锤整体模锻中、重型汽车前轴锻件,模锻锤整体模锻前轴典型工艺流程如下:

坯料加热(推杆式半连续煤气加热炉)→制坯(3 t 自由锻锤)→坯料加热(推杆式半连续煤气加热炉)→模锻:弯曲、终锻(16 t 模锻锤)→热切飞边(12.5 MN 闭式单点压力机)。

该工艺的优点在于:锻锤本体坚固耐用、维护简单、维修费用低、初次投资少、设备完全立足国内、制造周期短、国内使用经验丰富、工艺技术较易掌握。此外,它适合多品种中小批量生产,工作适应性强,可进行多模膛模锻,能够满足一般模锻件生产要求。

缺点是:蒸-空模锻锤的热效率仅 1%~2%,能耗大。此外,其运行时振动和噪声难以有效防治,工人操作劳动强度较高。锻锤靠锤头导向,导轨间隙较大,导程较短,导致精度较差。强烈的冲击载荷易导致锻模的位移,且锤锻模无法设置顶出装置。因此锻件加工余量和公差较大,模锻斜度也较大,锻件精度较低,返修率和废品率较高,模具寿命也相对较短[3,4]。

2. 热模锻压力机模锻工艺

模锻汽车前轴和曲轴锻件的热模锻压力机自动线,因建厂投资大,在世界上数量不多。直到 21 世纪初期,我国仅有三条汽车前轴热模锻压力机自动化生产线,分别为:①二汽(现东风汽车集团有限公司)从德国进口的 120 MN 楔式热模锻压力机自动线,安装在湖北省十堰市;②一汽锻造(吉林)有限公司的 125 MN 楔式热模锻压力机自动线,该生产线采用德国制造技术,由中国第二重型机械集团公司(以下简称二重公司)制造,安装在吉林省长春市;③湖北锻造厂(现湖北神力锻造有限责任公司)从俄罗斯进口的 125 MN 双曲柄式热模锻压力机自动线用于锻造前轴、曲轴锻件,安装在湖北省丹江口市。

随后国内又陆续上马了一些热模锻压力机自动化生产线，其中以两条 125 MN 楔式热模锻压力机为主机的锻造生产线，分别为一汽锻造（吉林）有限公司的第 2 条万吨线和洛阳拖拉机厂（中国一拖集团有限公司）的万吨线，设备主要提供厂为二重（德阳）重型装备有限公司，主要的目标产品是曲轴。

一般认为按图 2-4 所示典型热模锻压力机模锻前轴工艺，120 MN 级的锻造线可生产 120 kg 以下的前轴，锻件材料利用率一般为 75%～85%。

与锤上模锻相比，热模锻压力机模锻前轴锻件具有加工余量小、尺寸精度高、模锻斜度小、锻件质量稳定等优点，适合在机加工自动线上加工，一般设计成自动线。因此，工人劳动强度低，生产效率高，废气、废液、振动和噪声等指标更符合环保要求。但热模锻压力机前轴锻造线投资巨大，一条锻造自动线投资达 1 亿～1.5 亿元，建设周期需 3 年以上[5, 6]。

3. 前轴成形辊锻工艺

20 世纪 80 年代吉林工业大学（现吉林大学）、湖北谷城县汽车配件厂（现三环集团谷城车桥厂）等单位开发出了前轴成形辊锻工艺[7, 8]，主要设备为国产 1000 mm 辊锻机和摩擦压力机，工艺流程为：

中频感应加热→掉头辊锻 3 道次→掉头局部整形→掉头切除飞边→弯曲整形。

成形辊锻工艺的优点是设备投资少、模具费用低、适合多品种生产、锻件成本较低，但由于工艺中采用了掉头整形和掉头切边，生产的锻件长度难以保证，误差较大。锻件局部充不满较多，补焊率较高。另外，该工艺全部采用手工操作，对工人操作水平要求较高，劳动条件较差。

4. 前轴精密辊锻-整体模锻工艺

20 世纪 90 年代初机电所开发出前轴精密辊锻-整体模锻工艺[9-13]，如图 2-5 所示。该工艺将中部工字梁区段和两个弹簧前座辊锻成形至锻件最终尺寸或接

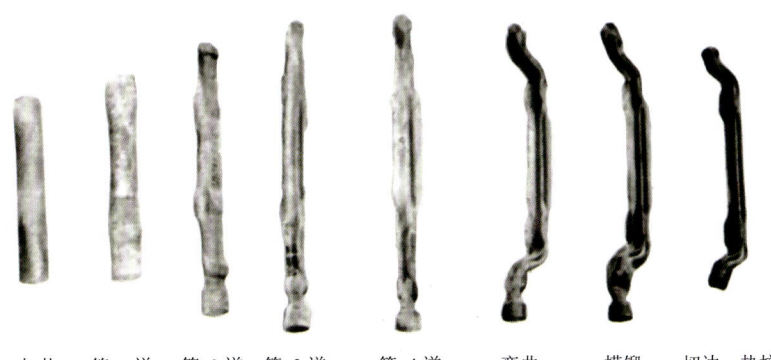

加热　第 1 道　第 2 道　第 3 道　第 4 道　弯曲　模锻　切边、热校

图 2-5　前轴精密辊锻-整体模锻工艺

近最终尺寸，其余两端部位由模锻成形。由于模锻成形部位仅占整个前轴投影面积的 20%～30%，且形状简单，因此可以减小模锻打击力 2/3 以上。

前轴精密辊锻-整体模锻工艺的主要工艺流程为：

中频感应加热→4 道次精密辊锻→弯曲、模锻→切边→热校正。

主要设备为 1000 mm 自动辊锻机和 25000 kN 螺旋压力机。锻件质量和压力机模锻件相当，材料利用率高。由于本工艺不需要万吨级的压力机，可大幅度降低生产线的投资[14]。

5. 几种前轴成形工艺的比较

几种典型的前轴锻造工艺的比较[15]见表 2-1。

表 2-1　几种前轴锻造生产线的工艺比较

工艺名称	锤上模锻	热模锻压力机模锻	成形辊锻	精密辊锻-模锻
技术特点	5 t 锤、2 火调头锻 10 t、16 t 锤整体锻	辊锻制坯 整体模锻	3 道次调头辊锻成形 摩擦机调头整形、切边	2/3 区辊锻成形，1/3 区锻模锻成形。关键尺寸、几何精度由模锻保证
主要设备	5 t、10 t、16 t 模锻锤	930 mm 辊锻机 125000 kN 热模锻压力机等	1000 mm 辊锻机，6300 kN、4000 kN 摩擦压力机等	1000 mm 自动辊锻机，25000 kN 螺旋压力机等
主要优劣比较	模具寿命低，锻件表面质量差，余量、公差大，能耗大，生产环境差，适合中小批量生产	锻件质量好，能耗大，生产环境好，适合大批量生产，投资极大，维修费用高	锻件长度偏差大，充满较差，返修品、废品率高，投资小	锻件质量和热模锻压力机模锻相当，模具费用低，锻件成本低，生产环境好，适合大、中批量生产，投资较小
投资规模	800 万～1000 万元	1 亿～1.5 亿元	500 万～600 万元	1000 万元
建设周期	1～2 年	3 年	1 年	1 年

可以看出，前轴精密辊锻-模锻生产线是一项可以替代万吨锻热模锻压力机生产汽车前轴锻造工艺，其投资少、见效快、产品质量好、材料利用率高、技术经济效益显著，为国内汽车前轴的锻造生产开辟了一条符合中国国情的新途径[16]。

2.3　具有纵向突变截面形状钢质大型长轴件的精密辊锻成形特点

2.3.1　长轴类精密辊锻件的形状特点和辊锻变形过程

1. 变截面轴类件纵向尺寸变化对成形的影响

国外辊锻工艺主要用于锻件成形的制坯工序，很少用于锻件的终成形。在我国，为将辊锻用于终成形，从 20 世纪 60 年代起，进行了大量不懈的工作，取得了一定的实用效果，主要是降低了成形设备的吨位。实践表明，成形辊锻有一系列优点，但是，纵向突变截面（锻件垂直锻辊轴线且通过锻件轴线的截面称为纵向截面）的成形辊锻，始终不能完全替代锤或压力机上模锻。

辊锻件质量不够稳定、精度不是很高的主要原因是：

（1）辊锻纵向突变截面锻件时，模具曲面与其在锻件上形成的曲面不同。

（2）纵向突变截面辊锻，其变形规律既不同于锤或压力机上模锻，又不同于普通轧制，也不同于刚体啮合运动。它是轧制塑性变形和啮合运动交织在一起的过程。

（3）锻件的成形会受到锻件运动速度和变形区金属运动速度的影响，凡影响锻件运动速度和变形区金属变形速度的因素都影响锻件的形状和尺寸。

由于这些因素随机性很大，锻件的形状和尺寸随机性也就很大。因此，纵向突变截面辊锻不能获得锤或压力机上模锻那样的精度很高且重复精度也很高的锻件。纵向突变截面辊锻的锻件必须在锤或压力机上进一步整形，以提高锻件精度[17]。

2. 前轴精密辊锻的成形难点

前轴辊锻件中间工字梁部分为等截面，该部分有利于辊锻工艺成形，其与弹簧座之间的连接部即具有纵向突变截面，是前轴精密辊锻的成形难点。图 2-6 为前轴弹簧座和工字梁、弹簧座和支撑臂之间的纵向突变形状。

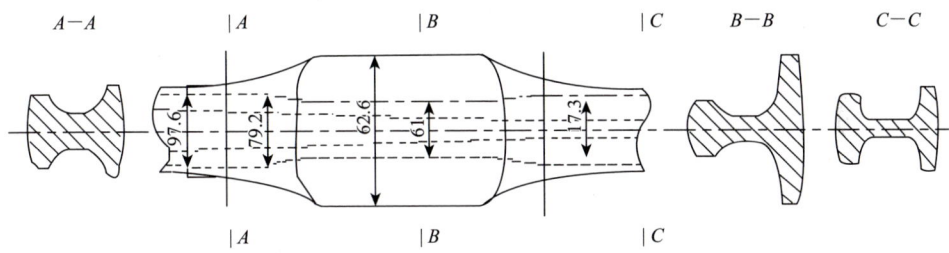

图 2-6　前轴弹簧座和工字梁、弹簧座和支撑臂之间的纵向突变形状

辊锻时，模具做旋转运动，锻件做直线运动，借助模具对锻件施加的压力，使金属产生塑性变形，获得所需要的锻件。如果此时辊锻件各横向截面（锻件平行于两锻辊轴线所在平面的截面称横向截面）形状和大小均无变化，则辊锻就是轧制、如果此时辊锻件各横向截面有变化但却是连续逐渐变化的，其变形规律基本也与轧制相同。只要按锻件横向截面形状和大小设计辊锻型槽，就能得到所要求的辊锻件。对连续变化的截面，只需连续增大或减少锻辊半径即可。然而，当辊锻件的各横向截面形状的大小有突变时，则变形规律和普通轧制就有所不同，这使变形过程变得很复杂，需要深入分析研究。

2.3.2 纵向突变截面辊锻的基本方程

如图 2-7 所示，设有一个以角速度 ω 旋转的模具和一个以速度 v 做直线运动的锻件。速度 v 随时间变化，即 $v = f(t)$。在模具上取静止坐标系 $O\text{-}XYZ$，在锻件上取和锻件一起运动的坐标系 $O'\text{-}X'Y'X'$。Z 和 Z' 均垂直于纸面向外，XOY 与 $X'O'Y'$ 均在一个平面上，初始位置时，时间 $t = 0$，Y 与 Y' 重合。设模具上有一曲面 $F(x, y, z) = 0$，其上有一点 M，坐标 (x, y, z) 已知，经过时间 t 后，M 转到 M_1。此时，M_1 的坐标为

$$\begin{cases} x_1 = OM_1 \sin(\theta_0 + \theta) = R(\sin\theta_0 \cos\theta + \cos\theta_0 \sin\theta) \\ y_1 = OM_1 \cos(\theta_0 + \theta) = R(\cos\theta_0 \cos\theta - \sin\theta_0 \sin\theta) \\ z_1 = z \end{cases} \quad (2\text{-}1)$$

而

$$R\sin\theta_0 = x \quad (2\text{-}2)$$

$$R\cos\theta_0 = y \quad (2\text{-}3)$$

故

$$\begin{cases} x_1 = x\cos\theta + y\sin\theta \\ y_1 = y\cos\theta - x\sin\theta \\ z_1 = z \end{cases} \quad (2\text{-}4)$$

此时，锻件上坐标 $O'\text{-}X'Y'Z'$ 移动的距离为 $\int_0^t v\mathrm{d}t$。锻件上与模具点 M_1 接触的点 M_1' 在 $O'\text{-}X'Y'Z'$ 上的坐标为

$$\begin{cases} x' = x\cos\theta + y\sin\theta - \int_0^t v\mathrm{d}t \\ y' = y\cos\theta - x\cos\theta + a \\ z' = z \end{cases} \quad (2\text{-}5)$$

式中，$a = R_1 + \dfrac{h_1}{2}$；

R_1——模具最大半径；
h_1——锻件出口高度。
当 ω 为常量时，有

$$\theta = \omega t$$

当 ω 随时间变化时，有

$$\theta = \int_0^t \omega \mathrm{d}t$$

式（2-5）实际是一曲面方程，是模具某一曲面 $F(x,y,z)=0$ 在锻件上形成的曲面方程，即纵向突变截面辊锻的基本方程式。

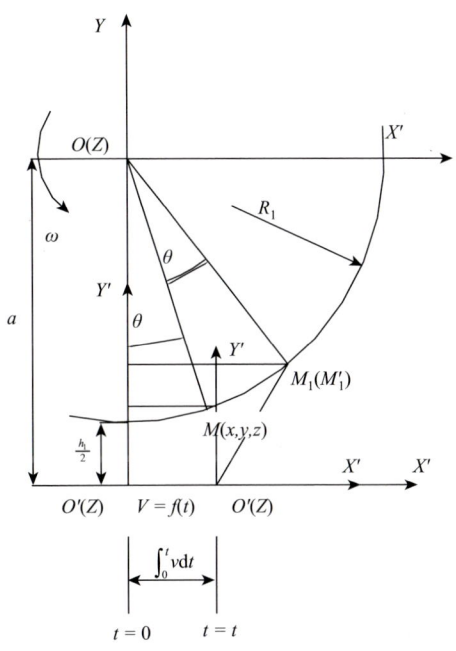

图 2-7　纵向突变截面基本方程计算用图

2.3.3　纵向突变截面锻件辊锻变形分析

从基本方程［式（2-5）］可看出，锻件曲面和模具曲面是不相同的。两个曲面只在宽度方向上有一一对应的关系，即 $z'=z$，而在纵向和高度方向是不同的，即 $x'\neq x$，$y'\neq y$。显然，这与普通轧制不同，轧制时，纵向形状是保持不变的。同时，这也与锤上和压力机上模锻不同。在锤上和压力机上模锻时，锻件曲面和模具型槽曲面是完全一致的，它们是一一对应完全相同的关系，即 $x'=x$，$y'=y$，$z'=z$。所以，纵向突变截面辊锻的第一个特点是，模具曲面和模具在锻件上形成的曲面是不相同的。

如果锻件速度 v 是常数，或者随时间变化有一定规律，模具曲面虽然与其在锻件上所形成曲面不同，但却有确定的由式（2-3）决定的关系。也就是说，模具曲面确定了，锻件会有确定的曲面与之对应，如同刚体啮合运动一样。然而 v 并不是常数，也无固定的规律性，而是随机性很大。影响 v 的因素很多，大致有以下几种。

1）锻件的加减速运动

例如，锻件被咬入阶段，速度由零逐渐加速，或从某一送进速度逐渐加速；由浅型槽过渡到深型槽时，锻件逐渐或突然加速；由于锻件纵向截面是变化的，因此辊锻力也是变化的，从而导致锻件速度变化等。

2）锻件的前后滑

辊锻和轧制一样，变形区各点的速度是不同的，有前后滑现象。但是辊锻的前后滑不同于轧制的前后滑。轧制时，当各种工艺因素都稳定时，其前后滑也是稳定的，而且对轧件的形状无影响。辊锻时，即使其他各种工艺因素都是稳定的，然而锻件纵向截面有突变，压下量会有变化，同时模具半径会有变化，变形区长度也会有变化，导致前后滑不稳定，经常发生变化。模具还存在前后壁，从逆辊锻方向看，锻件从薄到厚的表面称为前壁，从厚到薄的表面称为后壁，前后壁的存在阻碍前后滑，并使其变化规律变得复杂和不确定。

如图 2-8 所示，当 A 点接触锻件时，锻件开始被咬入，其速度从零或从某一送进速度开始加速，同时开始塑性变形。同轧制一样，在模具上 AB 与锻件接触弧上会有一黏着区，其右边的金属产生前滑，左边的金属产生后滑。随着模具上 AB 与锻件接触长度的增加，前后滑也会随着增加。当模具上 AB 全部与锻件接触，模具上 AC 没转过辊心线时，前后滑达到最大。此后如果模具上 DF 永不接触锻件，并且很长，则随着模具的转动，前后滑又会逐渐减少。当模具上 BD 转到辊心线上时，前后滑变为零，锻件速度也变慢。

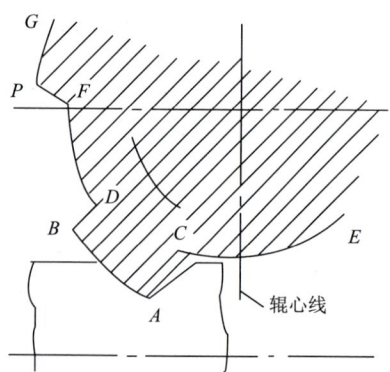

图 2-8　辊锻开始阶段纵向突变截面变形中的前滑和后滑

如果在 BD 转到辊心线之前，模具的 DF 从某时起也接触了锻件，如图 2-9 所示，接触部分的摩擦力会阻碍后滑，使之减少，导致中性角加大，前滑增加。如果模具的 P 点也接触了锻件，则后滑更会受到阻碍。当中性区移到 DF 之间时，则前滑受到前壁阻碍、后滑受到后壁阻碍，而且锻件速度也会慢下来。当模具继续转动，到某时前后壁的阻碍会解除，前后滑又发生变动。所以，辊锻时，前后滑是经常变化的。

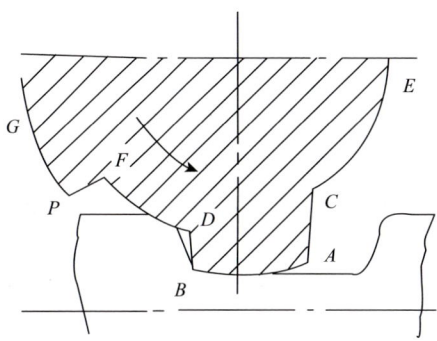

图 2-9　变形中间阶段纵向突变截面变形中的前滑和后滑

3）摩擦系数

摩擦系数既影响变形抗力，又影响锻件的前后滑，当然也就影响变形区各点的运动速度。影响摩擦系数的因素很多，如润滑条件、氧化皮厚薄、模具表面状态、锻件的化学成分等，这样，这些因素的变化也会影响锻件及变形区内各点的运动速度。

4）锻件温度

温度不同，变形抗力不同，摩擦系数也不同，必然影响锻件前后滑和锻件及变形区各点速度。变形抗力不同，还会影响辊锻机驱动机构的转速，反过来也影响前后滑和锻件及变形区各点的速度。

5）各截面的变形程度

飞边大小、型槽形状、机架刚度等也影响锻件速度和变形速度。

上述这些因素影响很复杂，随机性很大，很难找出规律性，更难从理论上用公式表述，所以纵向突变截面的辊锻件的纵向形状或尺寸的随机性也就很大。正因如此，即使是同一套辊锻模，各次辊出的锻件的纵向形状或尺寸也会不同，不像锤或压力机模锻那样，重复精度很高。

2.3.4　前轴精密辊锻模锻工艺理论依据

辊锻件形状或尺寸随机性大，重复精度低是纵向突变截面辊锻的一个特点。因此，在前轴精密辊锻模锻工艺方案设计伊始就充分考虑了前轴辊锻件作为纵向突变截面锻件的辊锻成形精度较低的特点。

例如，图2-10中的带有纵向突变截面弹簧座部分并不用辊锻成形至最终尺寸，而是留有整形余量，在锻造工步用相对较大吨位的锻造设备进行模锻和整形，这样就可以显著提高前轴带有突变截面部位的成形精度。

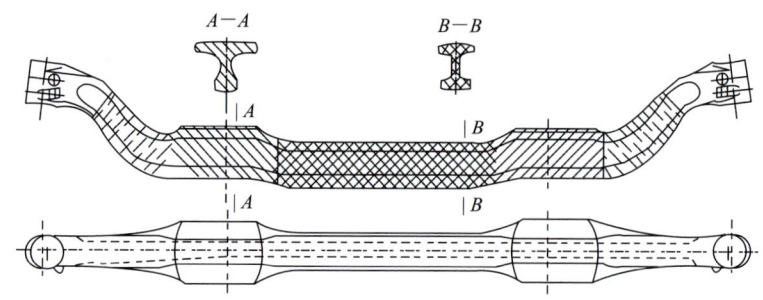

图 2-10　前轴精密辊锻模锻工艺的变形部位与变形方法示意图

前轴成形辊锻工艺中采用了 6300 kN 摩擦压力机分别对两端进行局部整形，压力相对较小，而在前轴精密辊锻模锻工艺中，采用了 25000 kN 摩擦压力机整体模锻（含整形），从而更好地达到了工艺要求的几何形状。

如图 2-10 所示，在前轴精密辊锻模锻工艺中，经净形辊锻成形达到前轴锻件图尺寸的部位是中部工字梁（图 2-10 中画网格线部位），该部位为等截面形状，容易用辊锻得到形状、尺寸良好的截面。

由模锻整形部位是前后弹簧座（图 2-10 中画斜线部位），该部位属纵向突变截面，从以上理论分析可知辊锻成形至最终尺寸困难，因此该部分采用模锻工步整形来最后完成。

辊锻初步成形的小变形量成形部位是前后臂，由辊锻来分配坯料和粗成形，大变形模锻终成形部位是前后头部部位和颈部（图 2-8 中未画线部位）。

表 2-2 是汽车前轴精密辊锻打击吨位计算表。如用普通锻造方式，前轴打击吨位约在 12500 kN，如采用精密辊锻工艺，经过精密辊锻之后，汽车前轴的成形吨位约 33000 kN，公称力 25000 kN 摩擦压力机长期工作打击吨位在 40000 kN，因此可以在 25000 kN 摩擦压力机上完成。

表 2-2　汽车前轴精密辊锻工艺终锻打击力计算

项目	部位				合计
	工字梁	弹簧座	臂部	头颈部	
锻件面积/mm²	64976.6	34892.1	23730.6	20146.5	143745.8
带飞边锻件面积/mm²	82076.7	43377.3	30747.7	38396.7	194598.4
普通模锻打击力/kN	52528.6	27761.3	19678.1	24573.4	124541.0
近净形辊锻模锻变形方式	不变形	整形	小变形	大变形	

续表

项目	部位				合计
	工字梁	弹簧座	臂部	头颈部	
近净形辊锻模锻打击力系数	0	0.1	0.3	1	
近净形辊锻模锻打击力/kN	0	2776.1	5903.4	24573.8	33252.7

可以说该方案充分利用了辊锻和模锻两种工艺的特点，这一思路从实践上也证明是正确的。在后续的前轴精密辊锻模锻生产线工艺方案中，选用了更大吨位的螺旋压力机为模锻设备，力能参数进一步加大，前轴锻件的尺寸精度和外观质量不断提高。

2.4 精密辊锻过程中前壁和后壁成形与不均匀变形分析

2.4.1 纵向突变截面锻件前壁成形的种类

在纵向突变截面锻件辊锻过程中，前壁轮廓主要在单纯压缩条件与复合压缩条件两种情况下生成，前壁形状基本上是假想刚体啮合运动所得到的形状和辊锻过程中前滑因素共同作用的结果。

前壁成形可以归结为图 2-11 所述几种类型[18]：①前壁前金属无压缩或压缩量很少，前壁后有金属压缩［图 2-11（a）］；②前壁前金属被大量压缩，前壁后无金属压缩或压缩量很少，基本处于自由状态［图 2-11（b）］；③前壁前后金属均被大量压缩，后壁不存在或距前壁较远，即后壁处在前滑约束区外［图 2-11（c）］；④前壁前金属被大量压缩，后壁距前壁很近，即后壁处在前滑约束区内［图 2-11（d）］。

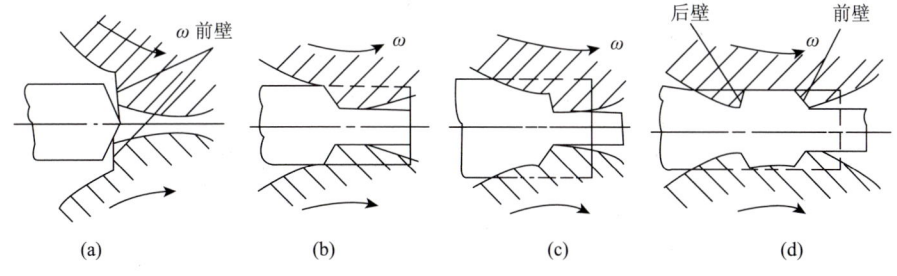

图 2-11 辊锻件前壁成形的四种情况

（a）前壁前金属无压缩或少压缩前壁后有金属压缩；（b）前壁前金属大压缩，前壁后金属少无压缩；（c）前壁前后金属有大压缩，无后壁或距前壁较远；（d）前壁前金属被大压缩，后壁距前壁很近

2.4.2　长轴类件精密辊锻的前壁部位

在前轴精密辊锻过程中，具有纵向突变截面的弹簧座部分成形在第 3 道完成，图 2-12 中 A、B、C、D 处画线部位为第 3 道辊锻件的前壁部位。

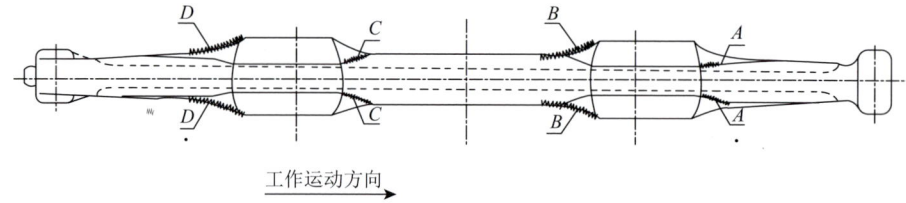

图 2-12　前轴精密辊锻件的前壁部位

2.4.3　前轴精密辊锻成形过程前壁成形分析

1. 前轴 A、C 两部位前壁成形过程

图 2-13 为 A、C 两部位前壁成形过程示意图。该位置前壁前金属压缩量不大，前壁后有金属压缩，属第 1 种前壁成形类型。前壁成形过程如下：前壁前金属在该纵向截面压缩较小，但其他截面有压缩，故锻辊咬入问题不存在，图 2-13（a）是毛坯未进入前壁变形区的临界状态，模具转至图 2-13（b）毛坯开始变形，金属被压缩，开始产生前滑。前滑随着毛坯被压缩量的增大而逐渐加大，直到模具前

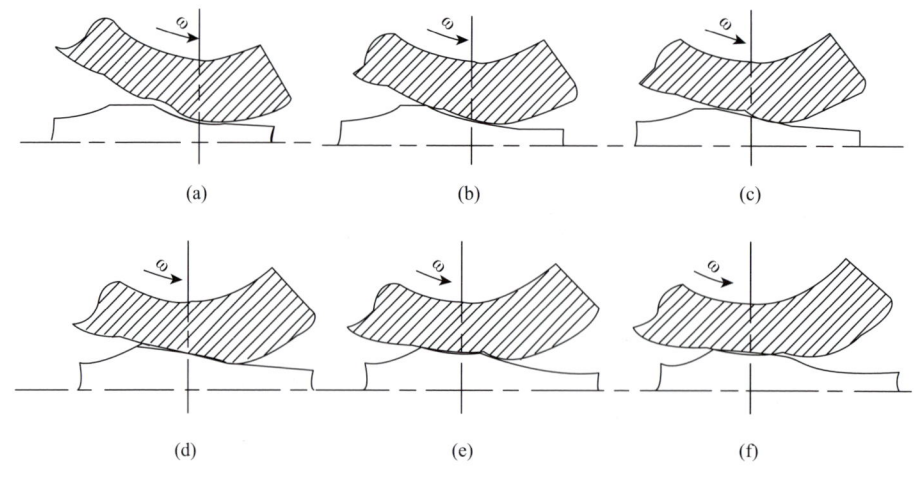

图 2-13　前轴 A、C 两部位前壁成形过程示意图

壁转至辊心线上［图 2-13（c）］，前滑不再增加，此前滑使金属向模具前壁充填，模具前壁位于辊心线上，相对锻件前壁模具压入最深，相当于前壁成形完毕，之后开始脱模。图 2-13（d）、（e）、（f）辊锻是连续回转成形，虽然前壁开始脱模，但其后锻件前壁仍会变形。

当模具转到图 2-13（d）、（e）的位置后，虽然模具凹角点脱离模具线 C 位置凹角点形成的锻件凸角点，由于模具做回转运动，锻件做直线运动，模具前壁仍压缩已形成的辊锻件前壁，使辊锻件的前壁角变大。在该成形过程中虽前壁后有后壁，但前壁脱出时后壁尚未使金属产生变形，如图 2-13（f）所示，因此对前壁的成形无影响。

因此，前轴精密辊锻件前壁角及前壁形状与模具不相符，辊锻件前壁由模具和锻件啮合及前滑形成，辊锻件前壁角大于模具前壁角。另外，作为前壁是难成形区的具体体现之一，前轴辊锻件前壁凸角点的成形充满问题，即弹簧座角部是否饱满的问题在实践中一直是比较难以解决的问题，这也反证了前壁成形规律的正确性。

2. 前轴 B、D 两部位前壁成形过程

图 2-14 为前轴精密辊锻 B、D 两部位前壁成形过程示意图。该位置前壁前金属压缩量不大，前壁后有金属压缩，属第 3 种前壁成形类型。由于模具前壁前压缩毛坯而产生后滑，随着模具与毛坯接触长度及压缩量增加后滑也逐渐增大，当模具前臂凸角顶点 A_1 进入毛坯时，后滑达最大，见图 2-14（a）。当模具顶点 A_1 压入毛坯，锻件前壁开始成形，见图 2-14（b）。在图 2-14（c）中，模具前壁处在辊心线上，压入毛坯最深。模具再转动时，模具前壁和辊锻毛坯逐渐脱离。

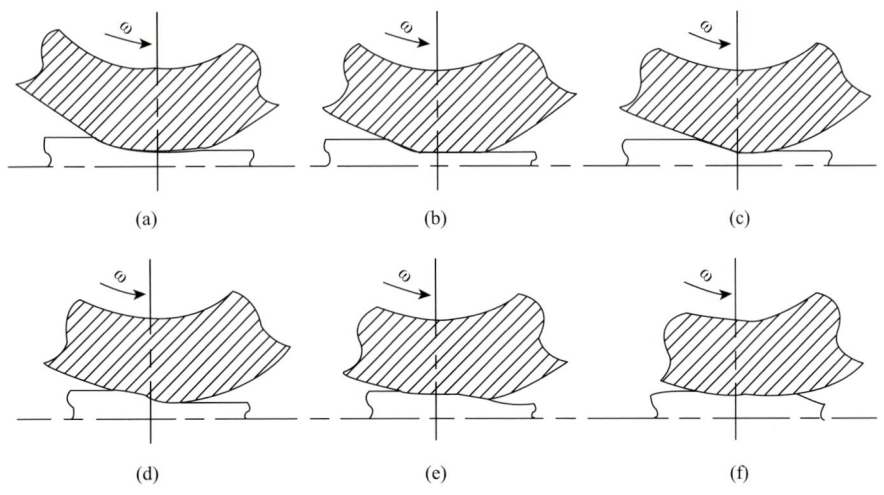

图 2-14　前轴 B、D 两部位前壁成形过程示意图

如果前壁后金属无压缩，在脱模过程中，模具前壁不会再使锻件前壁变形，于是模具凸角顶点 A_1 在毛坯上形成的轨迹就保留下来，形成辊锻件前壁。在这种情况下，模具前壁与锻件前壁相差很大一个角度，前壁前压下量越大，即后滑越大，这个差角越大。由于前壁后毛坯不被压缩或压缩量很小，基本处于自由状态，锻辊继续转动，前壁后没有前滑或前滑很小，因此不能减小这个角度，锻件前壁成为难成形区。锻件前壁角受后滑影响，凡影响后滑的因素均影响前壁角。当忽略宽展和前滑时，后滑速度可按式（2-6）计算。

$$v=\frac{\Delta h}{h_0}R\omega \qquad (2\text{-}6)$$

相对压下量 Δh 增加，后滑速度 v 增加；锻辊角速度 ω 增加，后滑速度也增加，都将增大前壁角。

在前轴精密辊锻 B、D 两部位前壁成形过程中，当模具前壁后的型腔开始压缩毛坯时形成两处塑性区。前塑性区由于模具前壁后型腔压缩毛坯，产生摩擦，使塑性区中性角增大，见图 2-14（d），从而使塑性区金属后滑减小，锻件前壁角减小，后塑性区被压缩的金属产生前滑，故使锻件前壁角减小。随着模具转动。模具前壁后的型腔与毛坯接触长度和压缩量增大，上述作用增大到一定程度时，两塑性区合一，使前壁角减小，见图 2-14（e）。图 2-14（f）是前壁和辊锻模脱开的过程。

前壁后对金属的压缩作用有利于前壁角的减小，对该部分前轴成形有利，减小了该部分辊锻件的成形高度不够和角部充不满的情况，但是还不能完全消除，该部分的成形仍是前轴精密辊锻成形的难点。

2.4.4 纵向突变截面锻件后壁成形的种类

在纵向突变截面锻件辊锻过程中，后壁轮廓也是在单纯压缩条件与复合压缩条件两种情况下生成，后壁形状基本上是假想刚体啮合运动所得到的形状和辊锻过程中前后滑因素共同作用的结果，辊锻过程中大量金属的后滑这一特点决定了后壁轮廓容易充满成形。

纵向突变截面辊锻件后壁成形时，可归结为图 2-15 所示的几种情况[19]。模具后壁前侧无前壁且无金属被压缩情况如图 2-15（a）所示。模具后壁前侧无前壁但有金属被压缩的情况如图 2-15（b）所示，模具后壁前紧邻前壁情况如图 2-15（c）所示，模具后壁后紧邻前壁情况如图 2-15（d）所示。

2.4.5 前轴精密辊锻件的后壁部位

在前轴精密辊锻过程中，具有纵向突变截面的弹簧座部分成形在第 3 道辊锻过程中完成，图 2-16 中 A、B、C、D 处画线部位为第 3 道辊锻件的后壁部位。

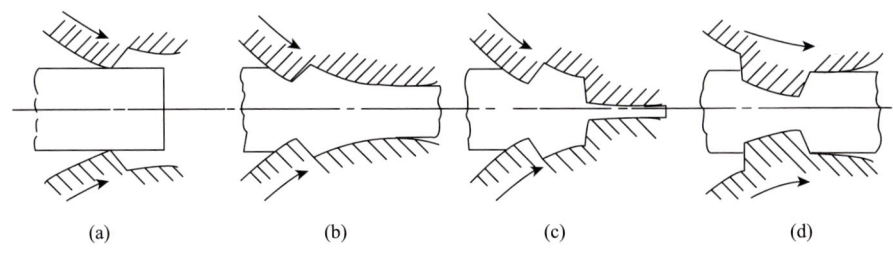

图 2-15　后壁成形时的几种情况

（a）模具后壁前侧无前壁且无金属被压缩；（b）模具后壁前侧无前壁但有金属被压缩；（c）模具后壁前紧邻前壁；
（d）模具后壁后紧邻前壁

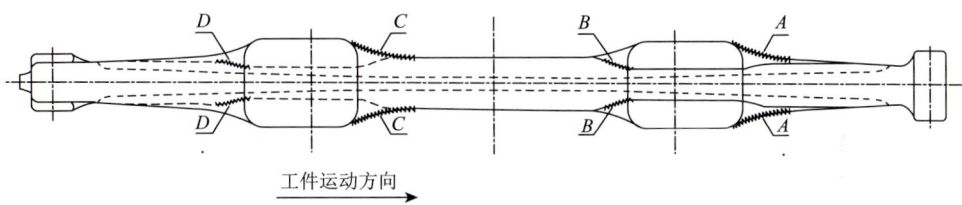

图 2-16　前轴精密辊锻件的后壁部位

2.4.6　前轴精密辊锻成形过程后壁成形分析

1. 前轴 B、D 两部位后壁成形过程

图 2-17 为前轴 B、D 两部位后壁成形过程示意图，属模具后壁前侧虽有前壁，但前壁相距较远，且有金属被压缩较少的情况。由于模具后壁前侧毛坯金属被压缩少，因此后滑很小，而模具后壁后侧有金属被压缩，产生前滑。该前滑从毛坯被咬入开始产生并逐渐加大，因为模具后壁后侧没有前壁，模具后壁转到辊心线上时前滑才停止增加并达到最大。

图 2-17（a）、（b）、（c）、（d）、（e）为坯料入模过程和变形过程，图 2-15（f）为脱模过程。从图中看到，随着模具后壁压入锻件，锻件后壁逐渐形成，到图 2-17（f），由于前滑，除锻件凹角点处仍与模具凸角点接触外，锻件后壁已脱离模具后壁，锻

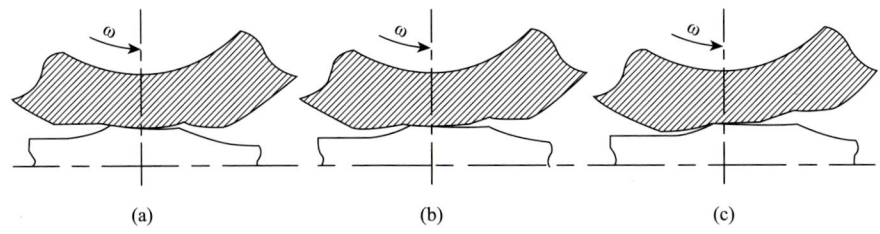

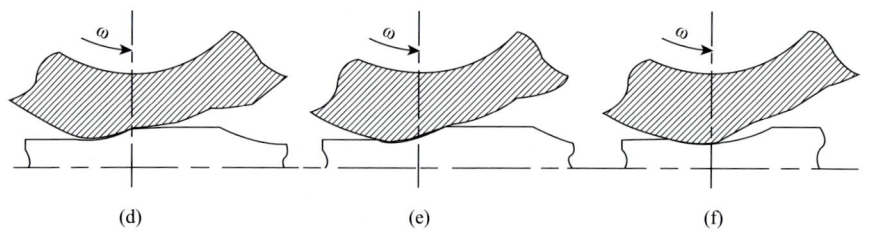

图 2-17　前轴 B、D 两部位后壁成形过程示意图

件后壁已形成。所以锻件后壁是在入模过程中形成的，是由啮合运动和前滑形成的，由图 2-17（f）中凸角点处在辊心线位置，也就是入模结束和脱模开始的位置，可看出锻件后壁和模具后壁是不完全一致的。

2. 前轴 A、C 两部位后壁成形

图 2-18 为前轴 A、C 两部位后壁成形过程示意图。由于模具后壁前侧金属有压缩，毛坯在模具后壁未压入前就被咬入，见图 2-18（a），模具后壁前侧的金属被压缩有后滑现象。这个后滑现象，从模具后壁压入毛坯开始，见图 2-18（b），由于模具后壁的阻碍及模具后壁前侧型腔逐渐脱离锻件而逐渐减少，但同时迫使后滑的金属向模具后壁充填。此外，由于模具后壁压入毛坯，又形成一新塑性区，产生前滑趋势，会抵消部分金属后滑。随着模具转动，此前滑趋势逐渐增加，使模具后壁前侧金属的后滑逐渐减小。当模具后壁压入较深时，两塑性区合二为一。此时，若中性区仍位于模具后壁前侧，模具后壁前侧被压缩金属产生的后滑使锻件后壁在模具旋转过程中始终紧贴模具后壁，直到中性区移到模具后壁上为止。

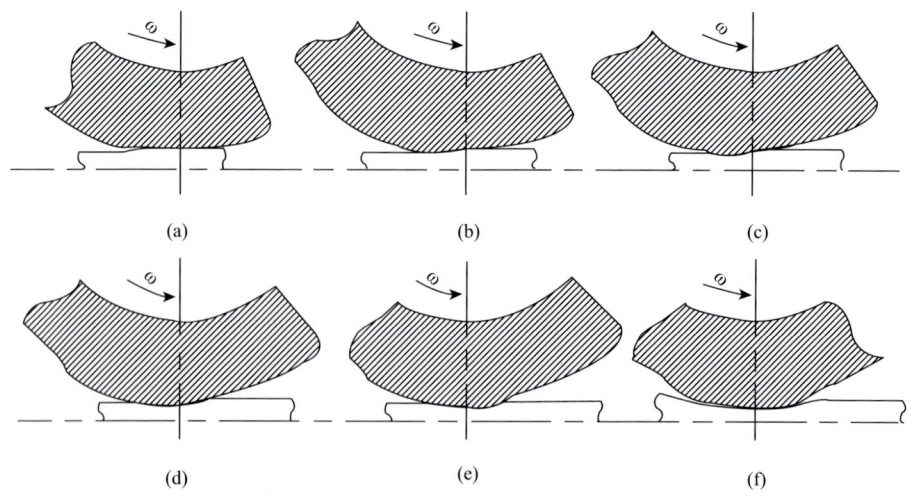

图 2-18　前轴 A、C 两部位后壁成形过程示意图

中性区移到模具后壁后侧后，被压缩金属的前滑迫使锻件后壁离开模具后壁。这样锻件后壁形状就被保留下来，见图 2-18（e）。图 2-18（f）为脱模过程，由图可见，锻件后壁也是在入模过程中形成的。而且，锻件后壁脱离模具后壁较晚，故锻件后壁与模具后壁差异较小。因此一般情况下，锻件后壁能达到的设计要求，即与所设计的模具后壁一致，这种情况下，锻件后壁易于成形。

2.4.7 不均匀变形下辊锻件各部分之间的金属转移

在前轴的精密辊锻成形过程中存在较大的不均匀变形，如在变形过程中断面各部分相互牵制，断面温度分布不均匀，断面各部分间存在金属的相互转移等，金属在辊锻型槽中的流动情况十分复杂，对各道次辊锻件的形成有重要影响，有必要加以深入分析。

在前轴精密辊锻工艺中，由不均匀变形引起金属从辊锻型槽的一部分流动到另一部分的现象称为金属转移，如图 2-19 所示，假定辊锻件断面由 A、B 两部分组成，设 A 部分的压下系数大于 B 部分的压下系数，即

$$\frac{h_{A_0}}{h_{B_1}} > \frac{h_{B_0}}{h_{B_1}} \tag{2-7}$$

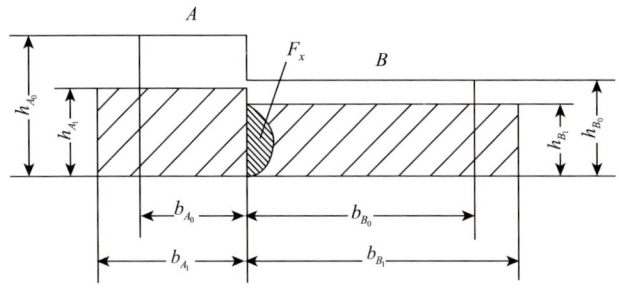

图 2-19　不均匀变形下辊锻件各部分之间的金属转移

在这种情况下，如果 A、B 两部分是分开的，则 $\lambda_A > \lambda_B$。但由于金属是一个整体，A、B 两部分具有相同的延伸，并在 A 部分产生附加拉应力，而在 B 部分产生附加压应力和强迫展宽。设金属的总体积为 V_0，则

$$V_0 = V_{A_0} + V_{B_0} \tag{2-8}$$

辊锻前：

$$\begin{cases} V_{A_0} = F_{A_0} L \\ V_{B_0} = F_{B_0} L \end{cases} \tag{2-9}$$

式中，F_{A_0}、F_{B_0}——A、B 两部分辊锻前截面积；
L——辊锻前的长度。

辊锻后：
$$V_1 = V_{A_1} + V_{B_1} = V_0 \quad (2\text{-}10)$$

$$\begin{cases} V_{A_1} = F_{A_1} L \\ V_{B_1} = F_{B_1} L \end{cases} \quad (2\text{-}11)$$

式中，F_{A_1}、F_{B_1}——A、B 两部分辊锻后截面积；
L——辊锻后的长度。

而
$$\begin{cases} \dfrac{V_{A_0}}{V_{A_1}} = \dfrac{F_{A_0} l}{F_{A_1} L} \\ \dfrac{V_{B_0}}{V_{B_1}} = \dfrac{F_{B_0} l}{F_{B_1} L} \end{cases} \quad (2\text{-}12)$$

令 $\dfrac{l}{L} = \lambda$；$\dfrac{F_{A_0}}{F_{A_1}} = \lambda_A$；$\dfrac{F_{B_0}}{F_{B_1}} = \lambda_B$，有

$$\begin{cases} V_{A_1} = V_{A_0} \dfrac{\lambda}{\lambda_A} \\ V_{B_1} = V_{B_0} \dfrac{\lambda}{\lambda_B} \end{cases} \quad (2\text{-}13)$$

当压下均匀时，有 $\lambda_A = \lambda_B = \lambda$，则 $V_{A_0} = V_{A_1}$；$V_{B_0} = V_{B_1}$，即 A、B 之间不存在金属转移。

当 $\lambda_A > \lambda > \lambda_B$ 时，有

$$\begin{cases} V_{A_0} > V_{A_1} \\ V_{B_0} < V_{B_1} \end{cases} \quad (2\text{-}14)$$

将辊锻前后的体积差即金属的转移体积以 V_X 表示，按照体积不变定律，A 部分失去的体积即为 B 部分增长的体积，因此有

$$V_X = F_X l = V_{A_0} - V_{A_1} = V_{B_1} - V_{B_0} = V_{A_1} \left(\dfrac{V_{A_0}}{V_{A_1}} - 1 \right) = F_{A_1} l \left(\dfrac{\lambda_A}{\lambda} - 1 \right)$$

即
$$F_X = F_{A_1} \left(\dfrac{\lambda_A}{\lambda} - 1 \right) = F_{B_1} \left(1 - \dfrac{\lambda_B}{\lambda} \right) \quad (2\text{-}15)$$

金属转移的根本原因是不均匀变形，延伸大的部分受延伸小的部分牵制而强

迫展宽，延伸小的部分在拉应力的作用下金属有拉伸的趋势，因此延伸大的金属横向流入延伸小的部分，形成了金属的转移。辊锻时金属转移有以下规律，即金属总是由延伸系数大的部分向延伸系数小的部分转移，各部分之间金属延伸系数差越大，金属的转移量就越大。

设不均匀系数 $k=\dfrac{\lambda_A}{\lambda}$，当 $k>1$ 时，金属由 A 转移到 B，当 $k<1$ 时正相反。金属转移量与不均匀系数 k 成正比。当延伸系数一定时，金属的横向流动符合最小阻力定律。当限制展宽增大时，金属的转移量将增大，反之则减小。

2.4.8　不均匀变形对精密辊锻过程的稳定性的影响

在前轴精密辊锻变形过程中，由于不均匀变形，辊锻件在变形过程中有发生弯曲的可能性，影响辊锻件在辊锻模型槽中的稳定性。

图 2-20 所示为形状简单的不对称截面辊锻过程变形情况，辊锻件的水平弯曲可能由两个原因引起，即由 A、B 两部分的压下系数不均匀和 A、B 两部分变形区长度不相等产生变形的导前与滞后现象而引起。若要使变形均匀，一方面要使 A、B 两部分压下系数相等，即

$$\dfrac{h_{A_2}}{h_{A_1}}=\dfrac{h_{B_2}}{h_{B_1}} \text{ 或 } \dfrac{h_{A_2}}{h_{A_2}+\Delta h_A}=\dfrac{h_{B_2}}{h_{B_2}+\Delta h_B} \qquad (2\text{-}16)$$

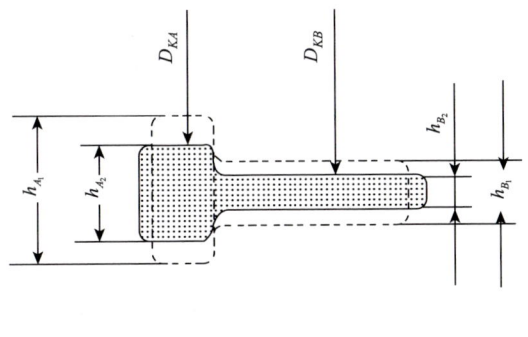

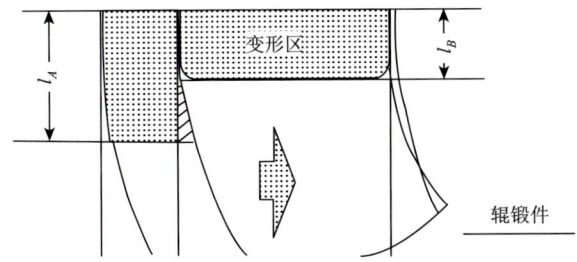

图 2-20　不均匀变形对精密辊锻过程的稳定性的影响

因而有

$$\frac{h_{A_2}}{h_{B_2}} = \frac{\Delta h_A}{\Delta h_B} \tag{2-17}$$

由于 $h_{A_2} > h_{B_2}$，因此均匀变形的条件是 $\Delta h_A > \Delta h_B$。

另一方面，为了减小水平弯曲，必须使 A、B 两部分的变形区长度 l_A 和 l_B 相等，以消除变形的导前和滞后现象，这样就必须使：

$$\sqrt{\frac{D_{KA}}{2}\Delta h_A} = \sqrt{\frac{D_{KB}}{2}\Delta h_B}$$

即

$$\frac{\Delta h_A}{\Delta h_B} = \frac{D_{KB}}{D_{KA}} \tag{2-18}$$

由于 $D_{KA} < D_{KB}$，因此当 $\Delta h_A > \Delta h_B$ 时才能使 A、B 两部分同时变形。如果上述两个条件同时满足，则辊锻过程中辊锻件是稳定的。稳定条件为

$$\frac{h_{A_2}}{h_{B_2}} = \frac{D_{KB}}{D_{KA}} \tag{2-19}$$

而 $D_{KA} = D - h_{A_2}$；$D_{KB} = D - h_{B_2}$，因此必须满足 $\frac{h_{A_2}}{h_{B_2}} = \frac{D - h_{B_2}}{D - h_{A_2}}$，即

$$D = h_{A_2} + h_{B_2} \tag{2-20}$$

对前轴精密辊锻来说，式（2-20）是不可能实现的。当 A、B 两部分压下系数相等时，A 部分的变形区长度将大于 B 部分的变形区长度，辊锻件入口处向 B 部分弯曲（图 2-18 所示的箭头方向）。适当加大 B 部分的压下系数，使 $\eta_B > \eta_A$，可减轻辊锻变形的不均匀程度，但由于不能完全满足式（2-20）的条件，因此实际上在这种辊锻变形情况下不能完全消除不稳定状态。这时除了尽量减轻不稳定因素外，在辊锻机的入口和出口处设置导卫板以消除由变形不均匀产生的水平弯曲是必要的。

2.5 汽车前轴精密辊锻孔型选择与工艺设计分析

2.5.1 前轴精密辊锻的关键技术与难点

1. 前轴精密辊锻的关键技术

（1）根据精密辊锻技术的特点设计合理的辊锻件。确定前轴锻件辊锻和模锻部位的分配原则：①减少模锻吨位，控制在较小吨位的锻造压力机能力范围内；②两头部部位采用模锻成形，保证长度公差且充满良好。

(2) 前轴精密辊锻成形应使前轴 1/2～2/3 区段通过辊锻达到成品尺寸。为此必须解决好以下问题：①辊锻孔型系统设计；②4 道次变形量的分配原则；③前滑、展宽等基本工艺参数的选择；④各辊锻道次模具型槽的纵向匹配以及辊锻件长度尺寸控制等问题。

(3) 配合精密辊锻工艺，制订合理的精密辊锻-整体模锻复合工艺方案，合理的工艺方案可使锻件质量、尺寸精度和热模锻压力机锻造相当，锻件疲劳寿命高 50%。模具寿命明显提高，设备维修和折旧费大幅降低。

(4) 使用在引进德国技术的基础上专门针对前轴精密辊锻技术开发的，配套程控机械手的 $\phi1000$ mm 自动辊锻机，配合与中频感应加热配套的上下料装置，使辊锻工艺过程自动化操作，不仅可以保证送料位置准确，提高效率，改善劳动条件，减轻工人的劳动强度，更重要的是可以获得稳定、优质、温度均一的辊锻件，这样，不仅为后续工序的稳定生产奠定了基础，而且成为用该工艺生产高质量的前轴锻件的重要保证。

2. 前轴精密辊锻的技术难点

1) 不均匀变形问题

前轴在较长区段上其主轴线左右两侧截面形状是不对称的，辊锻时必然有较大的左右侧不均匀变形。该不均匀变形造成毛坯或锻件水平弯曲，致使辊锻后毛坯无法进入下一道型槽。更严重的是辊锻过程中其后部尚未变形的毛坯会左右摆动，使毛坯不能正确地进入相应的型槽，轻者产生刮伤、折叠等缺陷，重者则根本无法充满成形。

2) 展宽问题

前轴弹簧座工字型一侧具有深而窄的部位，此处无法采用模锻时常用的挤压法成形来实现。原因在于辊锻过程中，材料高度尺寸只能减少而无法增加，所以需要在辊锻第 2 道次时获得较大的展宽。同时，考虑到后续辊锻过程中此处还要受到压缩变形。因此，使用一般的辊锻孔型无法得到较大的宽展而又保证能在后续辊锻时产生的压缩为最小。

3) 毛坯与型槽在纵向的同期啮合问题

由于锻件长、形状复杂，在生产条件下延伸值的波动较大。因存在着前滑值的波动，也将引起辊后毛坯长度的波动。因此，这些都给各个辊锻道次之间毛坯与型槽的合理纵向周期啮合带来很大困难。

4) 前壁难成形区的成形问题

从第 2 章的分析可以看出，弹簧座部位的前壁形状是前轴精密辊锻工艺的难点。

5) 锻件长度控制问题

辊锻工艺与模锻工艺的不同之处还有辊锻变形过程中存在着前滑现象，而前滑值又与许多工艺因素如锻辊直径、变形程度、摩擦系数、坯料温度等有关。这些工艺因素的变化将引起前滑值的波动，造成辊锻件长度的波动。控制辊锻件的长度也是本工艺中的一个技术关键[20]。

2.5.2 前轴精密辊锻件的设计方法和过程

1. 精密辊锻件设计原则

在前轴精密辊锻-整体模锻工艺中，热锻件图仅作为设计弯曲终锻模、切边模和热校正模的依据，不能直接用于辊锻模的设计，必须设计精密辊锻件图作为辊锻模设计、制造的依据。

精密辊锻件图是根据已制订的锻件图，将不适宜净形辊锻直接得到的局部尺寸和形状进行修改设计，使之满足精密辊锻的要求。这些修改部分将通过以后的模锻工序来达到锻件图的要求。

2. 弯曲部分展直和截面设计

前轴锻件是弯曲轴类件，而辊锻件只能是直的，因此必须将弯曲部分展直。一般根据热锻件图按照中性线长度展直，由于前轴弯曲半径较大，将中性线位置移向弯曲内侧约 1/3 处，再按中性线分段展直。

对于辊锻作为终成形不需要整形的部分，如中间工字梁部位，其高度和宽度尺寸按热锻件图尺寸设计。对于辊锻后需要整形的部分，按热锻件图截面，宽度减小、高度增加考虑，其宽度尺寸或圆周尺寸按锻件图尺寸单边缩小 1.5～2.5 mm，而高度尺寸单边增加 0.5～1 mm。经过这样的修改，可使整形时不必将整形余量金属挤到飞边去，而只是金属以镦粗法成形向四周驱散，以补充锻件本体，使整形力大大减小。最终模锻成形部位，即两头部部位，按热锻件图加放飞边量，设计成预制坯，由模锻最后成形。

3. 圆角半径

由于辊锻时金属流动和啮合运动的特点，需要对锻件个别部分的圆角半径应做适当修改。这种情况主要针对某些较大延伸区之后的前壁轮廓过渡处，当其截面差较大时，此处圆角如果较小，对辊锻过程是不利的。因为，辊锻时模具做圆周运动，而毛坯除了随模具向前做直线运动外，还要相对模具向后延伸，此两者运动若不协调，那么模具上的凸出部分就会将毛坯上的凸出部分刮伤。为解决这一缺陷，除了可采用一些其他措施外，还可修改模具上局部尺寸和形状。

圆角半径可以参考以下式取值：

外圆角半径：　　　　　　　$r = 0.06h + 0.5 (\text{mm}) (h$ 为锻件高度$)$
内圆角半径：　　　　　　　$R = (3.5\text{–}4)r + 0.5 (\text{mm})$
型槽边缘到分模面处圆角半径：　　$R_1 = 1.5\sim 3 (\text{mm})$

4. 精密辊锻件斜度的确定

精密辊锻件斜度是保证锻件从辊锻模中顺利脱出所必需的。精密辊锻中锻件前壁斜度、后壁斜度及侧壁斜度的要求与确定是有所不同的。

1）前壁斜度

前壁斜度是为了保证锻件能从辊锻模型槽中顺利脱出，锻件或型槽前壁必须具有一定的斜度 β_1。

辊锻模的前壁斜度与一般模锻斜度不同。一般模锻时，模具沿垂直分模面方向上下运动，锻件的出模是沿其四周同时出模。因此，模具上的模锻斜度在其四周可取同一数值。辊锻模围绕锻辊中心做圆周运动，前壁出模角是逐渐张开的。模具上任一点是以某一圆周速度而转动，而锻件是在上下模的切线方向做直线运动，加之辊锻时还存在着金属的前滑现象，因而模具是以一定圆周速度做圆周运动，而锻件则是以大于模具圆周速度的某一速度做直线运动。在一定工艺条件下，此两者必将具有一个特定的相对运动关系。从辊锻时刚体与塑性体啮合运动分析可知：辊锻出的锻件前壁斜度比模具上相应的前壁斜度要大。要想使锻件顺利脱模，必须正确地设计前壁斜度。小于要求的前壁斜度将使锻件脱模困难，出现粘模现象，同时可能使锻件前壁出现出模刮切现象和锻件的严重弯曲。当然，过大的前壁斜度也是不必要的，它将增大加工余量或模锻工序的模锻力。

影响辊锻前壁斜度的因素很多，如锻辊直径、型槽深度、摩擦系数、辊锻温度及辊锻速度等。当生产和试验条件一定时，锻辊直径和辊锻速度是一定的。影响前壁斜度的主要因素是摩擦系数和型槽深度。摩擦系数越大、型槽越深，所需前壁斜度越大。摩擦系数与辊锻温度有下列关系：

$$\mu = 1.05 - 0.0005\,t \tag{2-21}$$

式中，μ——摩擦系数；

t——辊锻温度（℃）。

如辊锻温度越低，摩擦系数就越大，所需前壁斜度就大。因此，前壁斜度的大小可根据型槽单边深度 h 和辊锻温度 t 按表 2-3 选择。

表 2-3　前壁斜度选择参考表

温度/℃	深度/mm			
	<5	6~10	11~15	16~25
1100	10°	12°	15°	20°
1000	12°	15°	18°	24°
900	15°	18°	20°	28°
800	18°	20°	24°	—

2）后壁斜度与侧壁斜度

辊锻件从型槽后壁及侧壁脱出是比较容易的，特别是后壁斜度可以做得很小，因此斜度可取小些。一般可参照模锻件的方法确定。也可根据型槽深度 h 参照表 2-4 选择。选择侧壁斜度时，如下一道辊锻坯件要转 90°，为使下道辊锻时不致翻倒、倾斜，侧壁斜度应取小，甚至接近零。

表 2-4 后壁与侧壁斜度

型槽深度 h/mm	<10	11~12	26~35
斜度 β/(°)	5	7	10

5. 飞边与料头

前轴精密辊锻的飞边宽度应控制在一定范围内，过大的飞边不仅造成金属的浪费，而且会使辊锻力、切边力增加，对金属填充不利，并增加附加拉应力。在工艺设计合理的前提下，根据前轴精密辊锻型槽复杂程度及锻件大小，取飞边宽度为 8~15 mm 就能保证型槽清晰地充满。

前轴精密辊锻的飞边一般为平飞边，即在分模面上由上、下辊锻模间的缝隙形成。第 1、2 道辊锻设计为无飞边，第 3、4 道工字梁部位出飞边，最终由模锻形成部位设计为无飞边。

对精密辊锻工艺而言，由于采用了自动辊锻机，必须留有料头供机械手夹持用，该料头应作为坯料在终锻时进行模锻成形，长短在辊锻时可调节，取值为保证在头部充满时的最小值。

2.5.3 精密辊锻孔型系统的选择和延伸率的确定

1. 精密辊锻孔型系统的选择

1）弹簧座的孔型系统（或称模具型槽系统）

弹簧座是前轴精密辊锻工艺中最难成形的部位，其孔型系统的合理设计十分重要。弹簧座的形状和异形断面型钢中的钢轨接近，图 2-21 是钢轨轧制的孔型系统，可以看出，礼帽形孔强制展宽是钢轨轧制中分配坯料的主要孔型，是保证轧制出钢轨宽边的主要手段。辊锻和轧制的区别是轧制可以多道次成形，如图 2-21 所示，采用直轧法生产钢轨需要 10 道轧制，采用斜轧法则需要 9 道次，而辊锻只能在很少的道次内成形。

在前轴精密辊锻工艺和模具孔型设计时，工字梁部分采用两道次成形，即坯料在第 1 道和第 4 道不变形，在第 2 道和第 3 道成形，其中第 2 道借鉴钢轨轧制中的

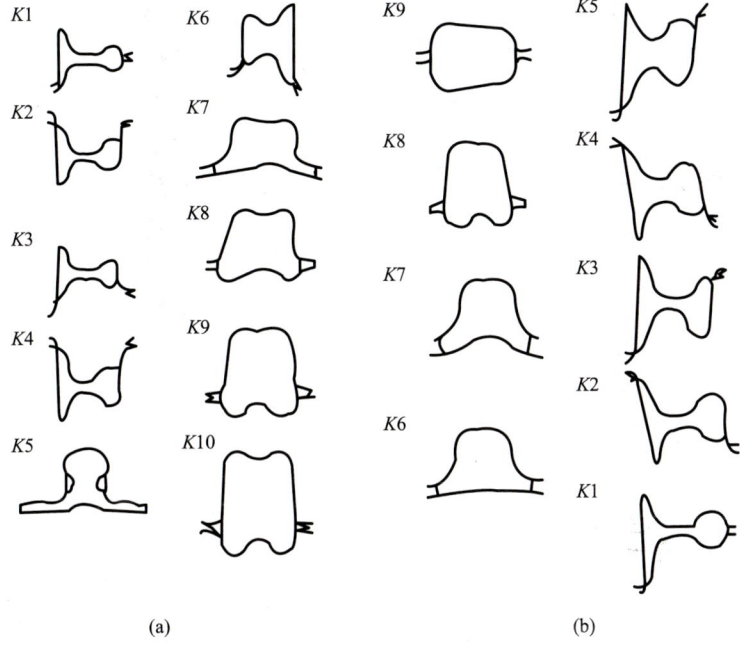

图 2-21 钢轨轧制的孔型系统[21]

（a）直轧法；（b）斜轧法

帽形孔设计为特殊形状的有强制展宽作用的礼帽孔型。礼帽形坯料在由第 2 道进入第 3 道时旋转 90°，毛坯的外形和尺寸更接近第 3 道型槽，有效地解决了该道次由不均匀压缩导致不均匀变形的问题。坯料在第 3 道成形时出现飞边，孔型系统参见图 2-22。

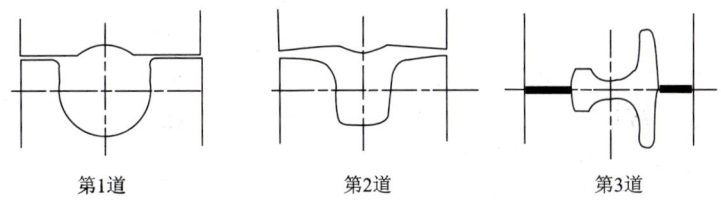

图 2-22 弹簧座的孔型系统

2）工字梁的孔型系统

工字梁在四道辊锻过程中都产生变形，坯料在由第 1 道进入第 2 道时和由第 2 道进入第 3 道时均旋转 90°。由第 3 道进入第 4 道时不旋转，坯料在第 3 道和第 4 道成形时出现飞边，参见图 2-23。

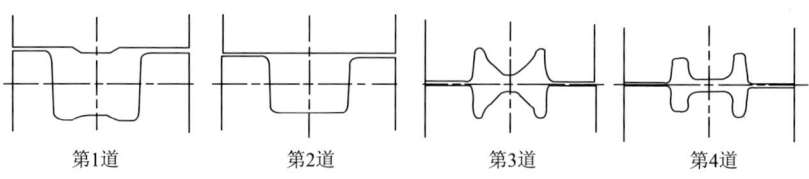

图 2-23 工字梁的孔型系统

3) 头部的孔型系统

头部在第 1 道、第 2 道和第 3 道成形,坯料在由第 1 道进入第 2 道时和第 2 道进入第 3 道时旋转 90°,坯料在第 4 道没有辊锻变形,参见图 2-24。

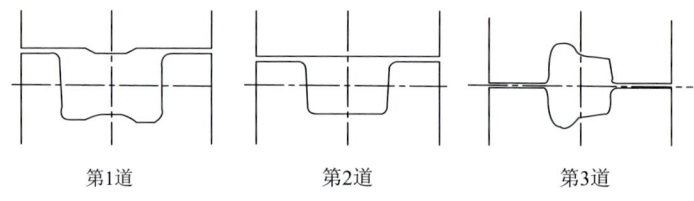

图 2-24 头部的孔型系统

在精密辊锻模具的设计过程中,可能有这样一种认识,就是在每一道次的孔型设计中,尽可能将每一个细小的截面变化都反映到每道次的辊锻件上。事实上这种考虑是多余的。对前轴而言,微小的截面变化只要辊锻件给料合理,在模锻上成形是很容易的,不必在辊锻件上考虑过细,即便考虑了也经常在实际辊锻试验中达不到预期的效果,反而孔型的复杂会导致辊锻的不稳定。

在设计辊锻模时,非不得已时孔型的截面应该尽量对称于两辊锻模的中轴线和重心线,以免造成工件精密辊锻过程中的弯曲、扭转以及精密辊锻过程的不均匀变形[22]。

2. 各道次延伸率的选用原则

精密辊锻坯料规格选定以后,根据体积不变原则,可以计算出下料长度。根据截面积可以计算出各典型截面的总延伸率。在分配延伸率时,对于模具孔型较简单的道次,延伸率可适当加大。

凡是在孔型变化比较复杂的道次,在该道次成形的坯件不影响下道次成形的情况下,延伸率越小,意味着坯件变形小,辊锻过程就越稳定。例如,第 2 道次,如果工字梁在该道次变形小,那么后成形的弹簧座在进入变形前,状态较好,不易发生旋转,精密辊锻时后弯头能较正地进入型腔,避免在第 3 道后弯头处形成折叠使坯件报废。

由于精密辊锻工艺第 3、4 道次为满足模锻所需坯件,沿主轴线截面分布基本定型，因而延伸的合理分配只能在第 1、2 道次中进行。由于第 1 道次辊锻过程中，原材料规则、孔型简捷、变形区较少，因而在分配延伸率时，尽量考虑较大一些为好。如果模具第 1 道和第 2 道延伸率较小，则会出现辊锻飞边过厚过宽现象，降低材料利用率，如果模具第 3 道延伸率过大，则第 3 道模具磨损会加快，坯料在辊锻形槽中的稳定性变差，同时辊锻机电机负荷增加，生产过程中有可能卡料。因此，应根据具体锻件合理分配延伸率。

2.5.4 典型锻件的特点与技术要求

数值模拟和工艺试验的典型件为 YQ153A 前轴，该锻件是国内目前使用较多的一种中型卡车前轴，具有代表性。其冷锻件图见图 2-25。材料为 50 号钢，锻件质量约 100 kg，弹簧座中心间距 820 mm，头部中心距 1753 mm。图纸要求锻件锻造斜度 7°，未注圆角半径 R5 mm，要求锻件无明显的补焊砂打痕迹，无裂纹、折叠，无过热过烧现象，错模、飞边、毛刺均小于 1.5 mm。

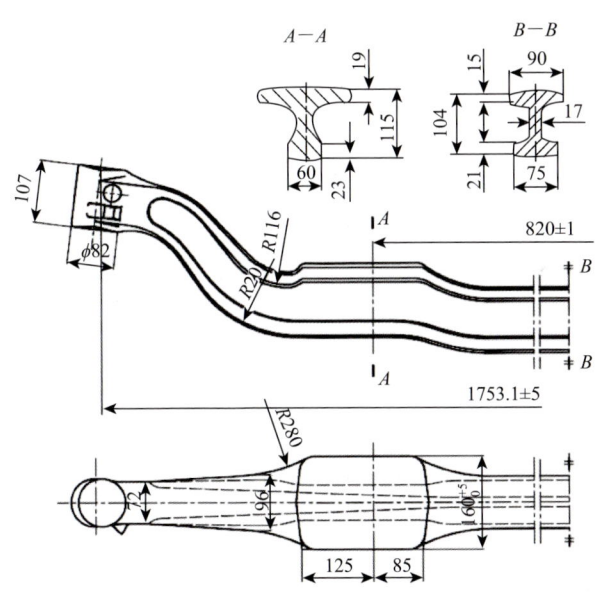

图 2-25 YQ153A 前轴的锻件简图

2.5.5 热收缩率的选择和热锻件图的确定

对前轴锻件而言，将冷锻件图上尺寸乘以热收缩率（膨胀系数）即得出热锻件图的尺寸，因此热收缩率一经选定，热锻件图即可确定。

热收缩率的选择参考以下原则：

1）始锻温度和终端温度

根据有关锻压技术手册可以查出，50号钢的始锻温度为1200℃，终锻温度为800℃。

2）各工序的温降

前轴锻件各截面温降不一样，头部位温降较小，工字梁和弹簧座部位温降较大。各工序的温降见表2-5。

表2-5 前轴成形各工序的温降

序号	工序	温降/℃	始锻温度/℃	终锻温度/℃
1	辊锻	60	1200	1140
	送料	50		
2	弯曲	80	1090	1010
	送料	20		
3	终锻	80	990	910
	送料	20		
4	切边	80	890	840
	送料	20		
5	校正	40	820	780

3）线膨胀系数的计算和取值

1000℃时50号钢的线膨胀系数为$14.1\times10^{-6}℃^{-1}$，按表2-5中各工序的终温计算出的线膨胀系数如表2-6所示。实际取值时一般圆整为小数点后一位，并考虑相邻工序的共用性。例如，弯曲、终锻和切边工序，由于线膨胀系数相差不大，为了便于模具加工，取为统一的数值。

表2-6 各工序线膨胀系数的取值　　　　　　　　　　（单位：%）

工序	计算	线膨胀系数取值
辊锻	1.6	1.6
弯曲	1.42	1.3
终锻	1.28	1.3
切边	1.18	1.3
校正	1.1	1.1

2.5.6 毛坯直径与各道次延伸率的选择

在确定原材料毛坯直径时，选用材料直径大，对弹簧座的展宽有利，但工字梁的延伸量将加大，伴随着较大的展宽和前滑对辊锻工艺的稳定性影响很大，同时加大了辊锻机的力能输出，降低了材料利用率。材料直径小，对弹簧座展宽不利，弹簧座板成形时，有可能出现塌角、充不满等情况。

前轴锻件最大截面为弹簧座，坯料直径选用以该部位能成形的较小值，并参考其他截面的延伸率来综合确定。显然，选用小直径坯料对减小辊锻机的成形负荷有利。YQ153 前轴主要特征截面尺寸（冷）：头部为 8203 mm^2，弹簧座为 7873 mm^2，工字梁为 4796 mm^2。不同料径下的延伸率见表 2-7。

表 2-7 不同料径下的延伸率

料径	头部	弹簧座	工字梁
120 mm	1.38	1.44	2.35
30 mm	1.62	1.69	2.77
140 mm	1.88	1.96	3.21
150 mm	2.15	2.24	3.68

在通常情况下，规格的选定以原材料的截面积与锻件最大面积之比在 1.65～1.80 之间比较合理。因此，最后设计选定毛坯直径为 130 mm。如不合适，可在工艺试验和调试时调整。各道次延伸率取值见表 2-8。

表 2-8 各道次延伸率取值

特征截面	总延伸率	第 1 道	第 2 道	第 3 道	第 4 道
头部	1.62	1.10	1.30	1.13	
弹簧座	1.69		1.30	1.13	
工字梁	2.77	1.05	1.28	1.65	1.25

2.5.7 精密辊锻件图设计

根据前述原则设计出精密辊锻件图如图 2-26 所示，飞边未在图中表示。

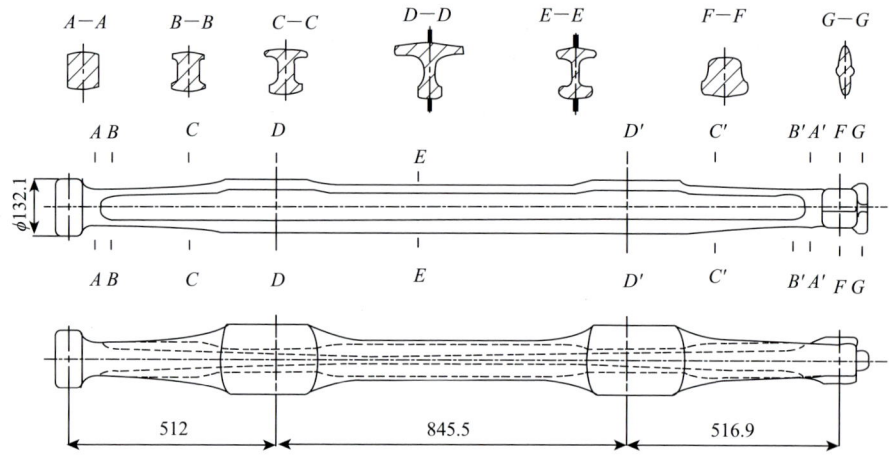

图 2-26　YQ153A 辊锻件图

2.5.8　第 3、2、1 道辊锻件图设计

以最后一道辊锻件图（在前轴精密辊锻工艺中即第 4 道辊锻件图）为依据，参照已确定的特征孔型及其孔型系统，设计第 3、2、1 道辊锻件图。具体步骤：①计算第 4 道辊锻件图上两特征孔型间各段体积；②按各相应段体积相等原则，计算第 3、2、1 道辊锻件各段长度。第 1、3 道无飞边，第 3 道工字梁和弹簧座段有飞边，在计算第 2 道体积时将第 3 道飞边量加上；③根据以上计算，即可做出第 3 道、第 2 道及第 1 道辊锻件图。参见图 2-27、图 2-28、图 2-29。

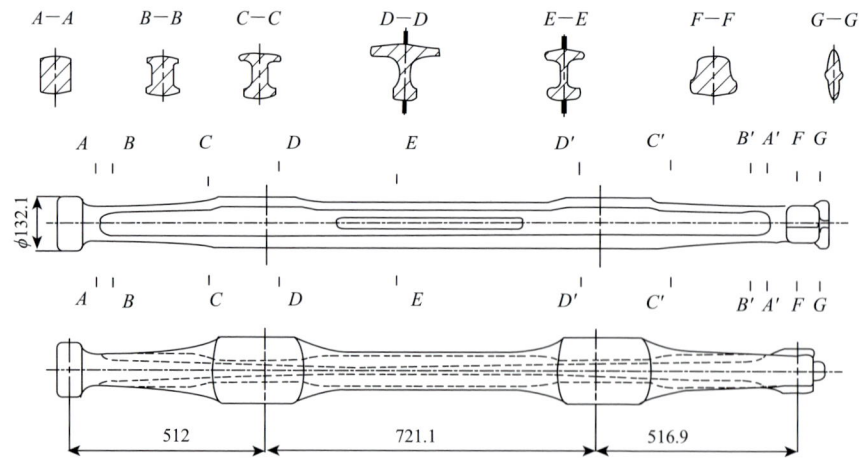

图 2-27　第 3 道辊锻件图

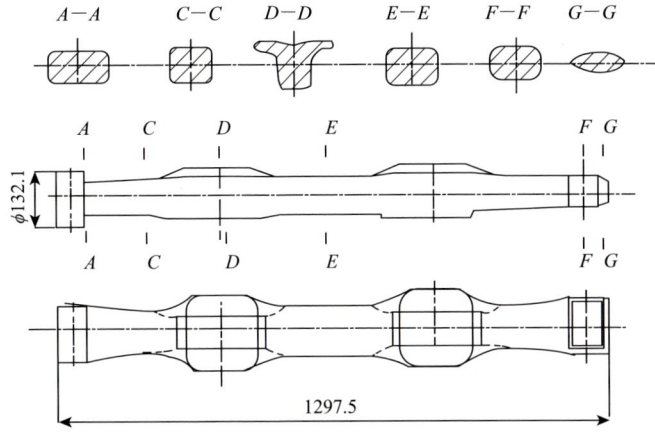

图 2-28　第 2 道辊锻件图

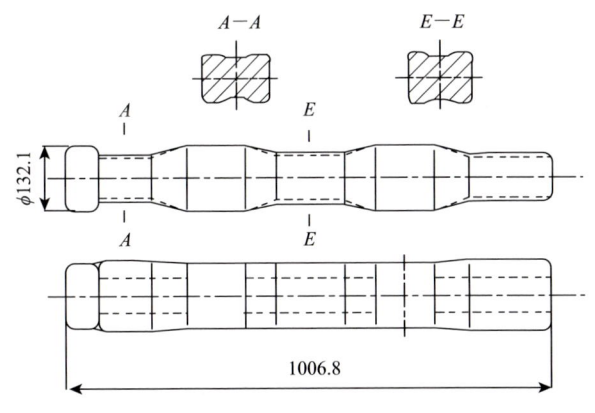

图 2-29　第 1 道辊锻件图

2.6　前轴辊锻模具与锻件啮合运动的几何分析与型槽确定

2.6.1　模具型槽曲面与锻件轮廓的共轭关系

图 2-30 为某一时刻某一剖面上模具与锻件相互作用示意图。根据变形特点，锻件可划分为 3 个区：Ⅰ区、Ⅱ区和Ⅲ区。A 点为模具与锻件脱离接触的点，则出口端刚性区始于 A 点附近。A 点以外辊出的锻件从剖面截曲线（以下简称锻件轮廓曲线）记为 c'，模具型槽纵剖面曲线（以下简称型槽轮廓曲线）记为 c。随着锻辊的转动，A 点在模具上连续移动，c' 曲线被不断地延伸，锻件出口端刚性区水平向外刚体移动，最终形成完整的锻件几何轮廓。由于过 A 点后金属不再发生

塑性变形，因而锻件形状不再变化。故此，锻件轮廓曲线 c' 由模具型槽轮廓曲线 c 所决定。

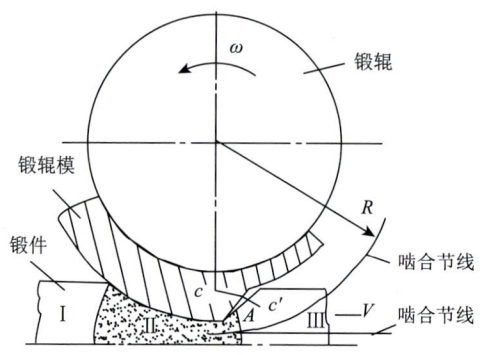

图 2-30　辊锻模与锻件啮合运动示意图
Ⅰ. 入口端刚性区；Ⅱ. 塑性变形区；Ⅲ. 出口端刚性区

由几何知识可知，辊锻模型槽轮廓曲线 c 与锻件轮廓曲线 c' 为辊锻模转动、锻件水平移动这对共轭运动条件下的一对共轭曲线。c 与 c' 在这对共轭运动下互为包络线。下面研究如何根据锻件轮廓曲线 c' 确定其共轭曲线（即辊锻模型槽轮廓曲线）c 的问题。

2.6.2　共轭曲线方程的建立

首先建立坐标变换系统如图 2-31 所示。$o_1x_1y_1$ 为固定不动坐标系。o_1 取于锻辊中心。oxy 坐标系固连于锻辊之上与其一起转动，转速为 ω。o_1 与 o 重合，取于

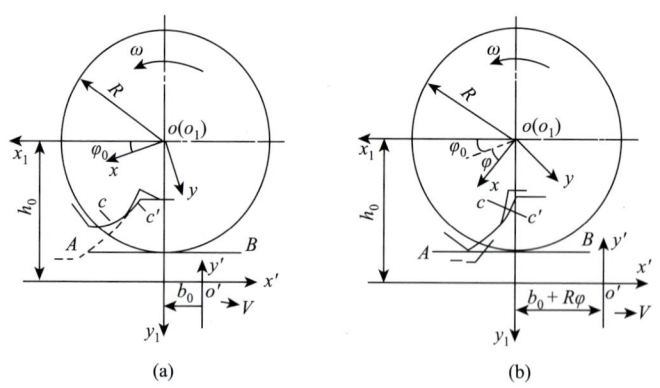

图 2-31　坐标变换系统
（a）初始位置（$t=0$）；（b）t 瞬时

锻辊中心。初始位置 x 与 x' 轴夹角为 ϕ_0，$o'x'y'$ 固连于锻件出口端刚性区，与锻件一起水平移动，速度为 V（当锻件高度方向尺寸变化不大时改速度近似为匀速）。x' 轴平行于 x_1 轴，y' 轴平行于 y_1 轴。初始位置 x' 轴到 x_1 轴距离为 h_0，y' 轴到 y_1 轴的距离为 b_0。模具与锻件啮合节圆半径为 R，节线为 AB。辊锻成形过程中，节圆在节线上滚动。

在 t 时刻，锻辊转动的角度为 $\phi = \omega t$，锻件移动距离为 $R\omega$。则 $o_1 x_1 y_1$ 与 $o'x'y'$ 的坐标变换：

$$\begin{cases} x_1 = -x' - R\phi - b_0 \\ y_1 = -y' + h_0 \end{cases} \tag{2-22}$$

$o_1 x_1 y_1$ 与 oxy 的坐标变换为

$$\begin{cases} x = x_1 \cos(\phi + \phi_0) + y_1 \sin(\phi + \phi_0) \\ y = y_1 \cos(\phi + \phi_0) - x_1 \sin(\phi + \phi_0) \end{cases} \tag{2-23}$$

oxy 与 $o'x'y'$ 的坐标变换为

$$\begin{cases} x' = -x\cos(\phi + \phi_0) + y\sin(\phi + \phi_0) - R\phi - b_0 \\ y' = -y\cos(\phi + \phi_0) - x\sin(\phi + \phi_0) + h_0 \end{cases} \tag{2-24}$$

由式（2-22）可以看出，辊锻模上一点 (x, y) 在固连于锻件上的坐标系 $o'x'y'$ 上形成的轨迹为摆线（或长幅、短幅摆线）。

若锻件轮廓线 $c'(\lambda)$ 以参数方程给出：

$$\begin{cases} x' = x'(\lambda) \\ y' = y'(\lambda) \end{cases} \tag{2-25}$$

则由式（2-23）、式（2-24）、式（2-25）可以得出运动过程中，$c'(\lambda)$ 在 oxy 坐标系内形成的曲线族为

$$\begin{cases} x(\lambda, \phi) = -[x'(\lambda) + R\phi + b_0]\cos(\phi + \phi_0) + [-y'(\lambda) + h_0]\sin(\phi + \phi_0) \\ y(\lambda, \phi) = [-y'(\lambda) + h_0]\cos(\phi + \phi_0) + [x'(\lambda) + R\phi + b_0]\sin(\phi + \phi_0) \end{cases} \tag{2-26}$$

由有关数学理论可知曲线 $c'(\lambda)$ 的共轭曲线 $c(\lambda)$，即辊锻模型槽轮廓曲线由式（2-26）及下列微分方程［式（2-27）］确定：

$$\frac{\partial y}{\partial \lambda}\frac{\partial x}{\partial \phi} - \frac{\partial x}{\partial \lambda}\frac{\partial y}{\partial \phi} = 0 \tag{2-27}$$

2.6.3 锻件轮廓曲线为直线时的型槽轮廓曲线

若锻件轮廓曲线 c' 运动过程在 oxy 坐标系内的曲线族可表示为

$$y = y(x, \phi) \tag{2-28}$$

此时将 x 看成参数 λ，则其共轭曲线 c（即型槽轮廓曲线）为

$$\begin{cases} y = y(x,\phi) \\ \dfrac{\partial y}{\partial \phi} = 0 \end{cases} \tag{2-29}$$

锻件轮廓曲线在 $o'x'y'$ 坐标系内方程为

$$y' = x'tg\alpha + h \tag{2-30}$$

式中，α ——直线与 x' 轴的夹角。

将式（2-24）代入式（2-30）得

$$y = \frac{-x\sin(\phi+\phi_0-\alpha)+(R\phi+b_0)\sin\alpha+(h_0-h)\cos\alpha}{\cos(\phi+\phi_0-\alpha)} \tag{2-31}$$

将式（2-31）代入式（2-29）中得到共轭曲线：

$$\begin{cases} x = R\sin\alpha\cos(\phi+\phi_0-\alpha)+[(R\phi+b_0)\sin\alpha+(h_0-h)\cos\alpha]\sin(\phi+\phi_0-\alpha) \\ y = -R\sin\alpha\sin(\phi+\phi_0-\alpha)+[(R\phi+b_0)\sin\alpha+(h_0-h)\cos\alpha]\cos(\phi+\phi_0-\alpha) \end{cases} \tag{2-32}$$

令 $r = R\sin\alpha$，$\theta = \dfrac{1}{R}[b_0+(h_0-h)]\cot\alpha$，则式（2-32）可写为

$$\begin{cases} x = r[\cos(\phi+\phi_0-\alpha)+(\phi+\theta)\sin(\phi+\phi_0-\alpha)] \\ y = r[-\sin(\phi+\phi_0-\alpha)+(\phi+\theta)\cos(\phi+\phi_0-\alpha)] \end{cases} \tag{2-33}$$

这是一个渐开线，r 为其基圆半径。因而，锻件轮廓为一般直线时，对应的型槽轮廓曲线为渐开线。当 $\alpha = 0$ 时，式（2-32）退化为圆，半径为 $|h_0-h|$，即锻件轮廓线为水平直线时，对应的型槽轮廓曲线为圆。

2.6.4 锻件轮廓曲线为圆时的型槽轮廓曲线

锻件轮廓曲线在 $o'x'y'$ 坐标系内的方程为

$$(x'-x'_0)^2+(y'-y'_0)^2 = r^2 \tag{2-34}$$

在辊锻模与锻件啮合运动过程中，锻件轮廓曲线形成的曲线族任意瞬时在 oxy 坐标系内的方程仍为圆，半径仍为 r，曲线族方程可写为

$$(x-X)^2+(y-Y)^2 = r^2$$

即

$$y = Y \pm \sqrt{r^2-(x-X)^2} \tag{2-35}$$

其中

$$\begin{cases} X = -(x'_0+R\phi+b_0)\cos(\phi+\phi_0)+(-y'_0-h_0)\sin(\phi+\phi_0) \\ Y = (-y'_0+h_0)\cos(\phi+\phi_0)+(x'_0+R\phi+b_0)\sin(\phi+\phi_0) \end{cases} \tag{2-36}$$

将式（2-35）代入式（2-36）中得到共轭曲线，也就是型槽轮廓曲线方程

$$\begin{cases} x = X \pm \dfrac{\dfrac{\partial Y}{\partial \phi}}{\sqrt{\left(\dfrac{\partial X}{\partial \phi}\right)^2 + \left(\dfrac{\partial Y}{\partial \phi}\right)^2}} r \\ y = Y \pm \dfrac{\dfrac{\partial X}{\partial \phi}}{\sqrt{\left(\dfrac{\partial X}{\partial \phi}\right)^2 + \left(\dfrac{\partial Y}{\partial \phi}\right)^2}} r \end{cases} \quad (2-37)$$

其中

$$\frac{\partial X}{\partial \phi} = (x'_0 + R\phi + b_0)\sin(\phi + \phi_0) + (h_0 - R - y'_0)\cos(\phi + \phi_0)$$

$$\frac{\partial Y}{\partial \phi} = (x'_0 + R\phi + b_0)\cos(\phi + \phi_0) - (h_0 - R - y'_0)\sin(\phi + \phi_0)$$

2.6.5 锻件轮廓曲线为参数方程给出的任意曲线时型槽轮廓的确定

若锻件轮廓曲线 c' 在 $o'x'y'$ 坐标系内形成参数方程式（2-25），将式（2-26）代入式（2-29）中第二式得

$$(x' + R\phi + b_0)\frac{\partial x'}{\partial \lambda} - (h_0 - R - y')\frac{\partial y'}{\partial \lambda} = 0 \quad (2-38)$$

即

$$\phi = \frac{1}{R}\left[(h_0 - R - y')\frac{\partial y'}{\partial \lambda} \Big/ \frac{\partial x'}{\partial \lambda} - x' - b_0\right] \quad (2-39)$$

式（2-37）、式（2-38）及式（2-39）联立可确定出型槽轮廓曲线 c（即 c' 的共轭曲线）。

2.6.6 锻件轮廓曲线由三次样条拟合时的型槽轮廓

复杂的锻件轮廓，往往不能用解析方程来直接表示，这时可根据一组离散型值来拟合。由 $n+2$ 个型值点（$k = -2, -1, 0, 1, \cdots, n-1$），基于 $n+2$ 个三次 B 样条，可在 $o'x'y'$ 坐标系内构造出锻件轮廓曲线的三次样条插值函数：

$$y' = \sum_{k=-2}^{n-1} \gamma_k S_k(x') \quad (2-40)$$

式中，$S_k(x')$——三次 B 样条；

γ_k——待定系数。

$$S_k(x') = \begin{cases} \rho \sum_{j=0}^{3} \dfrac{(x'-x'_{k+j})_+^3}{\dfrac{d}{dx'}W(x'_{k+j})} & (x' \leqslant x'_{k+4}) \\ 0 & (x' > x'_{K+4}) \end{cases} \quad (2\text{-}41)$$

式中，ρ——任意常数；

$(x'-x'_{k+j})_+^3$——截断幂函数。

$$\frac{d}{dx'}W(x'_{k+j}) = \frac{d}{dx'}\left[\prod_{j=0}^{4}(x'-x'_{k+j})\right]\bigg|x'=x'_{k+j} \quad (2\text{-}42)$$

此时将 x' 看作参数 λ，由式（2-42）得

$$\phi = \frac{1}{R}\left\{(h_0-R-y')\left[\sum_{k=-2}^{n-1}\gamma_k \frac{d}{dx'}S_k(x')\right] - x' - b_0\right\} \quad (2\text{-}43)$$

其中

$$\frac{d}{dx'}S_k(x') = \begin{cases} \rho \sum_{j=0}^{3} \dfrac{3(x'-x'_{k+j})_+^2}{\dfrac{d}{dx'}W(x'_{k+j})} & (x' \leqslant x'_{k+j}) \\ 0 & (x' > x'_{k+j}) \end{cases} \quad (2\text{-}44)$$

由式（2-40）、式（2-43）、式（2-44）及式（2-26）可确定型槽轮廓曲线。

上述分析表明，锻件轮廓和辊锻模具型槽轮廓存在共轭几何关系，基于这一认识不难推断，传统的辊锻模设计方法（即辊锻模型槽展开形状与热锻件形状一致的方法）是近似的。较精确的辊锻型槽应根据共轭理论来设计。

对于锻件任意一个长度方向（辊锻方向）上的纵剖面，只要将其轮廓线描绘出来，便可由本章给出的公式计算出其共轭曲线，从而得到圆周方向辊锻模具型槽纵剖面的轮廓曲线。将锻件各个剖面对应的型槽纵剖面组合起来，便得到完整的辊锻型槽，与传统设计方法相比，应用共轭理论设计的前轴辊锻模辊锻出的锻件尺寸精度得到明显提高。

2.6.7 精密辊锻模具型槽的确定

1. 模具安装资料

辊锻模装在上、下锻辊上，左右靠压紧环压紧，第 1、2 道和第 3、4 道之间有隔环。ϕ1000 mm 加强型辊锻机锻辊部分结构见图 2-32。设计模具图需要以下安装资料。

（1）上下锻辊图。辊锻模内径和锻辊外径有配合关系，设计时需要知道上、下锻辊的直径、选用的公差带和可用装模宽度。

（2）模具压紧环图。模具压紧环和辊锻模侧面有环形配合凸台，其与辊锻模侧面环形凹槽配合，将辊锻模压紧在锻辊上，设计时需要该配合尺寸。

（3）锻辊压紧环图。锻辊压紧环在靠近机箱处和辊锻模侧面有环形配合凹槽，其与辊锻模另一侧面环形凸台配合，将辊锻模固定于锻辊上，设计时也需要该部分配合尺寸。

（4）锻辊中间定位隔环图。在第1、2道辊锻模和第1、2道辊锻模中间装有定位隔环，左右侧面和模具配合，设计时需要该件的配合尺寸。

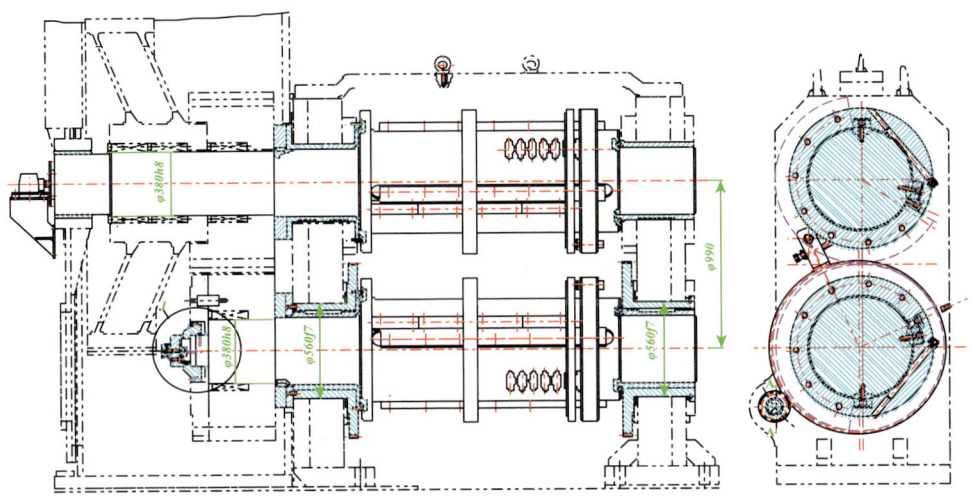

图 2-32　1000 mm 辊锻机锻辊部分结构

2. 各段型槽纵向长度设计

以各道次辊锻件图为依据设计辊锻模，长度方向尺寸按式（2-45）计算：

$$L_k = L_d/(1 + s)\delta \tag{2-45}$$

式中，L_k——由作用半径 R_z 决定的型槽区段长度；

L_d——相应区段的辊锻件设计长度；

δ——充满系数，一般取 0.9～1.0；

s——前滑值。

辊锻型槽相应区段对应的中心角按式（2-46）计算：

$$\theta = 57.3L_k/R_z = 57.3L_d/R_z\delta(1 + s) \tag{2-46}$$

式中，θ——辊锻型槽相应区段对应的中心角；

R_z——型槽作用半径，制坯辊锻时 $R_z = 1/2(D_0-h_1)$。

3. 前滑值

辊锻过程中的前滑对锻件纵向尺寸精度影响很大，同时也影响锻件各部分纵向尺寸之间的关系，影响 s 的因素有以下几点。

1）锻辊工作半径

锻辊工作半径 D 越大，前滑值 s 也越大。因为锻辊工作半径 D 变大，咬入角 α 增大，而摩擦角 β 保持不变，稳定阶段的剩余摩擦力增加，从而使金属流动速度加大，前滑值 s 增大。锻辊工作半径 $D<400$ mm 时前滑值 s 增加较快，锻辊工作半径 $D>400$ mm 时前滑值 s 增加较慢，这是因为锻辊工作半径 D 增大后展宽 Δb 增大，延伸系数 λ 下降。

2）相对压下量

相对压下量 $\Delta h/h_0$ 越大，金属位移体积越大，λ 变大，前滑值 s 大。

3）辊锻件高度 h_1

辊锻件高度 h_1 越大，压下量 Δh 不变时，金属变形区体积越大，延伸系数 λ 变小，前滑值 s 变小。

4）坯料宽度

坯料宽度 $b_0<45$ mm 时，坯料宽度 b_0 越大，前滑值 s 越大，因为展宽量 Δb 变小，所以前滑值 s 变大。坯料宽度 $b_0>45$ mm 时，坯料宽度 b_0 越大，前滑值 s 和 Δb 不变化，即当坯料宽度增加到宽度和长度方向上的金属位移体积之比不再有变化时，前滑值不受坯料宽度 b_0 影响。

5）摩擦系数

摩擦系数 μ 越大，中性角 ψ_N 越大，前滑值 s 越大。

6）温度

温度 t 越小，摩擦系数 μ 越大，中性角 ψ_N 越大，前滑值 s 越大。

7）型槽

凹型槽增强了对展宽的阻力，迫使金属延伸，前滑值 s 增加。凸型槽迫使金属展宽，延伸因之减小，前滑值 s 减小。

8）飞边

飞边越大，延伸越小，前滑值 s 越小。

4. 辊锻模具图的设计

长度设计关键是工字梁段，因为这段长度较长，前滑值 s 取值对辊锻件长度影响大，其余段都比较短，可以通过修整辊锻模型槽来调整辊锻件长度。另外，为了避免某些缺陷的产生，型槽边缘某些局部的圆角应适当修改。图 2-33～图 2-36 为各道次精密辊锻模具图。

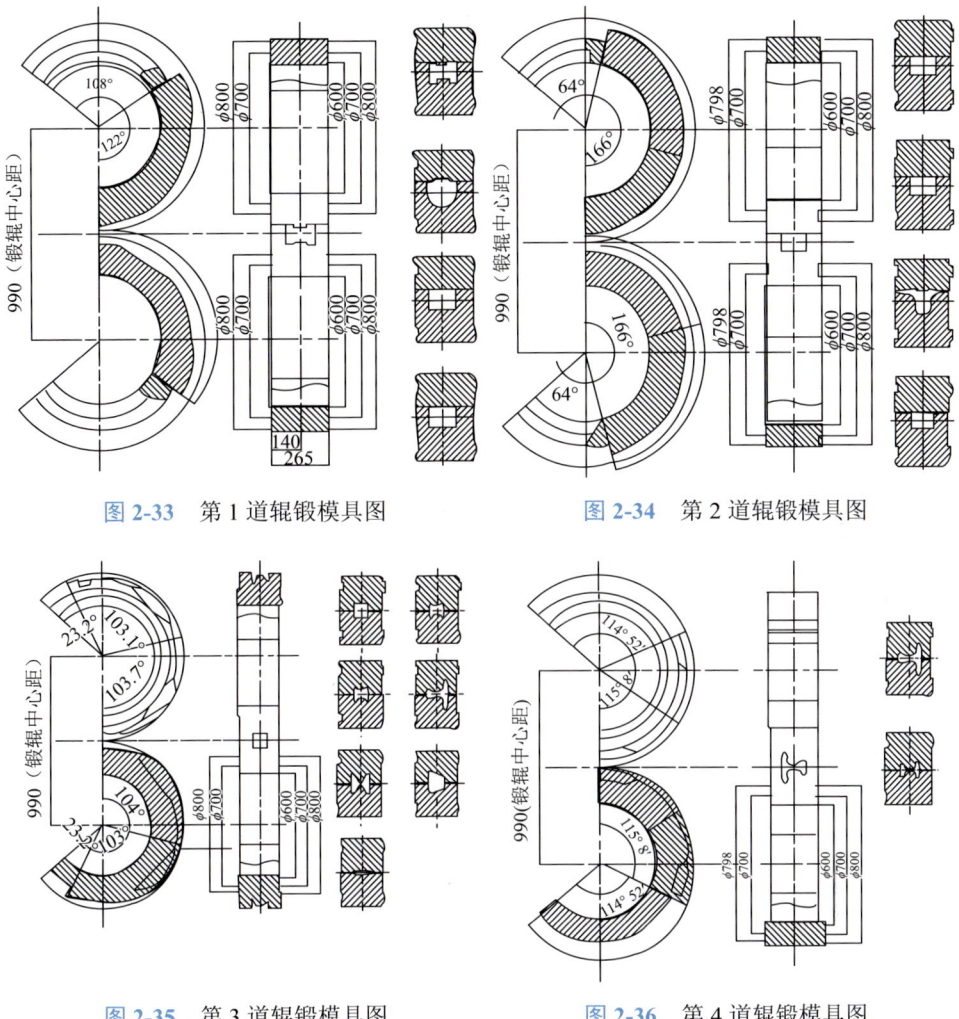

图 2-33 第 1 道辊锻模具图

图 2-34 第 2 道辊锻模具图

图 2-35 第 3 道辊锻模具图

图 2-36 第 4 道辊锻模具图

前轴辊锻模具一般用热作模具钢制作,这里试验使用铸造的 5CrNiMo 为模具材料。用铸件的原因主要是节省模具材料费,且辊锻变形属于连续局部的静压成形,冲击力小,对模具材料的要求比普通锻造模具要低。模具热处理硬度(HRC)为 40~44。

2.7 前轴精密辊锻成形过程模拟条件

2.7.1 辊锻成形过程模拟技术的特点

数值模拟方法已经越来越多地应用于金属塑性成形领域,并且在锻造等领域率先取得了良好的应用效果[23-29]。辊锻工艺虽然在国外已得到广泛的应用，但是能够达到净形或近净形的精密辊锻则应用甚少。前轴属于典型的延伸型长轴类锻件，采用精密辊锻在工艺和技术上存在着很多难点，通过有限元数值模拟，掌握金属流动的实际规律，就有可能在工艺和模具设计上采用有效的技术措施来加以解决，在辊锻技术中利用数值模拟这一先进手段是辊锻技术发展的必然趋势。

由辊锻变形的三维流动特点决定，二维有限元模拟难以适应辊锻成形过程中金属流动成形规律分析的需要，辊锻成形过程的三维有限元模拟的研究是当前和今后相当一段时期内的具有较高难度和重要应用价值的研究课题，并有可能成为解决辊锻工艺用于复杂锻件制坯或精密辊锻的关键技术。

国内外塑性加工学界学者在连续局部成形过程的模拟方面做了不少工作，研究了如楔横轧、环件轧制、板带轧制、管材拉拔、斜轧等连续局部成形工艺的模拟技术。一种长轴类锻件的数值模拟，三道次成形过程的模拟见图 2-37。前轴精密辊锻过程中金属的流动成形规律复杂，其理论研究和数值模拟都有相当的难度[30]。

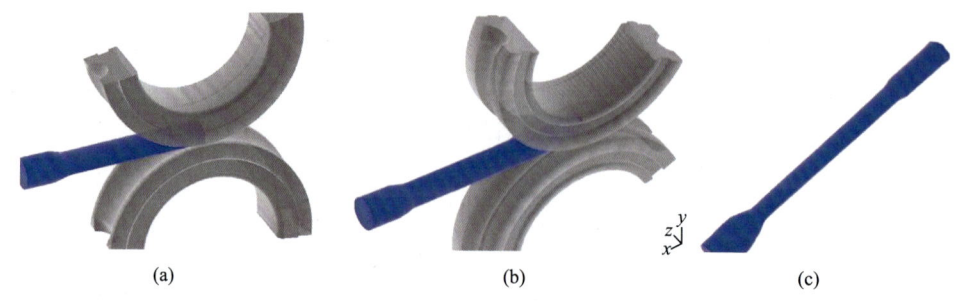

图 2-37　一种长轴类件辊锻的数值模拟

（a）第 1 道；（b）第 2 道；（c）第 3 道

辊锻成形过程是一个受多因素影响的复杂过程，材料的性能、模具形状、毛坯形状、工艺参数、变形温度等对成形过程都有影响。传统的工艺和模具设计是根据经验、手册、图表等进行的，这种基于经验的设计方法存在许多问题。随着数值模拟技术的应用，传统的经验设计方法将被更有效的基于模拟的设计方法代替。

模拟设计就是对成形过程中的金属流动行为进行追踪描述，并在计算机上反复演示成形过程，获得瞬时应力、应变及温度，以解释金属流动的实际规律和研究各种因素对成形过程的作用及影响，这样设计人员可在计算机上分析工艺参数与材料流动之间的关系，观察成形过程，确定是否产生内部及宏观缺陷，预测成形载荷产品的组织性能，从而可在计算机上进行工艺参数和模具形状的优化。

近年来基于刚塑性、刚黏塑性和热刚黏塑性有限元的模拟技术已被成功地用于分析各种金属塑性成形问题，适用于广泛类型的边界条件，对工件的几何形状几乎没有限制，可以获得变形体在成形过程中任意时刻的流动信息和热力学信息。一些适用于模拟金属塑性成形过程的计算机软件的开发成功，进一步推动了有限元模拟技术在金属成形领域中的应用。

辊锻过程是一个典型的非线性问题。首先，材料非线性，辊锻过程中材料的局部在达到屈服应力后会进入塑性状态，这时在该部分线弹性的应力应变关系不再适用；其次，几何非线性，在一些大压下量的辊锻过程中，往往会产生大变形的一类问题，这时需要采用非线性的应变和位移关系，平衡方程也必须建立于变形后的状态以考虑变形对平衡的影响。最后，辊锻过程是必须考虑速度影响的非准静态问题，本身就涉及迭代收敛的复杂求解。

为了简化分析的复杂度，简单将锻辊模定义成完全刚体模型，辊锻件使用 4 节点 4 面体单元，采用刚塑性模型对其进行模拟计算[31, 32]。

2.7.2 精密辊锻模具的几何模型

图 2-38 为辊锻模具的几何模型，这些模型是在 CAD 软件上完成的。辊锻工艺是多道次回转压缩成形，前轴的各个截面之间形状悬殊较大，属于自由曲面造型，而辊锻模具又是圆弧状，所以造型比较复杂。

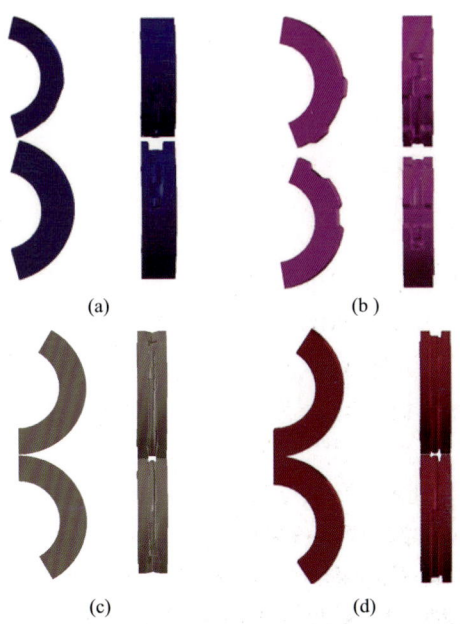

图 2-38 前轴辊锻 4 道次的精密辊锻模具
(a) 第 1 道；(b) 第 2 道；(c) 第 3 道；(d) 第 4 道

第 1 道的主要作用是分料，将弹簧座与工字梁的材料分开，所以模具采用了半闭式箱式孔型，圆形棒料在这种型腔中不易出现飞边，可以简化模具结构。

第 2 道是各部分的预成形阶段，模具的前后弹簧座部分采用了礼帽孔型，这是为了适应辊锻中产生的不均匀变形和材料的展宽要求。模具中部的工字梁部分和前后壁部采用对称箱式孔型，辊锻过程比较稳定，辊锻件不易倾倒。

第 3 道是各部的二次成形阶段，前后弹簧座和前后壁最终成形，为后面的模锻制坯，而中部的工字梁部分是第一次成形。

第 4 道也是辊锻的最后一个工步，前轴中部工字梁最终成形，而前后段不再参与成形，辊锻件延伸至设计的展直长度。

第 1 道辊后锻件进入第 2 道型槽时，需要旋转 90°；第 2 道辊后的锻件进入第 3 道型槽时需转 90°；第 3 道辊后的锻件进入第 4 道型槽时，锻件不旋转。辊锻上、下辊锻模前端咬住辊锻坯料时的角度：第 1 道为 18°，第 2 道为 20°，第 3 道为 17.5°，第 4 道为 16°；辊锻前钳口停在最前端时，钳口端面应超过轧辊中心线的纵向距离：第 1 道为 145 mm，第 2 道为 161.5 mm，第 3 道为 142 mm，第 4 道为 460 mm（钳口端面离轧辊中心线偏后的量）。在模拟过程中，四道辊锻的锻件始终沿 X 轴向延伸，Z 轴向展宽，Y 轴向压缩。

为了模拟实际工艺操作中的机械手，在模拟中，工件的末端在模拟开始时，在上下方向上被固定。工件温度为 1150℃，上下锻辊中心距为 990 mm，锻辊的角速度为 1.57 rad/s。为了节省存储空间和计算时间，采用局部网格动态细划的技术，只有移动到变形区的材料的网格才细划，其余部分粗划（图 2-39）。

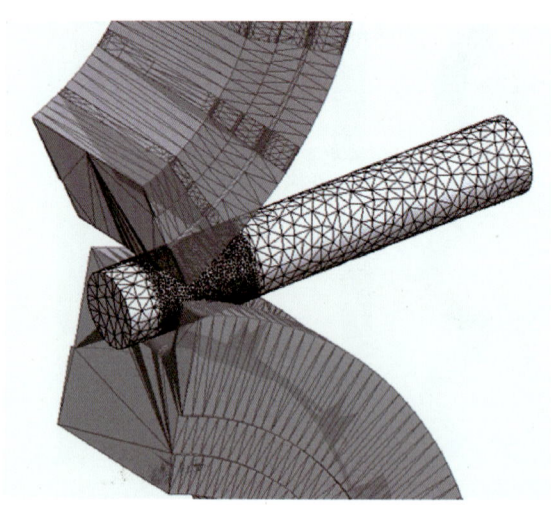

图 2-39　模具与辊锻坯料的有限元模型

2.8 精密辊锻变形过程模拟结果及讨论

2.8.1 辊锻变形过程金属流动规律分析

图 2-40 列出了每个辊锻道次结束后辊锻件的形状以及辊锻件典型截面形状及其等效应变的分布[33]。

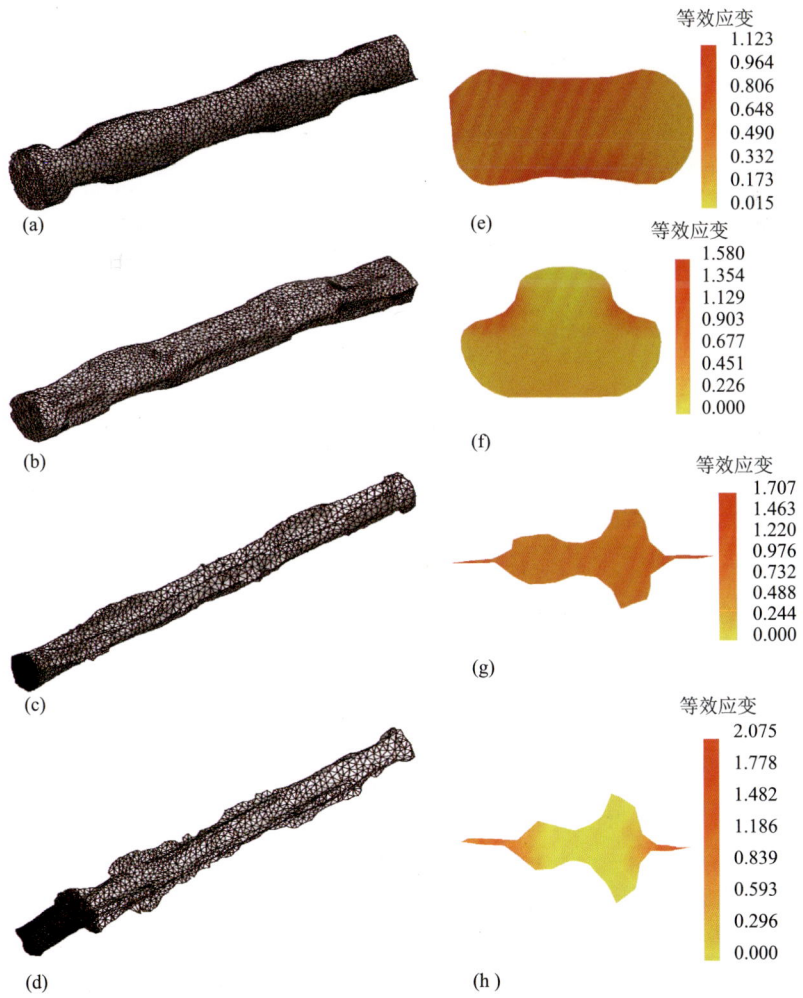

图 2-40　前轴辊锻工艺的模拟结果

（a）、（b）、（c）、（d）为第 1～4 道次的辊锻件形状；（e）、（f）、（g）、（h）为第 1～4 道次辊锻件截面形状及等效应变分布第 1 道辊锻目的是解决沿轴线的金属体积分配问题，采用了箱式孔型，将变形金属从圆形压缩成长方形，与弹簧座部位相对应的金属不变形，保持原有截面形状。从图 2-40（a）成形后辊锻件形状来看，满足了设计的要求，图 2-40（e）是典型截面的等效应变分布。在模拟中发现，模具后端的余料型腔较小，到最后的成形阶段，余料会流到型腔外面，导致辊锻件出现拖尾现象。模具经修改，增大余料型腔后，解决了这一问题（图 2-41）。从模具余料型腔修改前后的锻件界面等效应变化来看，修改模具的余料型腔不会影响到辊锻件的其他部位成形。

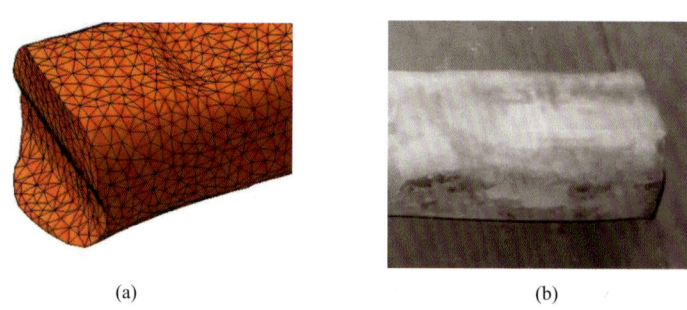

(a)　　　　　　　　　　　　　　(b)

图 2-41　第 1 道辊锻后的辊锻件形状

(a) 模拟结果；(b) 试验结果

第 2 道辊锻变形量较大，在辊锻时第 1 道辊锻后的金属旋转 90°后进入第 2 道辊锻模型槽，该道次弹簧座部位采用特殊的礼帽孔型展宽，金属在礼帽孔型变形十分剧烈。从工艺设计的角度，第 2 道不希望出现飞边。从图 2-40（b）成形后辊锻件形状来看，辊锻件的形状满足了工艺要求，没有出现飞边。在模拟中发现，第 2 道辊锻件前端也必须在径向施加约束来模拟机械手的作用，否则辊锻件会发生弯曲，这也验证了辊锻中对工件夹持是很重要的。图 2-40（f）是典型截面内的等效应变分布，可以看出变形较大的区域是在两侧的凸起拐角处。

第 3 道辊锻是辊锻件流动成形的重要阶段，也是前轴精密辊锻的关键道次，金属流动比较复杂。弹簧座在该道次中精密辊锻至前轴辊锻件的最终尺寸，工字梁在这道工步中初成形。从 2-40（c）和图 2-40（g）成形后第 3 道辊锻件形状来看，出现了少量的飞边。从截面内部的等效应变分布来看，除了在飞边处有剧烈的变形外，其余部分变形比较均匀。当飞边很大时，说明金属在型腔中可能没有充满，从整个辊锻件的形状来看，飞边不是很大，说明辊锻件在这一步基本充满了型腔。

第 4 道是精密辊锻的终成形阶段，在本道次辊锻变形过程中，前后弹簧座及两侧部分已完成其变形，本道次变形目的是将中部工字梁延伸成形至最终尺寸，第 3 道模拟后的辊锻件不需要旋转，直接送入第 4 道辊锻模的型槽中。从

图 2-40（d）成形后辊锻件形状来看，飞边较第 3 道有展宽。辊锻件长度延长了 80 mm，满足了工艺要求。中部的工字梁的变形不大，变形主要集中在飞边处，见图 2-40（h）。

图 2-42 是从模拟结果中取出的工字梁和弹簧座部位各道次变形的轮廓线图，可以看出工字梁和弹簧座部位各道次变形的轮廓线图和孔型系统的形状保持一致，说明实际金属的流动变形规律与设计孔型系统时的预测是一致的，各型槽几何尺寸设计基本合理。也可观察出弹簧座部位在第 2 道礼帽孔型中展开的不够充分的问题和工字量部位未能完全充满的问题，这也在后来在物理模拟和试验研究中被重点解决。此外，从图中还可以看出部分线条呈折线状，不够圆滑，这是因为网格划分时仅在变形区加密，其余部分网格较粗。

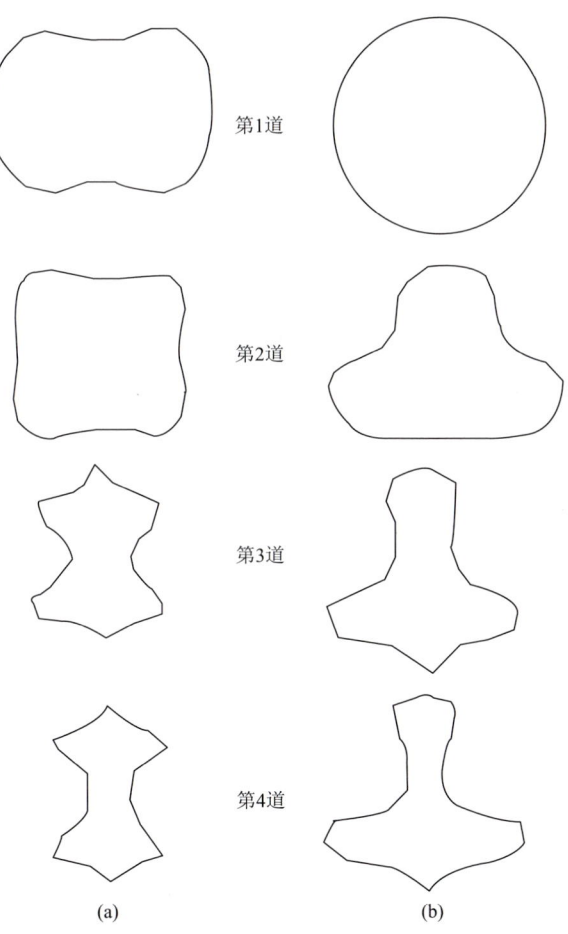

图 2-42　前轴典型截面的辊锻成形过程
（a）中部工字梁；（b）后弹簧座

2.8.2 精密辊锻中的飞边形成与特点

对开式模锻来说，锻件飞边是工艺所必需的，主要作用是增加阻力和容纳多余金属。在模锻时，飞边在型槽轮廓四周几乎同时形成，金属纵向流动较小，形成飞边的金属流动方向垂直于型槽轮廓线，阻力的方向也是垂直于型槽轮廓线，飞边在型槽周围形成一个阻力圈，促使金属向高度方向填充并充满型槽。但是，飞边形成阻力以利于金属充满型槽的作用是有条件的，即金属流入飞边槽内即将封闭，具有最大阻力的最强烈时刻应与金属基本充满型槽（只剩下最难充填的深腔圆角处尚未充满，最需外界阻力），且在充满即将终了的时刻恰好吻合，并满足此刻飞边形成的阻力大于金属向深腔圆角处填充的阻力的要求。否则，飞边就起不到形成阻力促使金属填充的作用。

辊锻时，飞边的形成及其作用与一般模锻是有差异的。首先，辊锻过程是由弧形模的转动使金属变形依次发生在锻的各个局部，因此，飞边不是同时形成的，而是由前向后逐渐形成的。其次，辊锻时变形区的两端是开口的，特别是后端呈喇叭口敞开，金属大量向后延伸。最后，在变形过程中，延伸和展宽同时发生，飞边的流动方向并不垂直于型槽的轮廓线，而是向着延伸速度与展宽速度的合成速度方向，它与型槽轮廓线成一角度。图 2-43 清楚地表达了精密辊锻过程中飞边形成时金属的流动趋势。

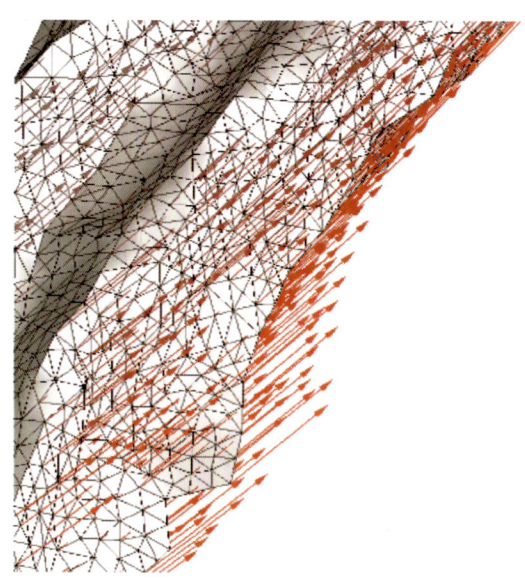

图 2-43　飞边处金属流动的速度矢量图

由于辊锻时形成的飞边不是在型槽四周同时形成，型槽前后端又是敞开的，且飞边流动方向不与型槽轮廓线垂直，因此，辊锻的金属流向飞边最剧烈的时刻不可能与金属填充型槽终了时刻相吻合，辊锻飞边不完全具备形成阻力促使金属填充的作用。恰恰相反，由于金属在飞边位置具有较大的变形，因此，飞边朝延伸方向的流动速度大于锻件本体的金属延伸速度。较大的飞边金属流动速度对型槽中朝高度方向填充的金属会产生一个牵制作用，阻碍金属向型槽高度方向填充，同时在锻件本体上产生拉后力。实践证明，当毛坯设计不合理时，即使辊锻时产生很大的飞边也不能完全充满型槽。

在多道次辊锻时，前一道形成的飞边在下一道辊锻型槽成形过程中，有阻止在该型槽中金属外流的作用，同时，还对该型槽中产生二次飞边起限制和减小其流动速度的作用，即一次飞边对下一道型槽金属填充和成形是有利的。因此，在前轴精密辊锻时，第 3 道在工字梁预成形毛坯上带有飞边，用带有飞边的毛坯进入第 4 道进行成形辊锻，这样更有利于工字梁部位的成形。

在飞边厚度一定时，飞边宽度的增大是有限的。因为金属向最小阻力方向流动，在飞边宽度较小时，宽度方向阻力比纵向阻力小，随飞边宽度增大，金属宽度方向阻力增大，飞边宽度的增加将减小，当飞边截面积占孔型截面积 30%～35% 时，实际上飞边展宽趋于停止。因此，前轴精密辊锻的飞边宽度应控制在一定范围内，过大的飞边不仅会造成金属的浪费，而且会使辊锻力、切边力增加，对金属填充不利，并增加附加拉应力。

针对辊锻件飞边的成形，对模拟结果与实际工艺进行了比较（图 2-44），可以比较准确地预测飞边产生的位置及形状。

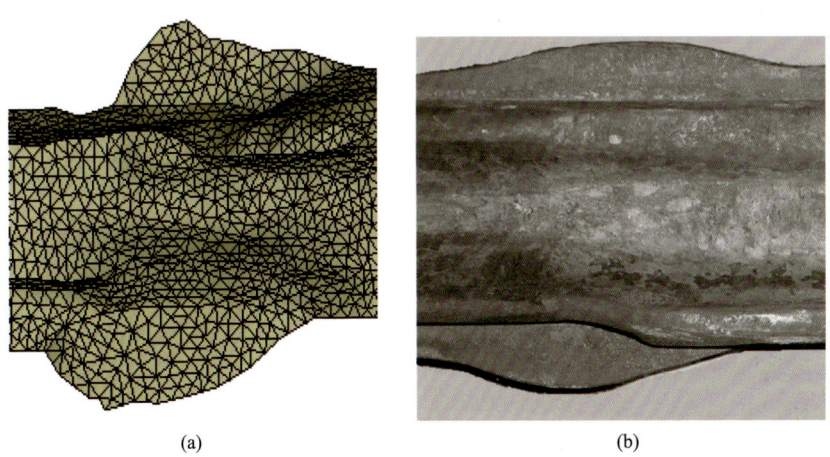

(a)　　　　　　　　　　　　　　　(b)

图 2-44　辊锻件飞边

（a）模拟结果；（b）试验结果

2.8.3 精密辊锻过程中各道次力矩

辊锻时，辊锻件在模具型槽中逐渐变形，整个辊锻过程是由各局部变形完成，所以辊锻工艺较一般模锻工艺所需的力要小很多。辊锻力矩是选用辊锻机的重要依据，根据辊锻力矩可确定电动机的功率。在有限元模拟过程中，可以根据每个节点在各个时刻的节点力，计算出辊锻力矩，从而得到辊锻力矩的变化规律，作为工艺设计和设备选择的参考。图 2-45 为前轴辊锻 4 个成形道次的辊锻力矩，从图中可以看出，在第 1、3 道次辊锻力矩较大，第 2、4 道次力矩较小，最高力矩达到 124 kN·m。随着辊锻件在成形阶段不同，辊锻力矩会发生很大的变化。

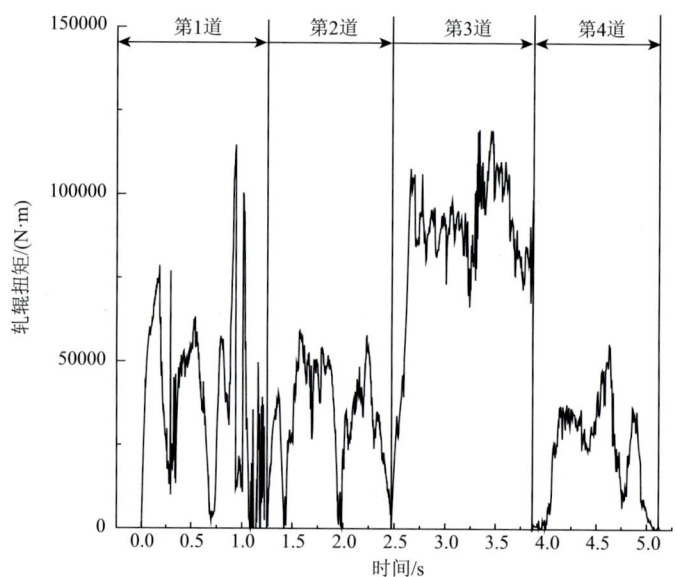

图 2-45 数值模拟得到的前轴精密过程中辊锻力矩变化

通过建立有限元模型，利用三维刚塑性有限元分析技术对汽车前轴精密辊锻成形过程进行了数值模拟，分析了变形材料在辊锻模具型腔内的流动状态和成形规律，检验了 4 道辊锻工步的成形效果，计算了前轴精密辊锻过程中辊锻力矩的变化趋势。这些模拟结果对于制定合理的前轴精密辊锻工艺和改善模具设计起到了重要作用。

2.8.4 第 1 道典型截面的应力、应变的分析

前轴辊锻件长度较长，长度方向截面形状变化也不均匀，取比较第 1 道辊锻

过程中典型的三个截面,即前臂截面、工字梁中间的截面和后臂截面,对其进行应力、应变的分析(图 2-46～图 2-48)。

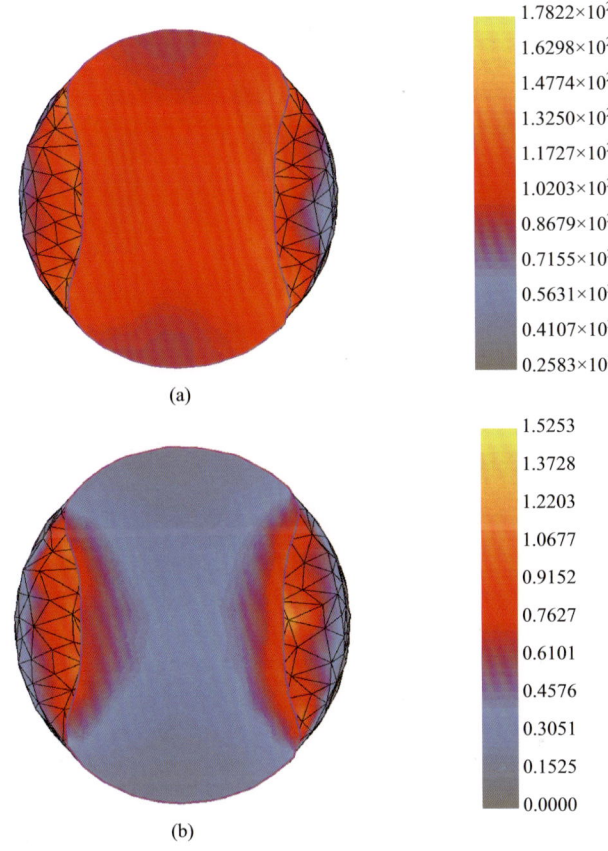

图 2-46　第 45 步前臂截面应力应变
(a) $\bar{\sigma}$;(b) $\bar{\varepsilon}$

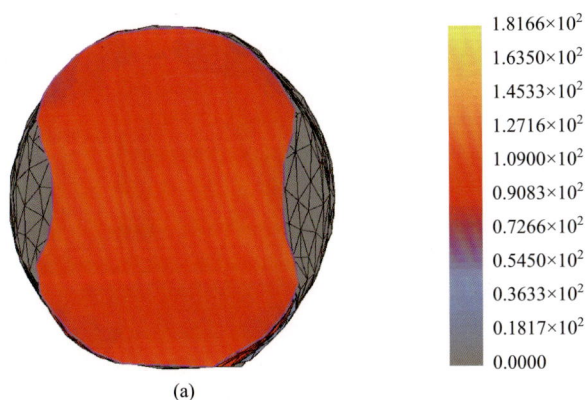

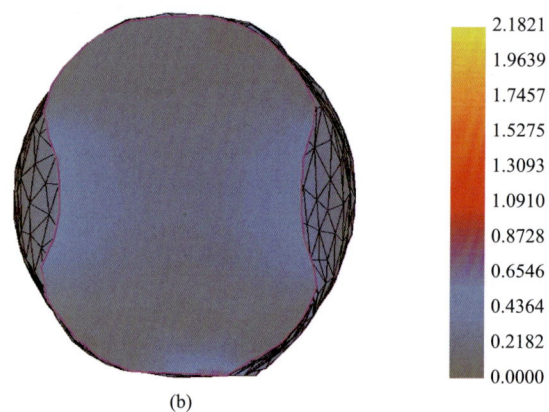

(b)

图 2-47 第 195 步中间截面应力应变分布

(a) $\bar{\sigma}$；(b) $\bar{\varepsilon}$

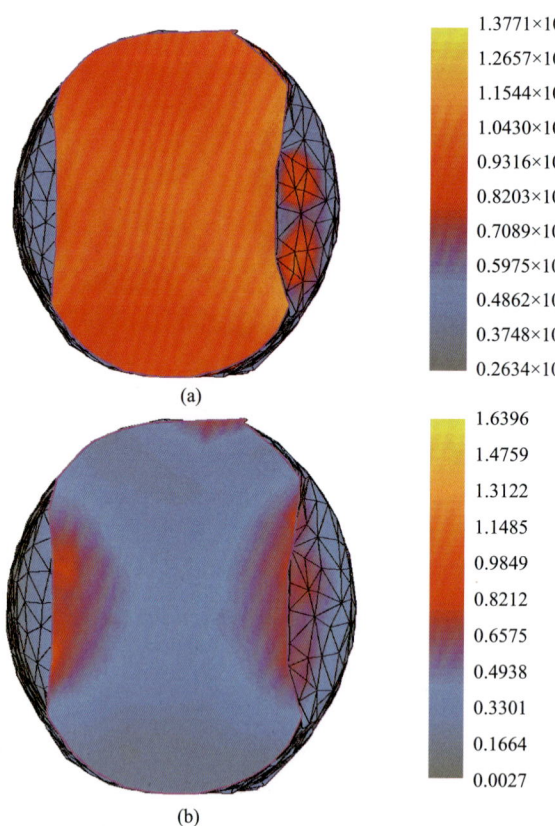

图 2-48 第 315 步后臂截面应力应变

(a) $\bar{\sigma}$；(b) $\bar{\varepsilon}$

这三处的截面形状类似，辊锻变形过程中的应力状况也基本类似。金属受压缩变形，与模具接触受压部位应力较大，形成一个变形区，远离变形区的部位是图中的上下两圆弧面，该部分应力较小。

可以获得各处应力最大值如下：第一个弹簧座的最大应力（模拟进行到 45 步时）$\bar{\sigma}$ = 104 MPa，中间工字梁的最大应力（模拟进行到 195 步时）$\bar{\sigma}$ = 109 MPa，第二个弹簧座的最大应力（模拟进行到 315 步时）$\bar{\sigma}$ = 105 MPa。

图 2-49 是第 195 步中间截面应力等值线，图 2-50 是第 315 步后臂截面应力等值线。

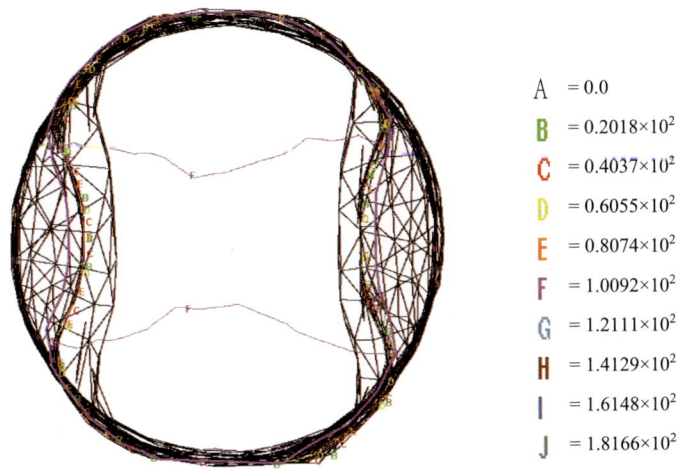

图 2-49　第 195 步中间截面应力等值线

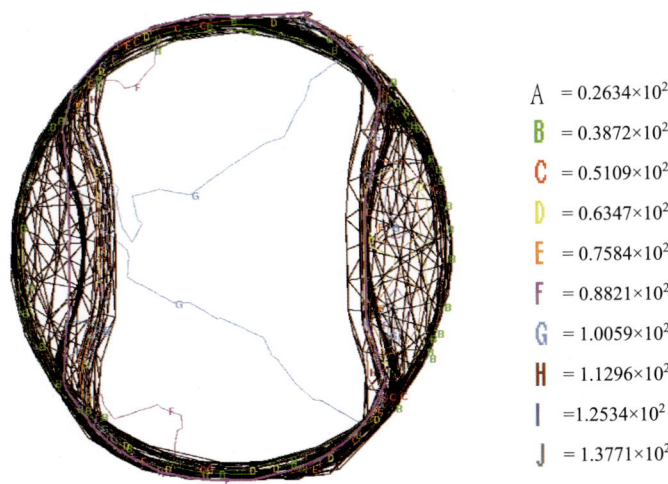

图 2-50　第 315 步后臂截面应力等值线

各变形截面的应变分布和应力分布相类似，与辊锻模具接触受压部位金属应变较大，形成一个变形区，远离变形区的部位是图中的上下两圆弧面，该部分应变较小。

可以获得各处应变最大值如下：第一个弹簧座的最大应变（模拟进行到 45 步时）$\bar{\varepsilon}$ = 0.9152，中间工字梁的最大应变（模拟进行到 195 步时）$\bar{\varepsilon}$ = 0.4813，第二个弹簧座的最大应变（模拟进行到 315 步时）$\bar{\varepsilon}$ = 0.9124。中间工字梁的最大应变较小的原因是其变形量较小。

2.8.5　第 2 道增加约束前后的应力、应变的比较研究

由于第 2 道辊锻出的锻件未加约束时有弯曲现象，假设约束后弯曲现象消除，得到了平直的辊锻件，在此对增加约束前后应力应变进行分析比较，研究增加约束对应力应变的影响。取比较典型的三个截面，即两个弹簧座中间的截面和工字梁中间的截面，对其进行应力、应变分析。图 2-51~图 2-56 为各截面的应力和应变的分布图。

增加约束前第一个弹簧座的应变（模拟进行到 140 步时）$\bar{\varepsilon}$ = 1.0725 [图 2-51（a）]，增加约束后 [图 2-51（b）] $\bar{\varepsilon}$ = 1.2385；增加约束前中间工字梁的应变 [图 2-53（a）]（模拟进行到 230 步时）$\bar{\varepsilon}$ = 0.4489，增加约束后 [图 2-53（b）] $\bar{\varepsilon}$ = 0.4488；增加约

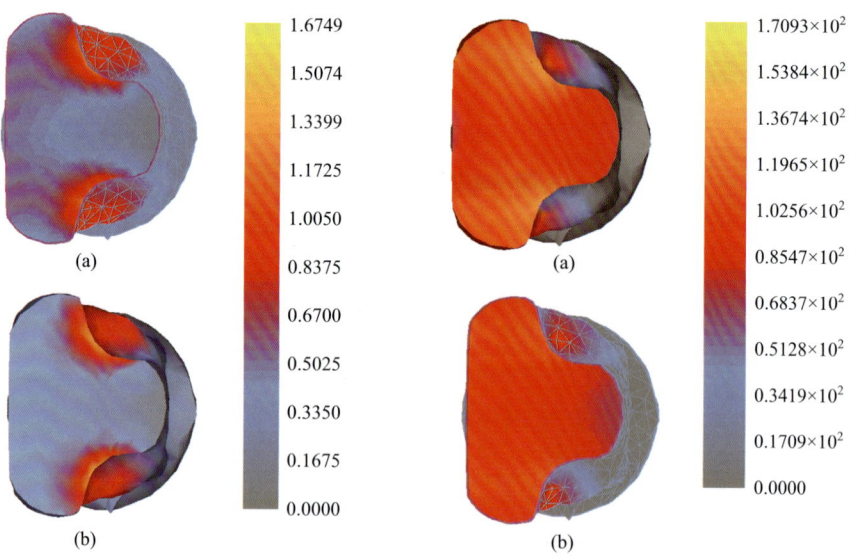

图 2-51　前弹簧座 140 步截面 $\bar{\varepsilon}$
（a）无约束；（b）有约束

图 2-52　前弹簧座 140 步截面 $\bar{\sigma}$
（a）无约束；（b）有约束

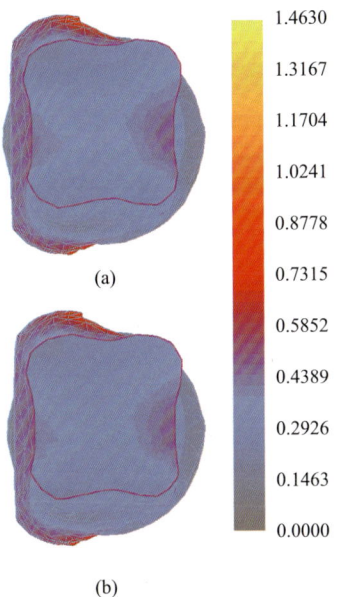

图 2-53 中间截面 230 步截面 $\bar{\varepsilon}$

（a）无约束；（b）有约束

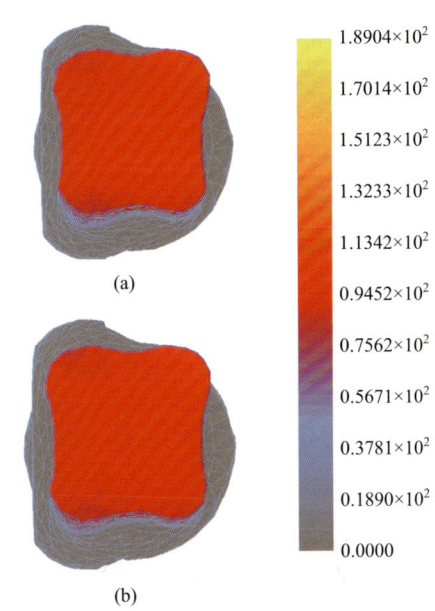

图 2-54 中间截面 230 步截面 $\bar{\sigma}$

（a）无约束；（b）有约束

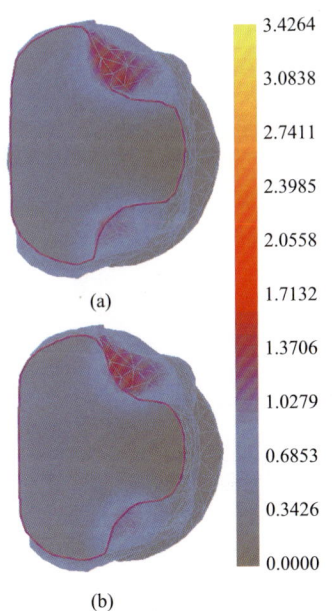

图 2-55 后弹簧座 290 步截面 $\bar{\varepsilon}$

（a）无约束；（b）有约束

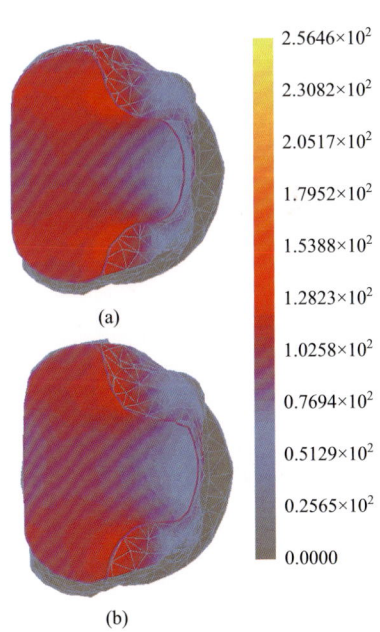

图 2-56 后弹簧座 290 步截面 $\bar{\sigma}$

（a）无约束；（b）有约束

束前第二个弹簧座的应变[图 2-55（a）]（模拟进行到 290 步时）$\bar{\varepsilon}$ = 1.0289，增加约束后[图 2-55（b）]$\bar{\varepsilon}$ = 1.0309。模具增加约束前后金属流动发生的变化较小，应变、应力变化不大（图 2-52、图 2-54、图 2-56）。

从数值模拟所得到的以上数据可以看出，是否增加约束对应力、应变基本没有影响，但对辊锻件的质量有重要影响。无约束时，锻件易产生水平弯曲，使之不能顺利进入第 3 道辊锻。因此，对第 2 道辊锻在 y、z 轴方向增加约束、保证只沿 x 轴方向运动是非常必要的，它在不明显改变应力、应变状态的条件下，克服了由第 2 道辊锻不均匀变形导致的辊锻件弯曲这一严重缺陷，保证辊锻各道次之间顺利转接。这一模拟结果也从侧面反映出带机械手的辊锻机的另一个优点。

2.8.6　第 2 道弹簧座部位不均匀变形引起的纵向弯曲

如前所述，在前轴精密辊锻的变形过程中存在水平方向的不均匀变形，因此会产生辊锻件水平方向的弯曲。通常在辊锻入口侧装有导卫板，防止辊锻件尾部的水平弯曲；在辊锻出口端借助机械手钳口刚性夹持，防止辊出部分的弯曲。

在前轴精密辊锻模具设计中，为了使第 2 道辊锻件更接近第 3 道辊锻件形状，设计了礼帽孔型，这种孔型有强制展宽一侧金属的效果，但是同时也造成了纵向的不均匀变形，在模拟时发现尾部金属在第 2 道辊锻时产生大幅度的上下摆动，图 2-57 为第 2 道辊锻前弹簧座部位的纵向弯曲模拟，图 2-58 为第 2 道辊锻前弹簧座部位的纵向弯曲模拟。这时的变形部位为弹簧座强制展宽孔型的不均匀变形区。

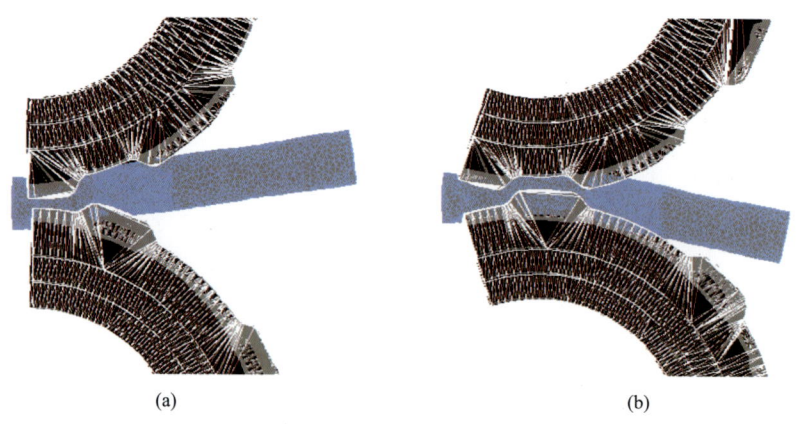

图 2-57　第 2 道辊锻前弹簧座部位的纵向弯曲模拟
（a）开始阶段；（b）中间阶段

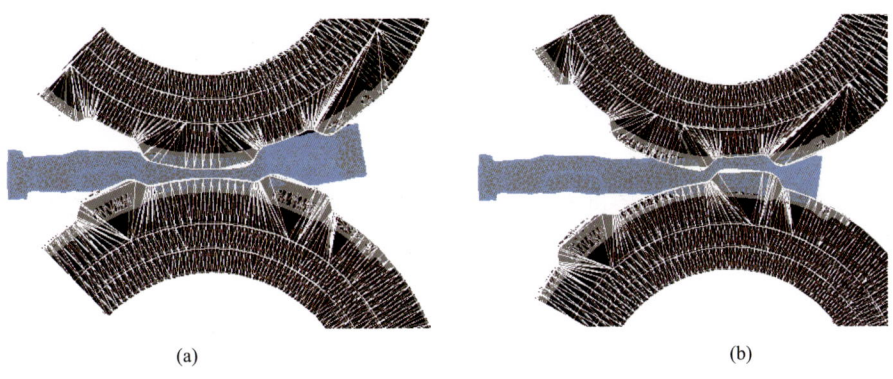

图 2-58 第 2 道辊锻后弹簧座部位的纵向弯曲模拟
(a) 开始阶段；(b) 中间阶段

由于在模拟时没有考虑后导卫板对坯料尾部向下摆动时的限制作用，因此模拟时的金属纵向摆动大于实际辊锻过程。这种摆动可以用机械手的夹持以及导卫板的单向限制而减轻，但不能完全消除。如图 2-57（b）所示，在实际工作环境中，由于导卫板平面的限制作用，实际上金属向下的弯曲趋势被限制，辊锻过程中仅产生如图 2-57（a）所示的向上的弯曲。

从模拟结果来看，第 2 道辊锻时金属向下弯曲的幅度比向上弯曲的幅度大，且过程长，若从防止弯曲的角度出发，第 2 道的礼帽孔型采用倒配（即头部向下）更为合理，见图 2-59。实践表明，在模具设计合理的前提下，这种纵向不均匀变形在辊出后被机械手的刚性夹持强制拉直，并不影响辊锻件辊出后的平直度。

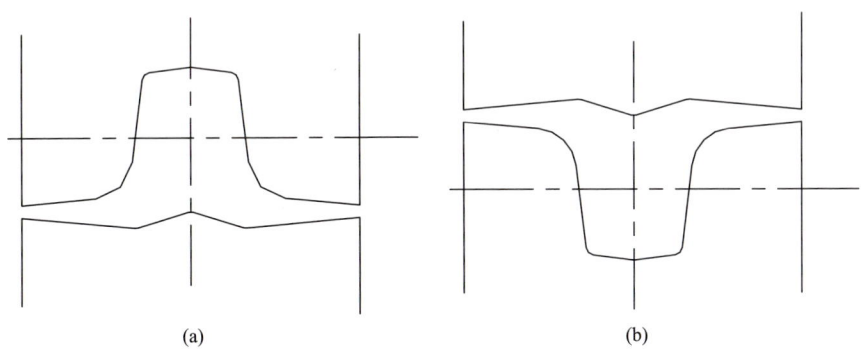

图 2-59 正配和倒配的礼帽孔型
(a) 正配；(b) 倒配

2.9 各道次辊锻力的分析和轴向分力的评估

2.9.1 辊锻力的模拟结果与分析

通过数值模拟可以详细了解每道辊锻工序中的辊锻力的变化规律，可以与辊锻机许用辊锻力相比较，确定各道次变形力是否超出许用值，如超出，则应重新分配变形量，修改模具，保证各道次变形力在许用范围内。

（1）第 1 道辊锻力分析。前轴在辊锻过程中 x 轴方向的为伸长、y 轴方向为压缩、z 轴方向为展宽。从图 2-60 中可看出，x 轴方向的最大载荷为 $f_x = 3.25 \times 10^5$ N，即 $f_x = 325.6$ kN；y 轴方向的最大载荷为 $f_y = 8.6 \times 10^5$ N，即 $f_y = 860$ kN。曲线在第 1 道有两初谷值，该两部分为第 2 道展宽弹簧板礼帽孔型的位置，该部分金属在第 1 道辊锻时不变形，所以辊锻力有两处谷值。

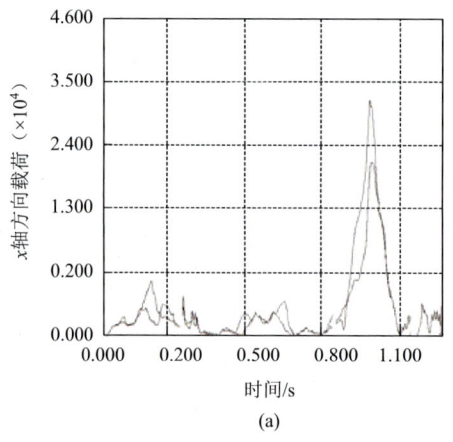
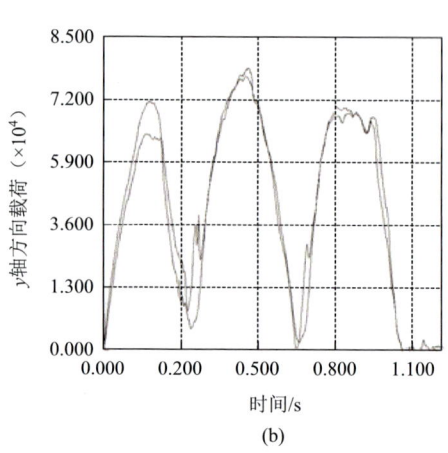

图 2-60　第 1 道辊锻上、下模载荷曲线
(a) x 轴方向；(b) y 轴方向

（2）第 2 道辊锻力分析。从图 2-61 中可看出，x 轴方向的最大载荷为 $f_x = 1.408 \times 10^5$ N，即 $f_x = 140.8$ kN；y 轴方向的最大载荷为 $f_y = 1.26 \times 10^6$ N，即 $f_y = 1260$ kN。曲线的图形呈双峰状，该两部分为展宽弹簧板的位置，需要较大的变形力，可见模拟结果和实际情况吻合良好。

（3）第 3 道辊锻力分析。从图 2-62 中可看出，x 轴方向的最大载荷为 $f_x = 6.4 \times 10^4$ N，即 $f_x = 64$ kN；y 轴方向的最大载荷为 $f_y = 3.36 \times 10^6$ N，即 $f_y = 3360$ kN。该道次的辊锻力是各变形道次中最大的，该道次中首次出现飞边，弹簧座的形状和工字梁的初步形状在该道成形，因此变形力较大。

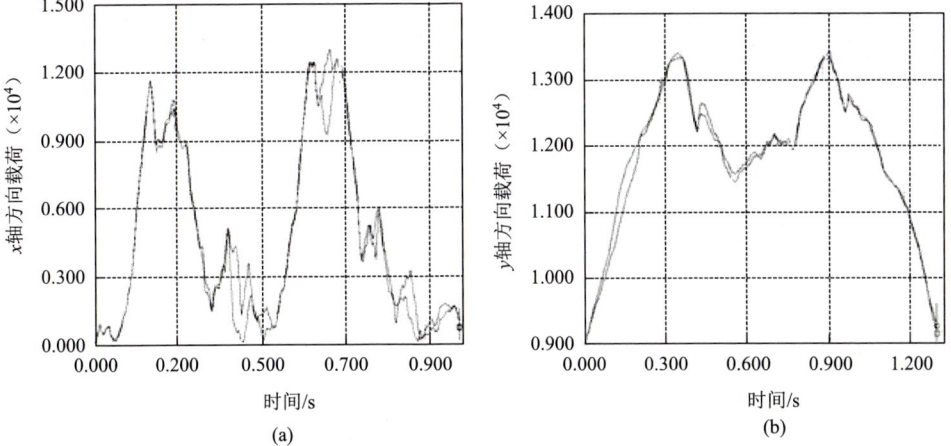

图 2-61 第 2 道辊锻上、下模载荷曲线

（a）x 轴方向；（b）y 轴方向

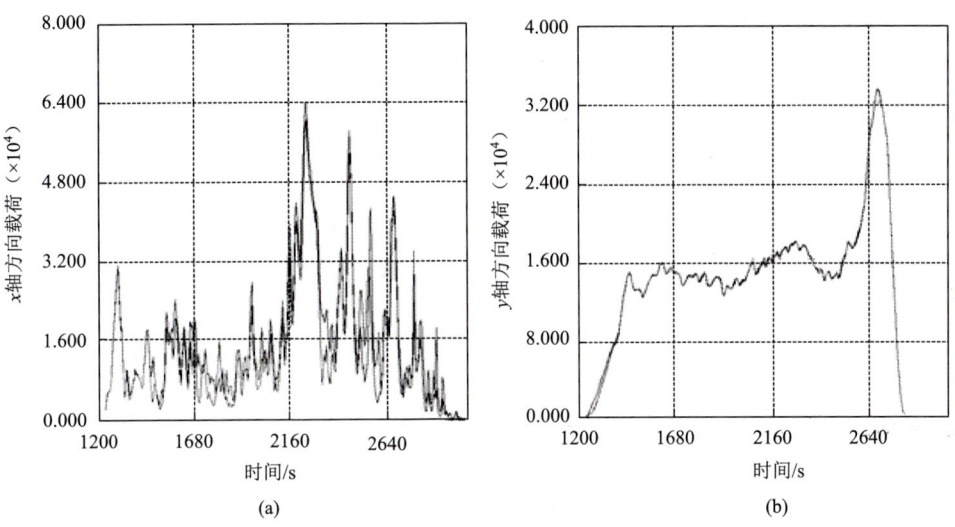

图 2-62 第 3 道辊锻上、下模载荷曲线

（a）x 轴方向；（b）y 轴方向

（4）第 4 道辊锻力分析。从图 2-63 中可看出，x 轴方向的最大载荷为 $f_x = 2.95 \times 10^4$ N，即 $f_x = 29.5$ kN；y 轴方向的最大载荷为 $f_y = 1.55 \times 10^6$ N，即 $f_y = 1550$ kN。第 4 道为工字梁的延伸，所以开始和结束阶段基本无变形力，仅在中间阶段有变形力，且比较稳定。

根据表 3-1 带程控机械手的 $\phi 1000$ mm 加强型辊锻机主要技术参数，该加强型辊锻机的许用力为 6000 kN，因此根据以上模拟结果，各道次的辊锻力都在许用范围内，辊锻机满足使用要求。

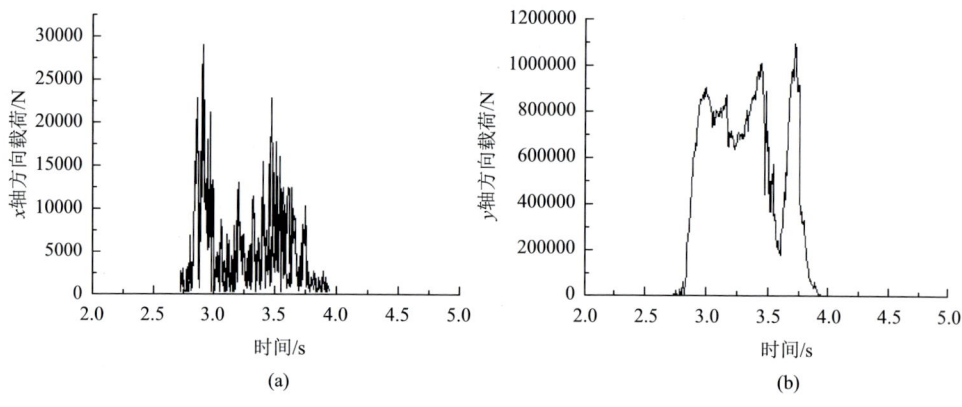

图 2-63　第 4 道辊锻上、下模载荷曲线

（a）x 轴方向；（b）y 轴方向

2.9.2　前轴精密辊锻的轴向力分析

在普通制坯辊锻中，辊锻模型槽形状对称，且结构简单，金属流动变形相对简单，由于型槽具有对称性，一般不会产生不对称变形，因而可以不用考虑轴向力。前轴的精密辊锻金属流动成形情况比较复杂，辊锻过程金属流动和变形有不对称现象，因此前轴精密辊锻轴向力值得研究和重视。图 2-64～图 2-67 即为前轴精密辊锻轴向力模拟结果。

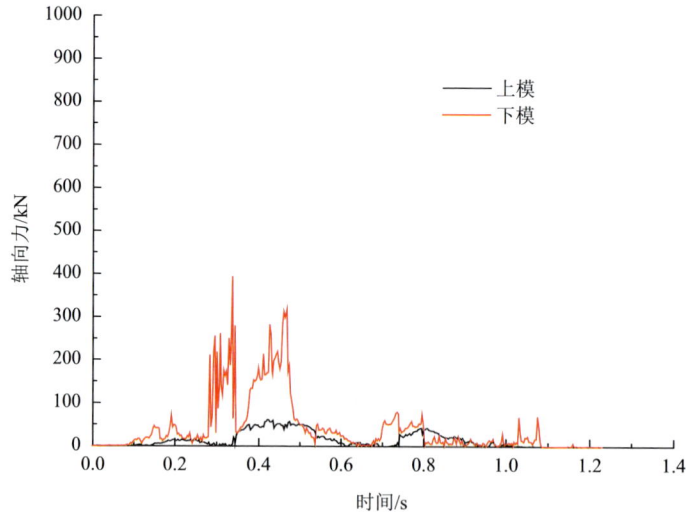

图 2-64　第 1 道辊锻轴向力的变化

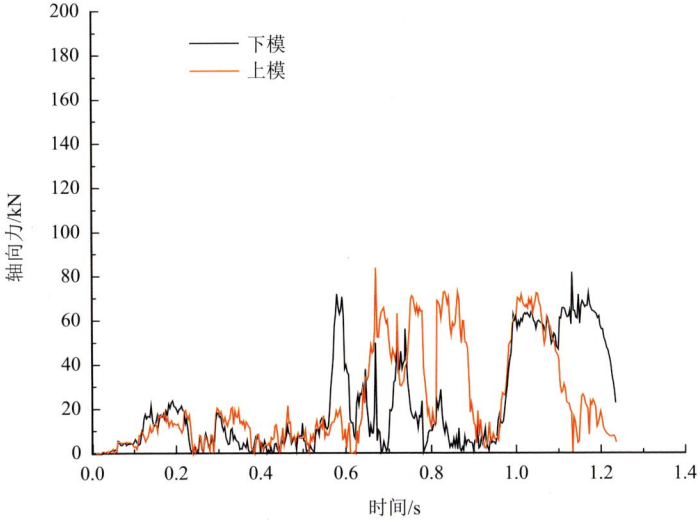

图 2-65　第 2 道辊锻轴向力的变化

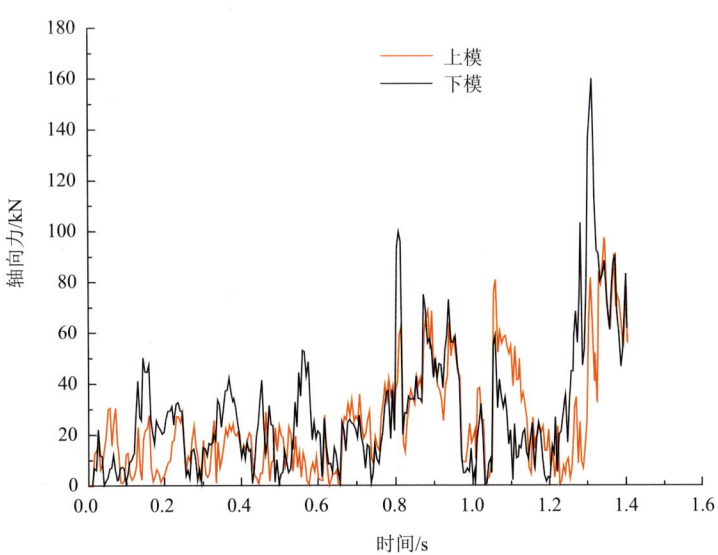

图 2-66　第 3 道辊锻辊轴向力的变化

与一般为对称截面的普通辊锻不同,精密辊锻模具型槽一般较复杂且不对称,因此容易产生较大的轴向力。本次轴向力的模拟结果分析总结如下:

(1) 第 1 道 z 轴方向的最大载荷一般为 $f_z = 50$ kN,最大峰值力为 $f_z = 300$ kN,见图 2-64。最大力主要出现在辊锻过程的前期,原因多为送料位置的误差造成变形不均匀。

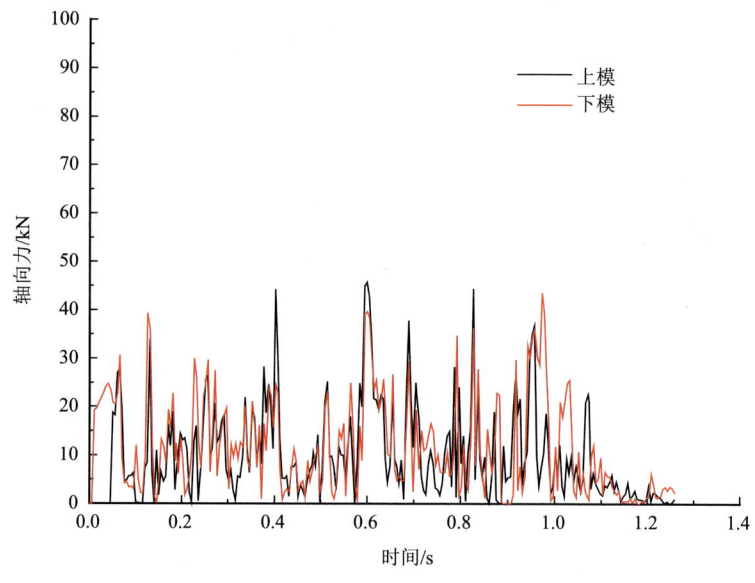

图 2-67　第 4 道辊锻轴向力的变化

（2）第 2 道 z 轴方向的最大载荷为 $f_z = 90\ \mathrm{kN}$，见图 2-65。后部轴向力数据较前部大，主要是在前部变形时造成了后部金属偏离轴线，强制辊入辊锻模型腔时产生较大的轴向力。

（3）第 3 道 z 轴方向的最大载荷 $f_z = 160\ \mathrm{kN}$，见图 2-66。出现在后期，数值较大且持续时间较长，是因为其中弹簧座部位变形时有明显的不对称变形。

（4）第 4 道 z 轴方向的最大载荷 $f_z = 50\ \mathrm{kN}$，数值较小，因为在该道次金属仅在工字梁部位变形，金属流动变形量不大，且形状对称，因此轴向力较小，见图 2-67。

根据 1000 mm 加强型辊锻机主要技术参数，该型辊锻机可承受最大轴向力为 700 kN，从模拟结果来看，完全满足工艺要求。

参 考 文 献

[1] 蒋鹏. 汽车前轴精密辊锻数值模拟与成形规律的研究[D]. 哈尔滨：哈尔滨工业大学，2005

[2] 蒋鹏. 汽车前轴锻造工艺[J]. 金属加工（热加工），2008（5）：28-29，49

[3] 罗晴岚. 曲轴、前轴锻件生产与模锻线设计[J]. 汽车工艺与材料，1997（7）：31-34

[4] 李德龙. 我国汽车工业锻造技术的发展[J]. 锻压机械，1995，30（4）：3-9

[5] 罗晴岚. 汽车前轴和曲轴锻件模锻工艺方案的对比、分析[J]. 锻压机械，1995，30（4）：9-13

[6] 罗晴岚. 125 MN 热模锻压力机模锻曲轴、前轴自动线设计[J]. 锻压机械，1996，31（4）：33-35

[7] 张春景，蔡中义，刘纪纯. 汽车前轴的辊锻成型工艺[J]. 汽车技术，1994（6）：31-34

[8] 傅沛福. 辊锻工艺及其在我国的发展和应用[J]. 锻压技术，1978，3（1）：9-16

[9] 卫梦顺，韩松彪. 汽车前轴锻造工艺的合理采用[J]. 锻压技术，1994，19（2）：3-4

[10] Wei M S, Han S B, Liou X S, et al. Study and application of a new process for automobile front axle

forging[C]//Wang Z R. Advanced Technology of Plasticity. Beijing: International Academic Publishers, 1993

[11] 李之文, 刘才正, 黄鹰. 前轴精锻-模锻工艺应用[J]. 锻压技术, 1999, 24 (6): 35-37
[12] 李社钊, 张倩生, 王焱山. 中国汽车与精锻[C]. 名古屋: 第六届中日精锻研讨会, 1998
[13] 蒋鹏, 张淑杰, 杨严. 前轴锻造生产线的工艺方案选择[C]. 南京: 第1届全国精密锻造学术研讨会, 2001
[14] 周武逸, 卫梦顺. 汽车前轴精密辊锻整体模锻成形技术应用与研究[C]. 厦门: 第七届全国锻压学术年会, 1999
[15] 蒋鹏, 罗守靖, 吴媖, 等. 前轴锻件的几种典型生产工艺[J]. 汽车工艺与材料, 2003 (3): 23-25
[16] 蒋鹏. 汽车前轴精辊-模锻工艺[J]. 机械工人 (热加工), 2002 (1): 58
[17] 李焕海, 张立寰, 玄永杰, 等. 纵向突变截面辊锻成形特点[J]. 锻压技术, 1992, 17 (2): 47-50
[18] 李焕海, 张立寰, 邓玉山. 纵向突变截面锻件辊锻的前壁成形分析[J]. 农业机械学报, 1994, 25 (3): 87-91
[19] 李焕海, 张立寰, 曾宪文. 纵向突变截面锻件辊锻的后壁成形分析[J]. 塑性工程学报, 1997, 4 (3): 25-27
[20] 张春景, 邰玉铸, 乔广. 汽车前轴辊锻成形工艺的特点[J]. 锻压技术, 1989, 14 (3): 45-48
[21] 上海市冶金工业局. 孔型设计 (下册) [M]. 上海: 上海科学技术出版社, 1979
[22] 蒋鹏, 曹飞, 罗守靖. YQ153A 前轴精密辊锻孔型系统的选择和辊锻工步设计[J]. 锻压技术, 2004, 29 (6): 27-29
[23] 杨青春, 钟志平, 蒋鹏, 等. 有限元数值模拟在锻造工艺设计中的应用[C]. 南京: 第1届全国精密锻造学术研讨会, 2001
[24] 汪非, 蒋鹏, 余光中, 等. 基于数值模拟的大型矿用销轨锻造工艺[J]. 锻压技术, 2014, 39 (4): 1-6
[25] 宋彤, 蒋鹏, 贺小毛. 大型曲轴锻造成形过程数值模拟与工艺试验[J]. 锻造与冲压, 2014 (13): 61-64
[26] 蒋鹏, 韦韡, 付殿禹, 等. 重卡转向节多工步卧式锻造成形过程的数值模拟[J]. 锻压技术, 2009, 35 (2): 22-25
[27] 蒋鹏, 杜之明, 张晓华, 等. 铝合金薄壁壳体件液态模锻成形过程的数值模拟[J]. 塑性工程学报, 2007, 14 (4): 76-81
[28] 曹飞, 蒋鹏, 崔红娟, 等. 曲轴锻造成形工艺的有限元模拟[J]. 锻压技术, 2005, 30 (S1): 68-71
[29] Wei W, Jiang P, Yu G Z, et al. Predict and analysis of fold in steering knuckle forging based on numerical simulation[J]. Advanced Materials Research, 2011, 189-193: 2721-2726
[30] 蒋鹏, 冯建华, 刘伟文, 等. 一种复杂弯曲长轴类件制坯辊锻工艺设计与调试[J]. 锻压技术, 2004, 29 (3): 49-52
[31] Peng J, Fei C, Hu F R, et al. Three-dimensional numerical simulation of near net shape roll forging of long nonsymmetrically profiled axel workpiece[J]. Journal of the Chinese Society of Mechanical Engineers (Taiwan), 2005, 26 (4-5): 507-512
[32] 胡福荣, 蒋鹏, 余光中. CAD/CAM 在汽车前轴精密辊锻模中的应用[J]. 锻压技术, 2005, 30 (S1): 75-78
[33] 蒋鹏, 方刚, 胡福荣, 等. 汽车前轴精密辊锻成形过程的数值模拟[J]. 机械工程学报, 2005, 41 (6): 123-127

第3章

汽车前轴精密辊锻技术试验研究、工业应用与持续优化

3.1 引言

随着机械工业特别是汽车工业的迅速发展，锻造技术也在不断进步[1-4]，大型模锻技术的应用也日益广泛[5]。作为钢质大型长轴件代表性零件的汽车前轴的精密辊锻是一项实用的先进制造技术，有必要将理论分析和数值模拟[6-9]结果通过物理模拟和工艺试验进行验证，并进行工业应用。根据理论分析和数值模拟的结果，在1000 mm自动辊锻机上进行了物理模拟和试验研究，研究和分析了试验结果。通过物理模拟与试验研究，得到了理想的前轴精密辊锻件，与后续工序结合试制出了合格的前轴锻件，并在此基础上，成功地转化为工业生产的实际应用。

汽车前轴精密辊锻技术在推广应用的过程中持续进行了工艺优化和装备技术提升工作。最初的前轴精密辊锻件中包含料头，这一部分材料切边后随飞边变成废料，降低了锻件材料利用率。后来尝试将夹持部分作为模锻坯料的一部分模锻成形，这样可以明显提高材料利用率，目前锻件材料利用率一般可达90%以上。最初的精密辊锻设计为4道次辊锻，其中第1道次辊锻的变形比较小，变形部位不多，变形部位的延伸率一般在1.1%以下。经过分析，认为有可能将第1道次和第2道次合并，用1道次辊锻完成2道次的成形。这种思路后来投入应用并取得成功。

机电所曾经开发出一台用于前轴辊锻的加强型680 mm辊锻机，仅能用于小型号的汽车前轴的生产，后来又开发出1000 mm辊锻机、加强型1000辊锻机，再后来又开发出了更大型号的1250 mm辊锻机，使得重型前轴也可以用该工艺进行生产。原来国内普遍采用25000 kN摩擦压力机作为模锻主机，后来，国内出现更大型的摩擦压力机和电动螺旋压力机,在新建生产线中,选择采用大吨位螺旋压力机的厂家也在逐渐增多。

前轴切边校正设备开始使用比较多的是两台摩擦压力机分别完成切边和校正工序。后来尝试用四柱式切边校正液压机切边校正,缩短了工艺流程。前轴锻件比较重,手工操作劳动强度较大,因此有必要采用自动化操作方式。多关节机器人技术逐渐成熟和普及,其在前轴生产线中获得了越来越广泛的应用[10-13]。

3.2 前轴辊锻成形试验条件和试验过程

3.2.1 试验用主要设备

为了验证精密辊锻工艺的实用性,根据前几章的研究成果,为四川雅安某车桥厂设计新建了一条以加强型 1000 mm 辊锻机为精密辊锻设备,以 25000 kN 摩擦压力机为模锻设备,以中、重型汽车前轴为主要产品对象的前轴精密辊锻-模锻生产线,取得良好的结果。

物理模拟和工艺试验在雅安某车桥厂锻造车间进行,加热设备为 1000 kW 中频感应加热炉,如图 3-1 所示。精密辊锻工艺试验是在机电所研制的加强型 1000 mm 辊锻机及机械手上进行的,见图 3-2,该设备是机电所第一台加强型 1000 mm 辊锻机,与原 1000 mm 辊锻机相比,针对汽车前轴精密辊锻的特点做了许多相应的改进工作,具体细节将在第 4 章详细介绍。

图 3-1 功率为 1000 kW 的中频感应加热炉在加热坯料

图 3-2 带程控操作机械手的加强型 1000 mm 辊锻机的照片

3.2.2 加强型辊锻机的结构原理与技术特点

1000 mm 辊锻机是在引进德国技术的 930 mm 辊锻机的基础上改进后的产品，具有液压慢速启动、快速辊锻成形的特点，还采用了偏心套调整锻辊中心距和消除大齿轮齿侧间隙的机构，整个设备结构紧凑，布局合理，在前轴锻精密辊锻造生产线中得到了广泛的应用。

加强型 1000 mm 辊锻机及配套机械手是在原 1000 mm 辊锻机的基础上进行了改进设计的产品。经改进后，辊锻机的扭矩、抗轴向力的能力明显加强，可以满足中、重型卡车和大型客车前轴精密辊锻的工艺要求和曲轴制坯辊锻的要求。

加强型 1000 mm 辊锻机主要进行了以下改进：

（1）增大辊锻扭矩和辊锻力，提高飞轮能量。具体措施是增大离合器摩擦块和气缸面积，相应增加飞轮转速等。由此进行传动箱、离合器机构的改进设计（包括传动比、齿轮、传动轴、轴承、箱体等），同时立柱相应要加宽，铜套直径加大、加宽等。

（2）锻辊增强承受轴向力的能力，且结构上要便于磨损后进行轴向间隙调整，承压面配有润滑。

（3）锻辊提高材料牌号，提高表面硬度。

（4）为便于装拆及调整，离合器、制动器及大齿轮等取消定位键结构，采用胀套固紧结构。

（5）辊锻机传动箱散热采用下通冷空气，上排热空气方法降低温度。

辊锻机械手 1000 mm 辊锻机配套使用，可自动完成接料、多道辊锻，并将辊锻后的工件送到下一台模锻设备上的相应模膛中（自动化操作线）或模锻工人便于操作的地方（人工操作线）进行模锻成形。辊锻机械手共有 4 个自由度，采用机械"反靠定位"方式，运动速度快、定位精确、技术成熟。辊锻机组设计方案见图 3-3。

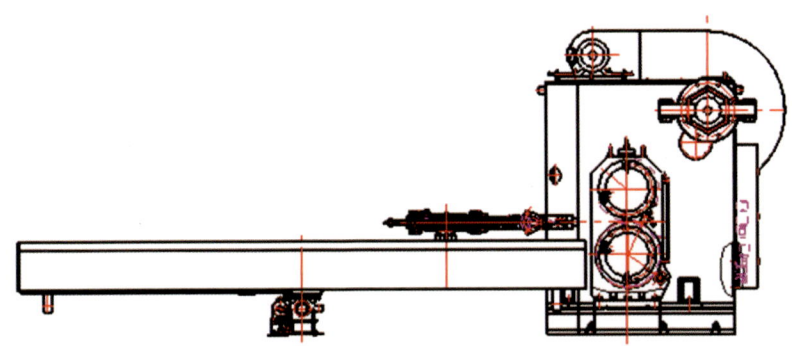

图 3-3　自动辊锻机组结构示意图

3.2.3　加强型 1000 mm 自动辊锻机主要技术参数

加强型 1000 mm 自动辊锻机主要技术参数见表 3-1。

表 3-1　加强型 1000 mm 自动辊锻机主要技术参数

序号	项目	技术参数
1	上下锻辊理论中心距	1000 mm
2	锻辊直径	ϕ600 mm
3	锻辊有效宽度	1120 mm
4	锻辊转速	15 r/min
5	最大辊锻力	6000 kN
6	最大辊锻扭矩	700 kN·m
7	锻辊轴向最大承载力	700 kN
8	辊锻最大毛坯尺寸	ϕ160 mm
9	辊锻工件最大长度	2000 mm
10	上下锻辊中心距调节范围	982～1002 mm
11	锻辊中心距调整量	20 mm
12	主电机功率	250 kW
13	机械手夹持工件最大质量	185 kg
14	最大纵向行程	7000 mm
15	最大横向行程	850 mm
16	夹钳车回转角度	360°

续表

序号	项目	技术参数
17	手臂旋转角度	0°～90°
18	定位精度	±1 mm
19	辊锻工位	二～四工位（可变）
20	驱动方式	电机和液压
21	控制方式	PLC 控制
22	适用范围	精密辊锻，普通辊锻

3.2.4 辊锻机部分的主要配置

辊锻机为整体式辊锻机，由机身部分、锻辊、传动系统、调整机构、模具紧固装置、空气系统、水冷系统、润滑系统、电控系统组成。辊锻机带有离合器与制动器，具有单动、连动、点动等项功能，可进行 2～4 道次辊锻工艺。辊锻机与辊锻机械手之间的动作由 PLC 进行控制。

加强型 1000 mm 辊锻机工作原理可见图 3-4。电动机通过小皮带轮带动飞轮转动，这时制动器处在制动状态，离合器脱离，一轴、二轴及锻辊轴都处于停止状态。开始工作时，电气通过控制气路使制动器脱离，延时约 0.03 s 后离合器接合。飞轮带动一轴、二轴及轧辊轴旋转工作，锻辊轴上的辊锻模在旋转过程中对锻件进行辊锻。辊锻完成后，离合器由电气通过控制气路被脱离，延时约 0.01 s 后制动器接合，并使一轴、二轴及锻辊轴制动。下一次辊锻仍按上述过程进行，经过 2～4 道次的辊锻完成一个锻件的辊锻过程。

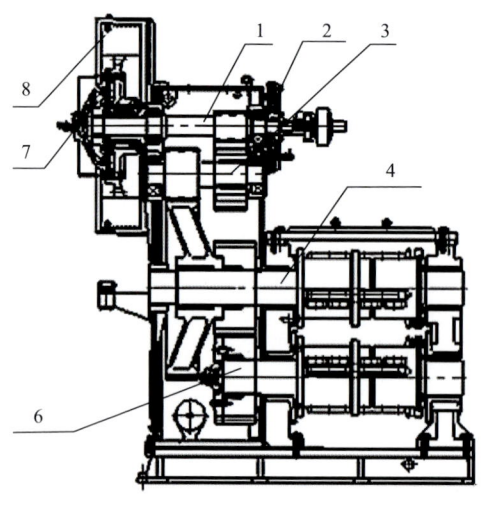
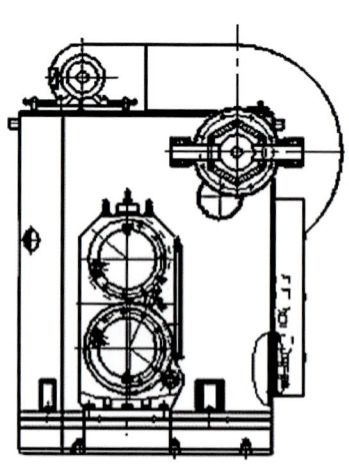

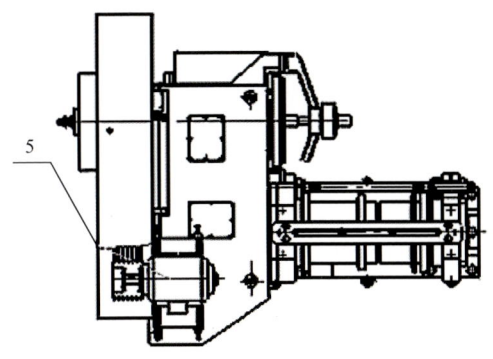

图 3-4 加强型 1000 mm 辊锻机工作原理图

1. 一轴；2. 制动器；3. 二轴；4. 上辊锻轴；5. 电动机；6. 下辊锻轴；7. 离合器；8. 飞轮

加强型 1000 mm 辊锻机主要由以下几部分组成：

1）机身部分

机身部分由箱体、底座、后盖板、立柱、横梁等组成。

加强型 1000 mm 辊锻机因主参数提高，机身结构尺寸发生很大变化，在结构设计时在保证机身强度不变的前提下，降低整机重量，对箱体、后盖板均采用钢板焊接结构，并在受力部位和刚度相对薄弱的地方，采用加筋板的方法增加机身刚度。立柱和底座使用铸钢件。

2）锻辊部分

锻辊部分包括锻辊轴、滑动轴承、模具固定用压紧环和固定环。

根据辊锻力、辊锻扭矩的要求，按结构的需要将锻辊轴轴承处直径加大，使锻辊轴强度和刚性满足使用要求。另外增加了左立柱的前、后端面滑动轴承，前端面滑动轴承与锻辊轴结合，后端面滑动轴承与左立柱结合，用以承受辊锻过程中产生的左、右轴向力，并相应地增加了前、后端面滑动轴承机动润滑油孔，解决了该处的润滑问题。

锻辊轴上的模具采用两个定位键结构，模具一端与上定位键靠紧，模具另一端与下定位键之间用楔形压板压紧，这样可以保证模具与锻辊轴圆周方向上不会产生位移，另外每道模具轴向之间用带有配合尺寸的凸凹槽互锁提高了模具安装的稳定性。模具的轴向固定是调节模具压紧环和轧辊压紧环之间的螺栓，锻辊压紧环由锻辊轴上环形键定位，环形键具有定位可靠的特点。为了满足不同的使用要求，锻辊轴设置了两道环形槽。这种拼装结构模具相对整体模具可减少模具材料消耗，并有利于上下模的调整。

3）传动系统

传动系统包括一轴、二轴、大齿轮、长齿、齿片。

根据一轴、二轴受力情况确定各轴的直径和传动齿轮参数，经过计算和校核，一轴和二轴的强度及传动齿轮的抗弯强度均达到了使用要求。

此外，齿轮与轴的连接采用胀套结构，改善了各轴的受力情况，同时便于设备安装和调整。

4）离合器、制动器部分

为了使轧制扭矩达到规定要求，根据离合器气缸直径、摩擦片安装的平均直径、工作气压等参数计算扭矩，确保可以满足传递到锻辊轴上的工作扭矩要求。

气路系统里使用了正联锁阀，它保证离合器与制动器必须保持一定的结合和脱离顺序，即辊锻机启动时，必须先脱离制动器，然后才能结合离合器。当辊锻机停止时，必须先脱离离合器，然后才能接通制动器。这样可以防止离合器与制动器在工作时出现错误动作。

3.2.5 辊锻机械手的结构特点

辊锻机械手由横向和纵向移动机构、夹紧机构等组成。辊锻机械手的夹钳具有夹持、旋转功能，钳臂可实现360°回转动作。辊锻机械手采用PLC技术与辊锻机进行编程控制。

辊锻手是在引进德国技术基础上，根据用户实际生产需要而研制的。它主要与辊锻机配套使用，通过夹持锻件自动送入实现对锻件各个工位的锻造成型，可实现锻造过程的机械化、自动化，提高生产效率和产品质量，降低工人的劳动强度[14]。

机械手在前轴精密辊锻工艺中的主要动作功能如下：送料机构将坯料送入辊锻机第1工位的机械手钳口中，机械手钳口夹住坯料端部，辊锻机锻辊旋转一周完成第1道辊锻后停转，机械手大车横移至第2工位，同时钳口逆时针旋转90°，将第1道辊锻件逆向送进辊锻机，辊锻机离合器第二次结合，锻辊旋转一周完成第2道辊锻后锻辊停转，机械手大车横移至第3工位，同时钳口顺时针旋转90°，将第2道辊锻件逆向送进辊锻机，辊锻机离合器第3次结合，锻辊旋转一周完成第3道辊锻后锻辊停转，机械手大车横移至第4工位，此工位钳口不旋转，将第3道辊锻件逆向送进辊锻机，辊锻机离合器第4次结合，锻辊旋转一周完成第4道辊锻后锻辊停转，机械手大臂水平方向逆时针旋转180°，夹钳小车向摩擦压力机方向前进至后定位停止，钳口张开，辊锻件落在接料台上，然后机械手大臂水平方向逆时针旋转180°，同时机械手大车横移至第1工位，准备接料后开始下一根坯料精密辊锻过程。

辊锻机械手结构见图3-5，主要由以下几部分组成：

第 3 章 汽车前轴精密辊锻技术试验研究、工业应用与持续优化

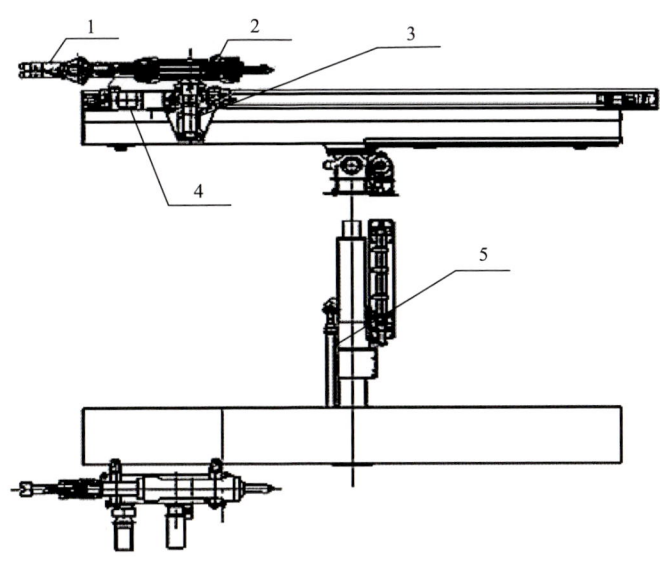

图 3-5　辊锻机械手结构

1. 夹钳；2. 夹钳驱动油缸；3. 机身水平旋转机构；4. 夹钳纵向移动机构；5. 机身平移机构

1）夹钳车

夹钳车侧挂在横移大梁的导轨上。其前端的夹钳通过后部油缸推动连杆，带动夹钳臂做摆动，实现夹钳的张开和夹紧，手臂可绕本身轴线旋转 360°，当一种锻件更换为另一种锻件时，根据需要可更换不同的钳口，以满足锻件的夹紧要求。

2）横移机构

横移机构的主体是一个封闭箱形焊接结构的横移大梁，夹钳车运行的两条导轨设置在它的侧面，夹钳车悬吊在这两条导轨上。横移机构用于将夹钳车夹持的锻件从辊锻机的一个工位横移到下一个工位，横移运动靠导管导向，由液压缸驱动，大梁两端下面装有两组支撑滚轮，滚轮支承在地基导轨上，运动时滚轮沿导轨滚动。在压力机一侧的滚轮装有弹簧，借此来补偿导轨的不平行性。在横移大梁上，夹钳车运动导轨的两端装有限位挡块，用于夹钳车架纵向运动的限位。

横向运动定位由安装在地基上的横向定位机构来实现。横向定位机构主要由一根装在两个轴承座之间的一根带花键槽的丝杠组成。在轴上装有挡块，挡块位置可根据各工位辊锻模的中心位置进行调整，调整好后用左、右两个螺母锁紧固定，丝杠伸出轴承座外的一端装有曲柄与铰接在轴承座支架上的汽缸活塞杆相铰接。当汽缸进气时，丝杠旋转，挡块约转 30°，这时横向传送机构可在第 1～第 4 工位之间自由移动，当汽缸排气时，汽缸内的弹簧使挡块复位。

3.2.6 辊锻机电气和液压部分的特点

集中设置辊锻机和机械手的电控、液压和气动。控制系统采用可编程逻辑控制器（PLC）作为系统的主控单元，以提高控制系统的可靠性和可维护性。采用凸轮控制器作为轧辊位置的检测元件；采用光电编码器作为机械手纵向位置的检测元件；采用电磁式接近开关作为机械手横向位置以及手臂旋转位置等的检测元件；采用压力继电器等作为系统保护的检测元件。润滑采用自动润滑装置，并设油位报警；液压油箱设冷却装置、加热装置，并设油温、油位报警。设备具有调整、单次、半自动、自动等操作模式。

3.2.7 试验用辊锻模具

根据前述理论分析和数值模拟的结果，设计制造了前轴精密辊锻试验用模具，分4道次，安放在辊锻机的锻辊上，其安装方式见图3-6，图3-7为安装在该辊锻机上的工艺试验用精密辊锻实物照片。

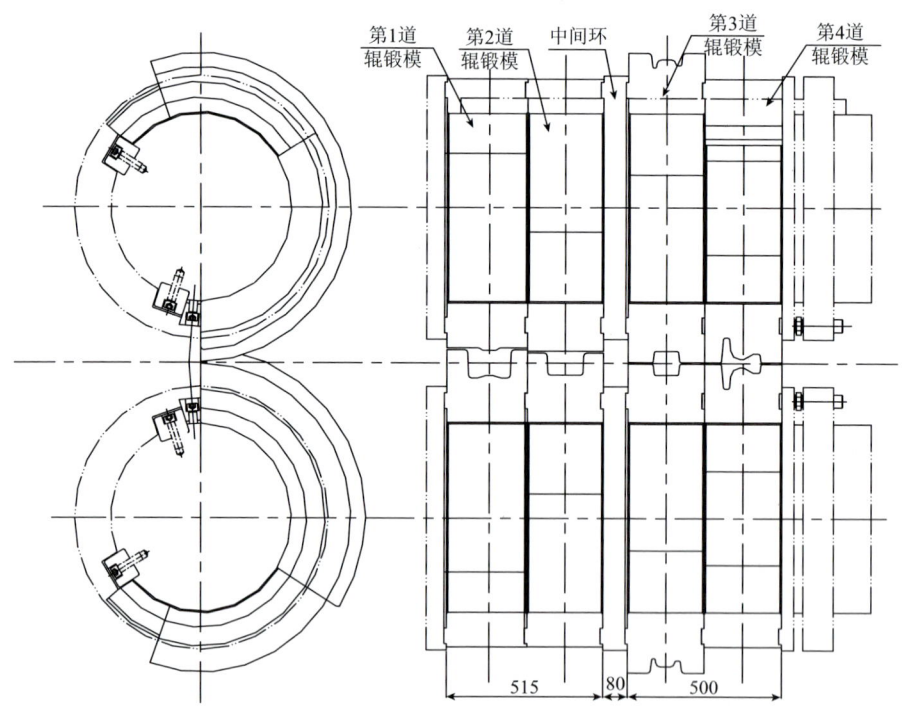

图 3-6　试验模具在辊锻机上的安装方式

第 3 章　汽车前轴精密辊锻技术试验研究、工业应用与持续优化　105

图 3-7　安装在该生产线辊锻机上的辊锻模

3.2.8　试验过程

1. 加热

圆棒料由人工码放在料斗中，推料器将坯料连续推入加热炉，同时将加热至始锻温度的坯料从炉口推出，快速提料装置将坯料快速拉出炉膛，经测温后，温度合格的坯料由翻转装置将坯料送入辊道，推料汽缸将坯料送入辊锻机第 1 工位的机械手钳口中。

2. 精密辊锻

机械手钳口夹住坯料端部，辊锻机锻辊旋转一周完成第 1 道辊锻后停转，机械手大车横移至第 2 工位，同时钳口逆时针旋转 90°，将第 1 道辊锻件逆向送进辊锻机，辊锻机离合器第 2 次结合，锻辊旋转一周完成第 2 道辊锻后锻辊停转，机械手大车横移至第 3 工位，同时钳口顺时针旋转 90°，将第 2 道辊锻件逆向送进辊锻机，辊锻机离合器第 3 次结合，锻辊旋转一周完成第 3 道辊锻后锻辊停转，机械手大车横移至第 4 工位，此工位钳口不旋转，将第 3 道辊锻件逆向送进辊锻机，辊锻机离合器第 4 次结合，锻辊旋转一周完成第 4 道辊锻后锻辊停转，机械手大臂水平方向逆时针旋转 180°，夹钳小车向摩擦压力机方向前进之后定位停止，钳口张开，辊锻件落在接料台上，精密辊锻试验过程完成。

图 3-8 为辊锻机和机械手正在进行辊锻前轴的工艺试验。

3. 弯曲、模锻

将辊锻件放入弯曲模膛的正确位置，25000 kN 摩擦压力机以较小能量打击一次，完成弯曲工序，然后由人工取出弯曲毛坯，翻转 90°送入终锻模膛正确位置后，25000 kN 摩擦压力机以中等能量和全能量各打击一次，完成终锻工序。

(a) (b)

图 3-8 辊锻机和机械手正在进行辊锻前轴的工艺试验

(a) 从加热炉一侧看；(b) 从机械手一侧看

4. 切边、热校正

将模锻件放入 10000 kN 摩擦压力机切边模中进行切边，再由人工取出锻件，将锻件放入 25000 kN 摩擦压力机终锻模膛正确位置后，25000 kN 摩擦压力机以中等能量打击一次，完成热校正工序。

完成全部工序的锻件在冷却后测量尺寸，调质热处理后测量其组织和力学性能[15]。

3.3 物理模拟试验与工艺试验过程中出现的问题与对策

3.3.1 物理模拟试验的目的

1. 采用物理模拟试验的必要性

前轴精密辊锻是一种多道次连续局部成形工艺。由于辊锻过程中金属流动复杂，影响因数多，现阶段还难以进行准确的理论分析。前轴精密辊锻过程的物理模拟试验是采用铅代替热钢件进行工艺调试的一种方法。用铅件进行工艺试验克服了热钢件不便于测量和观察的不利条件，其试验精度可以满足前轴精密辊锻的要求。模拟过程可以真实反映前轴辊锻中的金属流动特征，物理模拟试验中获得的前轴辊锻中的前滑系数和延伸系数等基础数据为工艺调试提供了符合实际的计算依据。

2. 物理模拟试验要达到的主要目标

（1）检验四道次辊锻各道次特征型面在周向上是否匹配。

（2）检验初辊时弹簧座截面和工字梁截面的分料是否合理。

（3）实测四道次辊锻在现场设备环境下的实际前滑系数和延伸系数，以确定各道次模具的周向长度和角度。

3. 物理模拟试验的准备

（1）模拟试验采用铅件作为坯料，铅件用专用的料桶浇注成形，获得实测数据后铅件可熔化后重复使用。

（2）模具安装前的准备：模具安装前在各道次模具对应周向上选取特征型面划上刻痕，并测量各特征型面间模具型槽底部的周向长度。

3.3.2 铅的物理性质及铅料的制作方法

1. 铅的物理性能

铅是一种常见的金属，其主要的物理性能是：熔点低；抗拉强度小，硬度低；塑性变形温度低 20～300℃。其线胀系数为 29.1×10^{-6}℃（20～100℃）[3]。经过分析认为铅能够达到辊锻模的工艺调试要求，它不仅塑性变形温度低（20～300℃），不用加热在室温下即可进行工艺试验；而且正是因为其变形温度低，所以其热收缩系数小，与钢材的变形特点具有可比性，能够较好地反映模具的真实状态；另外试验完毕后即可进行观察和检测，可以节约大量时间，缩短调试周期；铅可以熔化后反复使用，避免了原材料的浪费，降低了调试成本。

2. 铅料的制作方法

铅料的制作方法简单，按图 3-9 所示制作工装，各部分设计参数及实际操作如下：

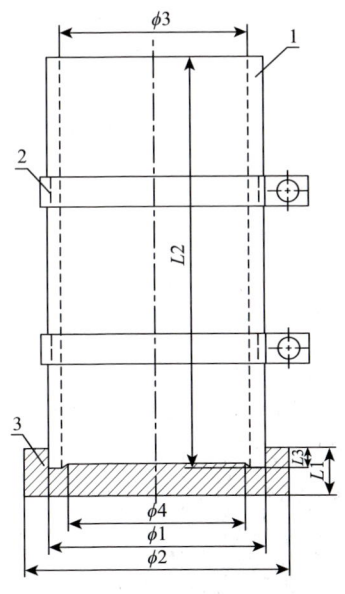

图 3-9 试验铅棒浇注用工装

1. 料筒（对剖）；2. 锁紧装置；3. 底板

$L1$——底板高度 30～40 mm；

$L2$——料筒长度，考虑到铅的比重较大，长度一般取 1000 mm；

$L3$——底板内径深度，10～15 mm；

$\phi1$——底板内径，$\phi1 = \phi3 + 12$～13 mm 为宜；

$\phi2$——底板外径，取 200～300 mm；

$\phi3$——料筒内径，即所需铅料直径，mm；

$\phi4$——底板内径，$\phi4 = \phi3 - 3$ mm。

在专用化铅桶内将铅加热熔化后注入工装，待铅料冷凝后拆去工装即可得到需要的铅料。图 3-10 为制作好的试验铅棒。

图 3-10 试验用铅棒

3.3.3 用铅件代替热钢件进行模具调试的特点

1. 用铅件代替热钢件进行模具调试的优点

1）铅可以熔化后反复使用，降低了调试成本

对一般的前轴调试工作而言，有 1 t 铅就可以满足模具调试工作对原材料的需求。在获得模具状态和需要的试验数据后，将铅件熔化浇注后就可再次使用，从而大幅度降低调试成本。例如，某厂在某型产品的调试过程中共消耗铅件 160 余件，若用钢件进行试验，按每件重 110 kg 计，则要消耗钢材 17.6 t，按 4500 元/t 计，调试中节省原材料费用 7.92 万元；另外铅料在室温下就可以实现塑性变形，不需要加热，节约了能源，也达到了降低成本的效果：按中频加热 0.46(kW·h)/kg，电价均数 0.50 元/(kW·h)计，加热 110 kg 料需耗电 50.6(kW·h)/件，费用为 25.3 元/件。

2）试验铅件便于观察和测量，同时可有效地缩短调试时间

调试人员在对模具进行修正前必须要了解模具的当前状态，这就需要做大量

的试验工作，且要做到认真仔细地观察和测量试验结果，只有这样才能有针对性地制定正确的修模方案。热钢件需要冷却后方可进行仔细地观察和测量，而对铅件，这些工作在试验完毕后即可进行，从而节约大量的时间，缩短调试周期，这对开发新产品，把握市场先机至关重要。

3）铅件试验数据作为调试依据的可靠性

在试验中，测量了铅件各特征截面位置之间的长度并与模具相应特征截面位置之间长度进行对比，发现铅件在辊锻中的前滑系数稳定在3.6%。例如，在进行某型产品的模具调试时曾反复做过试验，证明了铅件在试验中的稳定性。

在第4道辊时：

实测铅件工字梁部分长度 $L_1 = 980$；

实测钢件工字梁部分长度 $L_2 = 946$；

铅的前滑系数 $\delta = (L_1 - L_2)/L_2 = (980 - 946)/946 = 3.6\%$。

在铅件的模拟试验中还发现当试验铅件出现如折叠、塌角、咬肉、工字梁充不满、坯料在辊锻中失稳等问题而未得到有效解决时，用热钢件进行辊锻这些问题都会存在，只有在通过修模使铅件中的问题得到解决后钢件才不会出现问题，这说明铅件能够体现钢件在模具中的受力变形特点。因此在轧热钢件前必须先解决试验铅件中出现的各种问题。图3-11为经过调整后用铅件辊出的某型号前轴的第3道试验件。

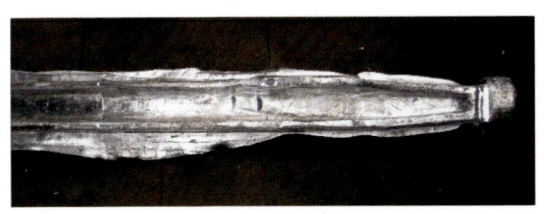

图3-11 用铅件辊出某型号前轴的第3道试验件

事实证明，采用铅件进行物理模拟试验所取得的数据可靠，由这些数据支撑的修模方案正确。根据试验铅件的状态和获取的数据对模具进行有针对性的修正，有利于顺利完成辊锻模具工艺调试的所有任务。

采用铅件进行前轴精密辊锻工艺的物理模拟试验是前轴辊锻模具工艺调试过程中一种可靠的、有效的、实用的重要方法。它不仅能在工艺调试中反映模具的真实状态，为修正模具提供可靠的试验数据，还能有效地降低模具的工艺调试成本，缩短调试周期。同时，它还能为设计人员在修正图纸、开发新产品以及改进设计提供有力的帮助，使设计逐渐趋于完善。此外，它也有利于实现对辊锻过程中金属的流动受力情况进行准确的理论分析。

2. 用铅件代替热钢件进行模具调试的缺点

由于铅的塑性好，比重大，因此在实际操作中常会遇到麻烦。例如，第 3 道辊锻模型腔较长，要检测第 3、4 道辊锻模的型腔状态，就需要较长的铅件，而铅的比重大，这时可能会出现机械手夹持力不够的情况，进而导致料发生偏移，辊出的锻件不能提供可靠的参考数据；铅件通过 3 道次辊锻后长度增加了许多，它的塑性好，在机械手钳口处会出现严重的弯曲现象，使试验难以继续进行，因此在实际操作中必须对铅料的长度做出规定。再如，当铅件脱模不顺利造成带料时，铅的塑性好，会使料发生弯曲，从而使下一道工位辊出的锻件反映的情况失真，无法进行参考。

3. 物理模拟试验过程及效果

通过模拟试验中可以方便地观察 4 道次辊锻金属变形基本特征及其合理性，并能够及早发现金属变形过程中可能出现的问题，如折叠、塌角、工字梁成形不满和坯料在辊锻过程中失稳等情况。

采用铅件进行前轴精密辊锻的物理模拟是前轴工艺调试过程中的重要方法。通过模拟试验，可以在进行热钢件辊锻调试之前对辊锻工艺及模具的设计数据进行修改，并比较准确地测量出辊锻工艺的基础数据，为进一步开发新的产品提供条件。同时，通过模拟试验大大节省调试用钢和明显缩短工艺调试周期[16]。

3.3.4 前轴弹簧座部位的精密辊锻试验与调试

弹簧座前轴中的纵向突变截面部位的前壁和后壁交错，且一边是宽板，一边是窄筋，是前轴精密辊锻工艺中最难成形的部位。在前轴弹簧座部位的精密辊锻成形工艺试验过程中，出现了以下问题，经分析原因，解决问题，最后得到了较理想的结果。

1）弹簧座展宽不够

在工艺试验的最初阶段，主要问题是弹簧座展宽不够，通过改变孔型的形状也未有根本性改观。经测量物理模拟铅件各特征截面位置之间的周向长度，并与模具相应特征截面位置之间长度进行对比，发现铅件在辊锻中发生了前滑，其前滑系数稳定在 3.6%。测量第 2 道辊锻弹簧座位置铅件的展宽和板厚，发现弹簧座位置铅的延伸系数达到 1.8，远大于理论计算值，因而设计辊锻毛坯的设计直径需要增加到 ϕ140 mm。用该尺寸的坯料试验，弹簧座展宽明显增加，可以较好地成形弹簧座部位。

2）弹簧座厚度不足

弹簧座的厚度不足成因主要在第 2 道强制展宽的孔型匹配上。本来设计第 2 道弹簧座处较薄较高，希望在第 3 道以镦粗的方式成形，使弹簧座高度减小，厚度增加。事实上，辊锻变形和锻造成形不同，辊锻是以延伸为主的变形，如果第2道在弹簧座板的对应处给料的厚度和体积不够，在第3道就很难得到合乎要求厚度的弹簧座板。因为弹簧座是两道次成形（第2、3道），第3道为辊锻的终成形，型槽形状已不可能改变，只有改变第2道型槽的形状。为此在第2道型槽采取了两项修改措施，一是取消了强制展宽的分料凸台，二是加厚礼帽孔型的帽檐宽度，以保证给料充足。从工艺试验的结果来看，这两项措施取得了良好的效果。

3）弹簧座的折叠

弹簧座的金属折叠的主要成因在于第2道辊锻件形状，图3-12（a）形状的第2道辊锻件进入第3道时容易产生折叠，而图3-12（b）形状的辊锻件不容易产生折叠。修整模具使第2道辊锻模礼帽孔型辊出的坯料和左右截面圆滑过渡即可消除弹簧座折叠现象。

图 3-12　第2道辊锻件形状对弹簧座折叠的影响（试验铅件）

（a）容易产生折叠的形状；（b）不容易产生折叠的形状

4）弹簧座的刮料

弹簧座的刮料现象的照片见图3-13，刮料现象影响辊锻件的外观质量和尺寸精度，应该从工艺上消除。刮料的原因是该部分属辊锻成形的前壁，且模具型槽

图 3-13　弹簧座的刮料现象的照片（试验铅件）

形状为直壁深槽,该部分前壁在与辊锻件的脱出过程中,辊锻件的运动前滑使之与模具前壁相刮切而相成。其成因的图解见图 3-14。解决的方法是加大该部分模具型腔的过渡圆角半径,见图 3-15。

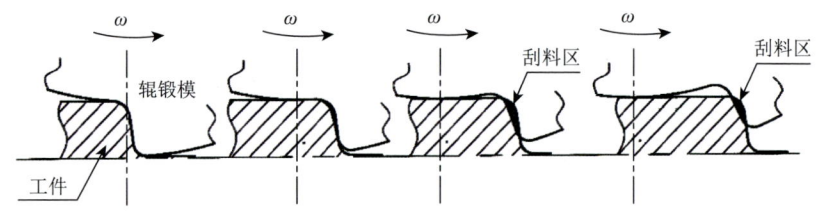

图 3-14　弹簧座的刮料成因的图解

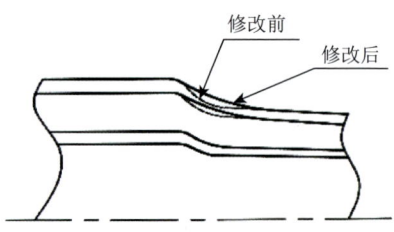

图 3-15　解决弹簧座的刮料的方法

3.3.5　前轴工字梁部位的精密辊锻问题与对策

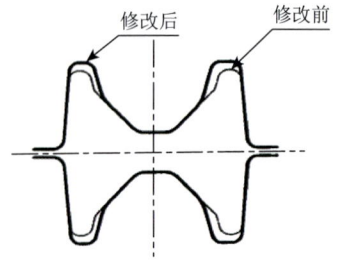

图 3-16　工字梁模具型槽整修部位

前轴的工字梁部位有较长的等截面形状,适合辊锻成形。因该部位辊锻成形即是最终成形,故对辊锻精度的要求更高。工字梁部位也是前轴精密辊锻中截面积最小、延伸率最高的部位,采用 4 道次辊锻成形,各道次之间的孔型配合对成形质量影响较大。在 YQ153A 型前轴的精密辊锻工艺试验中,解决了以下问题,得到了良好的结果。

1)工字梁截面充不满的问题

试验开始阶段,工字梁截面充填情况不好,经分析是第 3 道辊锻后该相应截面部位料不够引起,修正第 3 道辊锻模的截面形状,保证该部位向第 4 道充足供料。模具型槽整修部位见图 3-16。

2)工字梁上下成形不对称的问题

在工艺试验中还发现工字梁上下成形有不对称现象,即如图 3-17(a)所示的单边充不满现象,经分析发现,该问题的出现的原因是第 2 道即形成了不对称截面,而第 2 道不对称截面的产生源于第 1 道截面对中心分配的不均等,因此修改第 1 道截面。修改后得到了完全充满的截面,其修改示意图见图 3-17(b)。

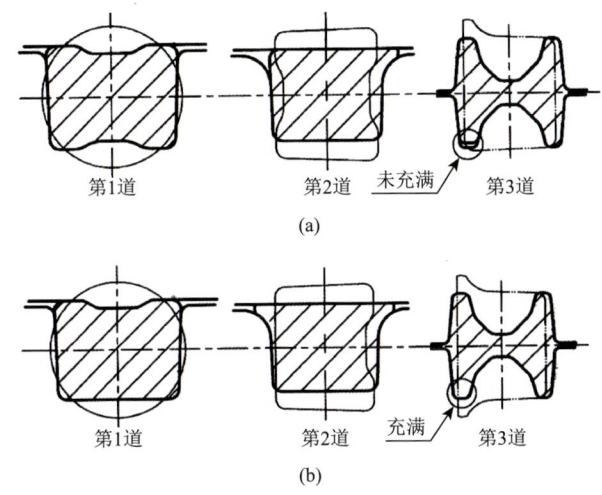

图 3-17 工字梁上下成形不对称的问题的解决

(a) 修改前;(b) 修改后

3.3.6 前轴精密辊锻过程的稳定性问题

前轴精密辊锻的稳定性问题决定了该工艺能否应用于工厂现场生产,稳定性问题解决不好,前轴精密辊锻工艺就无法得到推广和应用。影响稳定性的问题主要有以下几种。

1)第 1 道辊锻件弯曲

第 1 道辊锻件弯曲后造成辊锻件尾部下垂,会导致第 2 道旋转 90°时坯料不能正确送进辊锻模,第 1 道弯曲的原因是第 1 道辊锻模型槽采用了不对称的箱形孔型结构,尾部辊出辊锻模时下模型槽和辊锻件若有较大的摩擦力,极有可能将工件拉弯,导致第 2 道入模困难。解决办法是改变第 1 道辊锻模的型腔截面形状,将侧壁斜度由 2°增至 3°。另外,前轴精辊件沿主轴线较长区段不对称,因而辊锻变形中有较大的不均匀变形,没有可靠的夹持坯件势必会造成扭曲或者是弯曲,这对多道次的精辊来说,轻者会造成刮伤、折叠等缺陷,严重的会使前道次辊锻件进不了下一道次型槽。

2)第 2 道辊锻件倒料

第 1 道辊锻件在第 2 道辊锻模中辊锻时,尾部有时有倒料现象,即在辊锻过程中发生辊锻件沿轴向旋转，造成变形不均匀的情况。采用以下几条措施解决第 2 道倒料问题：①增加第 2 道后导向长度；②对第 2 道型槽修改；③调整辊锻机械手的旋转角度。以上措施的采用解决了第 2 道倒料问题，解决前后的辊锻件形状对比见图 3-18。

 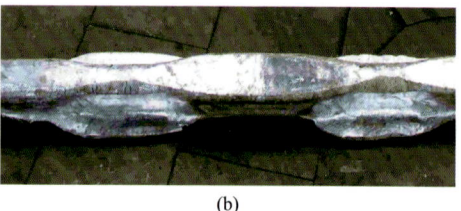

(a) (b)

图 3-18　第 2 道辊锻件倒料问题及解决（试验铅件）

(a) 出现问题的辊锻件；(b) 问题解决后的正常辊锻件

3）第 3 道辊锻件倒料

第 2 道辊锻件在第 3 道辊锻模中辊锻时，尾部有时有倒料现象。增加第 3 道后导向长度后解决了第 3 道倒料问题，解决前后的辊锻件形状对比见图 3-19。图 3-20 是加长后的第 3 道后导卫板的照片。由此也可以看出前轴精密辊锻过程中送料方向导向的重要性。

 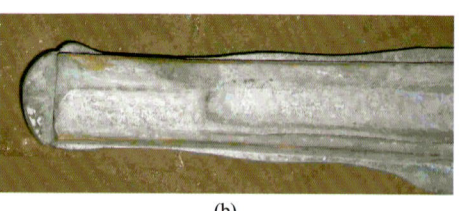

(a) (b)

图 3-19　第 3 道辊锻件倒料问题及解决（试验钢件）

(a) 出现问题的辊锻件；(b) 问题解决后的正常辊锻件

图 3-20　加长后的第 3 道后导卫板

3.3.7 前轴精密辊锻件长度控制

在工艺试验阶段，前轴精密辊锻件长度调整以缩短辊锻模具的弧长为主要手段，按实际情况分道次对辊锻模中段减短，一般进行 2~3 次，最后可得到长度合格的辊锻件。

调试完成的工艺在现场生产条件下，由于受各种条件的影响，如料温的均匀性与轻微波动、模具连续工作过程中温度的变化，以及机械手夹料机构与辊锻机之间位置误差等。就辊锻工艺而言，坯件的夹持状态，模具的尺寸及几何形状精度和工艺状态，都影响精密辊锻工艺的稳定性。在连续批量次生产过程中，辊锻工作状态会发生变化，锻件长度会造成一定波动，由于料温受控在一定范围内，模具工作状态改变有限，通过随动地调节料温能够将长度波动控制在 ±1.5%。

3.4 前轴精密辊锻试验件的尺寸和性能

3.4.1 尺寸检测

对经过精密辊锻数值模拟、工艺试验和调整得到的理想精密辊锻件在 25000 kN 摩擦压力机上进行弯曲和终锻，并进行切边和热校正，得到最终锻件。抽取 7 件用精密辊锻-模锻工艺试制的 YQ153A 前轴锻件进行尺寸检验，检测了 17 个部位的尺寸，均符合图纸要求。图 3-21 是用精密辊锻-模锻工艺试制的 YQ153A 前轴锻件试验件照片。图 3-22 是 YQ153A 前轴锻件试验件尺寸检测部位示意图。表 3-2 为用精密辊锻-模锻工艺试制的 YQ153A 前轴锻件尺寸的测量结果[17]。

图 3-21 用精密辊锻-模锻工艺生产的 YQ153A 前轴锻件

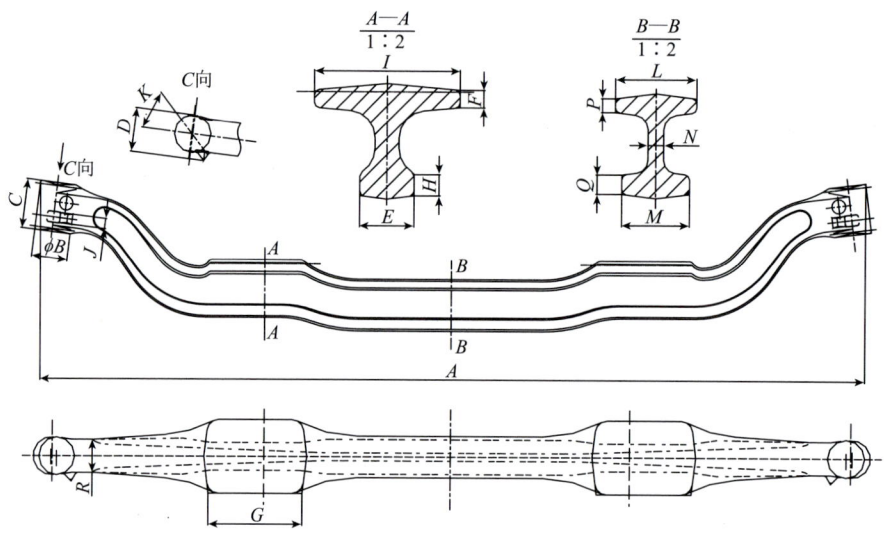

图 3-22　YQ153A 前轴锻件尺寸检测部位

表 3-2　用精密辊锻-模锻工艺试制的 YQ153A 前轴锻件尺寸的测量结果

序号	检验项目	代号	技术要求	实测结果 1	2	3	4	5	6	7
1	工件总长/mm	A	1832^{+5}_{-2}	1831.5	1833	1830.7	1831.3	1830.5	1831	1831.5
2	头部直径/mm	B	82^{+2}_{0}	81.8	81.2	81.5	82.5	83.5	82.5	83
3	头部长度/mm	C	$107^{+2}_{-1.5}$	108.5	108.3	107.9	109	109	107.5	109
4	头部高度/mm	D	98^{+3}_{-1}	99	100.2	99	100.2	98.5	99	99.3
5	弹簧座背筋宽度/mm	E	54^{+3}_{-1}	53.8	53.5	55	54	54.5	54.5	55
6	弹簧座厚度/mm	F	19	18.9	18.5	18.3	18.7	19.5	18.5	18
7	弹簧座长度/mm	G	210	211	212	210	213	209	213	212
8	弹簧座背筋厚度/mm	H	25	26.5	25	24.5	26	24.5	25	26
9	弹簧座宽度/mm	I	160^{+5}_{0}	161	160.5	161.5	161	162	161.5	162
10	限位块厚度/mm	J	22^{+3}_{0}	21.9	22	22.3	22	21.5	23	24
11	限位块角度/(°)	K	35~45	40	39.8	40.2	41.1	42	39.5	38
12	梁身宽-上/mm	L	90^{+2}_{-1}	89.5	90.2	91	90	90.5	90	90.3
13	梁身宽-下/mm	M	75^{+2}_{-1}	76.6	76	77.5	76	76.5	76	76

续表

序号	检验项目	代号	技术要求	实测结果						
				1	2	3	4	5	6	7
14	梁身中筋厚度/mm	N	17^{+2}_{-1}	16.5	17.5	17.2	17	16	17	16.7
15	梁身边缘厚度-上/mm	P	15	17	17.3	16.5	16	17	16.5	17
16	梁身边缘厚度-下/mm	Q	21	20	21	20	21	20.3	20.5	21
17	颈部宽度/mm	R	72	74.2	70.5	75.2	75	75	75	74

值得指出的是，由于采用了整体弯曲和整体模锻，辅以整体切边和整体热校正，用精密辊锻-模锻工艺试制出的前轴锻件长度尺寸精度较高，图纸要求为1830~1837 mm，实际锻件测量值在1830.5~1833 mm之间，其锻件的长度方向精度远高于掉头锻和成形辊锻，达到了热模锻压力机模锻件的水平。

3.4.2 疲劳寿命试验结果

前轴的疲劳寿命试验是前轴最主要的性能，用精密辊锻-模锻工艺试制出的YQ153A锻件经尺寸检测合格后进行调质处理，然后进行机械加工，机械加工后的成品件送专业检测部门进行疲劳寿命试验。试验在国家汽车质量监督检测中心（襄阳）进行，试验结果表明，送检样品前轴疲劳寿命的中值寿命大于150万次的标准要求。

表3-3~表3-5是前轴疲劳寿命的检测结果。产品的疲劳寿命高是精密辊锻-模锻工艺的另一个特点，主要原因是多道次的精密辊锻变形使得锻件内部金属的流线分布更为合理。

表3-3 YQ153A前轴疲劳寿命检验样品参数表

项目	参数
型号、名称	YQ153A（辊锻）、前轴
生产单位	四川雅安某车桥厂
满载轴荷 P/kN	49
两车轮中心距/mm	1940
两弹簧座中心距/mm	820

表 3-4　YQ153A 前轴疲劳寿命试验数据

样品编号	试验最大负荷	疲劳寿命/万次	损坏情况
ZS399-1	满载轴荷的 3 倍	200	未损坏
ZS399-2	满载轴荷的 3 倍	160	未损坏
ZS399-3	满载轴荷的 3 倍	150	未损坏

表 3-5　YQ153A 前轴疲劳寿命试验结果

标准要求	检验结果 样品编号	检验结果 结果	符合性判定
前轴疲劳寿命的中值寿命大于 150 万次	ZS399-1	中值寿命大于 171 万次	符合
	ZS399-2		
	ZS399-3		

3.5　前轴精密辊锻技术的工业应用及效果

3.5.1　工艺流程的确定与设备选型

汽车精密辊锻工业应用在四川雅安某车桥厂进行。该厂以前用 3 t 自由锤、25000 kN 摩擦压力机为主要锻造设备多火次（7 火，不含热处理过程中的加热）锻造生产汽车前轴，主要工艺过程如下：

下料（锯床）→第 1 次加热（天然气室式加热炉）→分料，拔长中段（3 t 自由锻锤）→中段预成形（3 t 自由锻锤）→第 2 次加热（天然气室式加热炉）→拔长头部（3 t 自由锻锤）→展宽板簧座部位（3 t 自由锻锤）→弯形（自制油压机）→第 3 次加热（天然气室式加热炉）→模锻一头（25000 kN 摩擦压力机）→热切边（500 t 油压机）→第 4 次加热（天然气室式加热炉）→拔长另一头部（3 t 自由锻锤）→展宽另一板簧座部位（3 t 自由锻锤）→另一头弯形（自制油压机）→第 5 次加热（天然气室式加热炉）→模锻另一头（25000 kN 摩擦压力机）→热切边（500 t 油压机）→第 6 次加热（天然气室式加热炉）→胎膜锻（中段成形、控制工件长度）（3 t 自由锻锤）→检验→第 7 次加热（校正用室式加热炉）→校正（控制工件长度、头部高低、扭翘、梁身校直、二级落差）（自制拉压机）→打磨（手动砂轮机）→检验

可以看出，雅安某车桥厂原来工艺由于火次多，操作麻烦，工时耗量大，产品质量不高，废品率和返修品率较高，从产量和质量上都难以满足前轴锻件用户的要求。

根据雅安某车桥厂现有设备和技术状况，以理论分析和数值模拟为依托，经过认真细致的研究分析，认为从辊锻设备、工艺上采取措施后，在 25000 kN 摩擦压力机上用以下前轴精密辊锻-模锻工艺可以生产以 YQ153A 为典型产品的中、重型卡车前轴：

下料→500 kW×2 中频加热→1000 mm 加强型自动辊锻机四道次辊锻→25000 kN 摩擦压力机弯曲、整体模锻→10000 kN 摩擦压力机切飞边→16000 kN 摩擦压力机热校正→热处理

其中，原设计生产线中有一台做热校正的 16000 kN 摩擦压力机由于厂方资金方面暂时空缺，热校正工序暂时在终锻模型槽中进行。

该生产线的主要设备组成与所需模具如表 3-6 所示。由于充分利用了原有 J53-2500 型 25000 kN 双盘摩擦压力机和 J53-1000 型 10000 kN 双盘摩擦压力机两台原有设备，实际仅添置了一台带程控操作机械手的 1000 mm 加强型辊锻机和一套 1000 kW 中频感应加热装置，充分利用了闲置设备，进一步节省了投资。

表 3-6　雅安某车桥厂前轴精密辊锻生产线的主要设备组成

序号	工序名称	设备型号、名称、规格	配套模具	备注
1	加热	1000 kW 中频感应加热装置		
2	辊锻	带程控操作机械手的 1000 mm 加强型辊锻机	第1道辊锻模 第2道辊锻模 第3道辊锻模 第4道辊锻模	
3	弯曲终锻	J53-2500 型 25000 kN 双盘摩擦压力机	弯曲模 终锻模 弯曲终锻模架	利用原有设备
4	切边	J53-1000 型 10000 kN 双盘摩擦压力机	切边模 切边模架	利用原有设备
5	热校正	J53-1600 型 16000 kN 双盘摩擦压力机	热校正模 热校正模架	暂在 25000 kN 摩擦压力机上执行

生产线设备的连接方式如下：中频感应加热炉和辊锻机之间以滑道相连，用汽缸将坯料推入辊锻机钳口。对于其他设备间热工件的传送暂用人工推车方式。设备平面布置图见图 3-23，设计该平面布置图时遵循以下原则。

（1）整条生产线布置选用锻造车间最常见的一字排列方案，工人操作空间大，可两面操作，吹氧化皮和清除飞边等方便。

（2）加热炉和辊锻机位置的配合以辊锻机第一工位中心线为准，该线也是机械手往模锻设备送料的基准线，该中心线与模锻设备中心线错开一定距离，保证送料位置在弯曲锻造工步操作者容易操作的位置。

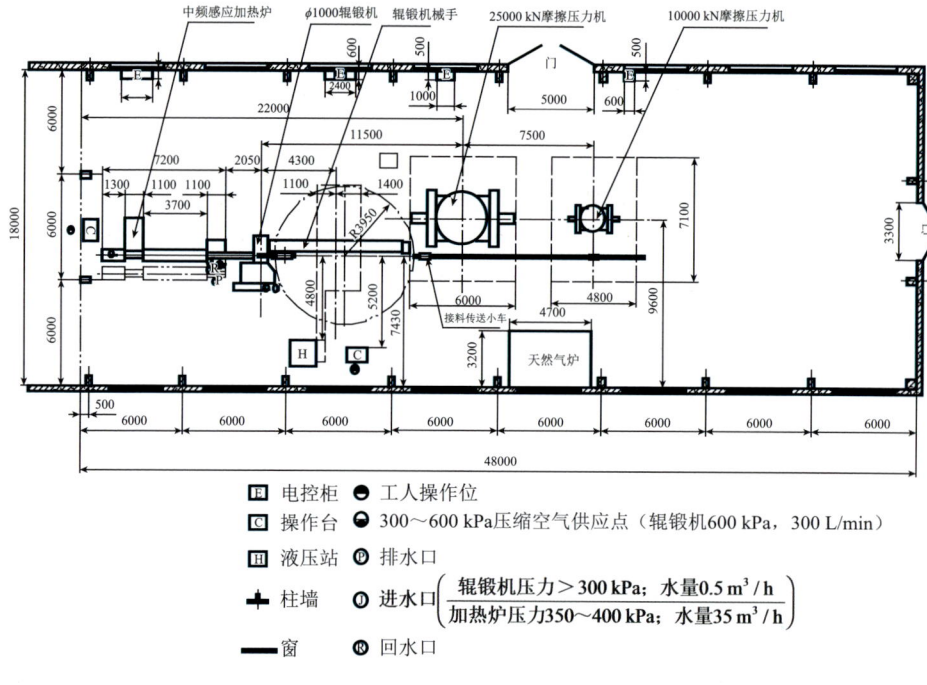

图 3-23 前轴精密辊锻-模锻生产线设备平面布置图

(3) 在设备地基许可的条件下尽量减小设备间距，缩短红热工件的传输距离，达到提高效率和减轻劳动强度的目的。

(4) 辊锻机操作台的位置以能看到加热炉出料、辊锻机辊锻过程和弯曲、模锻工步的工作状况为宜，还需为机械手回转运动留出足够的空间，并兼顾电缆走线和液压管线的布置方便[18]。

3.5.2 生产线的使用效果

图 3-24 为雅安车桥厂前轴精密辊锻-模锻生产线现场照片。该生产线的使用效果如下。

(1) 生产节拍和年生产能力。试生产阶段，生产节拍为 3.5 min/件，预计在正常生产时为 2.5～3 min/件。理论计算年生产能力为：（1/2.5～1/3）件/min ×60 min/h×8 h/班×2 班/日×250 工作日/年 = 80000～96000 件/年，即年生产能力为 8 万～10 万件。

(2) 产品质量。该生产线生产的锻件质量与原 3 t 自由锻锤、25000 kN 摩擦压力机多火次生产的锻件相比有明显的提高，减小了机械加工余量，产品经划线检查和实际加工表明，该生产线生产的锻件符合产品图纸要求。

图 3-24 前轴生产线现场照片

3.5.3 经济效益分析

锻件生产中的节材效果：在该生产线上锻造 YQ153A 前轴锻件时，下料尺寸为 ϕ140 mm×880 mm，质量为 106 kg，原 3 t 锤锻下料尺寸为 ϕ120～140×1250–919 mm，质量为 114～118 kg，平均 116 kg。与 3 t 锤锻相比，每件节省材料 10 kg。以 50 钢材 4500 元/t 计，每件节省原材料价值约 45 元。

图 3-25 为 YQ153A 前轴锻件飞边照片，可以看出，采用前轴精密辊锻工艺的前轴飞边很小，因此材料利用率很高。经测算，用精密辊锻工艺生产 YQ153A 前轴实际锻件材料利用率约为 94%，而原掉头锻工艺锻件材料利用率为 86%。

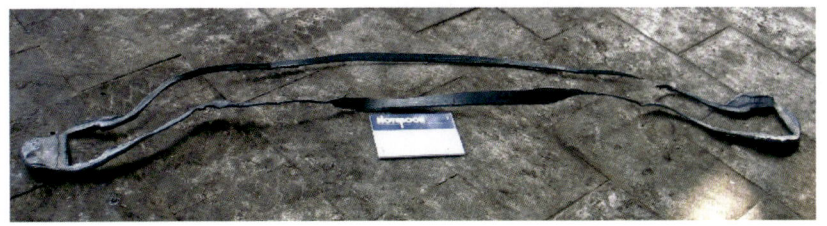

图 3-25 YQ153A 前轴锻件飞边照片

该生产线采用中频感应加热，能耗为 0.38(kW·h)/kg 计，每件产品热能耗为：106 kg×0.38(kW·h)/kg = 40.28 kW·h。按工业用电均价 0.4 元/(kW·h)计，每件产品加热成本为 16.11 元。原工艺采用天然气加热，热能消耗为 19 m³/100 kg，每件产品的热能耗为：19 m^3/100 kg×116 kg = 22.04 m^3。按工业天然气价 1.25 元/m^3 计算，每件产品的加热成本为 27.55 元。新工艺较老工艺节约加热经费约 11.44 元。

精密辊锻工艺和掉头锻工艺成本情况见表 3-7、图 3-26、图 3-27。可以看出，与原掉头锻工艺相比，精密辊锻工艺生产的前轴每件可降低成本 92.54 元，成本低，利润空间大。若按年产量 10 万件计，精密辊锻工艺生产前轴较原工艺比每年可产生的效益为 925.4 万元。其技术经济优势显著。

表 3-7 精密辊锻工艺和掉头锻工艺成本情况

序号	项目	成本 掉头锻/元	成本 精密辊锻/元	精密辊锻工艺节约值/元
1	原材料	522	477	45
2	加热	27.55	16.11	11.44
3	制造	30.86	15	15.86
4	质量	1.9	0.16	1.74
5	工资	28.5	10	18.5
6	合计	610.81	518.27	92.54

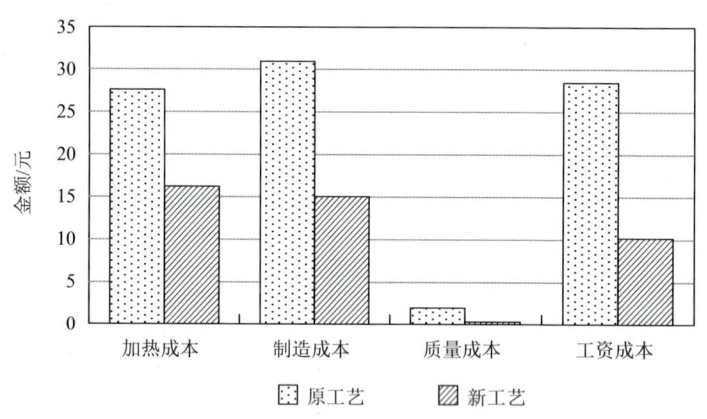

图 3-26 加热、制造、质量、工资成本比较柱形图

前轴精密辊锻-整体模锻工艺在中、重型卡车前轴生产线上得到了成功的应用，其提高了产品质量、节省投资、节材降耗效果显著。与原掉头锻工艺相比，精密辊锻工艺生产的前轴每件可降低成本 92.54 元，效益十分明显。另外，生产线设备总投资大大减少。因此，前轴精密辊锻-整体模锻工艺是一种低投资、高效益、符合中国国情、值得大力推广的实用技术。

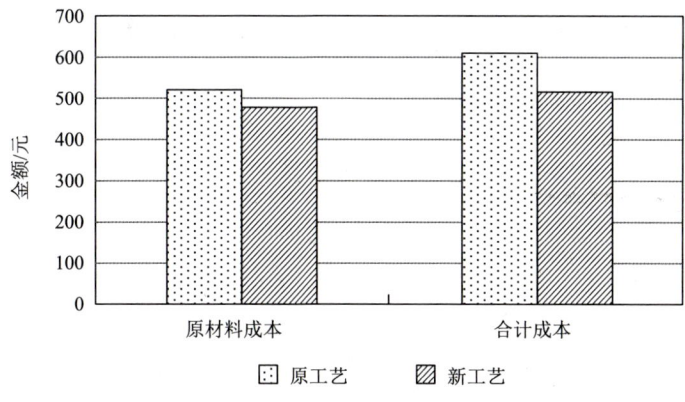

图 3-27　原材料成本和合计成本柱形图

3.6　减少辊锻道次的技术可行性与工程实践

3.6.1　技术可行性

最初的精密辊锻设计为四道次辊锻，其中第 1 道次辊锻的变形比较小，变形部位不多，变形部位的延伸率一般在 1.1%以下，第 1 道和第 2 道辊锻件图见图 3-28，可以看出，变形主要在第 2 道完成，第 1 道为预备性变形，延伸率很小。

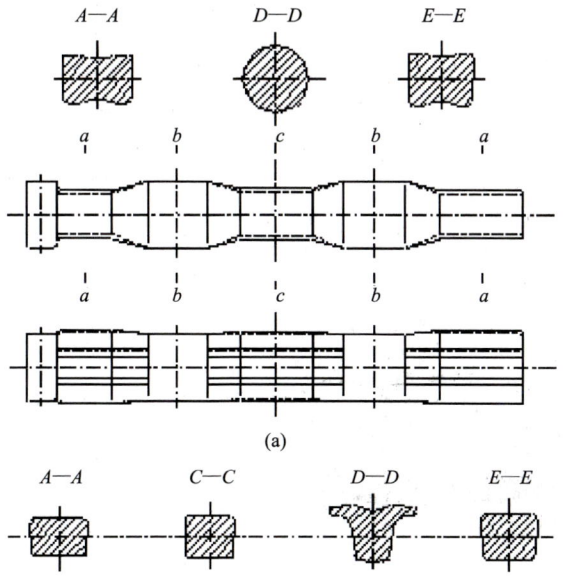

(a)

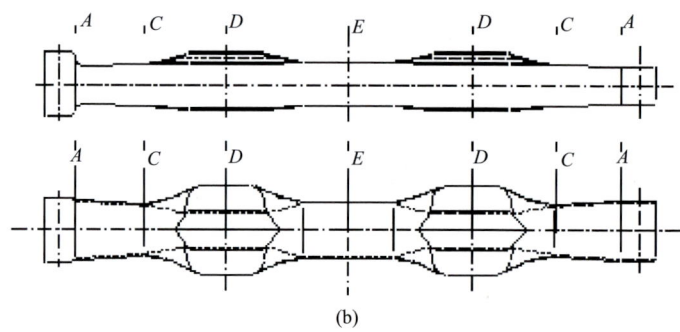

图 3-28 4 道次辊锻第 1、2 道辊锻件

(a) 第 1 道辊锻件；(b) 第 2 道辊锻件

经过分析，可将第 1 道次和第 2 道次合并，用一道次辊锻完成原来两道次的成形。其孔型系统的变化如图 3-29、图 3-30、图 3-31 所示。

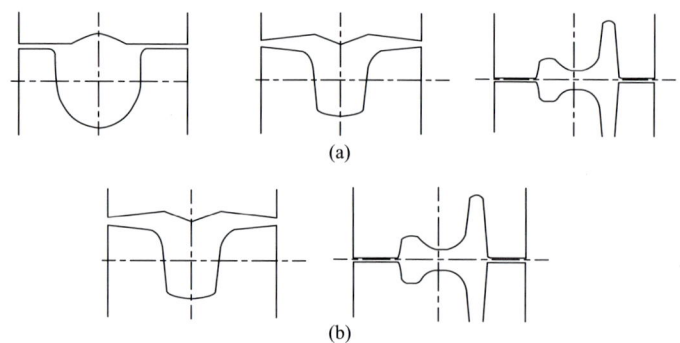

图 3-29 弹簧座的孔型系统优化

(a) 优化前，3 道次完成成形；(b) 优化后，2 道次完成成形

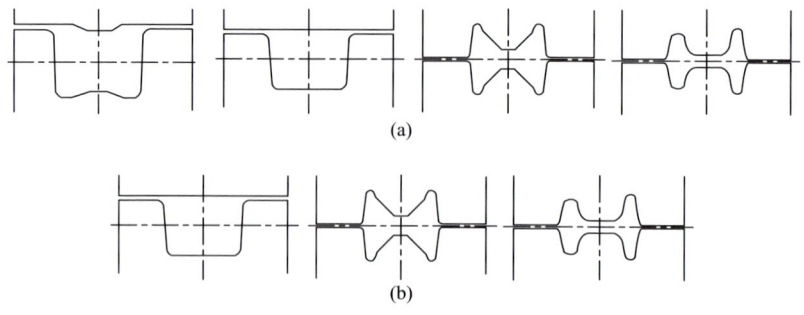

图 3-30 工字梁的孔型系统优化

(a) 优化前，4 道次完成成形；(b) 优化后，3 道次完成成形

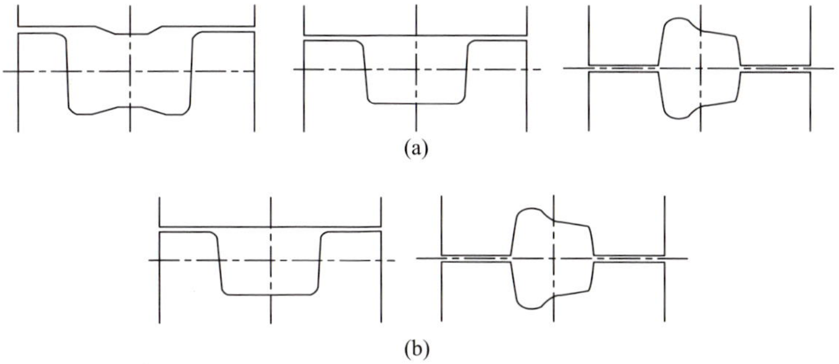

图 3-31　头部的孔型系统优化

（a）优化前，3 道次完成成形；（b）优化后，2 道次完成成形

3 道次精密辊锻工艺有以下优点。

（1）可以明显提高生产效率。

辊锻效率低一直是前轴精密辊锻-整体模锻生产线影响生产效率的关键因素，精密辊锻从 4 道次到 3 道次的改进可以明显提高生产效率。

（2）缩短工艺调试时间。

原来 4 道次辊锻时，第 1 道次和第 2 道次辊锻件和辊锻模型槽之间的匹配问题一直是一个很难解决的问题。将原第 1 道次和第 2 道次辊锻合并成一道次后，这个问题就不存在了。

（3）节约模具成本。

3.6.2　前轴 3 道次精密辊锻的工艺和模具设计

1. 辊锻工艺设计

3 道次辊锻是在 4 道次辊锻的基础上将前两道的变形在一道次完成，后两道变形与 4 道次基本相同。

辊锻第 1 道时弹簧座截面辊呈礼帽形状，即辊出板宽部分的尺寸。其他截面为矩形，模具采用不对称分模，防止形成飞边，如图 3-32 所示。

在 1 道次辊锻中，第 1 道结合了 4 道次辊锻前两道的特点，直接将弹簧座展宽，其余截面为矩形。由于第 1 道辊锻时坯料为圆形棒料，型槽宽度与棒料直径一致，保证坯料顺利咬入并通过型槽。

改进后的工艺有利于弹簧座部分的成形。由于辊锻前的坯料为均匀圆棒料，可避免 4 道次辊锻时第 1 道与第 2 道轴向关系匹配的误差所造成的弹簧座两端与过渡段连接处充型不满的问题。

另外，由于 4 道次辊锻中的第 2 道是矩形截面坯料在矩形截面型槽中成形，很容易发生倒料现象,即矩形截面上下受压而失稳,导致锻件在轴向发生扭转,无法进行后续辊锻成形。而改进后工艺为圆形坯料,工件不易失稳且无扭转的危害,因此将工艺的可靠性大大提高。

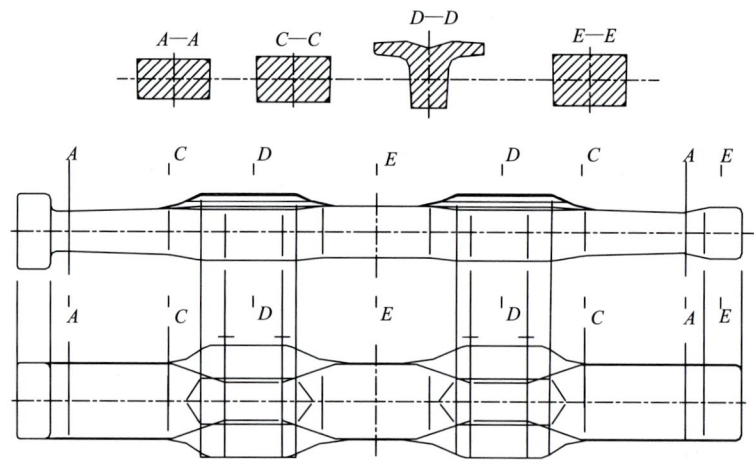

图 3-32　第 1 道辊锻件

如图 3-33 所示,辊锻第 2 道后,锻件除工字梁及两端头部处均成形,完成了整个锻件一半以上的变形。这一道的辊锻件设计与 4 道次辊锻的第 3 道是一致的。

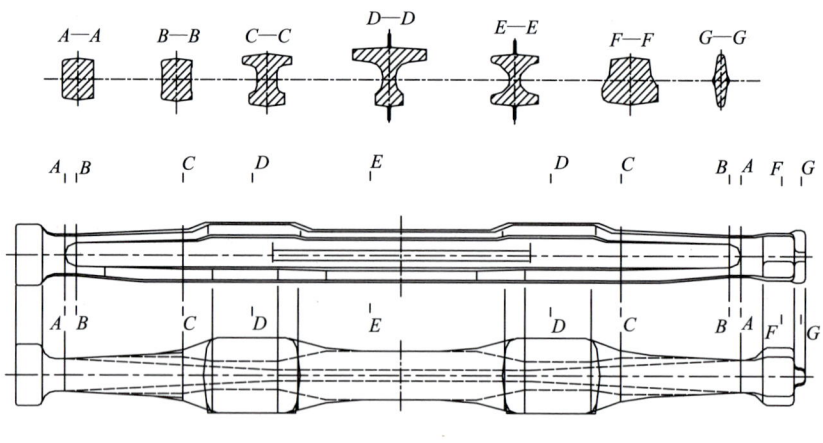

图 3-33　第 2 道辊锻件

图 3-34 为第 3 道辊锻件图,图中除两端头部外均完成变形。这一道次中,辊

锻只进行中部工字梁部分的变形,模具从前一个弹簧座中部咬入,在后一个弹簧座中部结束。

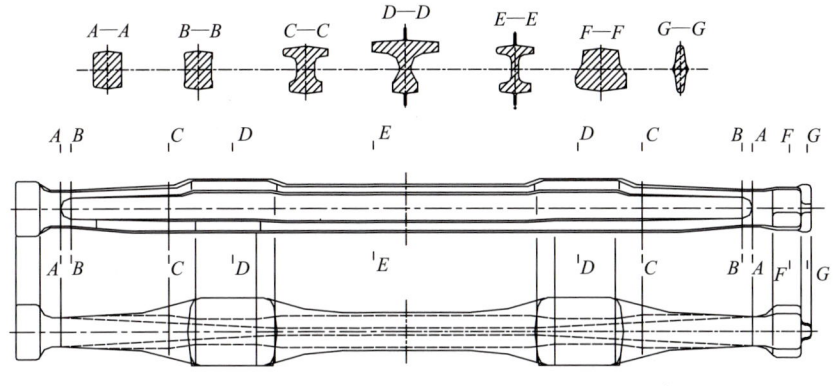

图 3-34　第 3 道辊锻件

3 道次辊锻避免了 4 道次辊锻中常见的倒料现象,弹簧座两端及过渡部分成形性有所提高。原始坯料直径与 4 道次一样,后两道的延伸与 4 道次辊锻也基本一致。

2. 3 道次精密辊锻的辊锻模

图 3-35～图 3-37 为 3 道次精密辊锻的辊锻模。

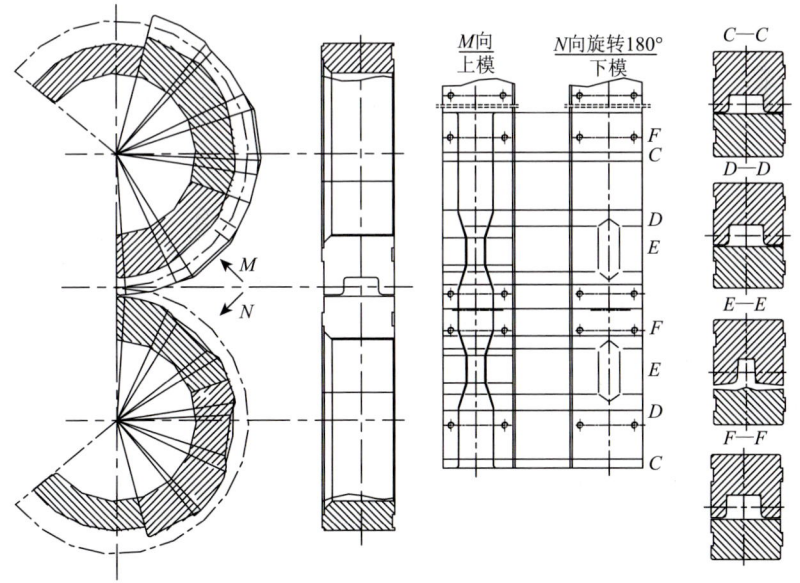

图 3-35　第 1 道辊锻模

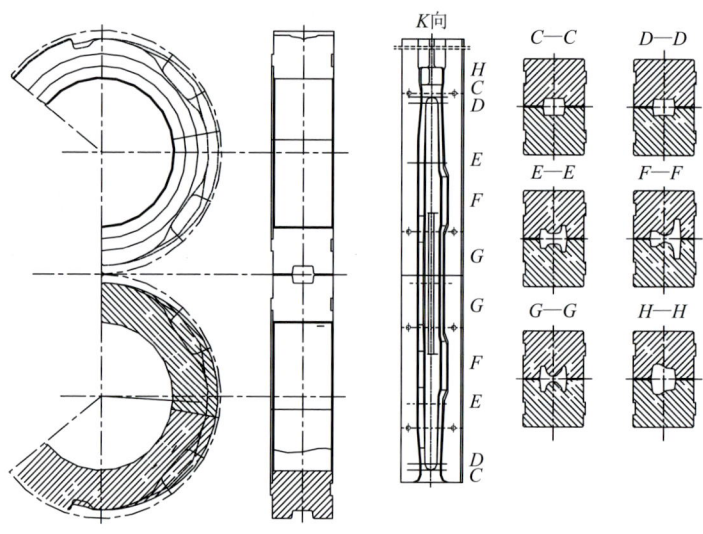

图 3-36　第 2 道辊锻模

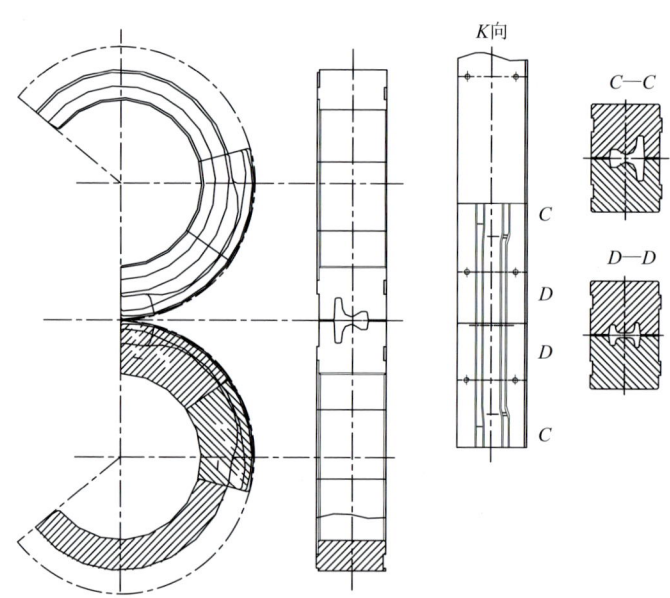

图 3-37　第 3 道辊锻模

3.6.3　153 前轴 3 道次精密辊锻过程中的问题与解决方法

1. 解决工字梁段的飞边过宽的问题

工字梁段经过 3 道次精密辊锻后，产生了过宽的飞边（单面超过 50 mm）。过宽的飞边常常对下一道弯曲工序不利，解决办法为：修改第 2 道工字梁段的截面形状，让金属的延长与展宽得到合适的比例，见图 3-38。

延长过多，则展宽变小，工字梁截面成形充不满；展宽过大，工字梁截面完全充满，但飞边变得很宽。选择合适的延长与展宽比例非常重要。在理论计算较为困难的情况下，可以做一些数值模拟，在生产现场修改辊锻模具通常也是合理的。

修改第 1 道工字梁段的截面形状，使截面的宽度尺寸与高度尺寸达到合适的比例，见图 3-39。

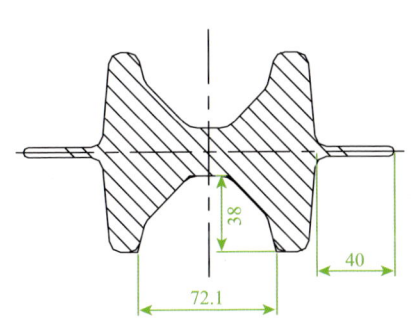
图 3-38 中间凸台对形成飞边的影响

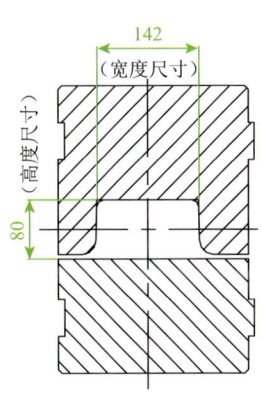
图 3-39 工字梁第 1 道矩形槽截面图

工字梁段从第 1 道到第 2 道的延伸系数在满足设计要求值 1.55～1.65 后，即确定了第 1 道工字梁段的截面积。截面积可以转换成矩形槽的宽度与高度尺寸，宽度尺寸大，则第 2 道延长大；高度尺寸大，则第 2 道截面较容易充满，但展宽变大，飞边变宽。因此第 1 道矩形槽的宽度与高度尺寸的比例影响着第 2 道工件的充满与飞边的宽度，调整第 1 道矩形槽的宽高比例可以解决工字梁段的充满与飞边过宽的问题。

2. 解决弹簧座的充不满问题

模锻时弹簧座的充满问题主要是辊锻件的弹簧座的长度是否满足要求的问题。辊锻后的弹簧座的长度短于或超过终锻弹簧座型槽的长度，都会导致弹簧座充不满。

辊锻件在设计时，弹簧座的长度应略小于热锻件中弹簧座的长度。而对应的辊锻模中，弹簧座区段所取的角度决定了最终弹簧座成形的长度。在工艺模具调试的现场，调整后的弹簧座在辊锻模中对应的角度为 26.5°（图 3-40）。

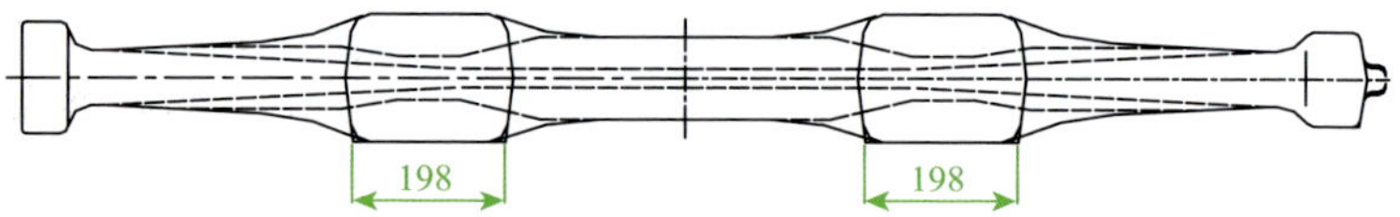

图 3-40 弹簧座对应第 2 道辊锻模的角度取值（对应辊锻模角度取值26.5°）

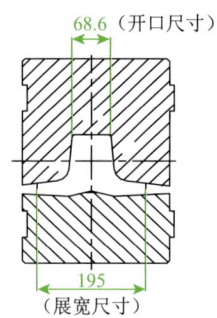

图 3-41 弹簧座第 1 道辊锻截面开口尺寸与展宽的关系

弹簧座在第 1 道的展宽程度对弹簧座的充满有很大影响。展宽值应为弹簧座宽度加 30 mm，热锻件弹簧座宽度为 165 mm，因此弹簧座第 1 道展宽应为 195 mm。在坯料直径已经选定的情况下，展宽主要取决于弹簧座部位的模具的开口尺寸。调试现场可通过调整开口尺寸达到展宽设计值（图 3-41）。

3. 解决两个弹簧座之间的中心距大于设计值的问题

坯料在经过 3 道次辊锻后达到辊锻件的设计长度。由于坯料在辊锻过程中存在前滑，因此模具的弧长比工件的长度要短；而且由于辊锻模具选取的计算半径不同，所对应的弧长不同，因此工件某段在辊锻模上对应的角度与需要的角度通常有不少出入。

精密辊锻件的各个特征段的长度要与热锻件的展开长度一致。当发现辊锻件长度与热锻件的展开长度不一致时，要调整各个特征段所对应的辊锻模的角度。在调试现场发现两个弹簧座之间的中心距大于设计值，因此将第 2 道辊锻模的第 2 个弹簧座向第 1 个弹簧座方向移动了 2.5°，结果辊锻件的各个特征段的长度与热锻件各段的展开长度一致。

3.7 在专用液压机上实现切边校正工艺复合化的实践

3.7.1 切边校正复合模结构与功能

1. 切边校正

切边校正采用复合模的形式，在一台 20000 kN 的油压机上完成热切边和热校正。图 3-42 所示为切边校正复合模架模具结构。

图 3-42 中件 2 是校正上模，同时起切边冲头的作用。先接触锻件起切边冲头

的作用，随锻件向下运动完成切边后，当压力机达到下死点时，校正上下模合模，完成锻件的热校正。

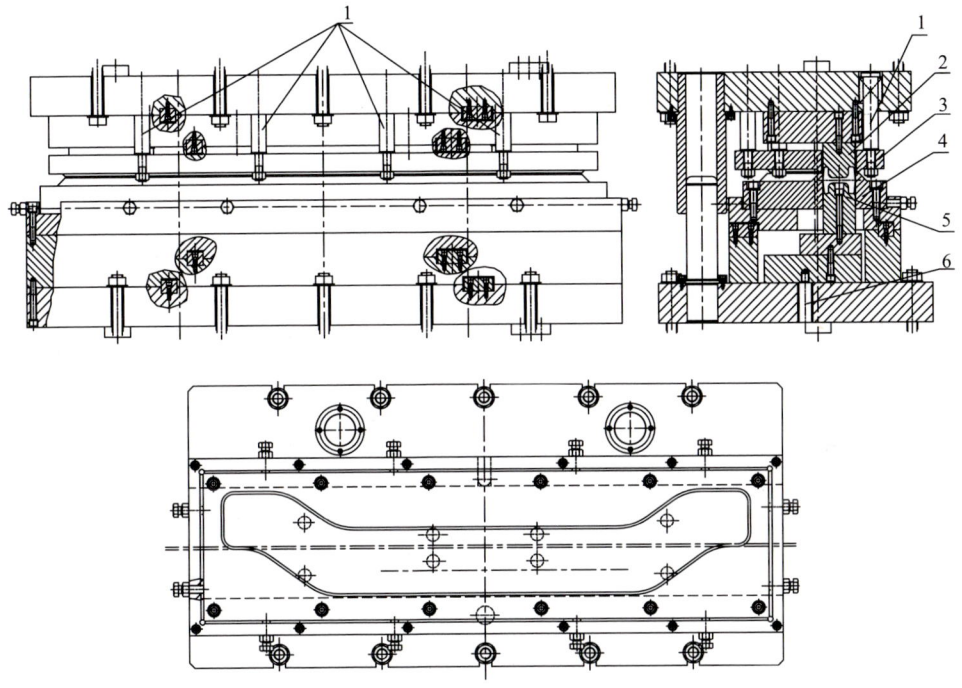

图 3-42 切边校正复合模

件 5 为校正下模，安装在切边凹模刃口中，并在凹模刃口中上下运动。当完成锻件的切边校正后，校正下模向上运动，将锻件顶出凹模刃口，由机器人将锻件移走。

2. 压飞边

图 3-42 中件 3 为压飞边板，件 1 为上顶杆，压飞边板上与 8 根上顶杆相连。压力机上滑块中有 8 个油缸，每个油缸的最大压力为 200 kN，通过上顶杆将顶出力传递到压飞边板上。当上滑块向下运动时，上顶出油缸工作，上顶杆将压飞边板向下顶到位后，油缸为保压状态。因此当压飞边板与锻件飞边接触后，校正上模继续向下运动，压飞边板压住飞边，压边力可达 1600 kN。

由于飞边被紧紧压住不会产生移动和变形，切边时刃口部位的金属主要通过剪应力断裂，锻件切口整齐，毛刺少。

3. 工件顶出

压力机提供 8 根下顶出杆，分别对应模架中的 8 根下顶杆（图 3-42 件 6）。这

8根顶杆将校正下模及与之连接的垫板一起顶起,从而将完成热切边和热校正的锻件顶出凹模。

由于工件热校正和顶出时,校正下模均要在切边凹模中工作,其周边与切边凹模设置 0.5~0.6 mm 的间隙,切边凹模刃口做成直壁形式。

切边校正复合模实现了在一台压力设备上完成热切边和热校正两个工步,并且是在一个模架中垂直分步完成。既减少了一台压力设备,又减少了一次工件移动,并且减少了模架模具费用,达到了既节约成本又提高效率的双赢效果。

3.7.2 切边热校正复合工艺专用设备

在大多数前轴锻造生产线上,热切边与热校正是分为两道工序完成的,甚至是在两台主机上分别完成的。经过技术分析,切边和校正可以在一台设备上采用切边校正复合模具的结构形式完成,在一道工序内完成[19-21]。由于切边与校正在油压机的一次行程中就完成了,可以节省一台主机,减少操作人员,也使生产节拍得到提高。

切边校正工序合用一台压力机完成时,液压机是一个常用的选项。在福建龙岩某车桥厂前轴精密辊锻生产线上锻造完成后的锻件在专用液压机上切边,该专用液压机有如下四个结构和功能特点(图 3-43):①压边功能,主要由件 6 实现,

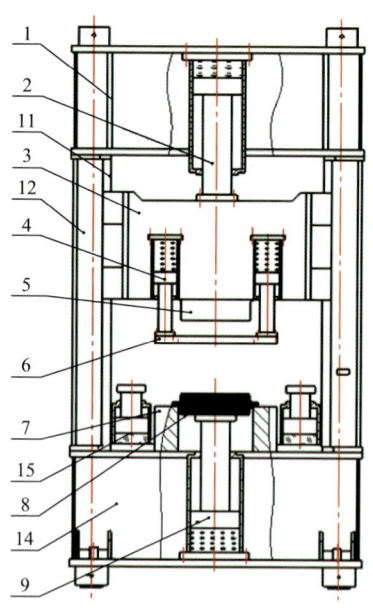

图 3-43 前轴切边校正复合工艺专用液压机原理图

1. 上横梁;2. 主油缸;3. 滑块;4. 压边缸;5. 冲头;6. 压边圈(属于模架);7. 凹模;8. 锻件;
9. 反压缸;11. 导轨;12. 立柱;14. 下横梁;15. 缓冲缸

专用液压机提供压边油缸，压边圈或压边齿圈由模架提供；②反压功能，主要由件 9 完成；③整形功能，由主缸完成；④缓冲功能，由件 15 完成。

该汽车前轴精密辊锻生产线中所用的切边整形专用液压机的具体参数如表 3-8 所示。图3-44 为专用液压机的实物照片。

表 3-8　前轴切边校正复合工艺专用液压机的参数

序号	项目		参数
1	公称力		15000 kN
2	回程力		1630 kN
3	压边力		1600 kN
4	顶出力（2 个顶出缸）		630 kN×2
5	缓冲力		5000 kN
6	开口高度		1720 mm
7	滑块行程		800 mm
8	顶出行程		120 mm
9	缓冲缸行程		60 mm
10	缓冲位置（工作台上平面以上）		590 mm
11	缓冲位置调节量（相对于缓冲位置）		±30 mm
12	缓冲位置调节方式		手动
13	工作台有效尺寸（左右×前后）		2500 mm×1400 mm
14	滑块底面有效尺寸（左右×前后）		2500 mm×1400 mm
15	滑块速度	快速下行	250 mm/s
16		切边	25 mm/s
17		整形	25 mm/s
18		回程	200 mm/s
19	顶出活塞速度	顶出	75 mm/s
20		退回	≥80 mm/s
21	压边缸退回速度		≥60 mm/s
22	电机功率		3×75 kW

图 3-44 前轴切边校正复合工艺专用液压机的实物照片

3.8　16 MN 摩擦压力机前轴切边校正复合模架设计与应用

3.8.1　切边校正复合模架设计方案

轻卡前轴一般锻造成形工艺为：辊锻→弯曲→终锻→切边→校正，使用前轴切边校正复合模可将原有切边和校正 2 台压力机节省为 1 台，同时可降低生产节拍，提高生产效率。

本案例为国内某企业 40 MN 电动螺旋压力机轻卡前轴生产线配套了一套 16 MN 摩擦压力机轻卡前轴切边校正复合模架，包括上下模座、上下垫板、切边校正复合模具、X 形导轨、举模滑轨、顶件油缸、顶飞边油缸、承击块等关键零部件，如图 3-45 所示。

第 3 章 汽车前轴精密辊锻技术试验研究、工业应用与持续优化

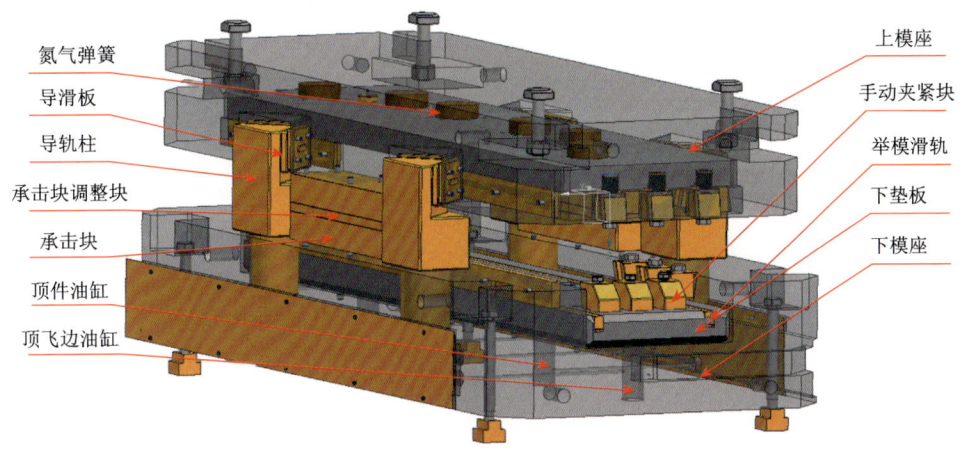

图 3-45 切边校正模架示意图

前轴切边校正复合模架主要零部件的材料及热处理硬度如表 3-9 所示。

表 3-9 主要零部件的材料及热处理硬度

序号	零件名称	材料	热处理硬度
1	上、下模座	42CrMo	260～300（HBW）
2	上、下垫板	5CrNiMo	40～44（HRC）
3	导轨柱	5CrNiMo	32～36（HRC）

3.8.2 切边校正复合模具介绍

切边校正复合模具包括切边凹模、上下校正模、导柱导套、飞边托板等关键零部件，如图 3-46 所示。

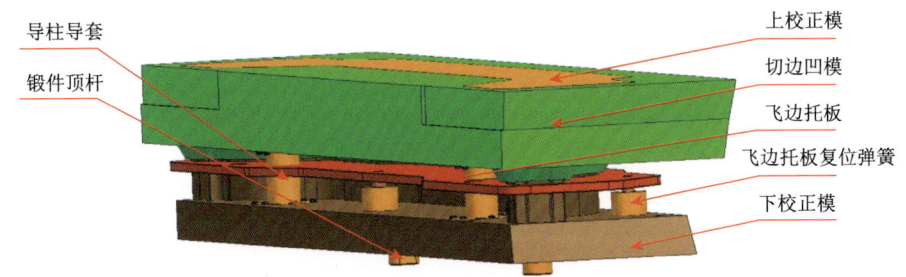

图 3-46 切边校正复合模具示意图

切边校正复合模具中上下校正模材料为5CrNiMo，热处理硬度（HRC）为40～44，切边凹模材料为42CrMo，热处理硬度（HRC）为26～30，刃口采用钴基材料堆焊。

3.8.3　切边校正工艺过程介绍

前轴切边校正复合工艺的过程示意图如图3-47所示。为了防止铁削杂质掉落至切边凹模中难以清理造成卡模，且为了自动化抓取锻件方便，模具采用切边模倒置的方案。成形工艺过程如下：

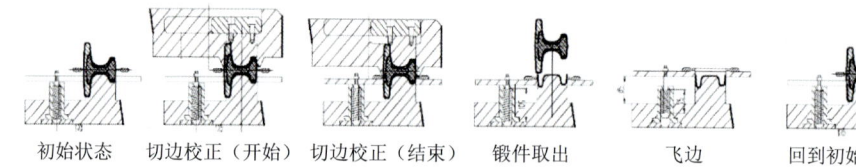

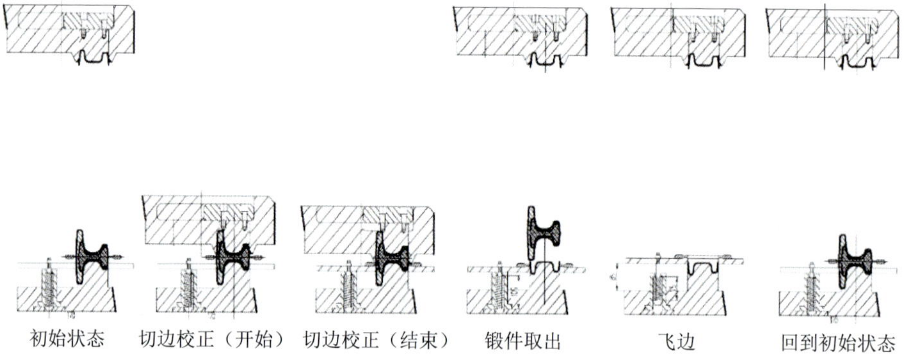

图3-47　切边校正工艺过程示意图

（1）滑块带动切边凹模、上校正模上升到设备上死点，将终锻后的锻件放置在下校正模上，锻件通过下校正模型腔定位。

（2）滑块带动切边凹模、上校正模落下，在氮气弹簧压力下，上校正模首先接触锻件，随后氮气弹簧被压缩，切边凹模在校正背压力的作用下完成切边。

（3）滑块带动切边凹模、上校正模回到设备上死点，顶件液压缸将锻件顶出后，将锻件取走。

（4）顶件液压缸回位，顶飞边液压缸将飞边托板连同飞边顶起，将飞边取走。

（5）顶飞边液压缸通过弹簧回位，完成一个循环。

3.8.4　模具安装

快换模具采用手动安装方式，具体步骤如下：
（1）将切边校正快换模具在设备外安装成一个整体。

（2）将设备滑块抬升至上死点，举模滑轨顶起，将快换模具使用换模小车转运至设备前侧，人工将快换模具推入下主模座。

（3）举模滑轨落下，设备合模，通过手动拧夹紧块的方式将快换模具夹紧。

3.8.5 主要技术特点及功能

（1）模架采用切边校正一体化设计，可在一次工作循环中完成切边和校正功能，达到缩短工艺流程、减少设备占用、精简操作人员的效果。

（2）模架内部设计了 2 套独立的液压顶出系统，能够在完成切边校正之后，先顶出锻件并保持一段时间；在锻件取走后，再顶出飞边并保持一段时间。液压系统预留信号接口，可以与生产线中的自动化联动，保证生产线平稳有序地进行。

（3）切边校正过程使用抱切工艺，采用 6 组氮气弹簧提供背压，能够保证切边处的形状规则，提高切边质量。

（4）切边校正复合模架设计了快速换模结构，模具部分单独成为一体，可整体推入通用模架，紧固简单，减少换模时间，提高生产线效率。

（5）模架内部设计了举模滑轨结构，换模时通过液压将举模滑轨顶起，使模具在滚轮的作用下快速推进模架中。举模滑轨的液压系统可与顶出液压系统联动，并设置保护装置，滚轮未完全放下时滑块无法下行，避免安全隐患。

（6）切边校正复合模架中带有两套导向装置，第 1 套是放置在模架上的 X 形导轨导向装置，第 2 套是放置在模具上的导柱导套导向装置。两组导向装置可以弥补摩擦压力机设备的导向精度不高导致的产品精度不高，从而提高了产品质量。

（7）模架中设置具有更换和微调功能的承击块，解决摩擦压力机无下死点造成的锻件过压问题。

（8）切边校正复合模架为通用模架，能够适配不同规格型号的前轴，使产品更换更为便捷。

（9）顶杆内设计日期打标功能，可以实现不同日期的字块快速更换。

3.8.6 现场应用情况介绍

经过长期的生产跟踪，本套 1600 t 摩擦压力机用轻卡前轴切边校正复合模架生产节拍稳定，锻件质量稳定，自动化程度高。现场使用照片如图 3-48 所示。

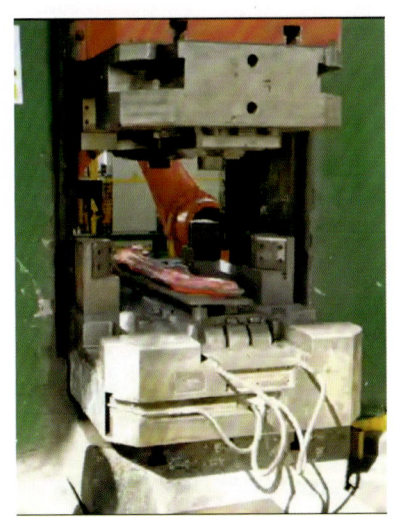

图 3-48 1600 t 摩擦压力机上前轴切边校正复合模现场应用照片

该工艺节省了一台校正设备,提高了生产节拍,降低了生产与设备维修费用,起到了降本增效的作用。

参 考 文 献

[1] 蒋鹏,贺小毛,杨勇,等. 国内精密塑性成形技术的发展及其在工业生产中的应用[J]. 模具工业,2020,46(12):11-16

[2] 蒋鹏,张淑杰. 先进精密锻造技术的类型与应用[J]. 锻造与冲压,2017(1):32-38

[3] 蒋鹏,韦韡,王冲,等. 近期国内热模锻生产技术进展与发展趋势[C]//蒋鹏,夏汉关. 面向智能制造的精密锻造技术. 合肥:合肥工业大学出版社,2016

[4] 曾琦,蒋鹏,任学平,等. 国内锻造生产线关键技术及发展趋势[C]. 济南:第5届全国精密锻造学术研讨会,2013

[5] 蒋鹏,曹飞,贺小毛. 近年来机电所锻造技术的若干研究事例[C]//蒋鹏,夏汉关. 精密锻造技术研究与应用. 北京:机械工业出版社,2016

[6] 常亚春. 汽车前轴辊锻工艺CAD及模具CAD/CAM技术的研究[D]. 北京:北京工业部机电研究所,1995:8-15

[7] 张凯锋,魏艳红,魏尊杰,等. 材料热加工过程的数值模拟[M]. 哈尔滨:哈尔滨工业大学出版社,2001

[8] 陈建全,夏巨谌,梁培志,等. 前轴精密成形辊锻及精密模锻工艺与模具CAD[J]. 锻压技术,2002,27(6):1-3

[9] 王雷刚,庄晓辉,朱世明,等. 汽车前轴辊锻工艺及模具计算机辅助设计[C]. 北京:第八届全国塑性加工学术年会,2002

[10] 蒋鹏. 大型模锻技术与装备的发展[C]. 十堰:第三届中国现代锻造装备技术高峰论坛论文集,2012

[11] 蒋鹏,曹飞,余光中,等. 汽车前轴精密辊锻模锻技术的研究与应用[C]. 济南:第5届全国精密锻造学术研讨会论文集,2013

[12] 蒋鹏,赖凤彩. 汽车前轴精密辊锻技术的发展与扩展[J]. 锻造与冲压,2012(7):36-42

[13] 蒋鹏,李亚军,赖凤彩,等. 汽车前轴节能节材型精密锻造技术与装备[J]. 金属加工(热加工),2009(21):9-11

[14] 韦韡,蒋鹏,曹飞,等. 自动辊锻过程中坯料与机械手运动的同步性[J]. 塑性工程学报,2012,19(1):11-15

[15] 蒋鹏,余光中,罗守靖,等. YQ153A前轴精密辊锻工艺实验与结果分析[J]. 锻压技术,2005,30(1):47-50

[16] 颜华,骆敬林,王志明,等. 物理模拟在前轴精密辊锻工艺调试中的应用[J]. 锻压技术,2006,31(2):13-15

[17] 蒋鹏,余光中,曹飞. YQ153A前轴精密辊锻工艺产业化应用及效果[J]. 锻压技术,2005,30(增刊):62-65

[18] 蒋鹏,钱浩臣,高志岱. 前轴精辊-模锻生产线的设备选型与平面布置[C]. 南京:第1届全国精密锻造学术研讨会,2001

[19] 张长龙,蒋鹏. 热成形专用高速伺服液压机研究与实践[C]//蒋鹏,夏汉关. 面向智能制造的精密锻造技术. 合肥:合肥工业大学出版社,2016

[20] 曾琦,蒋鹏. 前轴垂直整形工艺模拟与模具开发[J]. 锻压技术,2013,38(2):10-13

[21] 谷泽林,蒋鹏,刘永跃,等. 轴类锻件的切边校正复合模架设计[C]//蒋鹏,夏汉关. 面向智能制造的精密锻造技术. 合肥:合肥工业大学出版社,2016

第4章 重卡前轴近精密辊锻技术研发与应用

4.1 引言

在经济快速发展的推动下，我国的塑性成形技术已有明显进步，工艺水平与成形装备均上了一个台阶，锻造技术（包括相应的模具技术）向精密化发展是必然趋势[1-4]，前轴精密锻造技术也是在不断地发展变化和提高升级的过程中[5]。

山东济南某锻造厂原有一条 16 t 锤模锻曲轴、前轴生产线，当初按周期型轧坯设计，没有配备辊锻机制坯。因重卡汽车销量增加，周期型轧坯订货困难，工厂只能在自由锻锤上制坯，需要两火加热，锻件成本高、生产效率低。后来该生产线改造成辊锻机制坯-锤上模锻，虽相比以前有所改善，但是制坯辊锻材料利用率较偏低，导致企业的效益低下。

通常情况下，在模锻件生产总成本中，原材料占 40%～60%，甚至更高，模锻件生产明显具有高材料消耗、高工装费用和高能源消耗的特点。重卡前轴锻件成本中材料费用占了 65%，其次是能源动力费用。随着生产的需要，该厂建设了第二条 16 t 电液锤锻造生产线，该线规划阶段就配备了机电所生产的加强型 1000 mm 辊锻机。通过对国内重卡前轴锻造诸工艺的比较分析，以及结合该厂现有设备的特点，开发了重卡前轴近精密辊锻-整体模锻工艺，即辊锻机精化坯料，以辊代锻减小打击力，用 16 t 电液锤来保证锻件的成形质量。该工艺吸取了制坯辊锻和精密辊锻的优点，结合了大型模锻锤的优势，是对前轴锻造工艺设计的新的尝试。经过试制和验证，重卡前轴近精密辊锻技术研究开发取得成功，应用效果良好。

随着前轴锻造技术的不断进步，精密辊锻技术、近精密辊锻技术各自在不同的场景下被合理使用，在装备方面，除了最初在汽车前轴精密辊锻使用的摩擦压力机外，在大吨位电动螺旋压力机和热模锻压力机都有使用。同时，相配套的一些技术，如模具快换技术等也越来越多地被采用。另外，相关自动化和信息化也在发展过程中[6-9]。

4.2 近精密辊锻技术的工艺方法与模具设计

4.2.1 近精密辊锻的工艺的提出

近精密辊锻工艺介于制坯辊锻成形和精密辊锻成形之间，更接近于精密辊锻。制坯辊锻时只是简单分料，其弹簧座部位辊锻不变形、工字梁部位辊呈方形，变形量很小，精密辊锻时弹簧座和工字梁部位都辊锻成形达到锻件尺寸要求，而近精密辊锻工艺是将工字梁部位和弹簧座部位辊锻预成形，工字梁部位辊锻基本成形，留有少量余量，弹簧座部位只是辊出宽板部分，工字形状没有辊出。

图 4-1 和图 4-2 为近精密辊锻、制坯辊锻弹簧座和工字梁截面形状的对比，图 4-3 和图 4-4 为近精密辊锻、精密辊锻弹簧座和工字梁截面形状的对比。近精密辊锻工艺设计的目的是精化坯料，在产生小飞边的情况下使锻件预成形达到锻件预锻的形状尺寸。

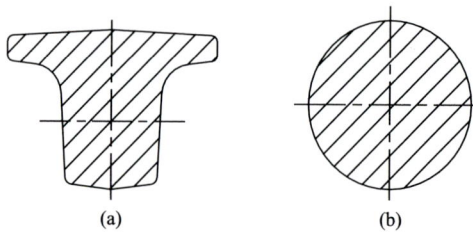

图 4-1　近精密辊锻、制坯辊锻弹簧座截面形状对比
（a）近精密辊锻；（b）制坯辊锻

相比某企业原有工艺生产的重卡前轴，预成形工艺预期达到以下效果：①材料利用率提高；②减少模锻锤打击次数，提高锻模寿命。

前轴近精密辊锻技术在重卡前轴精密辊锻-模锻工艺和制坯辊锻-热模锻压力机模锻成功应用的基础上拓展研究开发的新技术，期望达到锻件的充满程度、表面质量都将优于辊锻成形，材料利用率高于制坯辊锻的良好效果。

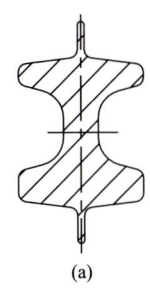
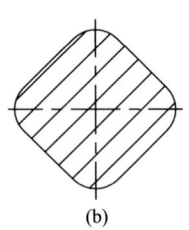

图 4-2　近精密辊锻、制坯辊锻工字梁截面形状对比

(a) 近精密辊锻；(b) 制坯辊锻

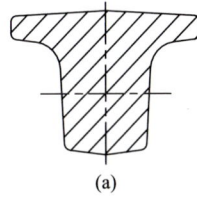
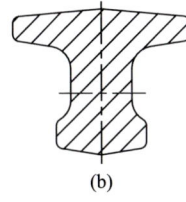
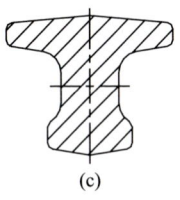

图 4-3　近精密辊锻、精密辊锻弹簧座截面形状对比

(a) 近精密辊锻；(b) 精密辊锻；(c) 锻件弹簧座截面

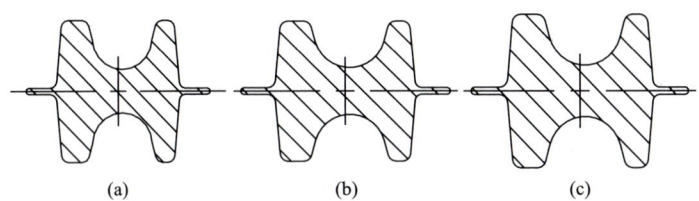

图 4-4　近精密辊锻、精密辊锻工字梁截面形状对比

(a) 近精密辊锻；(b) 精密辊锻；(c) 前轴锻件工字梁截面

4.2.2　近精密辊锻的工艺特点与思路

重卡前轴近精密辊锻-整体模锻复合工艺是将精密辊锻和大吨位锻造设备相结合，近精密辊锻后整体模锻。工艺流程为

中频感应加热→近精密辊锻→弯曲→模锻→热切边→热校正

辊锻设备为 1000 mm 辊锻机，辊锻预成形的部位是中间工字梁、前后弹簧座、前后臂区段，弹簧座在第 1 道近精密辊锻后比较接近锻件最终尺寸，在后续辊锻工序中基本不参与变形；其他部位则通过 2 道次辊锻预成形。弯曲和终锻在 16 t 电液锤上完成。

在辊锻工步中，中间工字梁预成形后接近锻件最终尺寸，约占工件总长的 30%，同时完成前后弹簧座和前后臂的大部分变形，约占工件总长的 60%，最终成形在模锻工步中完成。

近精密辊锻工艺设计是将坯料进一步精化，使其在产生较小飞边的情况下接近热模锻压力机前轴锻造工艺中的预锻件的形状，以减少模锻时的变形力和提高锻件材料利用率。其成形特点如图 4-5 所示。图中 1 部位为近精密辊锻后接近最终锻件尺寸的部位、2 部位为近精密辊锻后比较接近锻件尺寸的部位[10]。

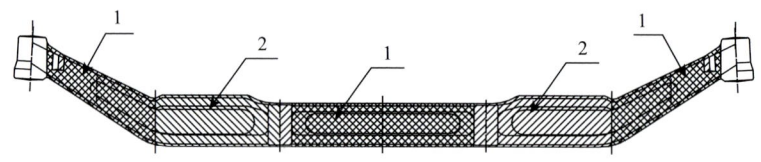

图 4-5　重卡前轴近精密辊锻-整体模锻工艺成形特点

4.2.3　近精密辊锻工艺设计方法

1. 前轴锻件特点及工艺分析

图 4-6 为重卡前轴的冷锻件图，材料为 42CrMo 钢，锻件质量约为 121 kg，弹簧座中心间距为 894 mm，头部中心距为 1785 mm。锻件主轴线上下部分形状对称，而左右截面在某些区段具有较大的不对称性。锻件纵向截面起伏变化较多，某些部位具有较大的高度差。图纸要求锻件锻造斜度为 9°，未注圆角半

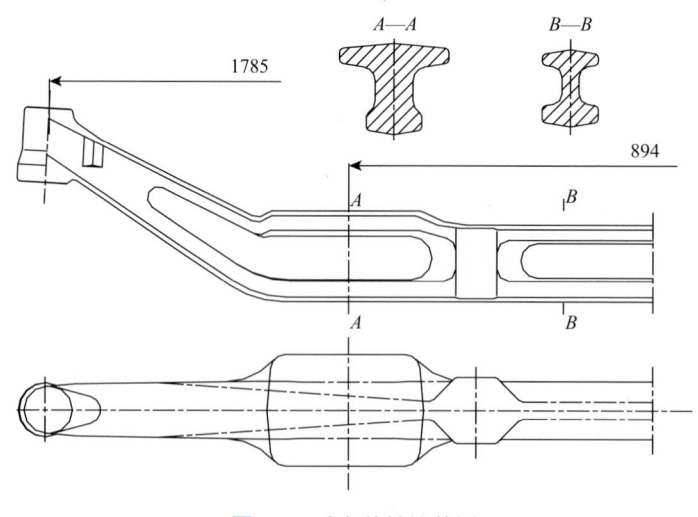

图 4-6　重卡前轴锻件图

径 R5 mm，要求锻件无明显的补焊砂打痕迹，无裂纹、折叠，无过热过烧现象，锻件错移小于 2 mm，残余飞边小于 2 mm，以轴头中心线为基准，弹簧座中心偏移小于 2 mm。

2. 辊锻件图的确定

1）热收缩率的选择和确定热锻件图

对前轴锻件而言，将锻件图上尺寸乘以热收缩率（膨胀系数）即得出热锻件图的尺寸[24]。因此热收缩率一经选定，即可确定热锻件图。热收缩率的选择参考以下原则：根据锻压手册查出，42CrMo 的始锻温度为 1150℃，终锻温度为 850℃。前轴锻件各截面温降不一样，头部部位温降较小而工字梁和弹簧座处温降较大。1000℃ 42CrMo 钢的线膨胀系数取 $13 \times 10^{-6} \cdot ℃^{-1}$，辊锻、弯曲、终锻的线膨胀系数取值如表 4-1 所示。

表 4-1　各工序的线膨胀系数的取值　　（单位：%）

工序	辊锻	弯曲	终锻
线膨胀系数取值	1.6	1.3	1.3

2）展直弯曲部分

根据热锻件图按照一般的展直方法展直。由于前轴弯曲半径较大，将中性线位置移向弯曲内侧，再按中性线分段展直。

3）各截面设计

中间工字梁部位是辊锻达到终成形部位，其尺寸按照热锻件图设计；辊锻后需要进一步成形的部位，如弹簧座部位，在热锻件图形状的基础上，宽度减少、高度增加来考虑设计；其他由模锻成形的部位，如头部部位，按照热锻件图设计，还要考虑飞边，加上余量设计。

4）料头与飞边设计

对自动化的辊锻机而言，坯料必须留有一定的料头供机械手夹持，该夹持料头可以作为终锻成形头部的坯料，料头的长短可以在辊锻工艺调试时调整，但是必须保证不小于头部充满时的最小值。根据以上原则设计的辊锻件图如图 4-7 所示，并用 PROE 软件进行三维实体造型，得出辊锻件各段的体积、最大和最小截面积等物理参数。图 4-8 为辊锻件三维图。

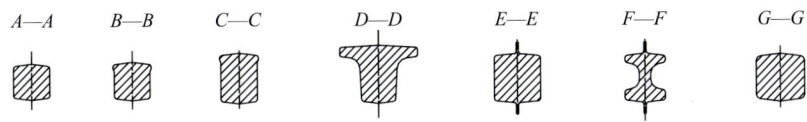

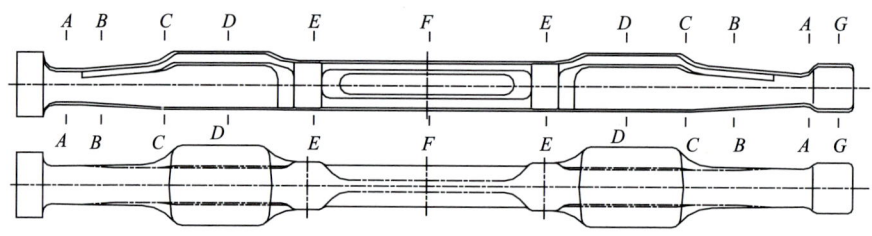

图 4-7 重卡前轴近精密辊锻件图

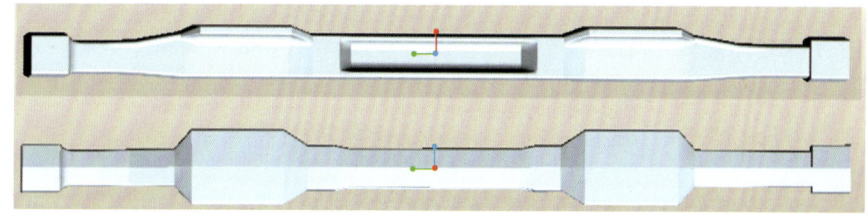

图 4-8 重卡前轴近精密辊锻件三维图

3. 原始坯料的选择

原始坯料的选择主要是确定坯料的截面尺寸及长度。辊锻变形时除了少量金属展宽外，大部分金属沿锻件轴向延伸，毛坯横截面不断减小，因此选择的坯料截面应大于辊锻件的最大截面尺寸。一般情况下前轴锻件最大截面积为弹簧座，坯料选用适宜辊锻后该部位在模锻时能成形的较小值，并参考其他截面的延伸率来确定。可以按照下式来确定坯料的横截面积：

$$F_0 = KF_{max} \tag{4-1}$$

式中，F_0——原毛坯横截面积，mm^2；

F_{max}——辊锻件最大横截面积，mm^2；

K——截面增大系数，一般取值 1.1～1.3。

根据前轴辊锻件图，通过计算毛坯截面图和直径图方法，并按照圆形钢材标准规格，确定设计坯料的尺寸为 $\phi140\ mm \times 1075\ mm$。

4.2.4 辊锻件图及特征孔型的设计

相对于 3 道次精密辊锻工艺，2 道次近精密辊锻工艺有所不同，主要在延伸和前滑的选择上。特征孔型的设计如下。

1）弹簧座孔型系的设计

与 3 道次近精密辊锻相同，弹簧座部位在第 1 道辊锻中预成形，由第 1 道进入第 2 道翻转 90°，第 2 道辊锻出飞边，图 4-9 所示为弹簧座孔型系。

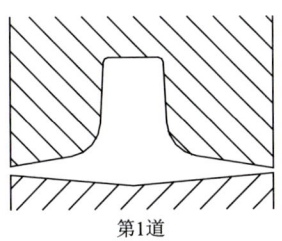
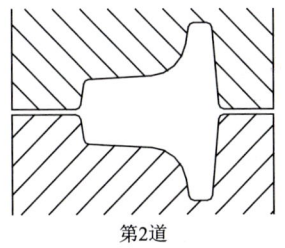

图 4-9 弹簧座孔型系

2) 工字梁孔型系的设计

工字梁在 2 道次辊锻过程中,由第 1 道辊锻进入第 2 道旋转 90°,第 2 道辊锻出飞边,如图 4-10 所示为工字梁部位孔型系。

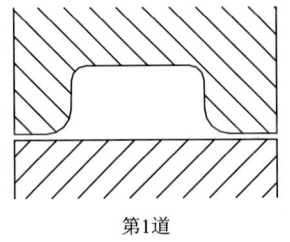
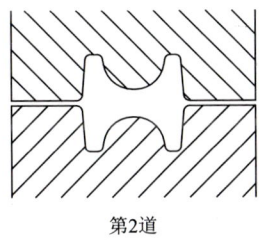

图 4-10 工字梁部位孔型系

4.2.5 第 1 道辊锻件图及 2 道次辊锻模的设计

预成形两道次辊锻第 1 道辊锻件图的设计以第 2 道辊锻件图为依据。将第 2 道辊锻件划分为若干个特征段,计算各段体积(有飞边部位加飞边),按体积相等原则计算第 1 道辊锻件各段长度,第 1 道设计无飞边。图 4-11 所示为第 1 道辊锻件图。根据第 1、2 道辊锻件图设计辊锻模图,图 4-12、图 4-13 为第 1、2 道辊锻模图。

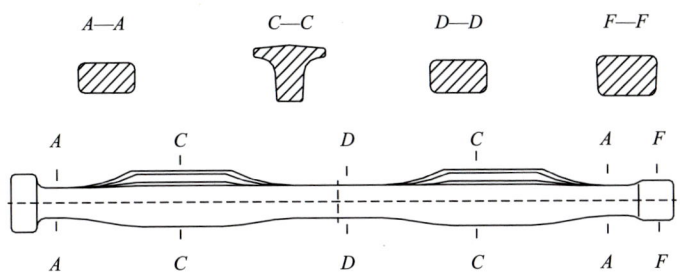

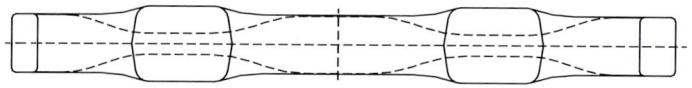

图 4-11　第 1 道辊锻件图

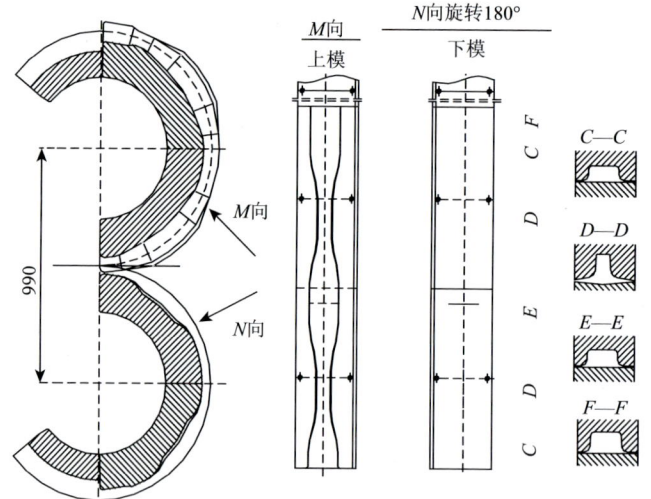

图 4-12　第 1 道辊锻模具图

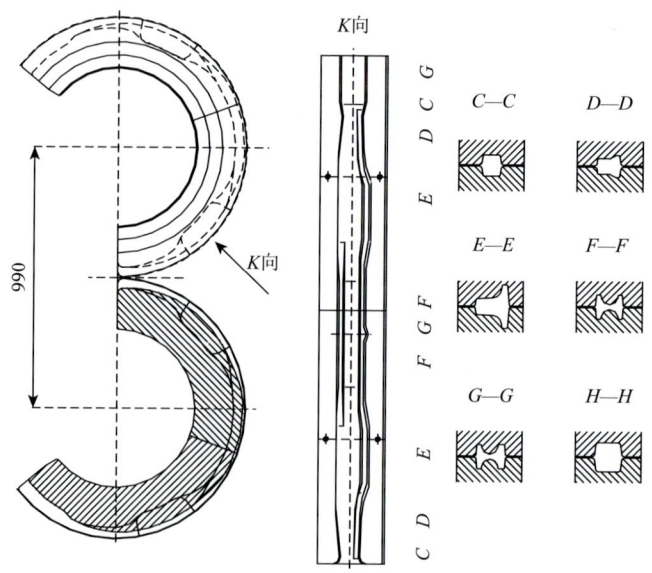

图 4-13　第 2 道辊锻模具图

4.3 前轴 2 道次近精密辊锻工艺的模拟

4.3.1 前轴 2 道次近精密辊锻三维造型

与 3 道次近精密辊锻工艺相似，首先用三维造型软件对两道次近精密辊锻进行三维造型，造型难点依然是工字梁和弹簧座部位，近精密辊锻两道次辊锻模具三维图如图 4-14、图 4-15 所示。

图 4-14　第 1 道辊锻上、下模

图 4-15　第 2 道辊锻上、下模

4.3.2 第 1 道数值模拟结果与分析

相对于 3 道次精密辊锻，2 道次近精密辊锻第 1 道次变形量更大。借鉴 3 道次精密辊锻模具设计的经验，2 道次预成形第 1 道模具在设计时就加大了弹簧座部位的拔模斜度和过渡部位的圆角半径，并加大了与弹簧座相连接的过渡区段长度。第 1 道在模拟中基本没有问题出现，锻件的模拟结果也比较理想。图 4-16 为第 1 道模拟扭矩曲线图，图 4-17 和图 4-18 分别为第 1 道辊锻件等效应变场分布图、典型截面形状和等效应变分布，图 4-19 为第 1 道模拟辊锻件图。

4.3.3 第 2 道数值模拟结果与分析

将第 1 道模拟后的辊锻件旋转 90°后导入第 2 道辊锻模具，建立第 2 道辊锻模型，输入模拟参数，进行第 2 道模拟。2 道次预成形工字梁变形量较大，在辊锻中出现了摆动不稳定性，图 4-20 为模拟过程中出现的锻件摆动问题。这与以往

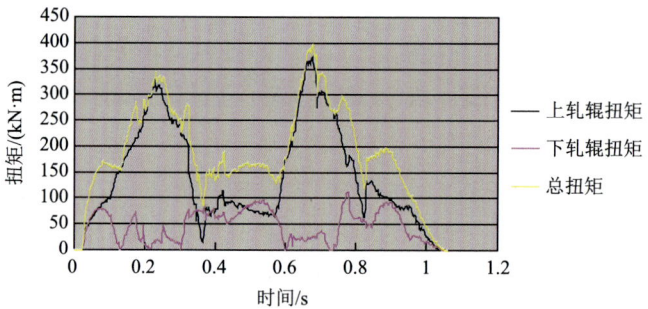

图4-16　第1道模拟扭矩图

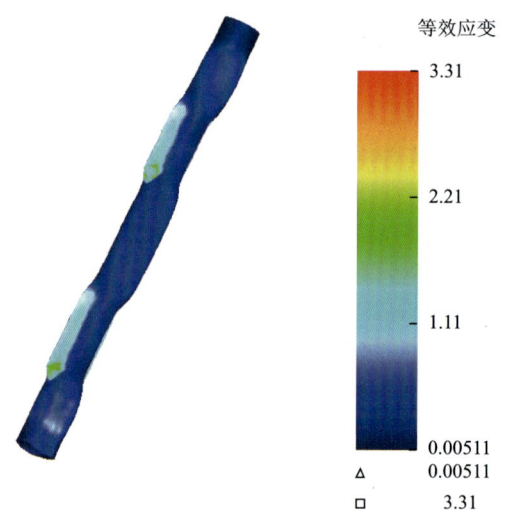

图4-17　第1道辊锻件等效应变场分布

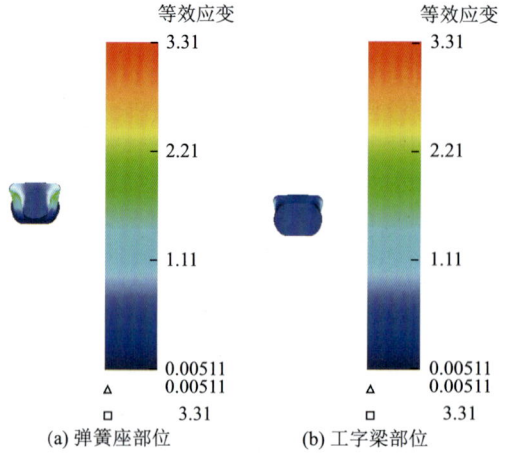

(a) 弹簧座部位　　(b) 工字梁部位

图4-18　第1道辊锻典型截面和等效应变分布

图 4-19　第 1 道模拟辊锻件图

现场调试的情况非常相似，考虑现场解决此问题的方法，在模拟中加入导向板如图 4-21 所示，图 4-22 为现场实际辊锻中的导向装置，加入导向板后解决了第 2 道模拟中的摆动问题。

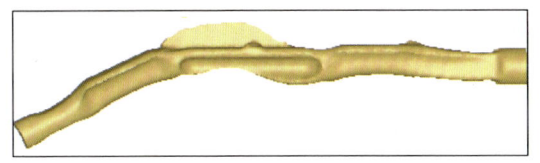

图 4-20　第 2 道辊锻件模拟中出现摆动问题

图 4-21　第 2 道辊锻加入导向板后模拟示意图

图 4-22　现场实际辊锻中的导向装置

图 4-23 为第 2 道模拟扭矩曲线图，图 4-24 和图 4-25 分别为第 2 道辊锻件应变场分布图、典型截面形状和等效应变分布，图 4-26 为第 2 道模拟辊锻件图。

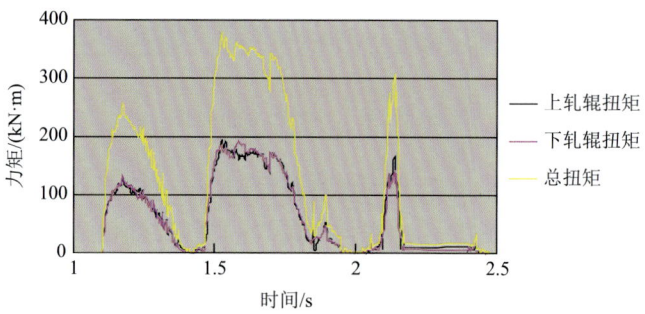

图 4-23　第 2 道模拟扭矩图

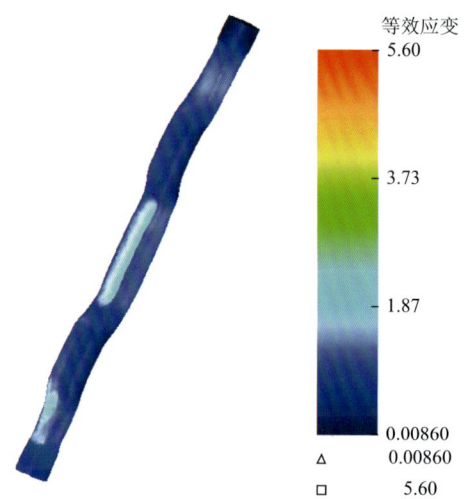

图 4-24　第 2 道辊锻件等效应变场分布

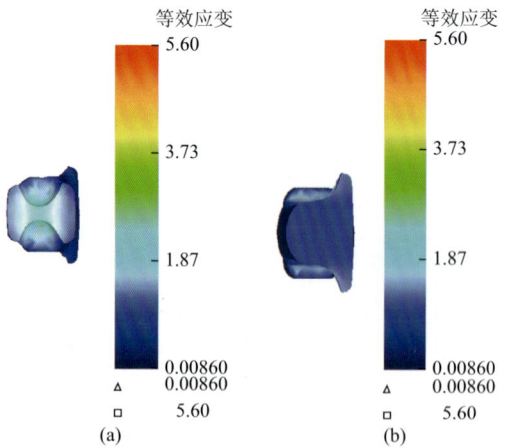

图 4-25　第 2 道辊锻典型截面和等效应变分布

(a) 工字梁部位；(b) 弹簧座部位

图 4-26　第 2 道模拟辊锻件图

4.4　重卡前轴近精密辊锻工艺试验

4.4.1　近精密辊锻工艺的试验条件及过程[11]

1. 试验条件

坯料材料：45 钢。
坯料尺寸：ϕ140 mm×1075 mm。
坯料加热温度：1200℃左右。
模具材料：5CrNiMo。
模具温度：辊锻模具为室温。
模锻模具温度：250～300℃。
试验设备：
（1）1600 kW/1 kHz 中频感应加热炉；
（2）1000 mm 辊锻机；
（3）16 t 电液锤。

2. 试验过程

1）加热送料

送料器将放在料斗中的坯料连续送入加热炉，同时将加热至始锻温度的坯料从炉口推出，经红外测温仪检测后，已达到辊锻温度的坯料，由固定在出口上方的快速提料装置将坯料快速拉出炉膛并送入轨道，由推料汽缸将坯料送入辊锻机第 1 工位的机械手的钳口中。

2）辊锻

机械手钳口夹持坯料端部（钳口深约 50 mm），同时夹钳逆时针旋转 90°（从机械手方向看，夹钳的 90°位置），锻辊旋转一周后停转，完成第 1 道辊锻。然后机械手大车横移至 2 工位，同时夹钳顺时针旋转 90°（即回到夹钳的 0°位置）机械手伸进至 2 工位的纵向始位，辊锻机的离合器第二次结合，锻辊旋转一周后停转，完成第 2 道辊锻。机械手的大车后撤同时顺时针旋转 90°将辊锻件放到接料架上，接料架如图 4-27（a）所示。

3）模锻

固定在导轨上的人工操作控制的机械夹持手[图 4-27（b）]，将辊锻件夹持搬运到弯曲终锻模（弯曲终锻模为整体模具且已预热）的弯曲模膛中，用夹钳将锻件摆正，锻锤打击一次，完成弯曲过程。然后工人将锻件翻入终锻模膛中并摆正，锻锤先轻击一次，工人在锻件上撒入浸水的木屑，锻锤连续打击 6～9 锤完成模锻过程（在中间打击过程还要撒入木屑）。

图 4-27　接料架及人工操作控制的机械夹持手
（a）近精密辊锻件放到接料架上；（b）操作机搬运工序间坯料

4.4.2　出现的问题及解决方法

1. 弹簧座厚度不足

弹簧座厚度不足主要原因在于弹簧座部位第 1 道强制展宽的孔型设计。近精密辊锻弹簧座是一道次成形（第 1 道预成形，第 2 道基本不变形），原设计第 1 道弹簧座处较薄较高，希望能在第 2 道以镦粗的方式成形，使弹簧座高度减小，厚度增加。但辊锻变形和锻造成形不同，辊锻是以延伸为主的变形，如果第 1 道在弹簧座的对应处给料体积不够，在第 2 道就很难得到符合要求厚度的弹簧座。

解决的方法是将弹簧座部位的型槽截面：

（1）增大拔模斜度（由最初设计的 3°增大到 7°～9°）。

（2）减小弹簧座型槽的深度。

（3）倒大圆角半径。

修改示意图如图 4-28 所示。修模后可以较好地成形弹簧座部位，模锻后弹簧座的充满情况也较理想。

2. 弹簧座的折叠

弹簧座的金属折叠的主要成因在于第 1 道辊锻件形状。用 ϕ140 mm 的坯料辊锻时，第 1 道出现大的耳朵，在第 2 道辊锻时出现严重的折叠现象，重新选料后，辊锻试件时发现弹簧座部位局部还有折叠出现。

解决方法：

（1）修整模具使第 1 道辊锻模礼帽孔型辊出的坯料和左右截面圆滑过渡。

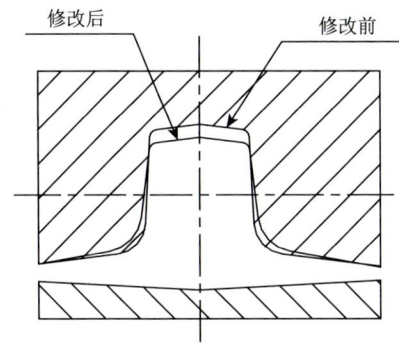

图 4-28 弹簧座展宽不够及厚度不足的解决方法

（2）将第 1 道弹簧座过渡段加长（在圆周上增加 2°）。

（3）将第 2 道弹簧座与过渡段的型槽加深加宽到达过渡区的圆角半径，弹簧座折叠现象即可消除。

3. 弹簧座部位的刮料

出现在辊锻第 2 道弹簧座刮料现象（图 4-29）影响辊锻件的外观质量和尺寸精度。原因是辊锻第 2 道弹簧座型槽在此处是直壁深槽，同时由于第 1 道辊锻的弹簧座长度尺寸较长，辊锻第 2 道在此处出现刮料现象。

解决方法：

（1）缩短第 1 道弹簧座型槽的长度尺寸。

（2）增大第 2 道弹簧座过渡段的圆角半径。

图 4-29 弹簧座背筋出现的刮料现象

4. 工字梁充不满

2 道次近精密辊锻，工字梁部位由原来的 3 道次预成形变为 2 道次预成形，设计的难度加大,因为辊锻过程中主要还是坯料的延伸。现场调试时发现,工字梁在两道次近精密辊锻后无法达到图纸设计尺寸,模锻后工字梁部位充不满。分析原因,工字梁部位原设计为近精密辊锻后更接近锻件最终尺寸部位,但单独靠两道次近精密辊锻工字梁成形困难,而辊锻后由金属主要延伸导致模锻时工字梁部位没有足够的金属来充满锻模型腔,因此最终打出的锻件工字梁部位型腔充不满。针对上述原因,我们修改了辊锻模第 2 道的工字梁部位型腔,使其保证在模锻时留有足够的金属。图 4-30 所示为工字梁部位充不满成形的解决。

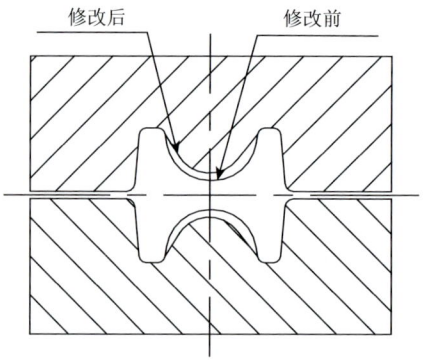

图 4-30　工字梁部位充不满问题的解决

2 道次近精密辊锻在调试中主要遇到弹簧座和工字梁部位的辊锻成形问题,刚开始试件的时候匹配关系不好。弹簧座部位的问题与 3 道次基本相同,在用设计的坯料尺寸辊锻时,辊锻第 1 道在过渡段出现了较大的耳朵飞边带,如图 4-31 所示。重新选择了下料尺寸,消除了此问题,并加大了第 1 道弹簧座部位的拔模斜度(由原来的 7°增加到 10°),此时再试验,弹簧座部位的辊锻成形基本良好。

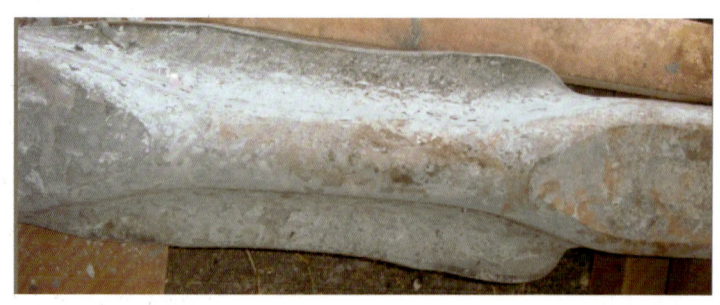

图 4-31　过渡段出现的较大飞边

4.4.3 弯曲终锻中出现的问题及解决措施

模锻是整个工艺能否生产出合格锻件的最终保证，重卡前轴在模锻中主要出现以下问题，经分析解决后最终生产出合格的前轴锻件。

1）弯曲时出让飞边的沟槽较浅

近精密辊锻时局部飞边较大（尤其是工字梁部位），在弯曲时飞边不能完全落入出让飞边的沟槽中。修改措施加深弯曲模上飞边沟槽的深度，如图 4-32 椭圆部分所示。

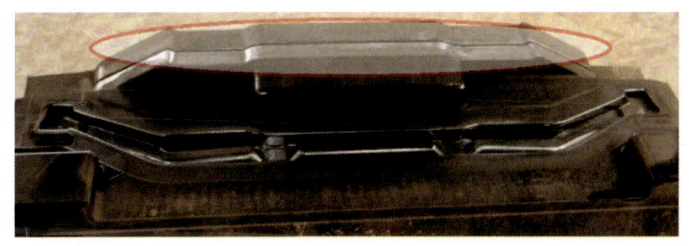

图 4-32　弯曲模出让飞边的沟槽

2）终锻时锻件粘模

由于是在锤上模锻，终锻模没有下顶料杆装置，模锻时常发生粘模现象，通过撒入浸水的木屑此问题得到解决。

3）终锻模两头飞边仓部较窄

最初终锻试件时发现终锻模型槽两头部部位的仓部尺寸设计较窄，模锻时金属流到承击面上，增加了终锻打击力，锻件超厚。通过加宽加深头部部位飞边槽的仓部，容纳多余的金属，此问题得到较好的解决。图 4-33 为最终打出的合格锻件。

图 4-33　用近精密辊锻工艺生产出的重卡前轴锻件

重卡前轴近精密辊锻工艺试验过程中，分析并解决了弹簧座展宽不够、厚度不足、折叠、刮料等问题，还根据现场调试的实际情况采取了有效的解决措施，最终成功获得了尺寸合格的锻件。

4.5 近精密辊锻技术经济性分析

4.5.1 三种工艺方案的对比分析

1. 两火锤上模锻工艺

重卡前轴两火锤上模锻工艺（以下简称锤上模锻）工艺流程为

坯料加热（天然气加热炉）→制坯（5 t 自由锻锤）→坯料加热（天然气加热炉）→弯曲、终锻（16 t 电液模锻锤）→热切边→热校正

模锻锤整体模锻重卡前轴工艺的缺点是：蒸-空模锻锤的热效率仅 1%～2%，能耗大、振动和噪声难以防治、工人操作劳动强度大；材料烧损高，氧化严重，钢料每加热一次便有 1.5%～3%金属被烧损（表 4-2 为采用不同加热方法的钢的一次烧损率），材料利用率低；锤上打击次数多，生产效率低，需要工人多，锻模寿命低；环境污染严重，工人的劳动条件差，锻件质量差，返修率和废品率高。

表 4-2 采用不同加热方法时钢的一次烧损率 δ

炉型	烧损率 δ/%
油炉	2～3
煤气炉	1.5～2.5
电阻炉	1～1.5
接触电加热和感应加热	<0.5

2. 制坯辊锻工艺

由于两火加热锤上模锻生产重卡前轴的效率、锻件质量低，单位锻件产值的能耗较大，且对环境的污染严重，该厂对锻造生产线进行了整改，引进了 1000 mm 辊锻机。工艺起初设计为制坯辊锻-模锻，其工艺流程为

中频感应加热（1600 kW 中频加热炉）→2 道次辊锻制坯（1000 mm 辊锻机）→弯曲、终锻（16 t 电液锤）→热切飞边→校正

图 4-34 所示为制坯辊锻工艺生产的辊锻毛坯图。相对两火加热锤上模锻工艺：坯料的烧损和氧化得到了显著降低，同时工人的劳动条件得到了改善，操作工人减少了一半左右（锤上开坯和中途装运基本不需要工人），锻件的生产效率得到很大的提高；但该工艺材料利用率提高较少，锤上打击次数没有明显降低，锻件的质量有所改善但锻模的寿命提高不明显。

图 4-34 制坯辊锻工艺生产的辊锻毛坯

3. 近精密辊锻工艺

由于制坯辊锻有着自身无法克服的缺点，即材料利用率低，需要大吨位的后续锻压设备（在 16 t 电液锤上反映为锤上打击次数多），而精密辊锻-模锻工艺也有表面质量差等原因。综合考虑了制坯辊锻和精密辊锻的成形特点，机电所为该厂设计出了近精密辊锻-整体模锻工艺，重卡前轴近精密辊锻-整体模锻工艺流程为

中频感应加热（1600 kW 中频感应加热炉）→近精密辊锻（1000 mm 辊锻机）→弯曲、终锻（16 t 电液锤）→热切边→热校正

相对于两火加热锤上模锻工艺、制坯辊锻-模锻工艺，该工艺材料利用率、生产效率和锻件质量都得到很大的提高；锤上打击次数有了明显减少、锻模寿命得到了提高。

4. 三种工艺方案的对比分析

表 4-3 所示为重卡前轴几种生产工艺的对比，锤上模锻和制坯辊锻工艺只是对毛坯进行简单的分料，模锻时承受较大的变形量。而近精密辊锻工艺工字梁部位近精密辊锻时接近锻件尺寸、弹簧座部位也预成形，模锻时承受的变形量大大减小，这对锻锤的工作寿命和锻模的寿命都有很大的提高。

表 4-3 重卡前轴几种生产工艺的对比

工艺名称	主要设备	技术特点	成形特点
锤上模锻	煤气炉、3 t 自由锻锤、16 t 自由锻锤	3 t 锤开坯，16 t 锤上弯曲、模锻（两火加热）	3 t 锤上分料，主要是两头弯曲部位和工字梁部位分料
制坯辊锻	中频感应加热炉、1000 mm 辊锻机、16 t 电液锤	两道次制坯辊锻，16 t 锤上弯曲、模锻	辊锻机上分料，工字梁辊呈方形，需要弯曲部位辊成圆形
近精密辊锻	中频感应加热炉、1000 mm 辊锻机、16 t 电液锤	三道次近精密辊锻，16 t 锤上弯曲、模锻	弹簧座部位预成形，工字梁部位成形达到锻件尺寸

4.5.2 近精密辊锻的节材效果[12]

三种工艺生产的重卡前轴毛坯质量、飞边烧损量、材料利用率和锻件质量的对比如表 4-4 所示。图 4-35 为加热烧损、毛坯质量和材料利用率对比的柱状图。

表 4-4　锻件材料利用率等的对比

工艺名称	锻件质量/kg	毛坯尺寸/mm	毛坯质量/kg	近精密辊锻相对节省的材料/kg	飞边+烧损质量/kg	材料利用率/%	预成形工艺相对提高的材料利用率/%
锤上模锻	121	φ125×1490	143.5	13.5	22.5	84.32	8.75
制坯辊锻	121	φ125×1475	142	12	21	85.21	7.86
近精密辊锻	121	φ135×1150	130	—	9	93.07	—

注：锻件质量是根据厂家提供的现场生产的锻件切边后的值，毛坯尺寸和质量是厂家实际生产时的下料值。

材料利用率 = 锻件质量/毛坯质量

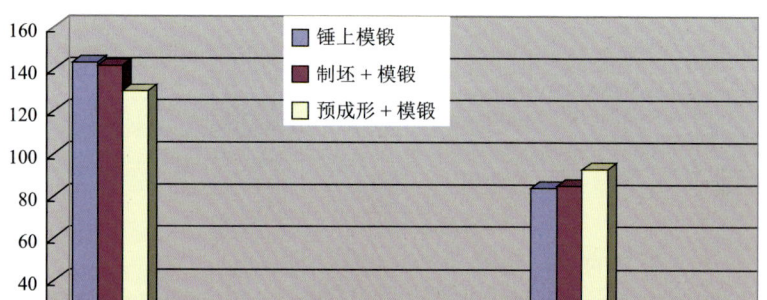

图 4-35　毛坯质量、加热烧损量和材料利用率对比柱状图

图 4-36 和图 4-37 所示分别为近精密辊锻-整体模锻工艺切下的飞边和制坯辊锻-模锻工艺切下的飞边，从现场切下的飞边可以看出，近精密辊锻切下的飞边较制坯辊锻切下的飞边要小得多。值得指出的是，近精密辊锻-整体模锻工艺的材料利用率有很大的提高，这表明该工艺具有明显的经济优越性。

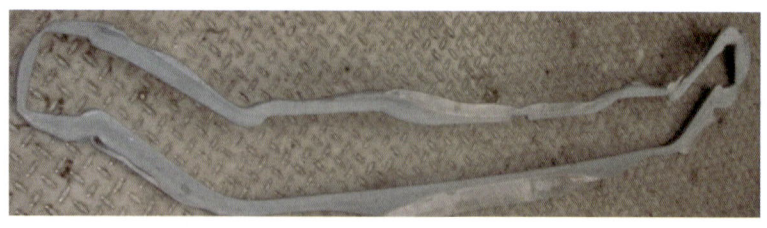

图 4-36　近精密辊锻-整体模锻工艺切下的飞边

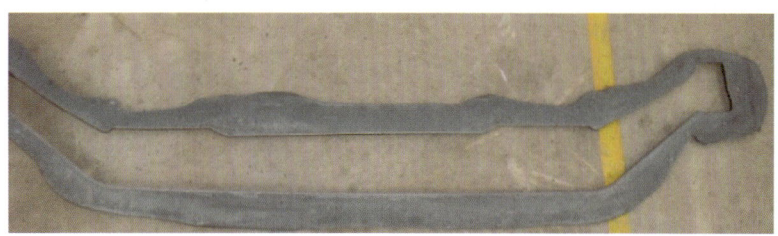

图 4-37　制坯辊锻-模锻工艺切下的飞边

材料费用分析：每个锻件材料费用＝毛坯下料质量×材料的市场价格；锻件所用材料为 42CrMo，市场价 8600 元/t，三种工艺材料费用的对比如表 4-5 和图 4-38 所示。

表 4-5　材料费用的对比

生产工艺名称	每个锻件材料费用/元	年材料费用(年生产 15 万件计)/万元	预成形工艺每年节省的材料费用/万元
锤上模锻	1234	18510	1740
制坯辊锻	1221	18315	1545
近精密辊锻	1118	16770	—

注：表中有关费用按调试期间材料市场价格计算。

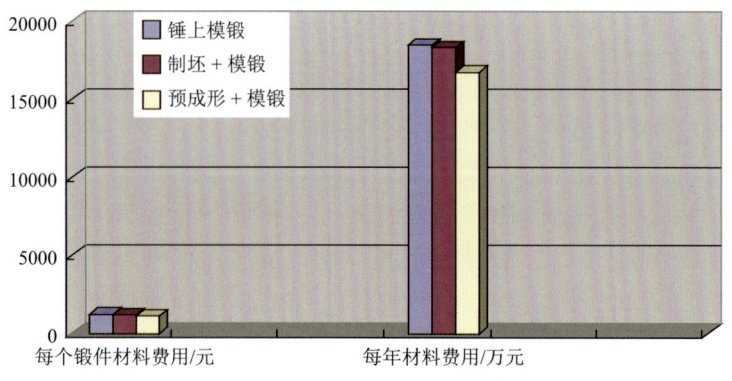

图 4-38　三种工艺材料费用对比柱状图

4.5.3　加热能耗与锻件质量对比分析

1. 加热费用分析

加热分为天然气加热和中频感应加热，天然气加热价格为 3.12 元/m³；中频感应加热生产每个锻件的费用＝每件加热的热能耗×锻件质量×用电价格；每个锻件中频感应加热的热能耗为 0.62(kW·h)/kg，该厂用电价 0.8 元/(kW·h)，三种工艺的加热费用对比如表 4-6 和图 4-39 所示。

表 4-6　加热费用的对比

工艺名称	每个锻件加热费用/元	年加热费用（年生产 15 万件计，单位万元）	预成形工艺每年节省的加热费用/万元
锤上模锻	77.1	1156.5	189
制坯辊锻	70.4	1056	88.5
近精密辊锻	64.5	967.5	—

注：表中费用按调试时天然气市场价格和电的市场价格计算。

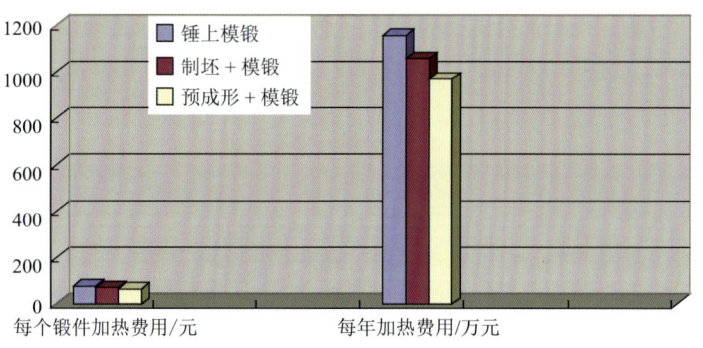

图 4-39　三种工艺加热费用对比柱状图

2. 锻件质量分析

锤上模锻工艺：该工艺由于采用天然气两次加热，氧化烧损严重，锻件表面有小的凹坑。锻件的余量、公差大，锻件的精度差，尤其是长度尺寸偏差大，返修率和废品率都高，疲劳寿命等机械性能都较差。

近精密辊锻工艺：抽取 10 件用近精密辊锻工艺生产的重卡前轴锻件进行尺寸检验，检测了弹簧座、工字梁等 17 个部位的关键尺寸，均符合图纸要求。

前轴的疲劳寿命试验是前轴最主要的性能，用近精密辊锻-模锻工艺生产的重卡锻件经尺寸检测合格后进行调质处理，然后进行机械加工，机械加工后的成品件随机抽出三件送该厂的专业检测部门进行疲劳寿命试验，试验结果均达到该厂的出厂要求。

从以上分析可以看出，采用近精密辊锻工艺，在锻件的质量有所提高的同时，锻件的材料利用率相对于前两种工艺分别提高了 8.75%和 7.86%，每年的材料费用和加热费用可以节约近 2000 万元，大大降低了企业的成本，这将明显地提高企业的效益和市场竞争力。

4.5.4　锤击次数、生产效率、机组人数和锻模寿命的对比

表 4-7 所示为锤上打击次数、机组人数和生产效率等的对比，图 4-40 所示为

三种工艺生产效率、班产量和年产量对比的柱状图。这里将简单分析三种工艺 16 t 电液锤生产锻件打击能耗：16 t 电液锤是由 4 个 75 kW 的电动机组成动力系统，电液锤一开机工作，每小时要消耗 300 度电，16 t 锤每生产一个锻件的能耗 = 16 t 锤每小时耗电量/每小时生产的锻件数量。三种工艺 16 t 锤打击能耗的对比如表 4-8 和图 4-41 所示。

表 4-7　锤上打击次数、机组人数和生产效率等的对比

工艺名称	锤上打击次数	机组人数	辊锻时间	模锻时间	辊锻+模锻时间	生产效率/(件/h)	班产量/件	年产量/万件	锻模寿命
锤上模锻	弯曲3锤，模锻11锤以上	3 t 锤上 3～5 人 模锻锤上 4 人	—	2 min 左右	—	14	80	8	短（1000 件）
制坯+模锻	弯曲3锤，模锻10～15锤	辊锻机 1 人 模锻锤 3 人	51 s	1 min50 s	2 min50 s	20	120	12	一般（1400 件）
预成形+模锻	弯曲1锤，模锻6～9锤	辊锻机 1 人 模锻锤 3 人	1 min6 s	50 s	1 min50 s	25	150	15	较长（1600 件）

注：以上数据是统计数据，数值偏差可以忽略。

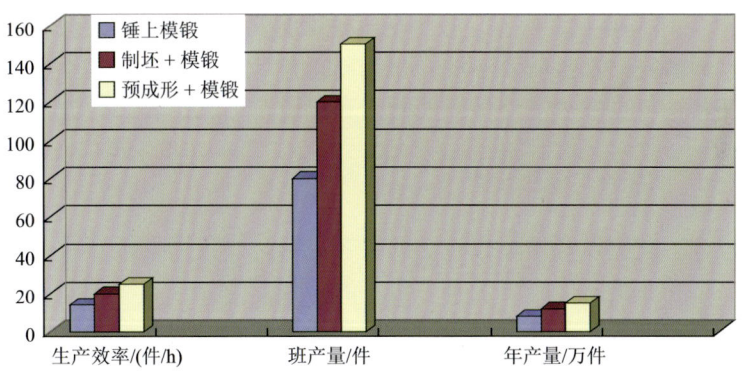

图 4-40　三种工艺生产效率、班产量和年产量对比柱状图

表 4-8　三种工艺 16 t 锤打击能耗对比

工艺名称	生产节拍	生产效率/(件/h)	16 t 锤单件能耗/(kW·h)	年产 15 万件 16 t 锤的能耗/(MW·h)	预成形工艺相对于前两种工艺每年 16 t 锤节约的能耗/(MW·h)	预成形相对于前两种工艺每年 16 t 锤节约的能耗费用（电价 0.8 元计）/万元
锤上模锻	1 件/4.5 min	14	21.5	3225	1425	114

续表

工艺名称	生产节拍	生产效率/(件/h)	16 t 锤单件能耗/(kW·h)	年产 15 万件 16 t 锤的能耗/(MW·h)	预成形工艺相对于前两种工艺每年 16 t 锤节约的能耗/(MW·h)	预成形相对于前两种工艺每年 16 t 锤节约的能耗费用(电价 0.8 元计)/万元
制坯+锤锻	1 件/3 min	20	15	2250	450	36
预成形+锤锻	1 件/2 min	25	12	1800	—	—

注：表中电价为调试时的市场价格。

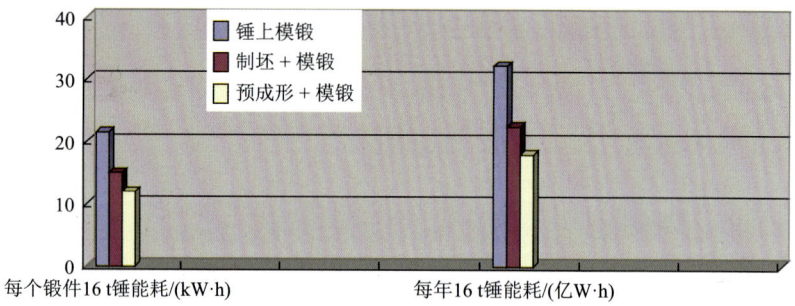

图 4-41 三种工艺 16 t 锤打击能耗对比柱状图

从以上分析可以看出，近精密辊锻-模锻工艺的生产效率相对于两火锤锻和制坯辊锻-模锻工艺都有很大提高，较于两火锤锻提高了近一倍，锻模寿命也得到很大的提高，模锻打击次数明显下降，采用新工艺后，16 t 锤每年不仅可以节约能耗费用，而且还可以减少维修保养的时间和费用。

4.5.5 近精密辊锻工艺与精密辊锻工艺的对比

精密辊锻工艺可以利用吨位较小的设备成形，建设周期短、收益快，在国内广泛用于中小企业里，但该工艺有着自身的缺点：

（1）辊锻成形的复杂性，对辊锻模设计要求高。

（2）工艺调试的复杂性，工艺调试过程中不确定因素多，调试工作量大、周期长。

（3）锻件的表面质量差，表面质量就是目测到的锻件外在质量，如充满情况和锻件尺寸精度等。整个锻件的 80%以上部分的成形在辊锻中完成，使得锻件的充满程度不如大吨位的锻造设备模锻成形，尤其是工字梁和弹簧座难成形部位，易出现充不满和塌角现象。

近精密辊锻工艺介于制坯辊锻和精密辊锻之间，其成形特点与精密辊锻的差别主要在于工字梁和弹簧座部位的辊锻成形。前轴锻件中最重要的两个部位（弹簧座和工字梁）的成形是在模锻工步中最终完成，使得锻件的充满程度有所提高，锻件的质量得到了改善。辊锻工艺的设计也较精密辊锻工艺简单，调试周期也相对较短，调试时间较以往的精密辊锻工艺缩短一半以上。

4.6 近精密辊锻工艺在大吨位螺旋压力机上的应用

4.6.1 工艺的流程、特点

机电所在中国重型汽车集团有限公司下属锻造公司成功开发的近精密辊锻（16 t 电液锤）的基础上，为湖北某公司进口德国 PZS900 电动螺旋压力机自动化锻造线上设计开发了两道次近精密辊锻工艺[13]。

该工艺的设备配置由中频感应加热炉、ϕ1000 mm 辊锻机和 PZS900 电动螺旋压力机和 KUKA 机器人组成。辊锻到模锻、模锻到切边都是由 KUKA 机器人来搬运，实现全自动化生产。

其工艺流程为

中频感应加热（两台 2000 kW 中频感应加热炉）→预成形辊锻（ϕ1000 mm 辊锻机）→弯曲、终锻（PZS900 电动螺旋压力机）→热切边（J55-1600 高能螺旋压力机）→热校正（YD32-2000 四柱液压机）。

本工艺采用两道次预成形辊锻工艺，其成形特点：

（1）工字梁部位通过两道次辊锻后接近锻件最终尺寸，留少量金属保证模锻充满成形。

（2）弹簧板部位辊出宽板形状，中间工字形状没有辊出，同时完成了前后臂的大部分变形。

（3）预成形辊锻介于制坯辊锻和精密辊锻之间，更接近于精密辊锻，使前轴锻件中难成形的部位在辊锻中预成形，接近热模锻压力机前轴锻造工艺中的预锻件的形状尺寸，锻件的最终成形在模锻工步中完成。

4.6.2 工艺应用概况

PZS900 电动螺旋压力机（图 4-42）锻造生产线，是一条全自动化生产线。工艺采用两道次预成形辊锻-PZS900 电动螺旋压力机上模锻。PZS900 电动螺旋压力机是德国舒勒万家顿公司生产的，最大冷击力为 160 MN，长期工作负荷为 128 MN，具有行程不固定、不会产生闷车现象、可以实现多次打击、工作噪声小、能量可控输出、可以超负荷运行、锻件精度高等优点。

该生产线同时配备了目前最先进的中频感应加热炉，其他辅助设备都是由国内知名厂家配套。该工艺对提高毛坯精度和质量、优化产品结构，实现节能减排，打造重型汽车优质产业链都会产生十分重要的作用。

采用两道次近精密辊锻，辊锻调试周期相对较短，现场调试中主要解决了三个问题。

（1）平衡块模锻后充不满的问题，通过修大第 2 道辊锻模平衡块截面部位的型腔，使该处留有足够的金属。

（2）辊锻第 2 道尾部飞边较大的问题，该问题的出现是因为对应 1 道截面型腔设计大了，解决的方法是减小了 1 道型腔对应截面积。

（3）模锻顶飞边的问题，本工艺的顶出与精密辊锻-模锻工艺顶锻件不同，选择了顶飞边，这么设计是因为坯料预成形辊锻后还要整体模锻。由于要顶飞边，要求顶杆部位的飞边要有一定的宽度和足够的强度。现场解决的方法是修改辊锻型腔相应部位，使其有足够的金属模锻后流向飞边，同时在保证锻件充满的情况下增大飞边部位桥部的厚度，使多余的金属能较容易地流入飞边。

图 4-43 所示为调试后最终打出的锻件，从图中可以看出，锻件充形饱满，外在质量优良。

图 4-42　安装在现场的 PZS900 电动螺旋压力机

近精密辊锻工艺是将辊锻与大型模锻设备相结合的工艺，由于有大型模锻设备的成形保证，锻件的表面质量优于精密辊锻-模锻工艺，该工艺现已经调试后投产使用，具有自动化程度高、劳动环境好、人员配置少、生产效率高等特点。

图 4-43　锻件照片

PZS900 锻造生产线上，前轴采用两道次预成形辊锻-模锻工艺，这是辊锻与大型模锻设备的又一次成功结合。该工艺具有自动化程度高、人员配置少、劳动环境好等优点。相比国内目前普遍采用的精密辊锻-模锻工艺，锻件的充形饱满，外在质量得到了显著的提高。

4.7　热模锻压力机上采用近精密辊锻工艺生产前轴

4.7.1　工艺流程和生产线设备

80 MN 热模锻前轴锻造生产线工艺流程为

　　　　入库检查→高速带锯下料→中频感应加热→辊锻预成形→

　　　弯曲→预锻→终锻→切边→校正→热处理→抛丸→磁粉探伤

生产线布局如图 4-44 所示。

图 4-44　80 MN 热模锻前轴锻造生产线

4.7.2 加热设备和辊锻机

制坯前的加热设备采用重庆恒锐机电有限公司提供的 4000 kW 中频感应加热成套设备，分成两条加热线分时供料，以便实现生产过程的不间断供料，生产节拍达到 2.5 min/件。加热线配备了自动输送带和欧普士 SS09 型红外测温仪，实现了坯料加热的机械化和自动化。

该生产线采用的热模锻压力机吨位较小，成形斯太尔前轴变形力不足。因此，需要采用辊锻预成形工艺减小模锻成形力，使 80 MN 热模锻压力机模锻成形斯太尔前轴成为可能。

如图 4-45 所示，该生产线采用机电所生产的 GD1000C 辊锻机进行预成形辊锻。

图 4-45　GD 1000C 辊锻机

4.7.3 热模锻、切边、校正压力机

如图 4-46 所示，生产线的主变形设备采用的是由二重公司引进德国技术自主生产的 80 MN KP 型热模锻压力机，分别采用 10 MN 切边压力机和 16 MN 校正用油压机进行后续的锻件切边和校正工序。

4.7.4 现场试验

斯太尔前轴现场试验的下料规格为 $\phi140$ mm×1130 mm，重量为 136.5 kg。锻件的理论质量为 126 kg，计算得材料利用率高达 92.3%。现场试验得到的锻件样品见图 4-47。

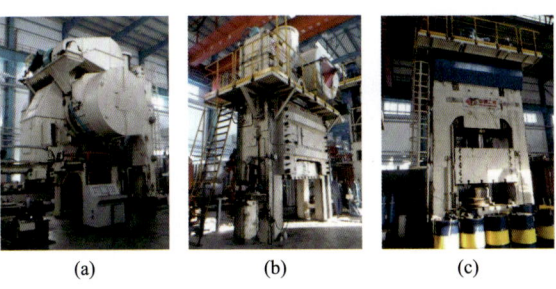

图 4-46　生产线使用的压力机设备

（a）80 MN KP 型热模锻压力机；（b）10 MN 切边压力机；（c）16 MN 校正用油压机

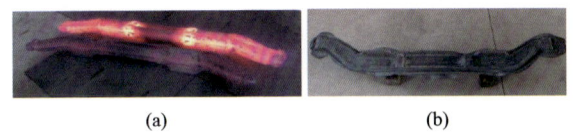

图 4-47　现场试验生产的锻件样品

（a）红热锻件；（b）冷却后的锻件

4.8　快换模架及辅助装置设计与应用

4.8.1　快换模架及辅助装置基本结构

模具快换及自动夹紧技术最早起源于日本，逐步应用于冲压生产线中，近年来快速换模装置的设计越来越引起锻造生产型企业的重视，但是由于锻造压力机设备吨位较大，模具模架的重量较重，需要更大的夹紧力才能将模具可靠地固定在模座中。本文根据 40 MN 电动螺旋压力机的设备参数结合前轴产品的模具特点，设计了一套使用换模平台快速更换模具的快换结构，结构示意图如图 4-48 所示。

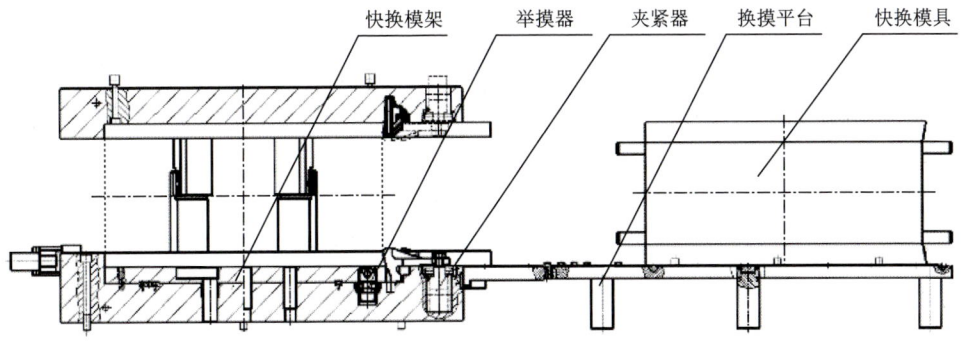

图 4-48　快换模架及辅助装置示意图

快换模架的使用步骤如下：

（1）将快换模架安装在 40 MN 电动螺旋压力机开模空间中，与模具不同不需要频繁拆卸更换。

（2）当需要换产或者修模时，将快换模具在压力机设备外安装完成。

（3）将换模平台通过行车吊装至主模座前侧并固定。

（4）使用行车将快换模具吊装至换模平台。

（5）先将快换模架中的举模器通过电控系统提升至与换模平台轴承相同高度，再用人工或者拉具将快换模具推入快换模架。

（6）先通过电控系统将快换模具落至模架中，再通过模具前夹紧器和侧夹紧器将模具夹紧。

（7）将换模平台通过行车吊离压力机完成换模工作。整个换模过程只需 2 人左右，换模时间约 40 min。

4.8.2 快换模具设计

国内某企业 40 MN 电动螺旋压力机生产的轻卡前轴锻造成形工艺为下料-加热-辊锻-弯曲-终锻-切边校正，在 40 MN 电动螺旋压力机上完成弯曲-终锻两工步成形过程。传统的模具安装方式为：将上下弯曲模、上下终锻模分别吊装至设备附近，将终锻模通过楔块定位至模座内，使用人工敲击斜铁的方式将终锻模燕尾与模座燕尾槽固定，再将弯曲模通过螺栓与模座和终锻模固定。其中终锻上模与弯曲上模由于自重原因，安装时十分困难，有时需要使用滑轮组、千斤顶等辅助安装[14]。

针对这一情况，本文设计了一种通用快换模具结构，将弯曲模与终锻模通过副模座组合成为一个整体，使用换模平台将快换模具推入设备主模座中，从而实现模具快换。快换模具主要由上下弯曲模、上下终锻模、上下副模座等组成，结构示意图如图 4-49 所示。

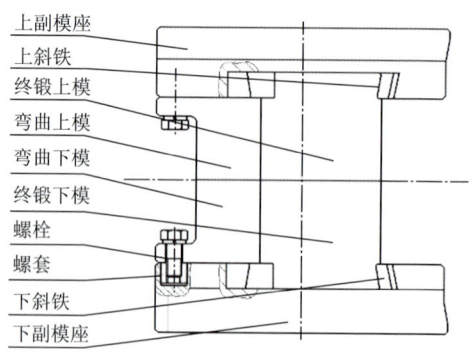

图 4-49　快换模具结构示意图

快换模具相较于传统模具最大的区别在于快换模具自成体系,模具工人在设备外将上下弯曲模、上下终锻模通过行车分别与上下副模座固定。由于不同型号的前轴外形尺寸差别较大,因此对应的弯曲模与终锻模外形尺寸也不同。为了实现不同型号前轴产品的副模座通用性,可将弯曲模、终锻模根据产品外形尺寸归类,得到若干种通用副模座。不同种副模座的型腔尺寸根据弯曲模与终锻模尺寸有所不同,但其外形尺寸相同。这样就可以实现快换模具的通用性。

4.8.3 快换模架设计

快换模架主要由上下主模座、X型导轨、前夹紧器、侧夹紧器、举模器组成。快换模架结构示意图如图4-50所示。

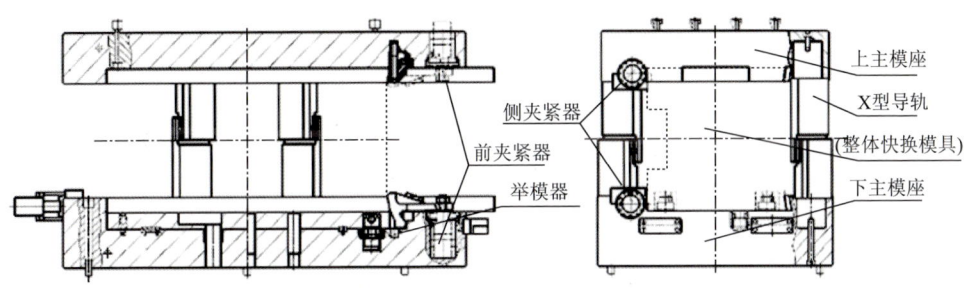

图 4-50 快换模架结构示意图

由于主机设备为电动螺旋压力机,设备在打击过程中模架会受到滑块螺旋下行时产生的扭力,如果不能平衡这一扭力,锻件精度则很难保证,且模具与模座均会过早地出现磨损,影响模具寿命。因此在模座四角设计4对呈X型分布的导轨结构,能够明显提高模架的抗扭能力与导向精度[15]。

上下主模座采用窝座式结构,前侧设计为开放式方便模具进出。在模架前侧上下各设置2个前夹紧器,用于将快换模具向后侧夹紧;模架左侧上下各设置2个侧夹紧器,用于将模具向右侧夹紧。同时为了防止自动夹紧器在特殊情况下失效导致停产,模架中保留了手动夹紧功能,确保当自动夹紧器在维修时设备不停产[16, 17]。

4.8.4 换模平台

40 MN电动螺旋压力机的设备云台(检修平台)尺寸较大,云台最外侧到下主模座最外侧水平距离为1800 mm,无法直接使用行车将快换模具吊装至压力机内部模座内,因此需要利用换模平台辅助移动。目前常用的辅助换模装置有换模台车、换模臂、换模平台等。换模台车一般由支架、插臂、一级传动装置、二级传动装置等组成，台车下方地面铺设轨道，工作时开至设备附近换模，非工作时开至设备外固定位置停放。一般适用于大型压力机且压力机周围空间较大的大使用场景。换模臂安装在设备或主模架前侧，一般具有折叠功能，工作时展开用于换模，非工作时折叠节省空间。一般适用于小型压力机。结合客户的 40 MN 电动螺旋压力机与现场工作环境，本文设计里一种专用换模平台，结构示意图如图 4-51 所示。

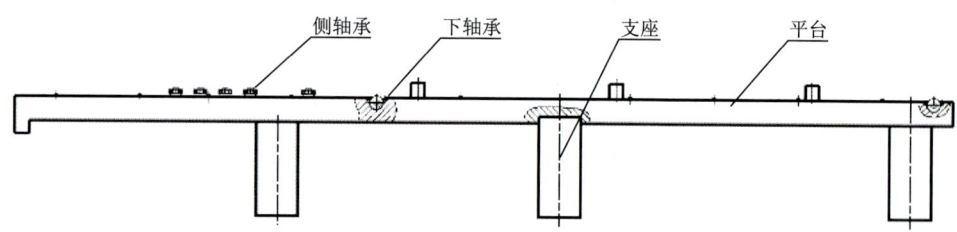

图 4-51　换模平台结构示意图

换模平台主要由平台、支座、下轴承和侧轴承组成，换模平台前侧设计有钩形结构，与主模座前侧的沟槽配合，可将换模平台与模架准确定位。下轴承在快换模具的前后推拉过程中提供滚动摩擦，减小摩擦力。侧轴承则为快换模具左右方向的定位提供导向，使快换模具在推入模架前已经处于相对准确的位置。换模平台设置 6 个支座，根据现场地面条件可分别调整高度，使换模平台与模架处于相同高度，方便快换模具的推拉。

4.8.5　自动夹紧机构

模具自动夹紧器的选择一般需根据设备吨位与模具重量综合计算，对于小型压力机，可使用标准化的手持式液压夹紧器；对于大型压力机，则需要根据模架空间，合理选择或设计可靠的夹紧装置[18-21]。

本文为 40 MN 电动螺旋压力机设计的模具自动夹紧器包括前夹紧器与侧夹紧器两种，前夹紧器将快换模具向后夹紧，侧夹紧器将模具左右夹紧。两种夹紧器均使用液压原理将模具夹紧，同时设计了两种将夹紧力放大的机械结构。其中前夹紧器使用杠杆原理，将液压缸提供的压力通过长力臂传递至短力臂处，从而使用短力臂处的力夹紧模具，经过计算，前夹紧器的杠杆结构可将夹紧器提供的夹紧力放大用于模具夹紧。侧夹紧器使用斜面原理，将液压缸提供的压力通过 2.5° 的斜面进行放大，经过计算，侧夹紧器的斜面结构可将夹紧器提供的夹紧力放大用于模具夹紧。

4.8.6 生产应用

经过生产跟踪,本套快换模具模架与自动夹紧辅助装置在客户现场使用良好,换模人数为 2～3 人,整体换模时间为 40 min,操作方便夹紧可靠。相较于传统人工搬运手动夹紧方式,换模人数减少 3 人,换模时间减少 80 min。快换模架及换模平台现场应用照片如图 4-52 所示。

(a)　　　　　　　　　　　(b)

图 4-52　现场应用照片

(a) 快换模架；(b) 换模平台

本套快换模架的成功应用,为其他热体积成形模架如压铸模架、液态模锻模架、多向模锻模架等结构提供了新的设计思路,也为提高热体积成形生产线模具更换效率提供了参考方案。

参 考 文 献

[1] 杨勇. 重卡前轴预成形辊锻技术的研究[D]. 北京：北京机电研究所,2009
[2] 中国机械工程学会. 中国机械工程技术路线图[M]. 2 版. 北京：中国科学技术出版社,2016
[3] 中国机械工程学会塑性工程分会. 塑性成形技术路线图[M]. 北京：中国科学技术出版社,2016
[4] 武兵书. 中国战略新兴产业研究与发展-模具[M]. 北京：机械工业出版社,2018
[5] 赵一平，中国锻压协会. 汽车典型锻件生产[M]. 北京：国防工业出版社,2009
[6] Kim H, Sweeney K, Altan T. Application of computer of computer aided simulation to investigate metal flow in selected forging operations[J]. Journal of Materials Processing Technology,1994,46(1-2)：127-154
[7] Monaghan J M ,Sheehan R.The modeling of changing boundary conditions during an elasto-plastic finite element analysis of a heading process[J]. Journal of Materials Processing Technology,1992,33(4)：347-365
[8] Kawano M, Isogawa S. Comparision of numerical result with experimental result on flow stressand microstructural evolution of super alloy[J]. Simulation of Materials Processing：Theory, Methods and Applications,2001,(6)：269-274

[9] Tjotta S, Heimlund O.Finite element simulations in cold forging process design[J]. Journal of Materials Processing Technology, 1992, 36（1）：79-96

[10] 曹飞, 蒋鹏, 余光中, 等. 重卡前轴预成形辊锻-模锻工艺设计及应用[C]. 盐城：第 3 届全国精密锻造学术研讨会, 2008

[11] 蒋鹏, 杨勇, 余光中, 等. 重卡前轴预成形辊锻工艺试验及结果分析[C]. 盐城：第 3 届全国精密锻造学术研讨会, 2008

[12] 杨勇, 蒋鹏, 曹飞, 等. 重卡前轴预成形辊锻技术经济性分析[C]. 长沙：第 11 届全国塑性工程学术年会, 2009

[13] 杨勇, 蒋鹏, 曹飞, 等. PZS900 电动螺旋压力机锻造线上前轴生产工艺[C]. 重庆：第 12 届全国塑性工程学术年会, 2011

[14] 陈浩, 付殿禹, 王丹晨, 等. 轻卡前轴热体积成形快换模架及辅助装置设计与应用[C]. 武汉：第十八届全国塑性工程学会, 2023

[15] 宋彤, 韦鞾, 蒋鹏. 140 MN 大型热模锻压力机模架结构方案的有限元分析[J]. 锻压技术, 2012, 37（3）：153-258

[16] 顾惠红, 周炳海.基于精益生产方式的快速换模实践研究[J]. 精密制造与自动化, 2019（1）：15-18, 47

[17] 唐宇, 尹德政. 冲压设备快速换模技术研究[J]. 中国新技术新产品, 2014（5）：108-109

[18] 潘地磊, 范如明, 吉桂生, 等. 快速换模装置在热模锻压力机中的应用[J]. 锻压装备与制造技术, 2018, 53（6）：39-40

[19] 凌艳路, 贺小毛, 蒋鹏, 等.63 MN 热模锻压力机自动锻造线上模具设计和快换技术应用[J]. 锻压技术, 2016, 41（6）：96-99

[20] 付殿禹, 蒋鹏, 贺小毛, 等. 快速换模和自动夹紧系统在锻造生产线上的应用[C]//蒋鹏, 夏汉关. 面向智能制造的精密锻造技术. 合肥：合肥工业大学出版社, 2016

[21] Wang H X, Jiang P, ZhangW F, et al. Failure analysis of large press die holder[J]. Engineering Failure Analysis, 2016, 64：13-25

第5章

铁路货车钩尾框精密辊锻技术研发与应用

5.1 引言

高效节材的铁路火车钩尾框精密辊锻工艺，替代了原自由锻制坯的工艺，缩短了工艺流程，提高了生产效率，提高了锻件质量并降低了生产成本[1]。

在过去的铁路货车制造工艺中，除了车轴等特别重要的零部件采用锻造工艺外[2]，大量的零件采用铸造工艺成形。为适应铁路货车重载提速的要求，铁路车辆近几年来铸件改锻件的趋势明显。与铸件相比，锻件的强度和可靠性大大加强，品质提升效果明显。由于铁路锻件普遍体积大、质量大，且从铸件转化为锻件时一般仍保留许多铸件的结构特点因而形状复杂，这样就形成了铁路锻件锻造的一般特点：需要大吨位的锻造设备，锻造工艺复杂，成形难度大[3]。锻造钩尾框便是具备以上特点的铁路锻件之一。

国内批量生产锻造钩尾框零件的最初的工艺是采用自由锻制坯，31500 kN 摩擦压力机（后改用 80000 kN 摩擦压力机）展开模锻后折弯成形的工艺[4]。该工艺需两火加热，自由锻制坯操作难度大，耗时很长。存在着劳动条件差、生产效率低、生产成本高、能源消耗大、产品表面质量较差等问题。

机电所在成功研究开发推广汽车前轴精密辊锻的基础上，按照相同的思路，提出了一种铁路货车钩尾框精密辊锻与模锻相结合成形技术，并在机电所内部技术发展基金的支持下进行了充分的研究和分析工作，依托完成了大量的前轴辊锻技术开发工作的积累，采用先进的计算机模拟[5-7]等现代设计开发手段，大幅度提高了设计开发工作的可靠性。

在铁路货车钩尾框精密辊锻模锻生产线的设计和实施过程中解决了以下难

题：在辊锻机的力能问题上，采取合理选择辊锻工艺参数，各道次变形力和扭矩在辊锻机的许用范围内，保证了精密辊锻工艺的实现；采用变形过程的数值模拟等先进手段保证了总体变形量的分配和辊锻工艺设计的合理和可靠；增加防弯曲装置，使得辊锻工艺过程稳定可靠；合理安排各工序时间，使得锻造过程在一火完成。

工程应用表明，17 型锻造钩尾框精密辊锻模锻复合成形技术生产线运行况良好，锻件产品质量稳定，各项性能指标均符合产品技术条件和图纸的技术要求，达到了提高产品质量、降低原材料消耗、提高生产效率、改善工人劳动条件的目的。节省投资、节材降耗效果显著，以宁波某厂锻造 17 型锻造钩尾框为例，与原工艺相比，每件节省材料加热等费用 222 元，符合目前对节能、节材、环保等方面的要求[8]。

5.2 研究开发背景

5.2.1 钩尾框材料工艺的发展

1. 几种钩尾框的结构形式与特点

钩尾框是机车车辆牵引装置中一个重要组成部件，与车钩配套使用。新中国成立以来，中国铁道科学研究院对车钩进行了几次更新改进，具体情况为：1956 年确定 1、2 号车钩在新造车上使用，1 号车钩在 21 型及旧型客车上使用，2 号车钩在货车上使用。其他类型的车钩如 3~8 号车钩均列为非标准型，逐步予以淘汰。1957 年和 1965 年又先后设计了客车用的 15 号车钩和货车用的 13 号车钩。20 世纪 90 年代又设计了 16、17 号车钩，用于部分大吨位货车。

与车钩配套使用的钩尾框也同时和车钩一起发展。在制造工艺上，以前钩尾框多采用铸造工艺制作，采用锻造工艺的不多。例如，与 1 号车钩配套使用的钩尾框既有铸钢钩尾框也有锻钢钩尾框，与 4 号车钩配套使用的为锻钢钩尾框，其余型号的钩尾框均为铸钢钩尾框。

早期锻造钩尾框与铸钢钩尾框外形相比，形状简单，缺少头部两边的立柱，为一 U 形部件，分别在尾部和头部钻孔，用于尾部后堵垫板的铆接、与车钩尾部的螺栓联结或铆接。铸钢钩尾框为整体铸造，结构形式较复杂，采用铸造工艺较易实现。随着牵引力的加大，对铸钢钩尾框材质的要求更高，采用了美国的 C 级钢标准，后又有 E 级钢，这两类钢均有相应的国家标准（TB/T 3170—2007）加以规范。锻造钩尾框早在 20 世纪 60 年代客车的段修、厂修规程中记录了对它的使用检修，4 号锻造钩尾框用在旧型守车上。

2. 开发新型锻造钩尾框的必要性

钩尾框经历了两种制造工艺的使用比较,铸钢钩尾框材质也更新到一个相对高的水平,但因铸造工艺的局限性对钩尾框这一机械性能要求高的产品,铸钢钩尾框的质量难以从根本上满足铁路的重载、快运需求。而早期所用锻钢钩尾框因当时锻造工艺所限,仅能锻制简单的 U 形钩尾框,不能满足实际需要而被淘汰。

随着大吨位锻造设备的开发使用,很多形状复杂的产品可锻造生产,而且发展锻造产品也是铁路金属产品发展的方向之一,因此从材质的选择改进和采用新的锻造工艺这两方面考虑,钩尾框这一影响安全的重大配件,也需要被再次改进,从而满足铁路运输的快速发展需要。因此,开发与研究锻造钩尾框显得十分必要。

3. 新型锻造钩尾框的研制

钩尾框是机车车辆中承受冲击载荷传递动力的关键零件。钩缓装置起着机车与车辆、车辆与车辆之间的连挂作用,传递和缓和列车运行中产生的牵引力或冲击力,是铁道车辆最重要的部件之一,其中钩尾框是钩缓装置的关键零件。钩尾框恶劣的工况条件,对其材质、毛坯加工技术、精度、表面粗糙度和表面强化、动平衡等要求都十分严格,其中任何一个环节的质量对钩尾框的寿命和整车的可靠性都有很大的影响。

列车重载提速以来,货物列车运行中转向架各部件的故障明显增加,特别是轮对故障、车钩尾框裂损、制动梁端轴裂纹故障尤为突出,成为严重威胁行车安全的重要因素[9-11]。据不完全统计,钩尾框破损情况见表 5-1,可以看出随着列车的大幅度提速,钩尾框的强度和可靠性已不能满足要求。

表 5-1 钩尾框故障统计

年份	总件数/件	破损率/%
2005	2340	53.4
2004	1980	24.5

锻造钩尾框于 2003 年开始研制,在相关院所、工厂的协作配合下,采用锻、压、焊成形制造技术,低合金高强度钢 25 MnCrNiMOA 焊接技术,无托架热处理工艺,单侧双面四探头超声波探伤工艺等,于 2005 年上半年研制成功并生产出第一批锻造钩尾框[12]。

经中国铁道科学研究院审查与批准,投入了装车使用,并经中国铁道科学研究院集团有限公司铁路产品质量监督检验中心机车车辆配件检验站、铁道科学研究院集团有限公司金属及化学研究所检验全部符合锻造钩尾框技术条件的有关要求。

4. 锻造钩尾框产品的优点

锻造钩尾框产品与铸造钩尾框产品相比优点是

①疲劳强度高。锻造钩尾框产品比铸造钩尾框产品提高80%。②疲劳寿命高。锻造钩尾框产品比铸造钩尾框产品提高60倍。③质量保证期大大延长。锻造钩尾框产品25年，铸造钩尾框产品8年，提高了2.13倍。

5.2.2 锻造钩尾框通用工艺技术方案

1. 材料选择

根据中国铁道科学研究院下发的《25 MnCrNiMoA 钢订货技术条件》的要求，研究所将继续采购上海宝山钢铁股份有限公司、江阴兴澄特种钢铁有限公司25 MnCrNiMoA 的原材料（研制时已与江阴兴澄特种钢铁有限公司合作，引进美国技术，成功解决了调质、配比、冶炼等方面的技术难题）。

2. 锻造成形技术

锻造成形是制造锻造钩尾框的关键技术，不同的锻造成形方法对锻造钩尾框的力学性能、强度性能、成品率、成本、使用寿命都有很大的影响。在试制锻造钩尾框产品时，一般采用两火锻造成形技术，即将原材料拔长开坯，先加热一火模锻成条状型坯，再热压弯曲成型。锻造成形技术优点在于通过锻造加工能使钩尾框材料形成全纤维组织，大大提高机械性能，延长了锻造钩尾框产品的使用寿命。

3. 低合金高强度 25 MnCrNiMoA 钢的焊接

锻造钩尾框使用的材料是 25 MnCrNiMoA 低合金高强度钢，它的特点是具有高强度、高低温冲击性能[Rm850 N/mm^2、Akv（−40℃）27J]，在国内这种轧材是一种新材料。

4. 热处理工艺

锻造钩尾框工件较大，质量约 100 kg；形状复杂，是双框口相贯结构；壁厚相差大，最厚约 80 mm，最薄仅 30 mm。在制定热处理工艺时难度较大，既要保证力学性能和强度性能，又要能够实现高效率的批量生产，还要做到节约能源、节省辅助材料。

5. 不规则形状断面对接接头焊缝的超声波探伤

锻造钩尾框连接板的对接接头的断面是不规则的六边形。为了检测对接接头焊缝质量，保证焊缝缺陷等级为Ⅰ级，一般采用超声波探伤。制定锻造钩尾框对接接头超声波探伤工艺，分别采用三个不同角度的探头，在焊缝单侧双面扫描探伤，保证产品质量。

5.2.3 初期锻造钩尾框的生产工艺流程

1. 铁路车辆钩尾框锻件的主要特点和技术要求

锻造钩尾框的研制试制始于 2003 年。由于我国铁路技术的发展，尤其是铁路货车的载重（开行 5000～10000 t 牵行重量列车）和速度（100～120 km/h）的提高，给货车的各零部件提出了更高的可靠性的要求。这两个指标是世界上独一无二的，欧洲铁路是高速轻载，北美铁路是重载低速，所以中国铁路的要求是最苛刻的。锻造钩尾框就是在这样的背景下提出、发展起来的。

铁路车辆 17 型钩尾框锻件主要形状如图 5-1 所示。图面主要技术要求：①未注明锻造圆角 $R5$；②未注明锻造拔模斜度应符合 GB12361—2016 的要求；③尾部缓冲圆角 $R13$ 及其周围 30°范围内所有制造缺陷应清除，经探伤检查后不允许有裂纹及深度大于 1 的铲痕。

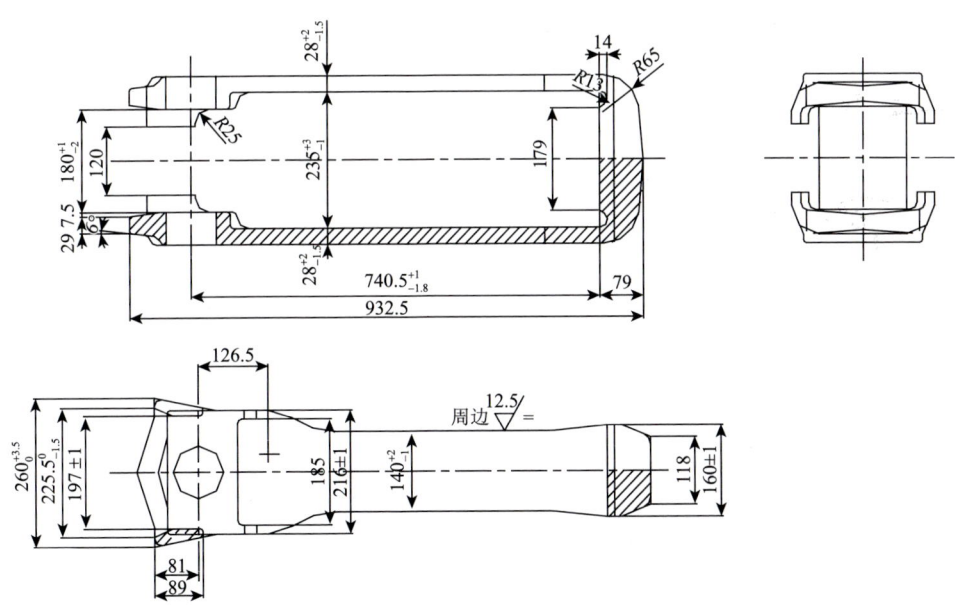

图 5-1　17 型钩尾框钩尾框锻件简图

2. 自由锻制坯两火锻造工艺

中国铁道科学研究院确定钩尾框采用锻造工艺以后，以文件的形式许可了若干家有锻造能力，属中国铁道科学研究院系统内或和铁路系统有供货关系的厂家试制锻造钩尾框,并首先在南京某铁路车辆配件有限公司试制成功,后来该工艺又逐步扩展到其他厂家。

目前这种工艺的流程为

锯床下料→加热→自由锻制坯→二次加热→31500 kN以上摩擦压力机上锻造(展开锻造)→液压机上折弯→整形→焊接→超声波探伤→机械加工→热处理→表面处理→磁粉探伤→成品

该工艺方案的缺点是:自由锻制坯效率低、火次多、材料利用率低、模锻打击力大、综合成本较高。

5.3 钩尾框精密辊锻技术方案的确定

5.3.1 钩尾框锻件的特点

钩尾框展开后的锻件三维造型如图5-2所示,有以下特点:

(1) 锻件质量约为100 kg,锻件展开长约为2000 mm,锻造工艺比较复杂,需要大吨位模锻设备来模锻成形。

(2) 锻件主轴线上下部分形状有较大不对称性,而锻件主轴线前后的形状是对称的。

(3) 钩尾框属形状复杂的异形长锻件,局部很薄,形状难以控制,在两端金属是较难填充成形的。

(4) 锻件纵向截面起伏变化较多,某些部位具有较大的高度落差。

图 5-2 17型钩尾框锻件三维实体锻件图

5.3.2 精密辊锻模锻复合成形技术方案的提出

本方案采用 $\phi 160$ mm 圆棒料为坯料,经过4道次辊锻后,锻件最薄的部分已成形,模锻时不再变形;中部的形状基本到位;两端留有一段料头,为辊锻机械手夹持部分,还有一部分为压扁制坯。辊锻后的锻件已有40%以上部分完全成形，15%左右的部分基本成形，减少了模锻的打击面积，使锻造设备负荷降低，材料利用率提高，锻造模具寿命长，模具费用也大幅度降低。

本工艺为无料头辊锻，辊锻时留有夹钳料头，可以保证机械手顺利完成四道次辊锻工序，辊锻完后轧件带有夹钳料头，作为模锻前端部的坯料，实际上无废料头。辊锻件精密辊锻部位为：中部、平板。模锻成型部位为前后两端部位。中部、平板在模锻时仅进行整形。工艺流程图见图5-3。流程如下[13]。

下料→中频感应加热→1000辊锻机上4道次部分成形辊锻→3150 t 以上摩擦压力机或高能螺旋压力机上锻造→切边→在通用设备上用专用工装或用专用液压折弯机折弯→整形

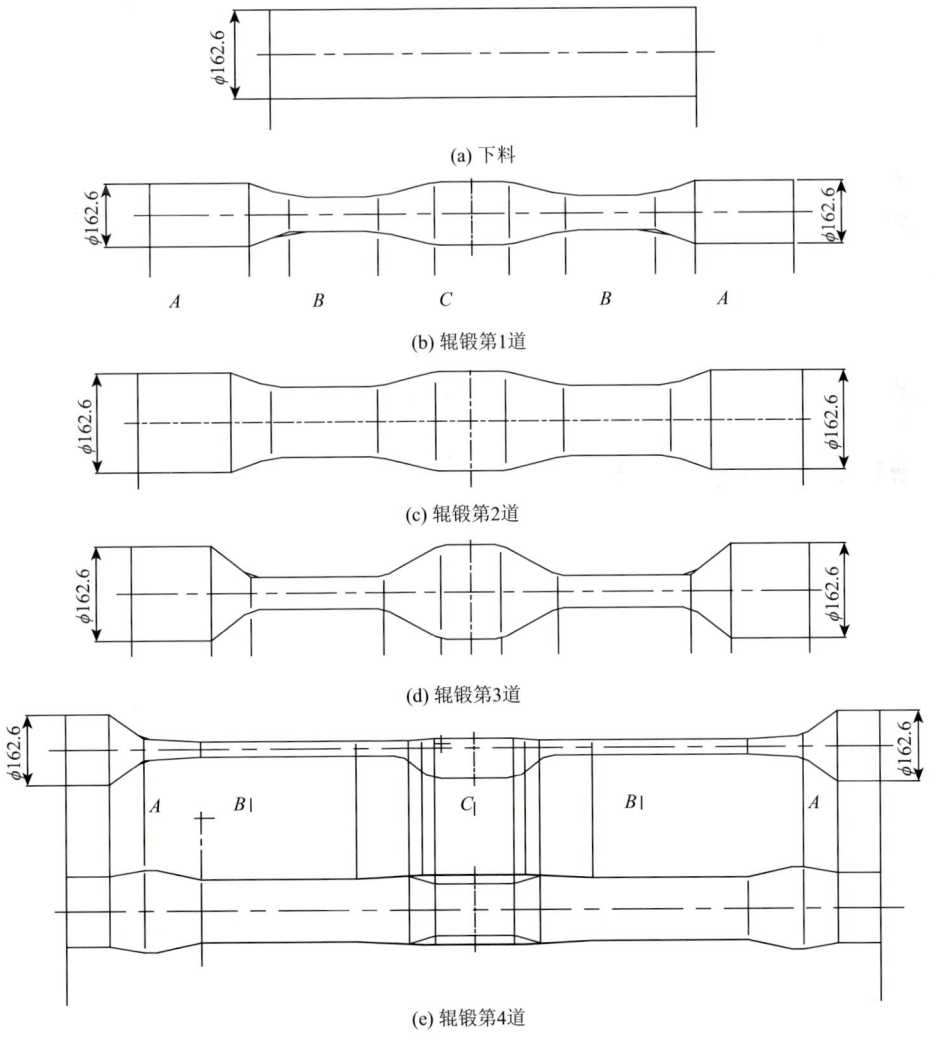

(a) 下料

(b) 辊锻第1道

(c) 辊锻第2道

(d) 辊锻第3道

(e) 辊锻第4道

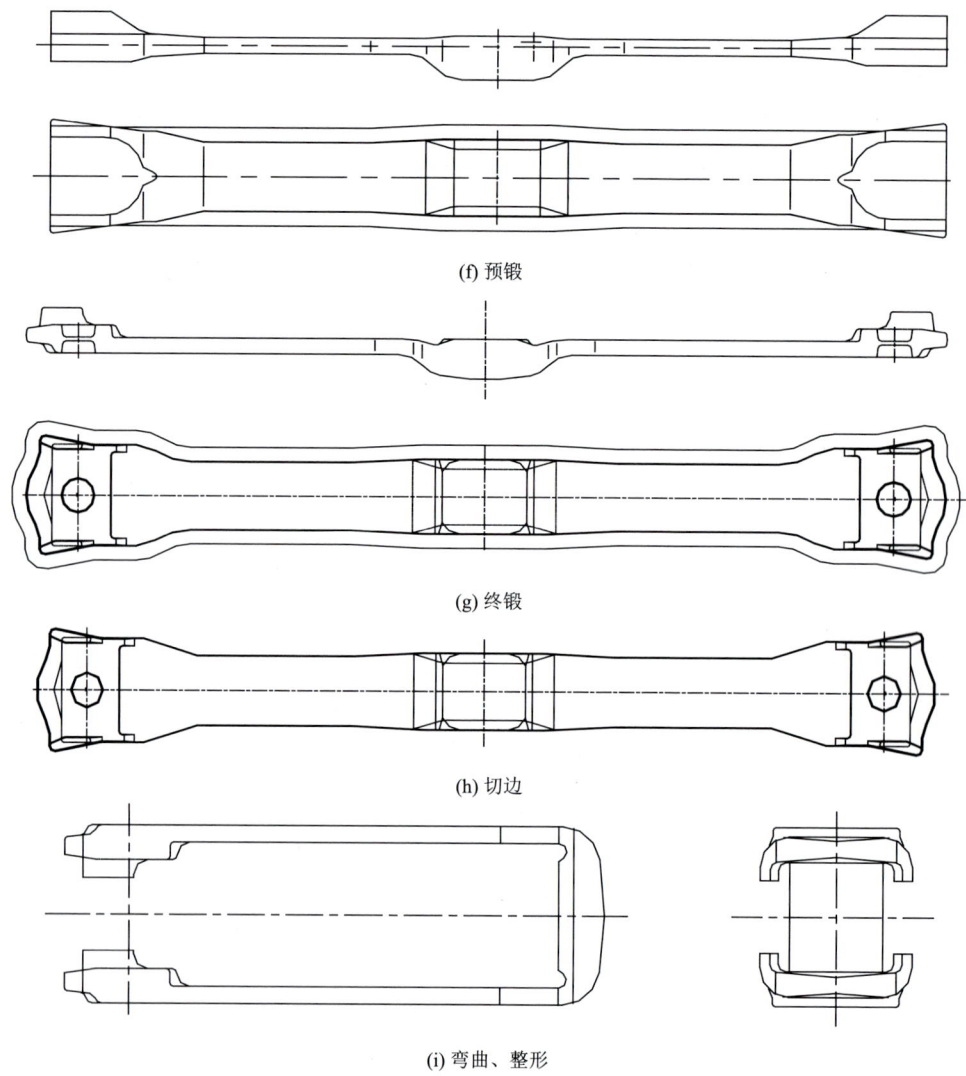

(f) 预锻

(g) 终锻

(h) 切边

(i) 弯曲、整形

图 5-3 钩尾框辊锻模锻复合成形工艺流程

5.3.3 基本原理和工艺难点

1. 基本原理

本工艺的基本原理是"以辊代锻,化整为零"。

从原始毛坯棒料到成形出钩尾框锻件要通过金属转移,需外界做功。如将钩尾框在压力机上一次打击中锻出,由于变形时间短、变形量大,需万吨级压力机;如采用小变形的积累和叠加,辊锻变形力就会明显减少。该工艺就是利用连续局部变形积累成整体变形,多道次变形叠加成大变形,变形力只有几百吨,这就是"以辊代锻"。

"化整为零"第一层意思是将大的变形化成小变形的积累和叠加,第二层意思是将钩尾框分成几部分,不同部分采用最合适的成形方法,通过复合成形来保证锻件质量。

2. 工艺难点

1)打击力的问题

根据计算,展开平锻的工艺需打击力在 15000 t 以上,国内生产厂家主要是设备打击力不够,本方案的一个目的是用辊锻技术将部分部位辊锻成形来较大幅度地降低模锻打击力。

2)精密辊锻中的弯曲问题

采用辊锻机精密辊锻为钩尾框模锻精制坯可以提高效率和减少打击力,但细长件水平送料时的弯曲是一个大问题,拟在设备上加以解决。

3)预锻模膛设计

摩擦压力机抗偏载能力较差,在设计预锻模膛时既要达到有利于终锻成形的目的,又要尽可能地减小预锻成形力。

4)弯曲和整形

由于弯曲和整形工步最终确定了锻件精度,因此这两道工序的工装设计好坏直接影响最终制件的质量。

5.4 精密辊锻模具和模锻模具设计

5.4.1 各工序的温度变化和线膨胀系数

表 5-2 为各工序的温降估计。表 5-3 为各工序线膨胀系数的取值。

表 5-2 各工序的温降估计

序号	工序	温降/℃	始锻温度/℃	终锻温度/℃
1	辊锻	60	1200	1140
	送料	30		
2	预锻	50	1110	1060
	送料	20		
3	终锻	80	1040	960
	送料	20		

续表

序号	工序	温降/℃	始锻温度/℃	终锻温度/℃
4	切边	80	940	860
	送料	20		
5	弯曲	40	840	800

表 5-3　各工序线膨胀系数的取值

工序	辊锻	预锻	终锻	切边
线膨胀系数取值	1.6%	1.3%	1.3%	1.2%

5.4.2　辊锻模具设计

1. 主要设计思路

辊锻模具设计的正确与否，涉及能否制订合理的辊锻工艺并获得最优技术指标的辊锻件。

（1）根据钩尾框热锻件图绘制辊锻件图（第 4 道辊锻件）。

（2）根据经验，钩尾框精密辊锻道次，最佳效果为 4 道次，应合理分配各道次延伸系数。在第 1、2 道孔型中轧件不允许出飞边，第 3、4 道孔型为成形辊锻，辊锻件允许出飞边。

（3）根据各道次延伸系数，设计辊锻工序毛坯图。绘制辊锻件图顺序为：第 4 道辊锻件→第 3 道辊锻件→第 2 道辊锻件→第 1 道辊锻件。

（4）根据各道次辊锻件毛坯图，设计辊锻模具图。

2. 辊锻孔型设计与延伸率分配

第 4 道辊锻件最薄部分（截面 $B—B$）与终锻件（图 5-4）一致；中间部分（截面 $C—C$）与终锻件基本一致，留有少许变形余量；两头为料头，不变形。

辊锻工步主要变形区域为最薄部分，由于中间部分截面积大，辊锻的延伸率小，因此只在第 4 道时变形。前 3 道辊锻件只有最薄部分变形。

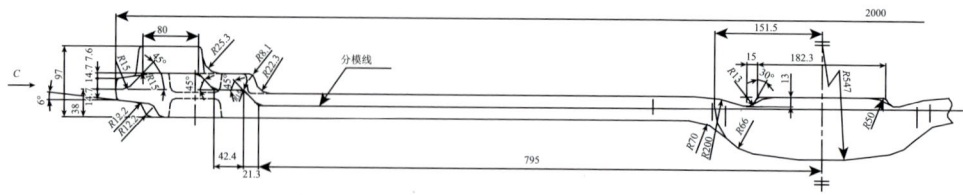

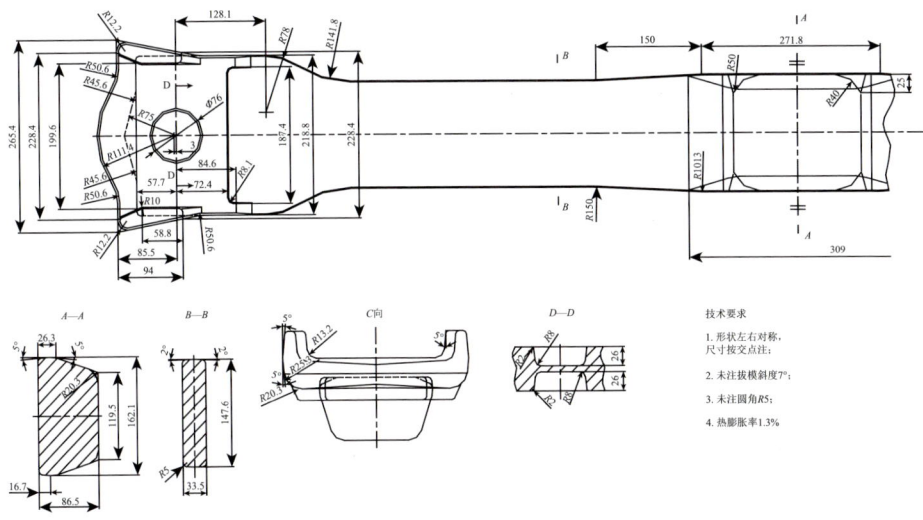

图 5-4　17 型钩尾框展开后锻件图

由于最薄部分截面的长宽比已到 4 左右，为使其在第 4 道的展宽达到尺寸，因此确定第 3 道相同部位的截面形状仍为矩形，且第 4 道轧制前工件不旋转。第 3 道的截面积可由第 2 道截面积通过单道次辊锻的方法计算得出。

第 2 道的截面形状为圆形。由于零件的两头部分截面积最大，成形所需坯料为 $\phi 160$ mm 圆棒料，所以对于辊锻的前两道次的意义就是使截面积减小。第 1 道截面积按照两道次制坯辊锻计算，形状根据圆-椭圆-圆的孔型设计。

按照上述原则反复验算得到合理的第 2 道的截面尺寸，使其既能满足第 3 道的展宽又能合理分配前两道的变形，最终完成各道次的延伸率分配。各道次的延伸率如表 5-4 所示。图 5-5 为最薄部分（B—B 截面）孔型设计方案。

表 5-4　各道次的延伸率

总延伸率	第 1 道	第 2 道	第 3 道	第 4 道
3.95	1.57	1.27	1.45	1.37

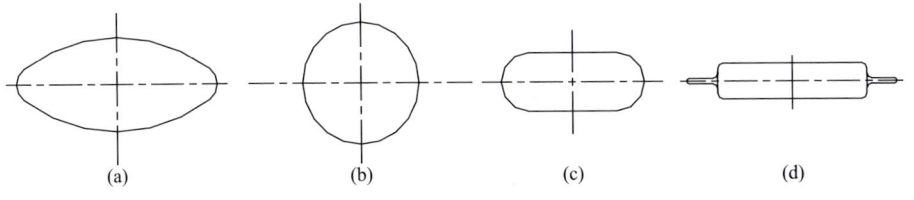

图 5-5　最薄部分（B—B 截面）孔型设计
（a）第 1 道；（b）第 2 道；（c）第 3 道；（d）第 4 道

3. 辊锻件图设计

（1）计算第 4 道辊锻件图上两特征孔型间各段体积。

（2）按各相应段体积相等原则，计算前 3 道次辊锻件各段长度。

（3）做第 3 道、第 2 道及第 1 道辊锻件图，见图 5-6。

（4）按第 1 道辊锻件图确定坯料下料尺寸。

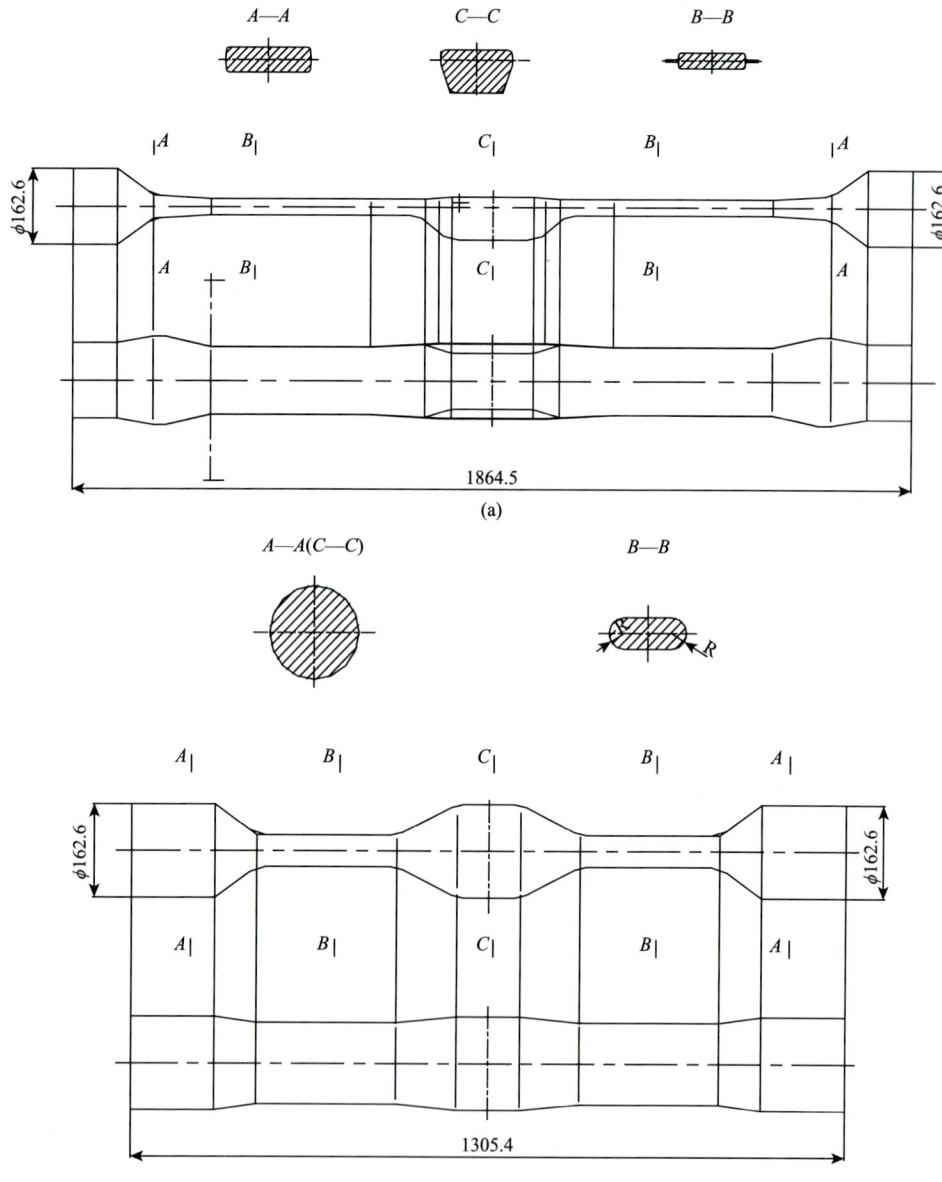

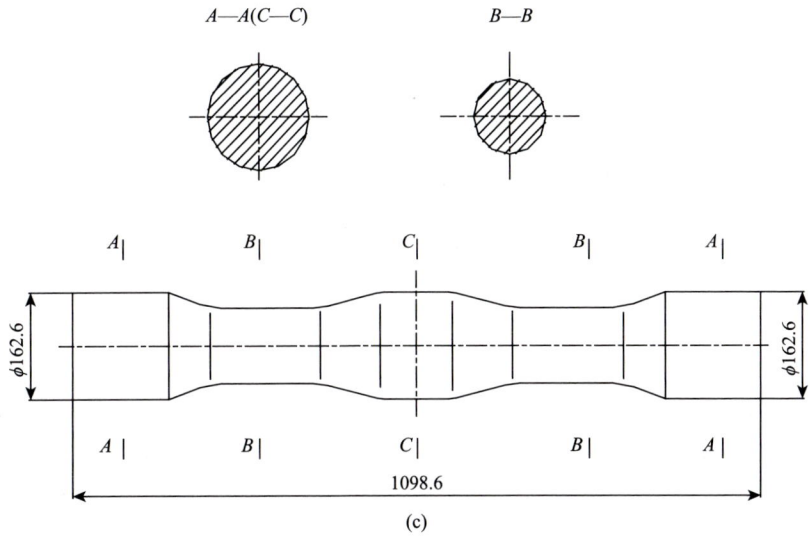

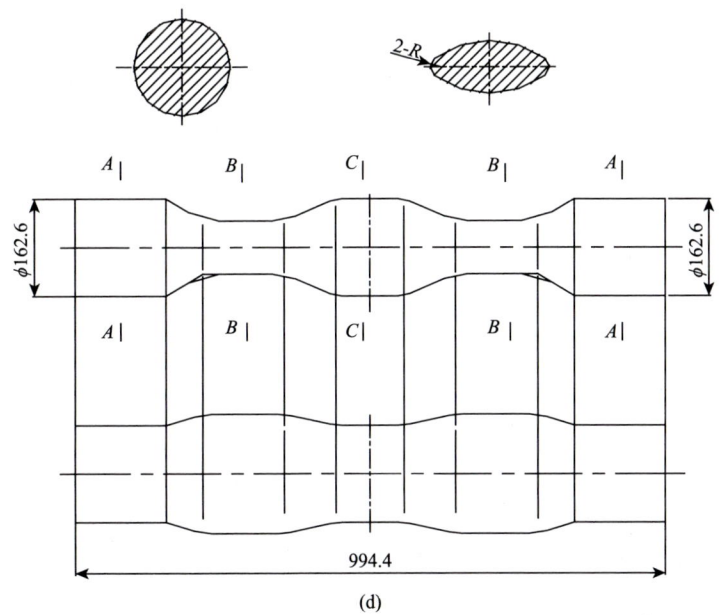

图 5-6 各道次辊锻件图

(a) 第 4 道辊锻件;(b) 第 3 道辊锻件;(c) 第 2 道辊锻件;(d) 第 1 道辊锻件

4. 辊锻模设计

以各道次辊锻件图为依据,设计辊锻模。

$$L_k = L_d/(1+s)\delta$$

式中，L_k——由作用半径 R_z 决定的型槽区段长度；
　　　L_d——相应区段的轧件设计长度；
　　　δ——充满系数，一般取 0.9～1.0；
　　　R_z——型槽作用半径，制坯辊锻时 $R_z = 1/2(D_0 - h_1)$；
　　　h_1——辊锻后轧件相应矩形高度，成形辊锻时取平均值。

型槽区段对应的中心角：

$$\theta = 57.3 \times L_k/R_z = 57.3 \times L_d/R_z\delta(1+s)(°)$$

式中，s——前滑值。

一般辊锻件总长大于 1800 mm 而小于 2000 mm，辊锻模和后垫板总角度取 230°中心角，但是辊锻模的中心角大小取决于每道次的辊锻件长度，辊锻件长，中心角就大，辊锻件短，中心角就小，为了节省模具材料，采用了辊锻模和后垫块组合式结构。图 5-7 为辊锻模具图。

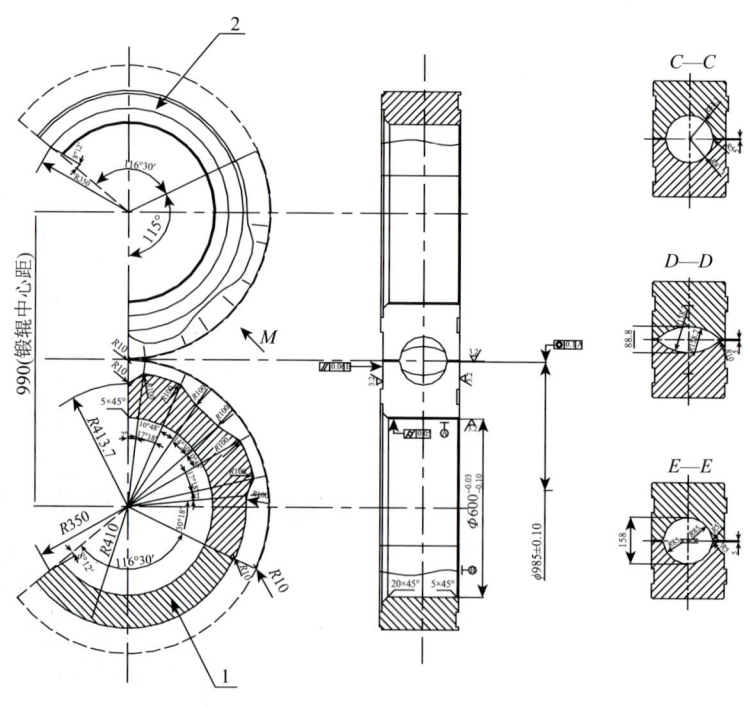

(a)

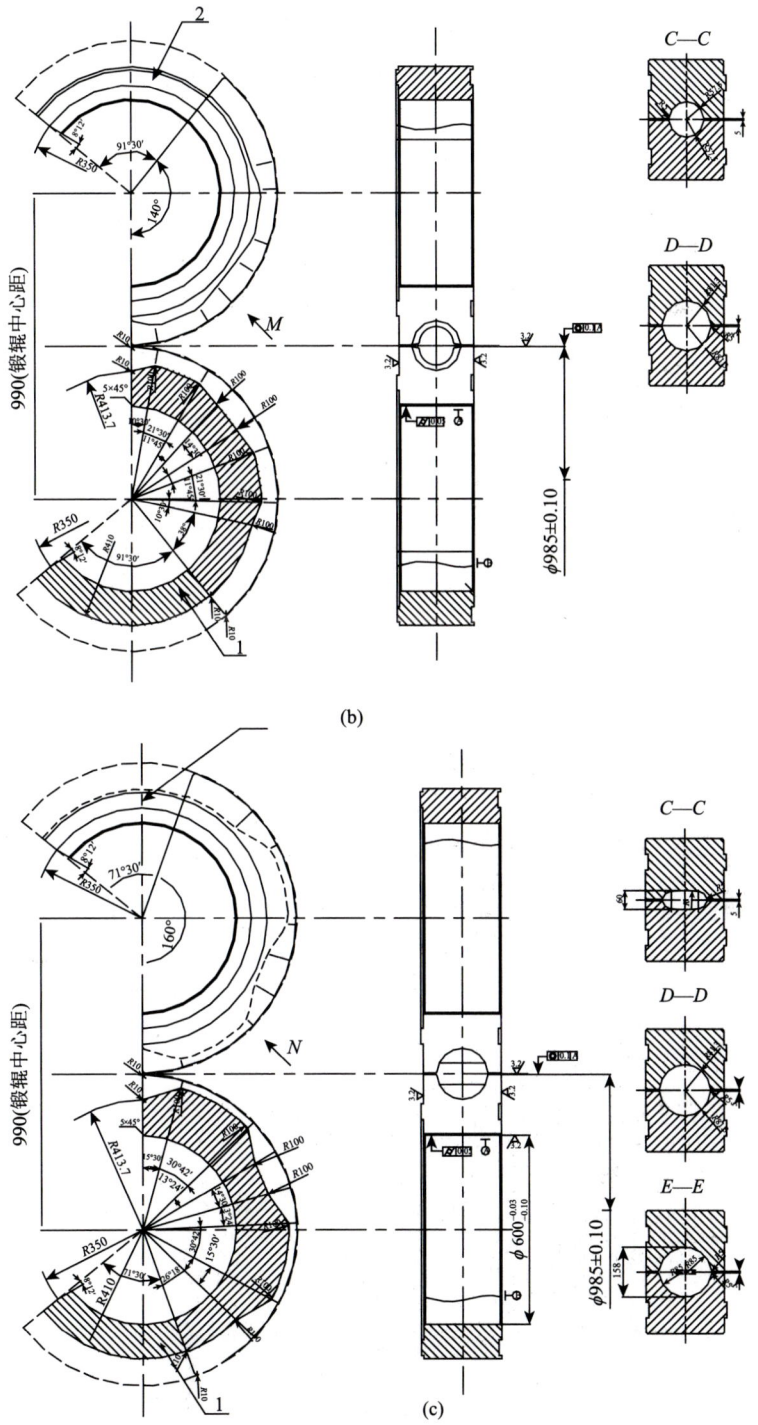

(b)

(c)

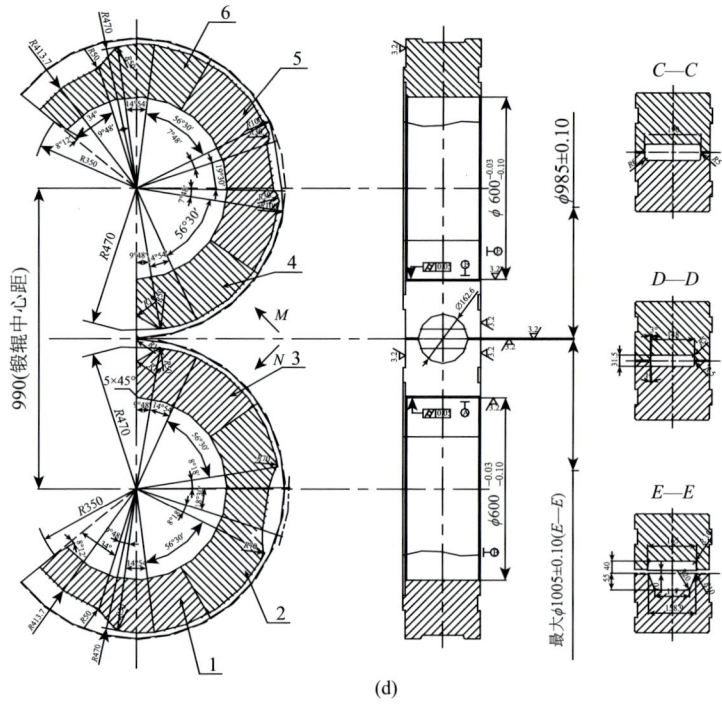

图 5-7 辊锻模具图

(a) 第 1 道辊锻模；(b) 第 2 道辊锻模；(c) 第 3 道辊锻模；(d) 第 4 道辊锻模

5.4.3 模锻模具设计

模锻时先进行预锻，锻件中部成形到位，两端部分预成形；然后进行终锻，两端部分成形到位。

预锻工位的设置主要有两方面作用：其一，锻件中部形状成形到位，并进行局部弯曲，使后续弯曲工步时锻件的精确定位得到保证；其二，两端局部结构成形到位，剩余部分预成形。

如图 5-8 所示，头部截面最大部位在预锻时进行了预成形，截面的高度尺寸超过所需尺寸，因此终锻时的成形性得以提高。预锻时为无飞边，端部自由成形设计，以适应摩擦压力机抗偏载能力差的特点。锻模结构如图 5-9 所示。在热切边完成后先进行弯曲，使锻件的长度尺寸最终到位，再进行局部整形。

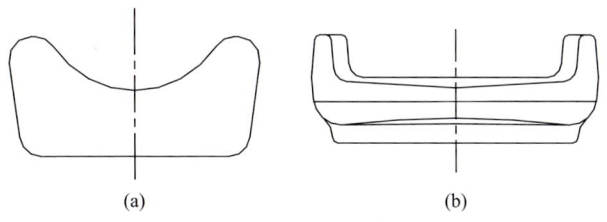

图 5-8　预锻和终锻件头部侧视图对比

（a）预锻；（b）终锻

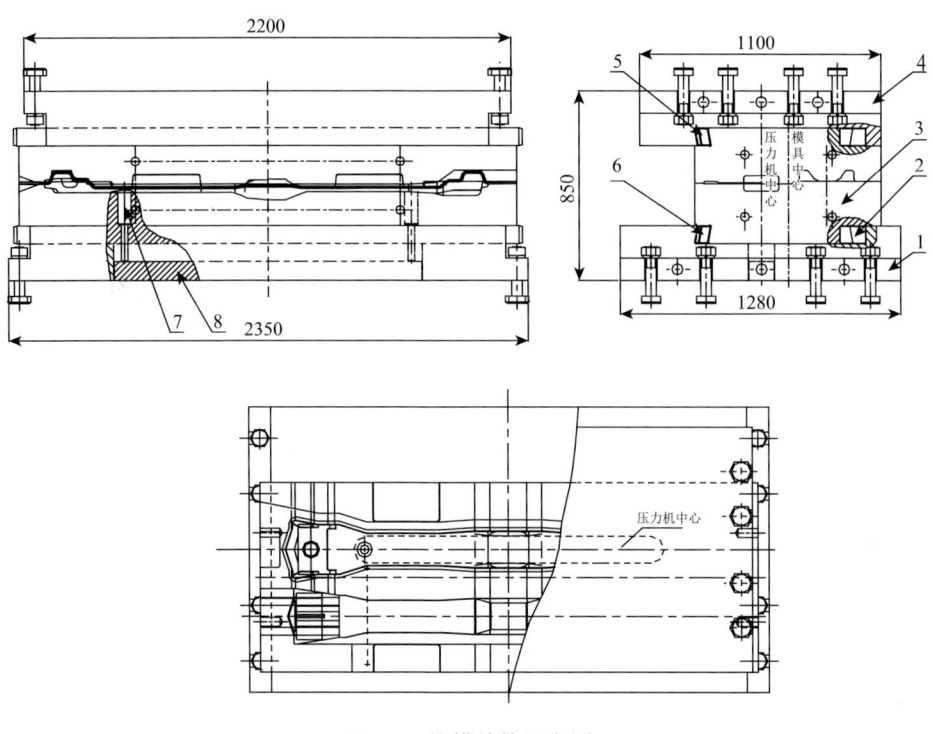

图 5-9　锻模结构示意图

5.5　17 型钩尾框精密辊锻过程数值模拟与结果分析

5.5.1　第 1 道辊锻

钩尾框第 1 道辊锻采用椭圆式孔形，主要是分料，成形部位是前、后平板。第 1 道辊锻由于变形量较小，直接由圆棒料进入辊锻模型腔，不存在前一道残留缺陷，模拟轧制出的锻件与理论设计完全吻合，没有任何缺陷，因此对模具没有进行修改。锻件尺寸达到要求如图 5-10 所示，主要变形部位截面和模具型槽分别如图 5-11 和 5-12 所示。

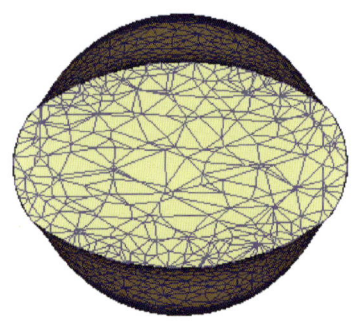

图 5-10　第 1 道辊锻件　　　　图 5-11　第 1 道辊锻件变形部位截面

从图 5-13 中可以看出第 1 道辊锻最大扭矩 $M = 1.23 \times 10^8$ N·mm，即 $M = 123$ kN·m，允许最大扭矩 $M_{max} = 700$ kN·m，$M = 123$ kN·m＜$M_{max} = 700$ kN·m，所以辊锻机是安全的。

5.5.2　第 2 道辊锻

钩尾框第 2 道辊锻采用圆形孔形如图 5-14 所示，成形部位仍是前、后平板。第 1 道次辊锻件旋转 90°直接进入第 2 道辊锻模。但由于中部未变形区和平板变形区扇形角度都偏小，在第 2 道辊锻模拟终了时中部未变形区有少量毛边，

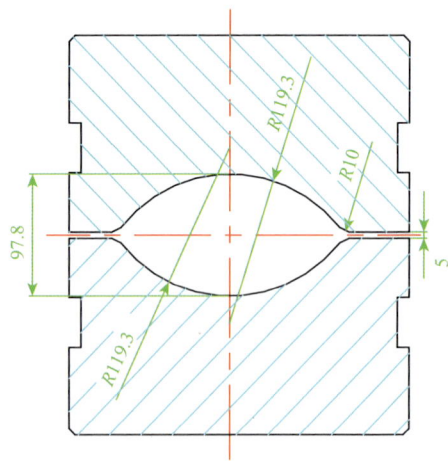

图 5-12　第 1 道变形部位模具型槽图

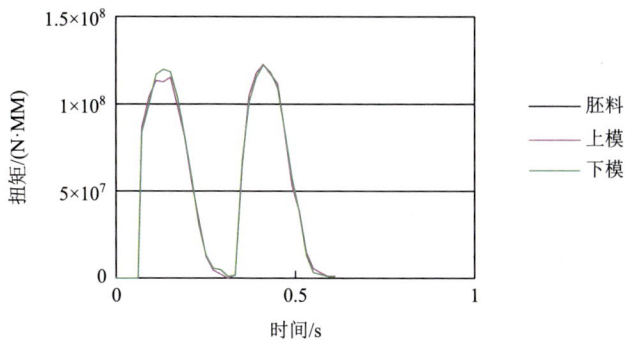

图 5-13　第 1 道辊锻扭矩图

并且前、后平板处模具此段长度偏短,即扇形角度较小(图 5-15)。现对模具中部型腔和平板处型腔进行如下分析,中部产生毛边的原因主要是第 1 道辊锻后辊锻件未变形区长于第 2 道辊锻模相应处型槽长度,其次是第 1、2 道不匹配产生的。

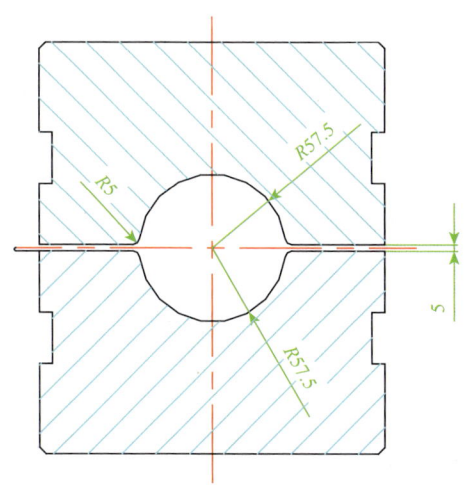

图 5-14　第 2 道变形部位模具型槽图

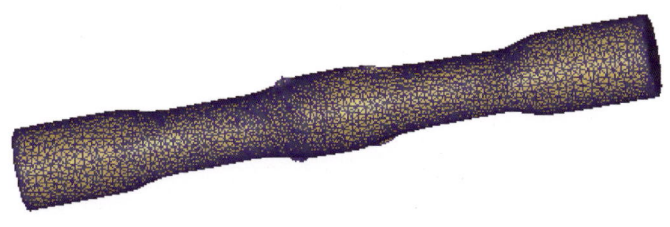

图 5-15　第 2 道辊锻模具修改前锻件图

针对以上现象分析原因并对模具参数进行多次修改，最终得到最佳参数：第2道模具型槽中部扇形角度由原来的 18.2° 改为 19.2°，前、后平板处型槽扇形角度由原来的 20.3° 改为 22.3°[图 5-16（a）、（b）]，模具参数修改后得到如图 5-17 所示的合格辊锻件，主要变形部位截面如图 5-18 所示。

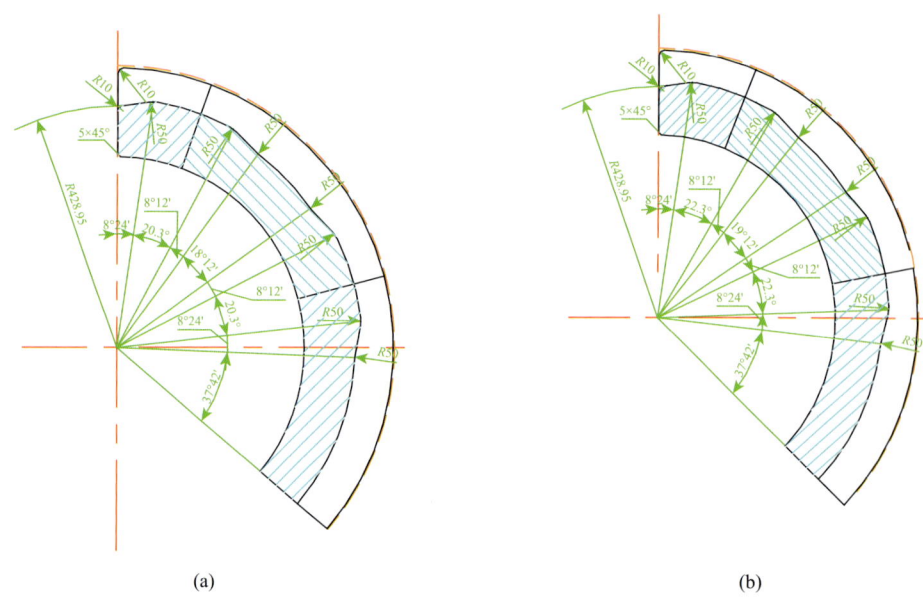

(a) (b)

图 5-16　第 2 道辊锻模修改

（a）模具修改前；（b）模具修改后

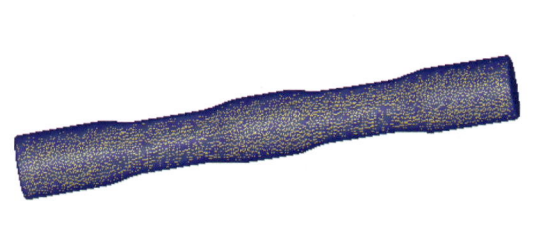

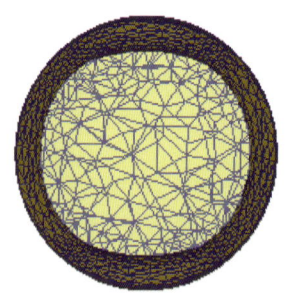

图 5-17　第 2 道辊锻模具修改后锻件图　　图 5-18　第 2 道辊锻件变形部位截面

从扭矩曲线图 5-19 中可以看出第 2 道辊锻最大扭矩 $M = 1.24 \times 10^8$ N·mm，即 $M = 124$ kN·m，远小于加强型 1000 mm 辊锻机允许最大扭矩 700 kN·m。

第 5 章　铁路货车钩尾框精密辊锻技术研发与应用　　193

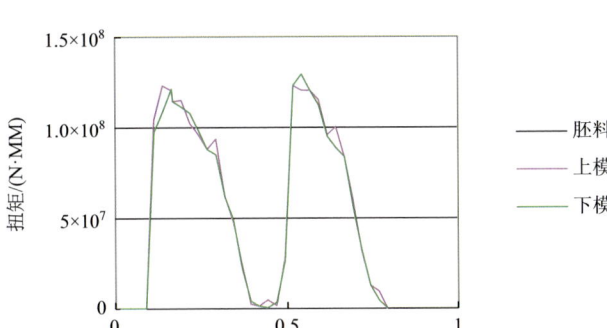

图 5-19　第 2 道辊锻扭矩图

5.5.3　第 3 道辊锻

1. 辊锻模型槽与辊锻件形状的匹配问题

从图 5-20 所示的模拟过程可知，模具型槽与辊锻件成形部位不匹配导致产生飞边，并且辊锻出锻件变形部位的宽度没有达到尺寸要求（图 5-21），要求展宽 140 mm，而模拟锻件展宽为 132 mm，这样会影响到第 3 道辊锻件尺寸。

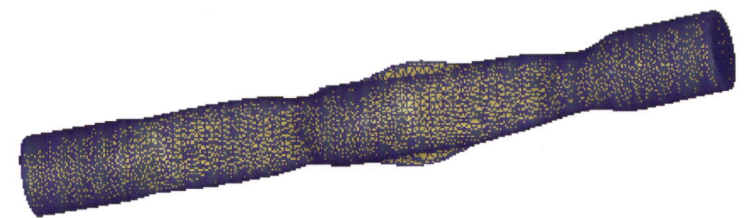

图 5-20　修改前模拟锻件图

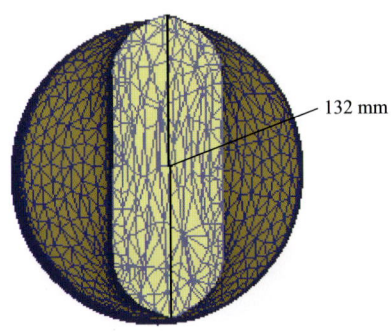

图 5-21　平板处截面图

分析原因为：辊锻模具前、后平板处型槽相对第 2 道辊锻件的压下量过大，金属向前流动趋势很大，而金属在展宽方向上的流动趋势很小。经过以上分析，对模具型槽进行修改，宽度由原来的 136 mm 改为 140 mm，高度由原来的 42 mm 改为 55 mm[图 5-22（a）、(b)]。模具修改后，第 3 道模拟轧制的辊锻件如图 5-23 所示，主要变形部位截面如图 5-24 所示。

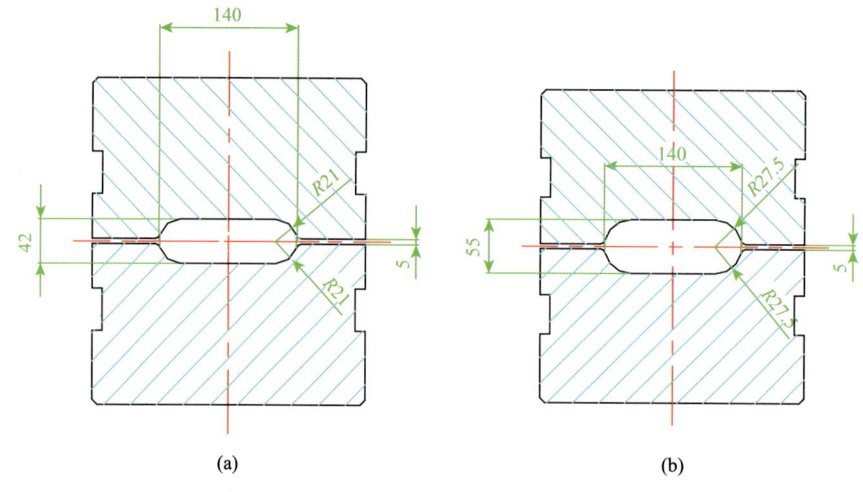

图 5-22　第 3 道辊锻模修改

（a）模具修改前；(b) 模具修改后

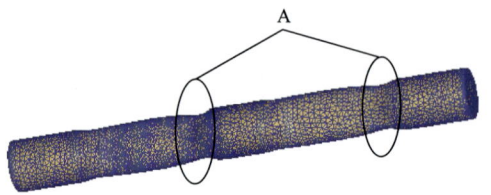

图 5-23　修改后模拟锻件图

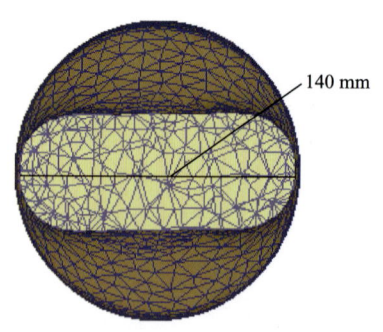

图 5-24　第 3 道辊锻件变形部位截面

在图 5-23 中可以看到锻件有局部变窄的地方，在 A 两个椭圆处。这在辊锻过程中很常见的现象，特别是连杆制坯。对于以上现象分析如下：模拟辊锻过程可知，辊锻件局部出现窄的现象完全是被拉长的；用力学完全可以解释这个现象，由以上两处可见，被拉长部位都是辊锻件轴向截面突变处。

如图 5-25 所示，当辊锻模轧制到截面突变处辊锻模具先接触到 A 点，在继续转动时模具同时接触到了 B 点，此时辊锻模还没有脱离 A 点，在 A 点 X 方向摩擦力为 P_{A_x}，在 B 点变形力在 B 点 X 方向的分量为 P_{B_x}。力 P_{A_x} 和力 P_{B_x} 是对方向相反的力，在这两个力的作用下使辊锻件被拉长，所以，在辊锻时辊锻件会有局部窄的现象。

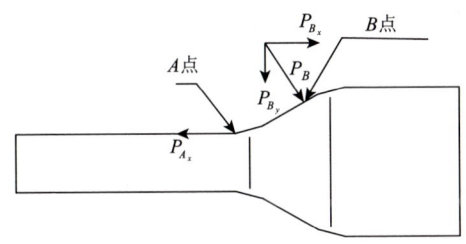

图 5-25 辊锻件在截面突变处受力模型

2. 模拟结果分析

由于第 3 道次辊锻变形量相对于第 1、2 道次大，并且变形复杂些，因此对第 3 道辊锻进行模拟力分析，辊锻件应力分析等。辊锻过程中锻件受力是一个很复杂的过程，辊锻模在 x、y、z 三个方向的受力分别如图 5-26（a）、图 5-26（b）、图 5-26（c）所示。

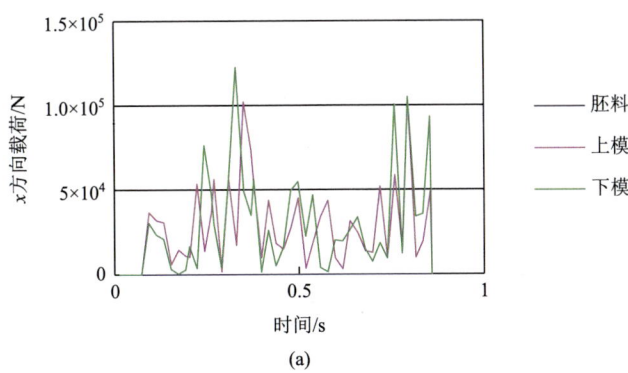

(a)

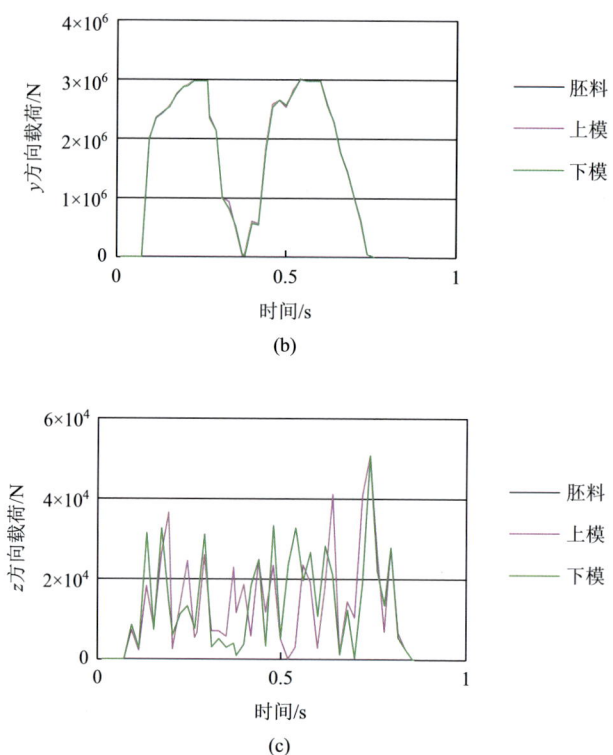

图 5-26 第 3 道辊锻模受力分析

(a) x 方向受力曲线；(b) y 方向受力曲线；(c) z 方向受力曲线

由辊锻模受力曲线图可知，在压下量方向（y 方向）模具受力最大，最大压力约为 3000 kN。

第 3 道辊锻过程中，由于锻件在两平板处变形量大，变形剧烈，因此对第 3 道辊锻件进行应变分析，进一步了解金属流情况。辊锻件的应变场如图 5-27 所示，两平板处变形量大，所以应变很大最大应变为约 2.31。而坯料两端几乎不变形，应变很小。

从扭矩曲线图 5-28 中可以看出模具所受最大扭矩 $M = 2.35 \times 10^8$ N·mm，即 $M = 235$ kN·m，小于允许最大扭矩 M_{max}（700 kN·m）。

5.5.4 第 4 道辊锻

1. 模具型槽与辊锻件形状的匹配问题与解决方案

在钩尾框辊锻过程中，第 4 道辊锻是最重要的工步，成形部位为中部和前、后平板，这三个部位经过第 4 道辊锻将达到锻件最终尺寸，模锻时不再参与变形，

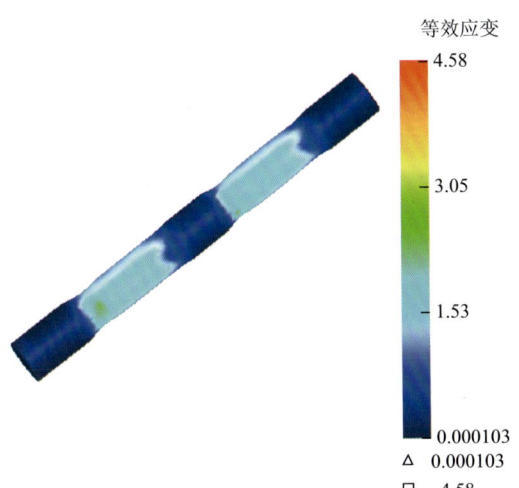

图 5-27　第 3 道辊锻件等效应变图

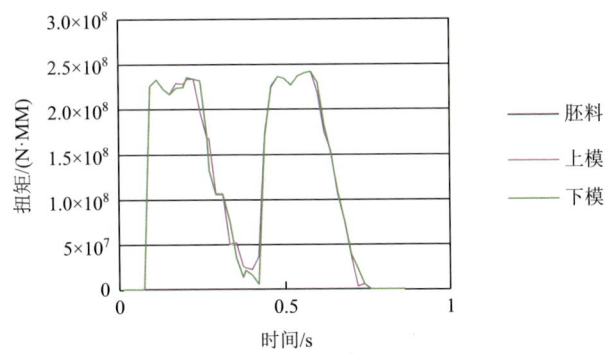

图 5-28　第 3 道辊锻模扭矩曲线图

因此可大幅度减小模锻打击力。此工步是在辊锻过程中变形量最大、变形最复杂，所以模具设计也最为关键。

从图 5-29 所示的模拟过程可知，模具型槽与辊锻件成形部位不匹配并有大毛边产生，并且应该变形的部位没有变形，这样会影响到预锻件尺寸，不能完全充形（图 5-29 A 处）。分析原因为：理论延伸系数取的过大，辊锻件并没有达到理论的变形长度，也就是说模具相应型槽扇形角度设计小了。

对模具型槽进行修改，辊锻上模两平板处扇形角度由原来的 62.05°改为 63.55°，辊锻下模两平板处扇形角度由原来的 45°改为 46.5°［图 5-30（a）、（b）］。模具修改后，第 4 道模拟辊锻件如图 5-31 所示，主要变形部位截面如图 5-32（a）、（b）所示。

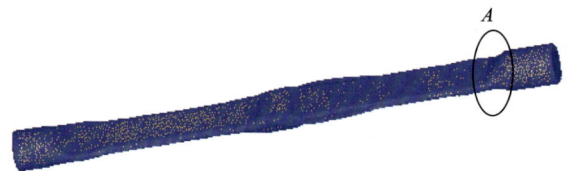

图 5-29　模具修改前第 4 道辊锻件图

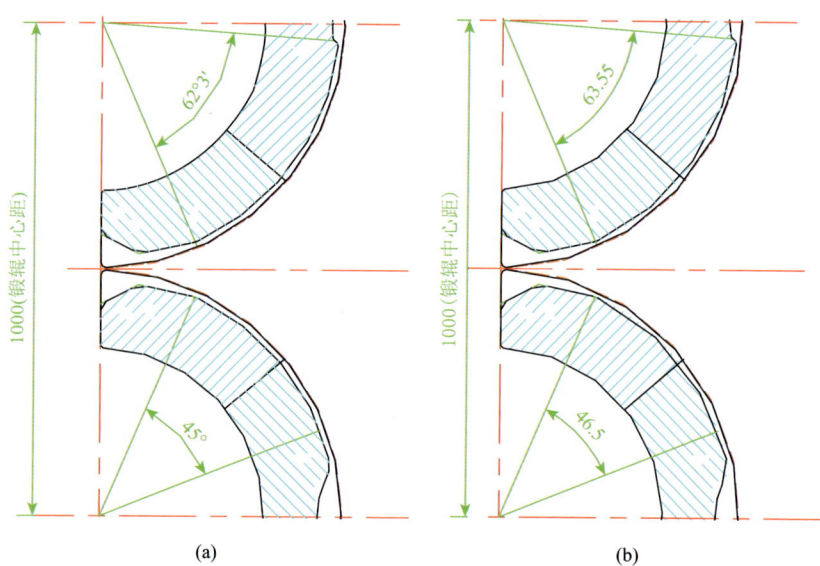

图 5-30　第 4 道辊锻模扇形模包角修改
（a）模具修改前；（b）模具修改后

图 5-31　模具修改后第 4 道辊锻件图

2. 第 4 道辊锻载荷模拟分析

由于第 4 道辊锻相对于前 3 道次变形量大、变形复杂，对第 4 道辊锻进行载荷分析、模具所受扭矩分析、辊锻件温度场分析等是必要的，主要验证辊锻机是否安全和分析金属的流动情况。辊锻过程中锻件受力是一个很复杂的过程，辊锻件在 x、y、z 三个方向的受力分别如图 5-33（a）、图 5-33（b）、图 5-33（c）

所示，模具受到最大力是在 y 方向的压力，峰值略超 6000 kN，已是加强型 1000 mm 辊锻机的受力极限。

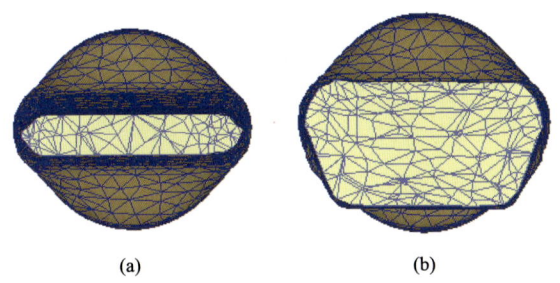

图 5-32 第 4 道辊锻件典型截面

（a）平板处截面图；（b）中部截面图

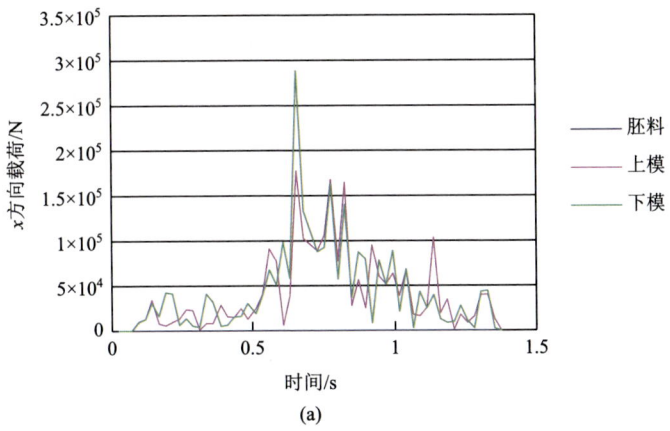

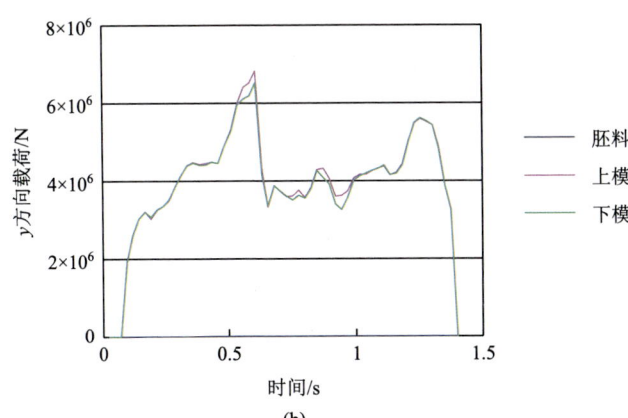

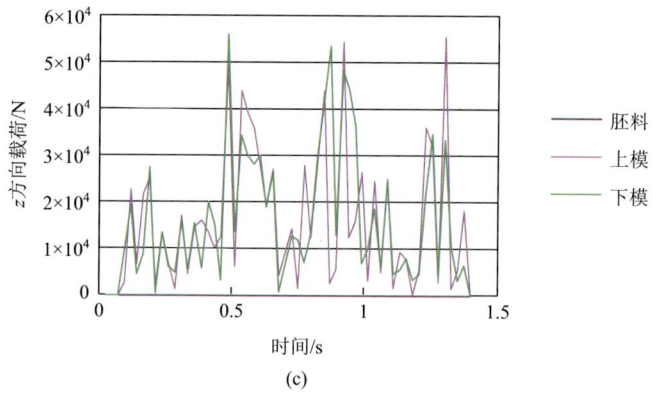

图 5-33　第 4 道辊锻模受力分析

(a) x 方向受力曲线；(b) y 方向受力曲线；(c) z 方向受力曲线

3. 第 4 道辊锻应变和温度场模拟分析

第 4 道辊锻过程中，锻件两平板部位的应变最大，如图 5-34 所示，这是由于锻件在两平板处变形量大，变形剧烈。中部变形复杂，但是变形量较小，所以应变比较小。坯料两端几乎是不变形的，所以应变是很小的。第 4 道次辊锻件的最大应变约为 2.89，锻件在变形过程中有变形热产生，所以锻件在辊锻过程中不只是简单的温度降低。第 4 道辊锻件的温度场如图 5-35 所示，最高温度为 1290℃，最低温度为 1050℃。

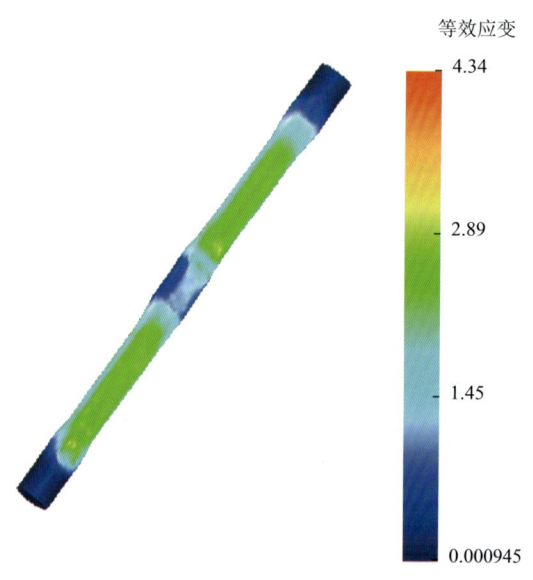

图 5-34　第 4 道辊锻件平均应变场

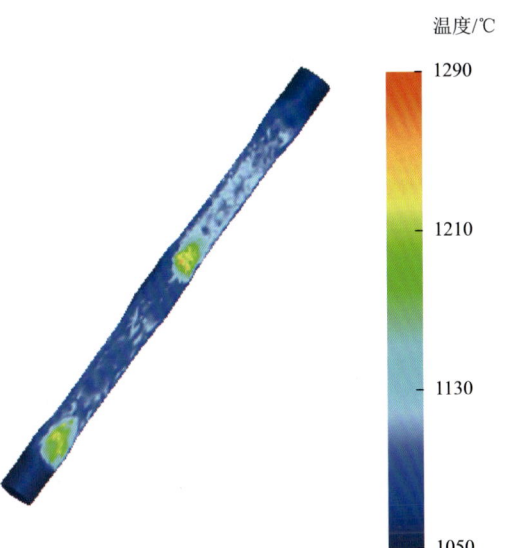

图 5-35　第 4 道辊锻件温度场

由第 3 道和第 4 道辊锻模拟结果可知，第 4 道的压下力和辊锻件的最大应变都比第 3 道的大，这也说明了第 4 道辊锻变形量大、变形复杂。

4. 第 4 道辊锻扭矩模拟分析

从扭矩曲线图 5-36 中可以得到模具所受最大扭矩 $M = 6.05 \times 10^8$ N·mm，即 $M = 605$ kN·m，允许最大扭矩 $M_{max} = 700$ kN·m，$M = 605$ kN·m $<$ $M_{max} = 700$ kN·m，仍在辊锻机的安全允许扭矩范围之内。

铁路货车钩尾框精密辊锻过程数值模拟直观展现了金属变形过程，有效避免了因设计不合理造成的模具反复修改，提高了工艺开发速度和准确性[14]。

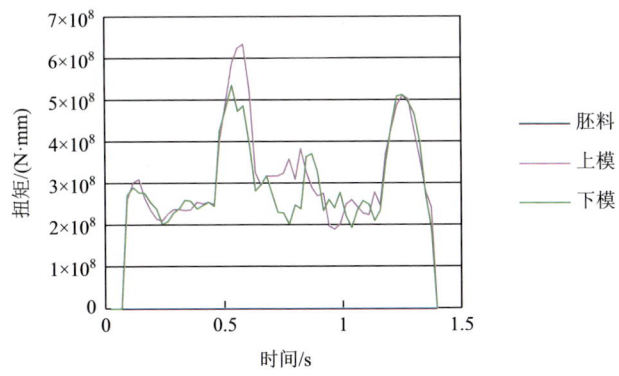

图 5-36　第 4 道辊锻模扭矩曲线图

5.6 钩尾框模锻过程数值模拟

5.6.1 预锻模拟结果

第 4 道次辊锻件直接进行预锻模拟，此时锻件的温度完全由第 4 道辊锻后锻件的温度决定。根据模拟结果可知，预锻件的充满程度很好（图 5-37），预锻件局部最高温度约为 1220℃，最低温度约为 1060℃（图 5-38）。

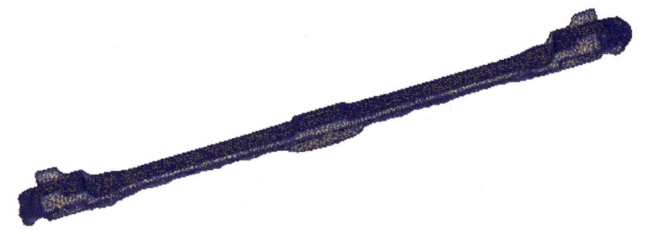

图 5-37　预锻件成形图

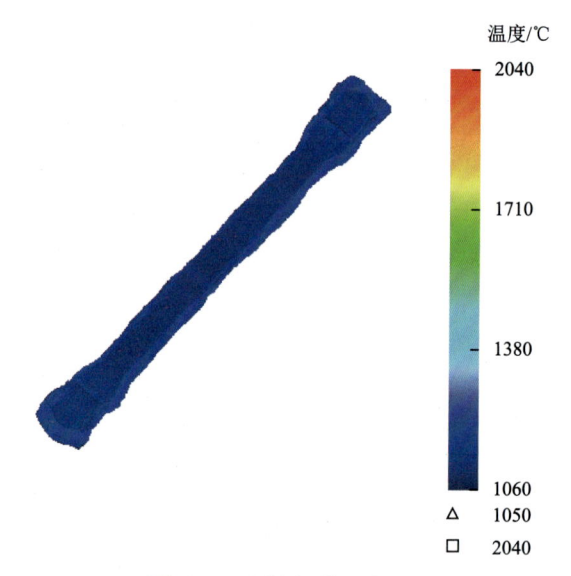

图 5-38　预锻锻件温度场图

5.6.2 终锻模拟结果

预锻锻件直接进行终锻模拟[15]，此时锻件的温度完全由预锻锻件的温度决定。根据模拟结果可知，终锻锻件的充满程度同样良好，并且尺寸和形状达到要求（图 5-39），最大打击力约为 122000 kN，受力曲线如图 5-40 所示，预锻件局部最高温度约为 1090℃，最低温度约为 1000℃（图 5-41）。

图 5-39　终锻件成形图

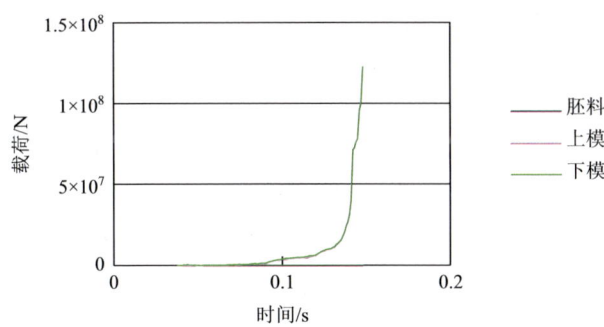

图 5-40　终锻受力曲线图

图 5-41　终锻锻件温度场图

5.6.3 弯曲模拟结果

受所用软件功能所限,没有进行切边模拟,以造型切边后的三维锻件图(图 5-42)进行弯曲模拟[16]。根据模拟结果,弯曲锻后件尺寸和形状达到要求(图 5-43);最大压力小于 2000 kN(图 5-44)。

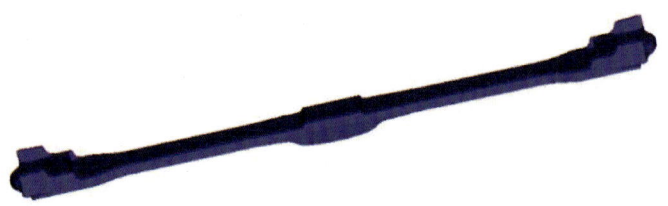

图 5-42　终锻件三维图

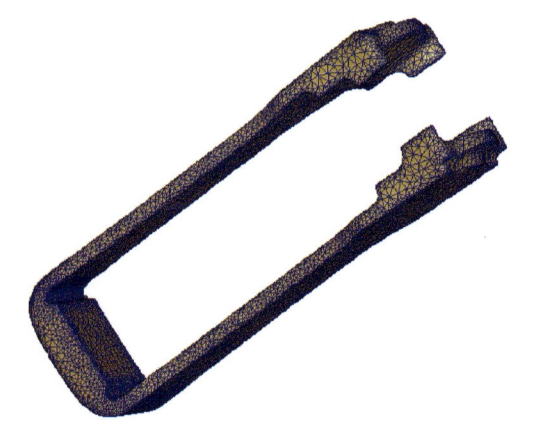

图 5-43　锻件弯曲成形图

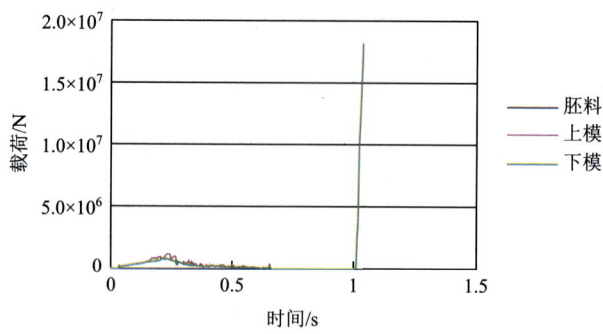

图 5-44　弯曲压下力曲线图

5.7 工艺试验与工艺调试

5.7.1 试验准备

1. 试验条件

钩尾框精密辊锻过程中金属流动复杂，影响因素多，目前还难以进行特别准确的理论分析，致使辊锻工艺实际结果与设计要求存在一定误差，因此必须经过工艺试验和调试过程后才能进入批量生产阶段。本节介绍 17 型钩尾框精密辊锻模锻工艺试验情况。

（1）坯料材料：45、25 MnCrNiMoA。

（2）坯料尺寸：ϕ160 mm×890 mm。

（3）坯料加热温度：1200℃左右。

（4）模具材料：5CrNiMo。

（5）模具温度：辊锻模具为室温，模锻模具为 250～300℃。

2. 主要试验设备

（1）中频感应加热炉。

（2）1000 mm 辊锻机，如图 5-45 所示。

图 5-45　1000 mm 辊锻机组

（3）63000 kN 摩擦压力机。

所用中频感应加热炉可将坯料加热至精密辊锻工艺所要求的温度（1150～1200℃）。精密辊锻在加强型 1000 mm 辊锻机及机械手上进行，经改进后，辊锻机的扭矩、抗轴向力的能力明显加强。模锻设备是型号为 J53-6300 的双盘摩擦压力机，公称力为 63000 kN。

5.7.2 试验过程

1. 加热

送料器将放在料斗中的坯料连续送入加热炉，同时将加热至始锻温度的坯料从炉口推出，快速提料装置将坯料快速拉出炉膛，经红外测温仪检测后，温度达到始锻温度的坯料由翻转装置将坯料送入辊道，由推料汽缸将坯料送入辊锻机 1 工位的机械手的钳口中。

2. 辊锻

机械手钳口夹持坯料端部（钳口深约 50 mm），锻辊旋转一周后停转，完成第 1 道辊锻。

然后机械手大车横移至 2 工位，同时夹钳逆时针旋转 90°（夹钳的 90°），机械手伸进至 2 工位的纵向始位，辊锻机的离合器第 2 次结合，锻辊旋转一周后停转，完成第 2 道辊锻。

机械手的大车横移至 3 工位，同时钳口顺时针旋转 90°（即回到夹钳的 0°），机械手伸进至 3 工位的纵向始位，辊锻机的离合器第 3 次结合，锻辊旋转一周后停转，完成第 3 道辊锻。

机械手大车横移至 4 工位，此工位夹钳不旋转（处在夹钳的 0°），机械手伸进至 4 工位的纵向始位，辊锻机离合器第 4 次结合，锻辊旋转一周后停转，完成第 4 道辊锻。

在第 4 道辊锻将要完成之前，安在辊锻机右力柱上的托料架伸出，托住第 4 道辊锻件的尾部，此时传送带上的接料架升起接住锻件，托料架缩进同时夹钳张开，接料架下落，锻件落放到传送带上的小车上，完成精密辊锻过程。图 5-46 所示为托料架缩进和接料架下降过程。

图 5-46 第 4 道辊锻件辊出后托料架缩进和接料架下降过程

3. 模锻

传送带上的小车在钢丝绳的带动下,将辊锻件运到传送带远离辊锻机的一端,将辊锻件迅速架放到锻模(锻模已预热)预锻锻模膛中,用夹钳将锻件摆正,打击一次,然后人工转移到终锻模膛,打击1~2次,完成模锻过程。

5.7.3 试验结果与分析

1. 框板辊锻中出现的问题及解决方法

1)框板处折叠

原因是第 2 道辊锻过程中在图 5-47(a)所示阴影部位(上下对称)产生飞边,导致四道辊完后在框板部位产生折叠。将第 2 道辊锻模相应部位的圆角倒大,截面圆滑过渡后,此现象得以解决。

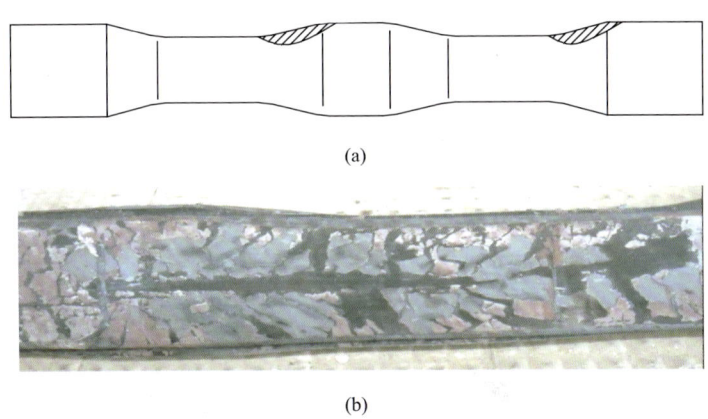

图 5-47 第 2 道辊锻件及其影响而产生的框板折叠
(a)第 2 道辊锻件;(b)框板处的折叠

2)框板边缘局部未充满

框板边缘局部未充满的原因主要在于第 3 道相应部位来料不够,经分析确定是第 3 道辊锻件图 5-48 所示 B—B 截面圆角 $R27.5$ 过大。将 $R27.5$ 在数控机床上加工为 $R5$ 后,第 4 道辊出来的锻件框板处充满情况较理想。

3)框板过宽

四道辊完后,框板较宽(辊完后框板宽 148 mm,相应锻模型腔宽 146.9 mm),导致在放入终锻模膛中时,框板处骑在型腔上,在框板处产生二次飞边。辊锻中产生的飞边到模锻上时,温度已经降低,如果在这些飞边的部位再产生二次飞边,金属将很难流动,从而大幅增加打击力。最终导致模锻打不靠,锻件超厚,两头的耳朵充不满。

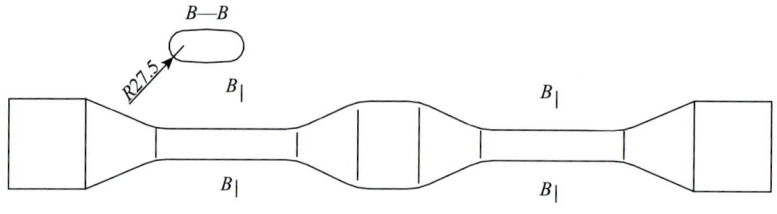

图 5-48　第 3 道辊锻件图

因此，将第 4 道辊锻模框板处相应型槽宽度由原来的宽 148 mm 高 38.2 mm 修改为宽 146 mm 高 38.2 mm，修后锻打情况明显改观，消除了框板处的二次飞边，而且锻件超后情况以及耳朵的充满情况都得到极大的改善。

2. 中间部位和过渡部位在辊锻中出现的问题及解决方法

1）过渡部位飞边较大、过渡段较小

过渡区是指两头圆棒料与框板之间的连接部位以及框板与中间的连接部位，过渡部位经辊锻后飞边较大，在模锻时也产生了二次飞边，同样增加了打击力，影响模锻锻件厚度尺寸。

图 5-49 所示为辊锻过渡区（图中圈所表示部位）产生的飞边，图 5-50 所示为模锻在相应部位产生的二次飞边。过渡段较小，在辊锻完后两头的圆棒料（130 mm）较长，在模锻上反映两头的料多，尤其是头部飞边（图 5-49 圆圈中所

图 5-49　辊锻过渡部位产生的飞边

图 5-50　模锻产生的二次飞边

示）超厚 10 个左右。解决的方法是将两头的过渡区段相应辊锻模第 4 道的型腔变窄加深，即将 $A—A$ 截面对应的辊锻模型腔由原来的 190 mm×50 mm 修改到 162.6 mm×62 mm（体积不变原则），同时将过渡段加长（大约 30 mm），修改后在过渡区产生二次飞边的现象得到很好地解决，而且模锻两头料多的问题也得到了明显改观。图 5-51 所示为第 4 道辊锻件图。

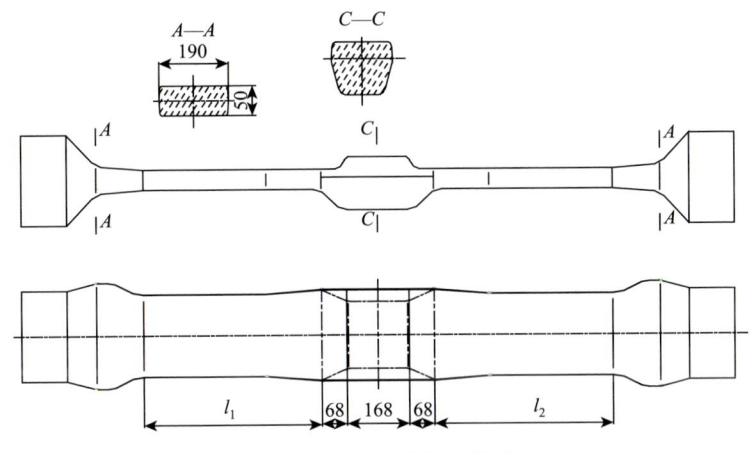

图 5-51　第 4 道辊锻件图

2）中间出现的问题

①第 4 道辊锻模中间处的飞边设计超厚。②四道辊锻完后，框板的长度不同，$l_1 > l_2$ 两者相差 10 mm（图 5-51）。③框板的长度不同，辊锻后中间部分不能很好地落入模锻的型腔中，中间部分的一端骑在型腔上，模锻时中间部分的一端参与变形，导致模锻时料向一侧聚集。

解决的方法首先将辊锻模第 4 道中间部分处的飞边由原来的 15 mm 改为 5 mm（先在相应处堆焊，然后在数控机床上加工）。将中间部分靠近 l_1 一端的 68 mm（图 5-51）尺寸修模后到 78 mm，这样不仅很好地解决了中间部分处在终锻后飞边超厚的问题，同时也解决了框板前后长度不同的问题。中间部分的加长，最终使得中间部分整个落在终锻模的型腔上，使中间部分的两端在模锻时都参与变形，也很好地解决了模锻时料聚集的问题。

3. 辊锻过程中的其他问题及解决方法

在辊锻工艺调试过程中发现两个主要问题：

1）第 4 道辊锻件发生侧弯

由于产生侧弯的辊锻件无法进行下一工步，即进行预锻和终锻，因此此问题必须解决，解决的方法为以下几点：

（1）在第 4 道辊锻工位上加强制导位板，见图 5-52。

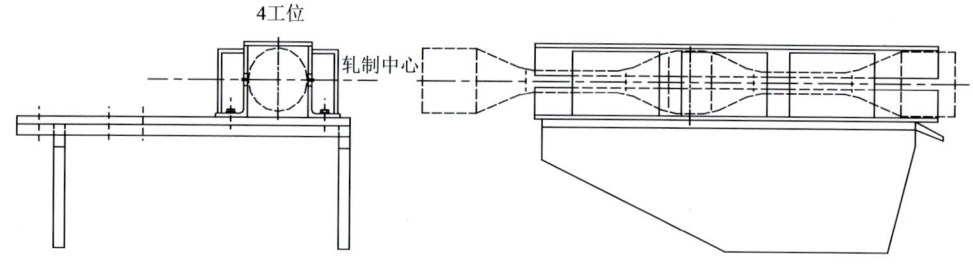

图 5-52　在第 4 道辊锻工位上加强制导位板

（2）调整机械手的中心与辊锻模具型槽的中心一致。

2）辊锻机在轧制第 4 道辊锻件时出现闷车的现象

由于第 4 道辊锻件变形量大、变形复杂和锻件长，因此需要的辊锻扭矩特别大。由第 4 道辊锻模拟分析结果可知，轧制第 4 道辊锻件所需最大扭矩为 $M = 650$ kN·m，而 1000 mm 辊锻机允许最大扭矩 $M_{max} = 700$ kN·m，虽满足要求，但已接近极限。为了满足批量生产的要求，必须消除闷车的现象，解决方法为以下几点：

（1）中频感应加热炉加热的棒料的温度必须稳定，达到工艺所要的 1250℃。

（2）由于第 4 道辊锻件的变形量大，因此第 4 道辊锻件的变形量分配给第 3 道辊锻件上，修改第 3 道次辊锻模具来增加第 3 道辊锻件的变形量，修改方法为增长第 3 道辊锻模的后平板与 $\phi 160$ mm 不变形段的过渡段长度，详细修改见图 5-53。

（3）增大模具入口位置，使离合器提前接通，即增大了模具旋转一周的能量。

经过实践验证，通过以上方法较好地解决了这两个问题。

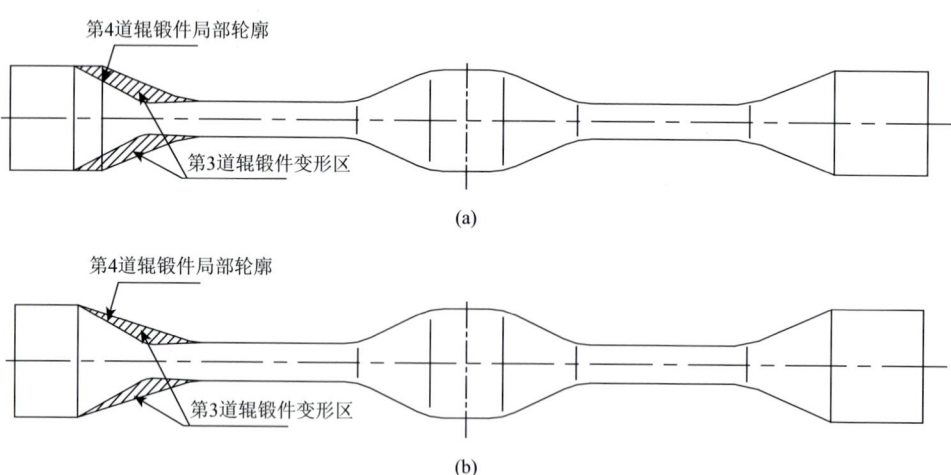

图 5-53　第 3 道辊锻件变形量修改

(a) 修改前；(b) 修改后

4. 模锻中出现的问题

模锻中主要出现以下几个问题：①框板和过渡的部位产生二次飞边。②不能很好定位。③耳朵充不满。④整体超厚。上述几个问题，通过修改辊锻模，前两个问题都得到很好地解决，耳朵充满情况也有明显改善。通过以上辊锻模的修改，整体超厚由原来的 10 mm 减小到 3.5 mm。最后将终锻模的整个下模的承击面落了 4 mm，最终打出的锻件尺寸合格，耳朵完全充满。图 5-54 为最终打出的锻件图。

图 5-54　试验得到的最终锻件

5.7.4　第 4 道辊锻件弯曲分析与解决办法

热锻件直接送到 1000 mm 辊锻机进行 4 道次辊锻，辊锻后锻件在机械手夹持端锻件平板处有向下弯曲的现象，我们分析了产生弯曲的原因。初步分析，在锻件自身重力作用下锻件弯曲处抗弯强度不够，使之产生弯曲。建立一个锻件在高温（1050℃）时悬臂梁数学模型，如图 5-55 所示。用材料力学理论计算此梁危险截面的抗弯强度，最大应力 σ_{max} 大于强度 σ_s（锻件在 1050℃时的真实应力）时，就要发生塑性变形，产生弯曲。

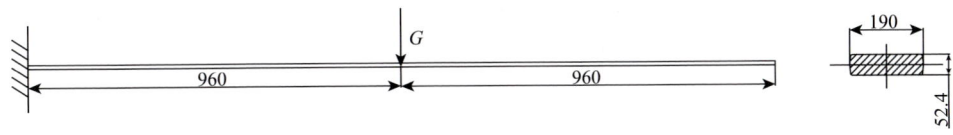

图 5-55　矩形截面平放悬臂梁简化数学模型示意图

锻件的自身质量为 145 kg，计算得 σ_{max} = 160.1 MPa。许用应力[σ] = 100 MPa，σ_{max} = 160.1 MPa＞[σ]，所以锻件在危险截面处产生弯曲。

由于辊锻件产生弯曲后难以送料进行终锻，因此需采取措施使辊锻件不产生弯曲。最初在老式辊锻机上试验时的解决方法是，在第 4 道次辊锻结束时立刻将机械手旋转 90°，在这种状态下进行分析在危险截面处是否仍然产生弯曲，建立一个锻件在高温（1050℃）时悬臂梁数学模型，如图 5-56 所示。

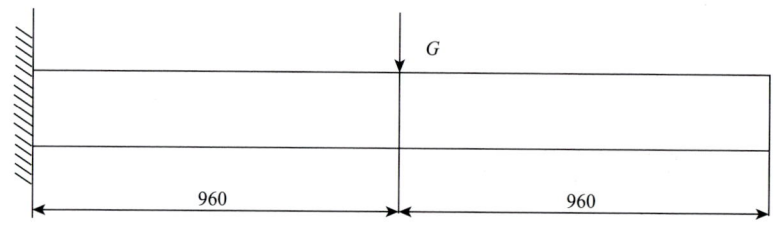
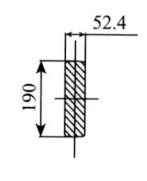

图 5-56 矩形截面平放悬臂梁简化数学模型示意图

计算得 σ_{max} = 44.2 MPa。许用应力$[\sigma]$ = 100 MPa，σ_{max} = 44.2 MPa＜$[\sigma]$，所以锻件在危险截面处不产生弯曲。但是此种解决方法有不足的地方。例如，机械手旋转 90°后辊锻件左右摆动。因此，选用了新型的机械手，在第 4 道辊锻时增加托料装置，很好地解决了辊锻件弯曲的问题[17-19]。

5.8　生产应用情况

5.8.1　生产设备组成

捷丰机械有限公司钩尾框精密辊锻模锻生产线主要设备如图 5-57 所示，平面布置图如图 5-58 所示。

图 5-57　钩尾框精密辊锻模锻复合工艺生产线

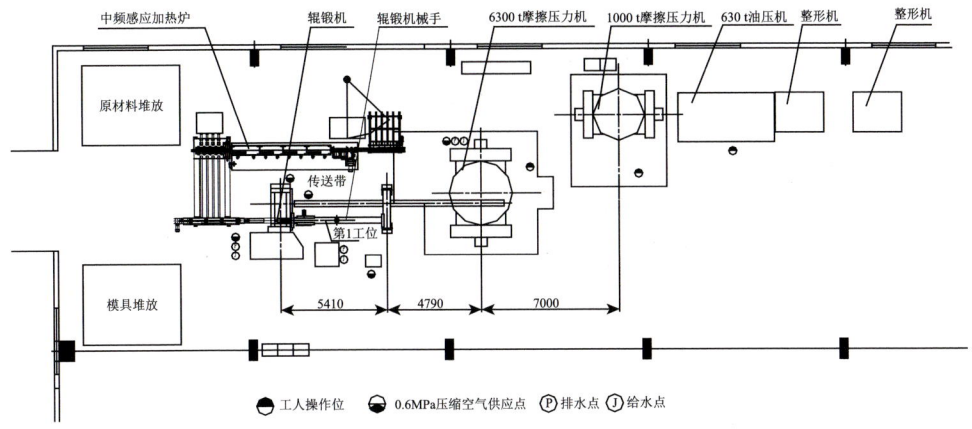

图 5-58　钩尾框精密辊锻模锻复合工艺生产线工艺平面布置图

主要设备配置及用途如下：
（1）750 kW 中频加热炉用于加热圆坯料；
（2）1000 mm 辊锻机用于辊锻成形；
（3）63000 kN 摩擦压力机用于整体模锻成形；
（4）10000 kN 摩擦压力机用于切边；
（5）6300 kN 油压机用于弯形；
（6）专用油压整形机用于整形。

5.8.2　工艺过程的合理性

1. 实际工艺流程

钩尾框的精密辊锻模锻复合成形技术在宁波捷丰机械有限公司得到了应用。实际生产线的工艺流程为

备料→感应加热→四道次辊锻→预锻→终锻→切边→弯曲→热校正

详细过程为：坯料送进中频加热炉进行加热；温度达到要求时，将加热好的坯料自动送到辊锻机进行辊锻，辊锻模如图 5-59 所示；四道辊锻后用送料小车将第 4 道次辊锻件送到 63000 kN 摩擦压力机，分预锻和终锻两个工步进行整体模锻，锻模如图 5-60 所示；模锻后用人工将锻件送到 10000 kN 摩擦压力进行切边，切边模如图 5-61 所示；切边后用人工将锻件送到 6300 kN 油压机进行弯形；弯形后用人工将锻件送到专用油压整形机进行整形，锻造工艺结束。

图 5-59　已安装的辊锻模

图 5-60　安装在 63000 kN 摩擦压力机的钩尾框锻模

图 5-61　已安装的切边模

生产实践表明，该工艺流程选择是合理的。

2. 辊锻模的应用情况

感应加热后的坯料温度为 1150～1200℃，辊锻模（图 5-59）设计为 4 道次，各道变形量设计合理，有以下三个特点：

（1）采用 4 道次辊锻将钩尾框的一部分（框板）辊至锻件成品尺寸，其余部分通过模锻成形。这样降低了锻造难度，降低了模锻设备吨位，降低了生产线造价。

（2）使用在引进德国技术的基础上专门针对钩尾框精密辊锻技术开发的、配套程控机械手的 1000 mm 自动辊锻机，配合与中频感应加热配套的上下料装置，使辊锻工艺过程实现了自动化操作。这不仅提高了效率、减轻了工人的劳动强度，更重要的是能够获得稳定、优质、温度均一的辊锻件。这为后续工序的稳定生产奠定了基础，同时成为用该工艺生产高质量的钩尾框锻件的重要保证。

（3）辊锻防弯曲装置经过应用表明设计合理，使用可靠。

3. 锻模和切边模使用情况

63000 kN 摩擦压力机模架设置预锻和模锻二个锻造工位，终锻工位设有下顶料机构，和压力机的顶料机构相衔接，保证将该工位的锻件有效顶出。预锻、终锻模模腔尺寸设计合理，保证了锻件的尺寸精度，模具材料选用 5CrMnMo，并热处理至合理的硬度值，保证了较高的模具寿命。图 5-60 是安装在 63000 kN 摩擦压力机的钩尾框锻模。

10000 kN 摩擦压力机切边模具（图 5-61）使用正常。

5.8.3 工艺使用情况

经过对中频感应加热、辊锻、模锻和整形等设备进行了联机调试，对整个 17 型锻造钩尾框生产线进行工艺整合，生产出了合格的锻件，并批量生产。

目前，17 型锻造钩尾框精密辊锻模锻复合成形技术生产线运行情况良好，锻件产品质量稳定，各项性能指标均符合产品技术条件和图纸的技术要求，并且取得了较好的经济效益。生产的合格红锻件如图 5-62 所示。

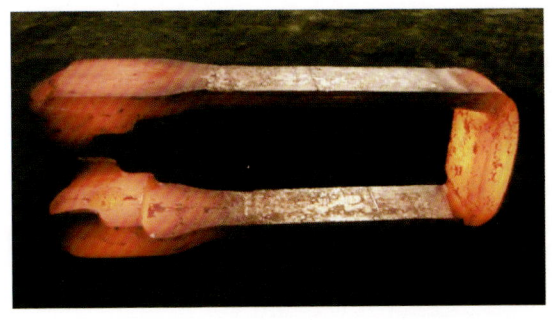

图 5-62　合格的钩尾框红锻件

图 5-63 是用精密辊锻模锻复合成形技术生产出的 17 型锻造钩尾框锻件。经焊接、热处理、抛丸和机加工等工序后，最终得到合格零件如图 5-64 所示。

图 5-63　钩尾框锻件

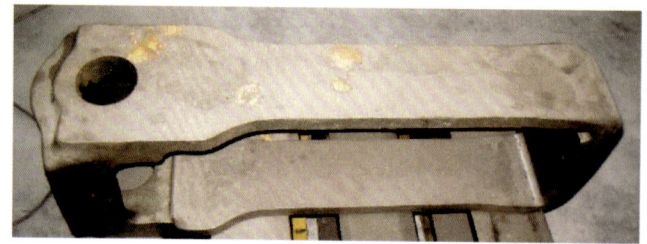

图 5-64　钩尾框合格产品

5.8.4　产品质量

宁波捷丰机械有限公司送样到中国铁道科学研究院集团有限公司铁路产品质量监督检验中心机车车辆配件检验站进行检测，各项指标满足要求（表 5-5、表 5-6），并得到了钩尾框用户的认可。

表 5-5　检验报告首页

产品名称	锻造 17 型钩尾框	型号规格	17
		商标/标识	—
抽样日期	—	样品数量	2 件
生产日期/批	—	样品编号	2008-W061-01～02
样品到达日期	2008.04.01	样品状态说明	未发现明显的外观缺陷
检验依据	《运装货车［2005］78 号 锻造钩尾框技术条件（暂行）》		
检验项目	表面质量、主要几何尺寸、力学性能、金相检验、强度试验		

续表

产品名称	锻造17型钩尾框	型号规格	17
		商标/标识	—
检验主要仪器设备	JP050 CDX-1 型磁粉探伤机 JP044 CTS-23B 超声波探伤仪 JP018 MTS-810 液压伺服材料试验系统 JP031 Neophot21 型金相显微镜 JP027 JB30B 冲击试验机 JP017 RHZ-6300 液压伺服试验系统 专用样板		
检验地点	机车车辆配件检验站	检验日期	
检验结论	所检产品项目"磁粉探伤"等11项均符合 《运装货车〔2005〕78号 锻造钩尾框技术条件（暂行）》		

表 5-6 铁路货车锻造 17 型钩尾框产品质量检验报告

类别	序号	检验项目	技术要求	单位	检验结果 W061-01	检验结果 W061-02
表面质量	1	磁粉探伤	不允许有裂纹、折叠等缺陷	—	合格	合格
	2	焊接部位超声波探伤	符合 TB/T1558—2020 中的Ⅰ级要求	—	合格	合格
主要尺寸	3	钩尾框内档距	$235^{+3.0}_{-1.5}$	m	合格	合格
	4	钩尾框钩尾销孔	$\varphi 92^{+3.0}_{-0.35}$		合格	合格
力学性能	5*	抗拉强度 R_m	≥765	MPa	885	885
		延伸强度 $R_{p0.2}$	≥620		785	785
		断后延伸率 A	≥13	%	21.5	21.5
		断面收缩率 Z	≥27		73.0	73.0
	6	冲击功 Akv（−40℃）	≥27	J	141.0 150.0 154.0 平均值：148.0	
金相检验	7	晶粒度	优于6	级	7	
	8	金相组织	不允许有马氏体及魏氏体组织	—	索氏体 未见马氏体及魏氏体组织	
强度试验	10	最大永久变形	加载 3340 kN 时 ≤0.8	mm	0.2	—
	11		≥4005（不许断裂）	kN	4005（未断裂）	—

*. 依据《运装货车〔2005〕78号锻造钩尾框技术条件暂行》，表中序号5各项技术要求为试棒规定值的90%。

5.8.5 经济效益分析

传统工艺采用燃油炉加热工件的方法，锻件从制坯到成形需加热两次。如以每次加工 120 件计算，每次加热需耗费柴油约 1200 kg，每件平均耗费燃油约 10 kg。以目前市场价 7 元/kg 计算，加热一次平均需耗燃油费 70 元/件，加热两次耗费燃油费 140 元/件。采用辊锻制坯后，锻件加热使用了热效率高的中频感应炉，每小时耗电 750 kW·h。采用连续出料的方法，每小时可加热毛坯 11~12 件，以每度电平均 0.85 元计算，加热毛坯每件约耗电费 58 元，仅为原来加热费用的 41%，节省加热费用约 82 元/件。

采用精密辊锻后，预锻件精确度得到较大的提高，产品尺寸一致好，减少了飞边和加工余量。同时，加热由两次改为一次，锻件表面氧化和脱碳得到明显的改善，减少了原材料的损耗。每件 17 型钩尾框锻件的下料重量由原来的 143 kg 减少为 135 kg，比原来节省约 6%，每件产品可节省原材料费用约 80 元。

传统的自由锻制坯工艺劳动强度较大、生产效率低，耗费了较多的人力物力。采用精密辊锻模锻复合成形工艺后，平均每件只需 1.5 个工时即可完成从制坯到成形，每件产品节约人工费约 60 元。

综上所述，17 型锻造钩尾框采用精密辊锻模锻复合成形工艺后比采用传统的自由锻工艺每件产品节约成本 220 元以上，经济效益良好（表 5-7）。

表 5-7　钩尾框成本比较表　　　　　　　　　　（单位：元）

费用名称	传统工艺	精密辊锻模锻复合成形技术	节约费用
加热	140	58	82
原材料	1430	1350	80
锻件加工费	410	350	60
合计	1980	1758	222

17 型锻造钩尾框采用精密辊锻模锻复合成形工艺，不仅带来了显而易见的经济效益，而且大大提高了劳动生产率，消除了燃油对空气的污染，保护了环境，节省了能源，社会效益明显。

5.9　带镦头工序的 16 型钩尾框精密辊锻试验研究

5.9.1　工艺方案的确定

近年来国内铁路提速重载的不断推进，铁路货车随之进行了大规模的升级换代,对钩缓配件的承载能力及各方面性能都提出更高的要求,铸造配件远远不能满足现状,向锻造方向发展的趋势愈发明显。

16 型钩尾框是铁路货车钩缓装置的关键配件,应用于 80C 型敞车。80C 型敞车主要应用在大秦线上的运煤火车,此火车是翻斗车厢,因此要求车缓装置是轴向可转动,这样对 16 型钩尾框的强度要求大幅提高,进而铸造 16 型钩尾框改为锻造 16 型钩尾框迫在眉睫。

16 型锻造钩尾框具有异形、薄壁、内圆深腔、钩尾销孔形状复杂的特点,锻件图见图 5-65。从图中可以看出,16 型钩尾框的中段和两个平板与 17 型钩尾框几乎相同,但是 16 型钩尾框的两个头部与 17 型钩尾框的两个头部完全不同,这也是锻造 16 型钩尾框的难点。

经过计算,16 型钩尾框的大头需要料径为 ϕ180 mm 的坯料,而小头需要料径为 ϕ160 mm 的坯料,并且现有的辊锻机只能辊料径最大为 ϕ160 mm 的坯料,所以确定坯料料径为 ϕ160 mm,首先满足设备的要求。若要满足大头需要的料径,则必须应用某种工艺,使料径为 ϕ160 mm 坯料的一端变为 ϕ180 mm。

根据 17 型钩尾框锻造工艺的经验来确定了 16 型钩尾框锻造工艺,工艺路线为辊锻→镦头→整体模锻→切边→弯曲

综合考虑产品加工工艺,在锻造过程中应该重点解决加工中的难点问题:

(1)头部内腔转动套内球面,不进行机械加工,需要精锻成形。

(2)头部框板的厚度,减少外侧和内圆腔的加工量。

(3)钩尾销孔复杂,锻造过程中在凸凹部相接处体积较小,容易产生折叠,并且依靠机械加工方法,效率十分低下。

(4)尾部承载面四角处的过渡球形,需要控制锻造精度,不经过机械加工,就可达到产品图纸要求。

确定方向后,采用辊锻-镦头-整体模锻,使各工步模具的配合,提高材料利用率,控制成本,提高生产效率,生产出质量合格的产品。

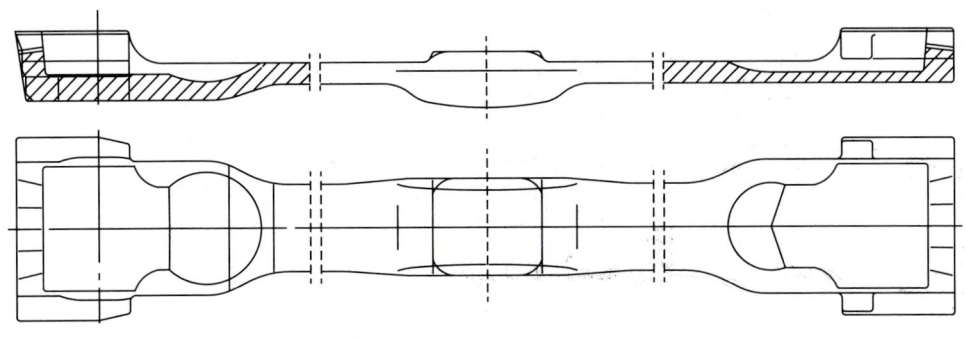

图 5-65 16 型钩尾框锻件图

5.9.2 工艺试制过程

1. 试制条件
坯料材质：50 钢。

坯料规格：ϕ160 mm×Lmm（L 在调试过程中确定）。

坯料加热温度：1250～1280℃。

模具材料：5CrNiMo。

模具温度：辊锻模具为室温，模锻模具温度为 250～300℃。

2. 试验设备
（1）中频感应加热炉。

（2）ϕ1000 mm 加强型辊锻机（带防弯曲脱料装置）。

精密辊锻在加强型 ϕ1000 mm 辊锻机及机械手上进行，该设备是机电所在引进德国 EUMUCO 公司技术的基础上设计的，具有液压慢速启动、快速辊锻成型的特点，并采用偏心调整中心距和消除大齿轮齿侧间隙的机构，经改进后，辊锻机的扭矩抗轴向力的能力明显加强。在此设备上完成四道次精密辊锻。

（3）500/630t 镦锻机。

为了满足工艺要求需要制造一台专用镦锻机，镦锻机见图 5-66，主要技术参数见表 5-8。

图 5-66　500 t/630 t 镦锻机

表 5-8　5000 kN/6300 kN 镦锻机技术参数

序号	项目		单位	规格
1	镦锻力		kN	5000
2	镦锻最大行程		mm	400
3	夹紧力		kN	6300
4	夹紧最大行程		mm	700
5	最大工作油压		MPa	25
6	机器占地面积	左右	mm	5000
		前后	mm	6000
		地上高	mm	4300
		地下深	mm	750

（4）燃气炉。

燃气炉是用于锻件二次加热。

（5）8000 t 双盘摩擦压力机。

模锻设备是青锻生产的型号为 J53-8000 双盘摩擦压力机，公称压力为 8000 t。在此设备上完成模锻。

（6）2000 t 液压机。

2000 t 液压机用于锻件切边。

（7）专用液压折弯机。

专用液压折弯机用于锻件弯曲。

3．工艺试验过程概述

1）下料

采用高速带锯床下料使坯料两个端头面头部平整，保证长度尺寸的精确。

2）加热

送料机构自动将坯料连续送入加热炉，中频感应加热炉可将坯料加热温度达到精密辊锻工艺要求的温度（1150～1200℃），将坯料从炉口推出，快速提料装置将坯料快速拉出炉膛，经红外测温仪检测后，温度达到始锻温度的坯料由翻转装置将坯料送入辊道，由推料气缸将坯料送入辊锻机 1 工位的机械手的钳口中。

3）辊锻

16 型钩尾框辊锻过程与 17 型钩尾框辊锻过程完全相同。

4）镦锻

当第 4 道辊锻结束后直接将辊锻件送到镦锻机进行镦头，镦头过程详情如下：将第 4 道次辊锻件需要镦头的一端送进镦锻机，并且水平放置，压紧油缸向下滑动把锻件压紧，之后墩压油缸水平伸出进行镦头，达到要求后墩压油缸和压紧油缸同时缩回，完成镦头。镦锻后锻件头部如图 5-67 所示。

图 5-67 镦锻后锻件头部

5）二次加热

由于镦头后锻件的温度低于始锻温度，约 850℃（由操作过程决定），不能直接进行模锻，需要二次加热，燃气炉就是二次加热的设备。将镦头后的锻件直接放进燃气炉里进行二次加热，由于镦头后的锻件本身有 850℃左右，加热到 1100℃大概需要 40 min，加热时间比较短，对锻件表面质量影响很小。

6）模锻

装起料机将二次加热后的锻件运到预锻模膛中，用夹钳将锻件摆正，打击 1 次，完成预锻后迅速移至终锻模膛，连续打击 3～4 次，完成模锻过程。

7）切边

模锻完成后，装起料机将终锻件运到 2000T 液压机进行切边。

8）弯曲

由于切边后锻件的温度还有 800℃左右，可以满足锻件的弯曲，因此装起料机直接将切边后的锻件运到专用液压折弯机上进行弯曲，弯曲后的锻件如图 5-68 所示。

图 5-68 16 型钩尾框弯曲后锻件

5.9.3 试验结果与分析

1. 试验过程

经计算和试验后选用 $\phi 160\ mm \times 980\ mm$ 规格坯料可以完成锻造，辊锻件可以直接进行镦锻，然后在二次加热后进行整体锻造。试验过程见表 5-9。

表 5-9 试验过程

辊锻、镦锻	成形状态	预锻、终锻	成形状态
直接镦锻，一头 $\phi 160\ mm$ 成形为 $\phi 170\ mm$，长度达到模锻要求	锻件放入型腔，比预锻型腔小 20 mm	直接预锻和终锻	端头四角未充满，头部未能出现飞边，S 面与内腔球面过渡处，够尾销孔完全充满，折叠缺陷消除
调整辊锻进给量和镦锻机墩压油缸行程后进行镦锻，$\phi 160\ mm$ 成形为 $\phi 180\ mm$，长度达到模锻要求	锻件长度比预锻型腔小 10 mm	预锻和终锻模	端头内腔两角未充满，头部产生少量飞边，S 面与内腔球面过渡处，够尾销孔完全充满，折叠缺陷消除
辊锻后，直接镦锻	辊锻件长度与预锻型腔几近匹配	焊补预锻型腔，缩小型腔总长度	合格

2. 试验过程中产生主要问题及解决方法

（1）镶块不脱模。

原因：拔模斜度小。

解决办法：拔模斜度 5°改为 7°和 R5 改为 R10，见图 5-69 和图 5-70。

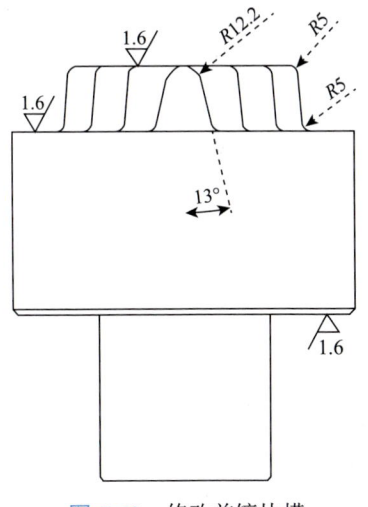

图 5-69 修改前镶块模

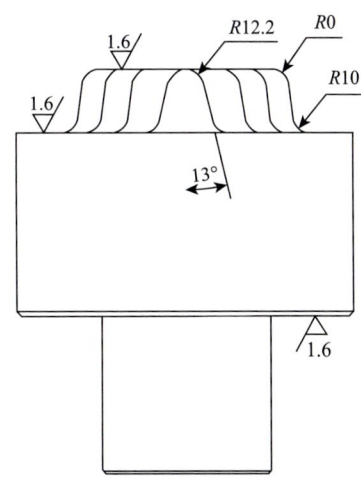

图 5-70 修改后镶块模

（2）S 面与内腔球面处未充满。钩尾销孔缺肉，凹凸过渡处产生折叠，见图 5-71。

原因：一侧的圆料端头横截面积小，金属流动性差。

解决办法：增大截面积。

（3）承载尾部与框板过渡处存在缺肉（图 5-72）。

原因：几型的锻造尾部的成形未能按理论走料，未将框板整体进行拉伸，拉伸处正处于承载面与框板过渡处，造成缺肉。

解决方法：修改 $R300$，$R500$（图 5-73）。

经现场优化模具消除了以上锻件缺陷，优化模具后钩销孔如图 5-74 所示，框板过渡处如图 5-75 所示。

16 型钩尾框锻造工艺经过以上过程的工艺试制，验证了 16 型钩尾框锻造工艺的合理性。用该工艺生产出了合格产品，锻件成形良好，能满足后续加工要求。在试制过程中将镶块模的拔模斜度由 5°改为 7°和 $R5$ 改为 $R10$ 后解决了锻件脱模问题，提高了镶块模的使用寿命。锻件墩头后直接进行二次加热，产生的氧化皮很薄，并不影响锻件的表面质量。模具优化后生产的合格零件如图 5-76 所示[20, 21]。

图 5-71　钩销孔处缺陷

图 5-72　框板过渡处缺陷

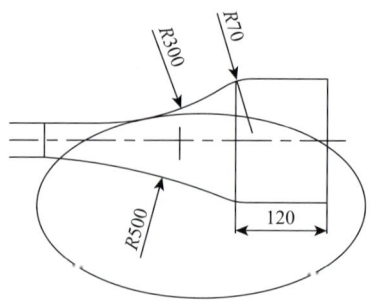

图 5-73　第四道次辊锻件修改处

图 5-74 优化模具后钩销孔

图 5-75 优化模具后框板过渡处

图 5-76 16 型钩尾框成品图

采用镦头工序的 16 型钩尾框精密辊锻工艺虽然试制成功也进行了生产应用，但是由于其采用两火工艺，在效率、能耗等方面仍有提高空间。因此其一火成形工艺的研发也成为必然趋势，相关内容在第 6 章详述。

参 考 文 献

[1] 付殿宇. 铁路货车钩尾框精密辊锻-整体模锻成形过程的数值模拟与试验研究[D]. 北京：北京机电研究所，2008
[2] 凌彦禄，蒋鹏. 铁路货车车轴锻造生产线设计与应用[J]. 锻压技术，2007，32（1）：90-93
[3] 蒋鹏，付殿禹，杨勇. 锻造工艺与装备在机车车辆生产中的若干应用[J]. 金属加工（热加工），2008（9）：22-28
[4] 李杰，胡其江. 铁路货车用锻造钩尾框研制及制造技术[C]. 南宁：铁道车辆锻造技术研讨会，2009
[5] 于建民，张治民，李国俊. 变截面零件辊锻过程数值模拟优化[J]. 锻压技术，2006，31（1）：28-30
[6] 张玉新，李勇，郝用兴，等. Y 型辊模拉拔工艺的三维数值模拟研究[J]. 锻压技术，2007，32（1）：46-49
[7] 黄虹，袁灿伦，刘群英，等. 薄壁、深腔、异形大孔的大型长轴类锻件模锻成形[J]. 热加工工艺，2003（4）：59-60
[8] 魏伟，蒋鹏. 铁路货车钩尾框的锻造工艺[J]. 锻压技术，2010，35（4）：8-11

[9] 刘宝宽, 张杰, 邓立. 大秦线运煤敞车钩尾框裂纹的分析和建议[J]. 机车车辆工艺, 2003（5）: 33-36
[10] 徐倩, 张基龙, 缪龙秀, 等. 基于单轴损伤的货车钩尾框多轴疲劳寿命分析[J]. 铁道学报, 2002, 24（1）: 19-22
[11] 项彬, 宋子濂, 刘鑫贵, 等. 钩尾框动态撕裂（DT）试验研究[C]. 南宁: 铁道车辆锻造技术研讨会, 2009
[12] 姜岩, 孟庆民, 祝震, 等. 铁路货车用锻造钩尾框的开发[C]. 南宁: 铁道车辆锻造技术研讨会, 2009
[13] 蒋鹏, 付殿禹, 曹飞, 等. 铁路货车钩尾框精密辊锻模锻复合成形技术[J]. 金属加工（热加工）, 2009（11）: 40-43
[14] 蒋鹏, 付殿禹, 曹飞, 等. 铁路货车钩尾框精密辊锻过程数值模拟[J]. 锻压技术, 2007, 32（3）: 107-110
[15] 付殿禹, 蒋鹏, 余光中, 等. 铁路货车钩尾框锻造弯曲成形过程数值模拟[C]. 盐城: 第3届全国精密锻造学术研讨会, 2008
[16] 付殿禹, 郑乐启, 蒋鹏, 等. 17型锻造钩尾框热弯曲成形过程数值模拟[J]. 锻压技术, 2009, 34（3）: 22-25
[17] 蒋鹏, 付殿禹, 杨勇, 等. 铁路货车17型钩尾框精密辊锻模锻复合成形技术工艺试验与结果分析[C]. 盐城: 第3届全国精密锻造学术研讨会, 2008
[18] 杨勇, 蒋鹏, 曹飞, 等. 13B型钩尾框模锻过程中框板增厚问题的研究[C]. 济南: 第5届全国精密锻造学术研讨会, 2013: 89-94
[19] 王凯, 王皓, 唐振英, 等. 13B型货车钩尾框锻造工艺模拟及优化[J]. 锻压技术, 2013, 38（2）: 14-17
[20] 付殿禹, 蒋鹏, 刘强, 等. 16型钩尾框锻造工艺的试验研究[J]. 锻压技术, 2009, 34（3）: 22-25
[21] 王凯, 贺小毛, 蒋鹏, 等. QFR-2型钩尾框锻造工艺优化[J]. 锻压技术, 2017, 42（5）: 8-13

第6章 大型长轴件精密辊锻用 1250 mm 辊锻机的研发与应用

6.1 引言

随着我国汽车工业和铁路运输的快速发展，对高速、重载的车辆需求越来越迫切，对车辆零部件的要求也随之不断提高。例如，汽车上的前轴、曲轴和铁路机车上使用的钩尾框等安保件都面临着更高的性能和质量要求。这类零件为典型的钢质大型长轴类锻件，质量和体积较大，采用成形辊锻加模锻整形的工艺较为经济。

机电所和相关企业联合开发出了 1000 mm 辊锻机精密辊锻 13 型和 17 型钩尾框的工艺，改变了原来在自由锻锤上制坯两火锻造的原有工艺，使得这两种型号的钩尾框可以在一火完成锻造，有效提高了生产效率，降低了工人的劳动强度，得到了质量更好的锻件。对 16 型钩尾框来说，按照精密辊锻工艺的要求则需要更大规格的辊锻机，这就是开发 1250 mm 辊锻机的工程需求来源。1250 mm 辊锻机的研发填补了国内大型辊锻机的空白，投产于 160 kg 锻造货车钩尾框生产线中，取得了良好的应用效果。

本章介绍了 1250 mm 辊锻机设备方面的相关研究工作[1]和 1250 mm 辊锻机用于 16 型铁路货车钩尾框生产中的工程应用案例[2]。

6.2 1250 mm 辊锻机主要结构与技术参数

1250 mm 辊锻机机架主要由锻辊、立柱、偏心套式中心距调节装置、模具环等组成，机架模型如图 6-1 所示。

228 钢质大型长轴件精密辊锻技术

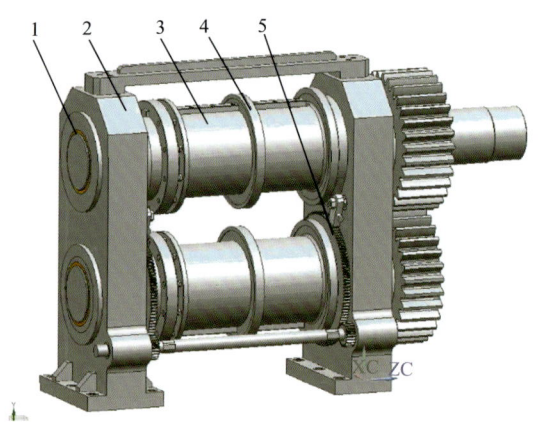

图 6-1　1250 mm 辊锻机机架图

1. 轴承；2. 机架；3. 锻辊；4. 模具环；5. 偏心套式中心距调节装置

锻辊和立柱是 1250 mm 辊锻机的重要部分，主要作用有

（1）锻辊承受辊锻力和辊锻力矩，并将辊锻力和辊锻力产生的倾覆力矩传递给立柱。

（2）立柱承受辊锻力和倾覆力矩并在它上面平衡。

锻辊置于立柱内，通过滑动轴承、偏心套和立柱相连。由于采用偏心套中心距调整机构，辊锻机整体刚度较压下螺钉调整中心距结构得到提高。辊锻机的强度和刚度是保证设备能否正常工作和提高产品精度的关键因素。

基本参数是辊锻机的基本技术数据，是根据辊锻机的工艺用途及结构类型来确定的，它反映了辊锻机的工作能力及特点，也是用户选购时的主要数据。表 6-1 是 1250 mm 辊锻机主要技术参数[3]。

表 6-1　1250 mm 辊锻机技术参数

序号	项目	技术参数
1	锻辊中心距	1250 mm
2	锻辊直径	800 mm
3	锻辊中心距可调节量	±10 mm
4	锻辊转速	8 r/min
5	锻辊有效宽度	1400 mm
6	辊锻件最大长度	2500 mm
7	最大辊锻扭矩	1000 kN·m
8	最大辊锻力	9000 kN
9	主电机功率	355 kW
10	最大坯料尺寸	215 mm

6.3　1250 mm 辊锻机机架静力有限元分析

6.3.1　有限元方法用于设备力学分析技术现状

随着计算机技术的快速发展，有限元法作为一种通用的数值计算方法正应用到工程行业的各个领域。有限单元法的基本思想可追溯到 20 世纪 40 年代。1956 年，Turner、Clough 等在分析飞机结构时，将钢架位移法推广应用于弹性力学平面问题，给出了用三角形单元求得平面应力问题的正确答案。1960 年，Clough 进一步处理了平面弹性问题，并第一次提出了"有限单元法"这一术语。我国著名力学家，教育家徐芝纶院士，首次将有限元法引入我国，推动了有限元在国内的发展和应用。经过多年的发展，有限元法已由弹性力学平面问题扩展到空间问题，由静力学问题扩展到动力学问题。如今，有限元法已经成为分析各种复杂工程问题的强有力的工具[4]。

有限元法基于位移法、力法和混合法。位移法的应用最为广泛，其基本原理如下：工程领域研究的弹性体可看作由无数个微元体组成，有限元离散化的思想是将研究问题的求解域剖分为有限数目的单元，平面问题通常采用三角形单元或四边形单元而空间问题采用四面体或六面体。一般情况下，单元的区域不可能与求解的区域完全重合，称为有限元法的几何近似性。将单元内任意一点的位移用节点位移来表示，从分析单个单元入手，用变分原理建立单元刚度方程，单元刚度矩阵仅取决于单元形态和材料性质。有限元法的一个突出的优点是，在一个单元范围内，材料性质必须相同，不同的单元可以各有不同的材料性质，这样，非均质材料问题得到了方便的处理。再将所有的单元集合起来，加上节点上的外载荷和位移等边界条件，可以得到以节点位移为未知量的一组多元线性代数方程。解出节点位移后，再根据弹性力学几何方程和物理方程就可算出各单元的力学参数，如应变、应力、速度、位移等[5]。

近年来有限元法在工程计算中发挥了重要的作用，从自行车到航天飞机，所有的设计制造都离不开有限元分析计算。美国、日本、德国等发达国家竞相采用有限元法进行飞机、汽车等新产品的开发设计，已经走在世界的前列。美国的 Altan 在金属成型过程中应用有限元法，大大减少了加工时间和成本[6]；Ghofrani 等采用有限元法对闭合模精锻进行模拟，为闭合模的设计和精锻成型提供了技术指导和理论参考[7]；Chenot 等对热模锻中的热力耦合大变形问题进行了有限元计算，得到了热力耦合下锻件的高应力区和成型过程，解决了锻造中力学与热学耦合的难点，为复杂的模锻成型提供了理论依据[8]。

国内的许多学者也不甘落后，纷纷采用有限元法对各种压力机机架和桥梁等进行静、动态分析和计算，并且取得了很好的效果。例如，潘紫微等对 4 m 斜刃剪切机架进行有限元分析[9]；李德军等对 22 MN 液压机整体框架式机身的有限元分析[10]；陈先宝等对 J36-800B 压力机的动态有限元计算[11]等。他们通过对各种机架的有限元分析，揭示了各种机架的静、动态特性，真实反映了压力机机架在工作状态下的实际应力应变规律，为压力机的整体设计提供了很好的理论依据。

6.3.2　1250 mm 辊锻机机架强度、刚度分析计算条件

1. 定义材料特性及接触对

1250 mm 辊锻机机架部分结构比较复杂，为简化机架，我们作如下假设：

（1）辊锻过程中机架受力复杂，包括辊锻力、轴向力、摩擦力、附加力、冲击力、重力等，其中以辊锻力最大，其他力远小于辊锻力，因此，忽略其他力的影响，只取辊锻力为机架的外载荷。

（2）简化锻辊和立柱上的一些细节，如忽略锻辊上的键槽、模具环以及立柱上的调节轴孔，由于偏心套尺寸较小，变形不大，因此本模型就不单独考虑，也一并简化到机架上。

（3）忽略轴承接触处摩擦的影响。

整个简化后的机架装配体共由 7 个零件组成，包括左右立柱、锻辊、左右立柱轴承、端面轴承和横梁。1250 mm 辊锻机锻辊支撑采用一端固定一端游动的支撑方式，上下传动齿轮采用胀套固定在锻辊上，并作端面轴承的固定端，刚性很大，如图 6-1 所示。本模型不作出齿轮，而是加大端面轴承弹性模量来模拟端面轴承的刚性，各零件材料性能如表 6-2 所示。

表 6-2　材料物理性能

零件	材料	弹性模量/MPa	泊松比	许用应力/MPa
锻辊	40Cr	210000	0.3	230
立柱	ZG25	175000	0.3	80
轴承	ZCuSn10P1	103000	0.3	—
端面间隔环	35#	1320000	0.3	—
上横梁	Q235 焊接件	206000	0.3	115

锻辊轴颈、立柱和端面轴承采用无摩擦硬接触，端面轴承和锻辊连接采用绑定约束以处理端面轴承和锻辊的接触关系，同样上横梁和立柱连接也采用绑定约束。

2. 单元类型选取与网格划分

有限元网格划分是进行数值模拟分析至关重要的一步，它直接影响着后续数

值计算分析结果的精确性。机架模型中锻辊和立柱为弹性体，采用线弹性和接触分析办法对辊锻机机架进行整体有限元分析，由于结构和受力对称，因此只取机架模型的一半进行分析，设置单元类型为 8 节点六面体非协调单元，在接触部分细化网格，进行隐式静力学分析，如图 6-2、图 6-3 所示。

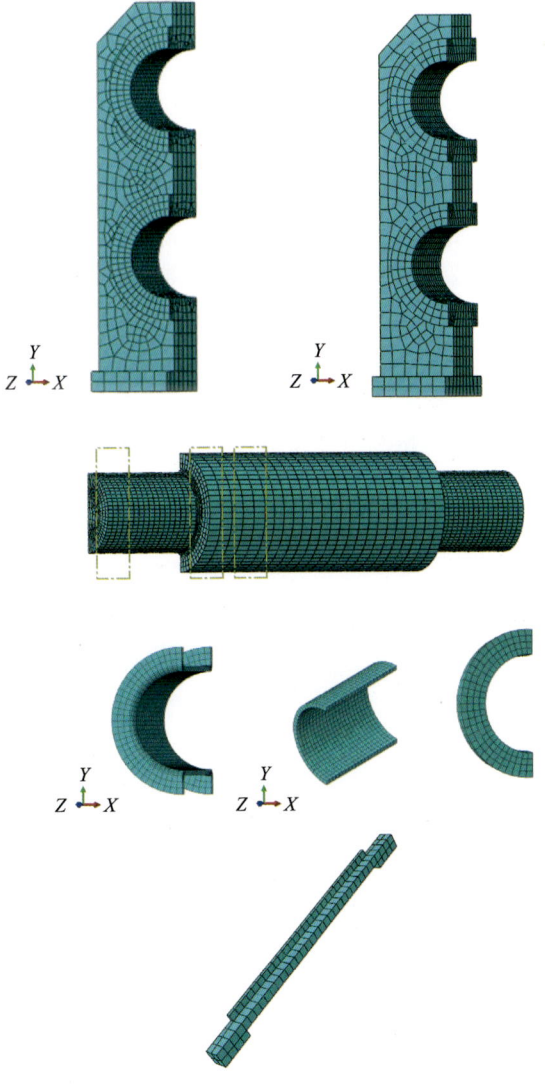

图 6-2　主要零件的有限元模型

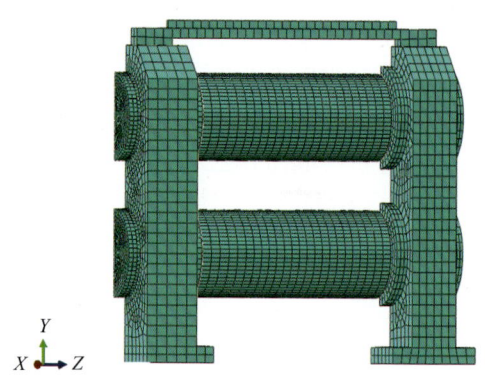

图 6-3　装配体有限元模型

3. 载荷的施加及边界条件

辊锻机机架一般最多装四道模具，1250 mm 辊锻机有效装模宽度为 1400 mm，按最大模具来算，每道次模具最大宽度为 350 mm，在每道次模具与锻辊接触面上施加最大辊锻力 P，即在接触面上的均布载荷为 32 MPa，分别计算四道次不同位置下机架的应力和变形。

机架的地脚螺栓和底座是刚性连接的，在地脚处施加固定约束，在机架和锻辊对称面上施加对称约束，如图 6-4 所示。

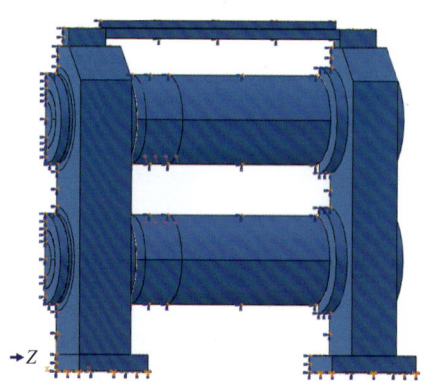

图 6-4　装配体载荷的施加及边界条件

6.3.3　1250 mm 辊锻机机架应力分析

1250 mm 辊锻机机架加载最大辊锻力 P 后的等效 Mises 应力云图如图 6-5 所示：

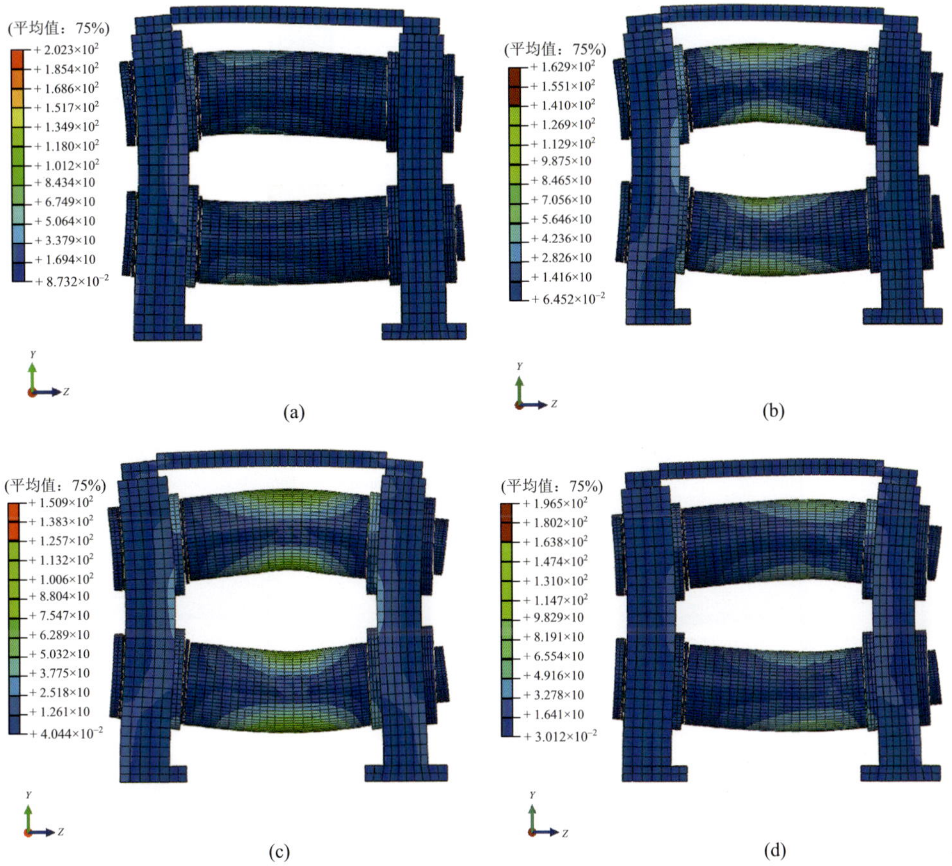

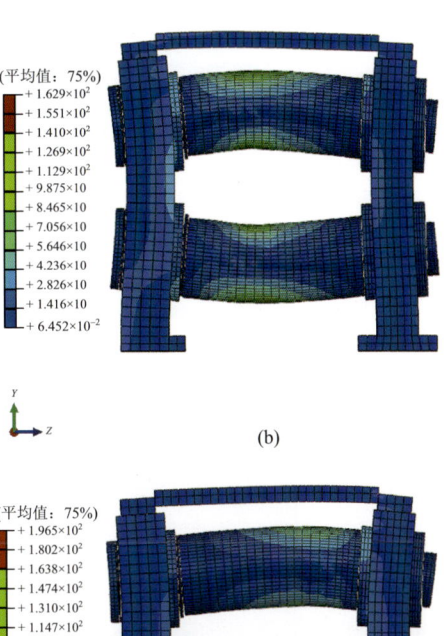

图 6-5　1250 mm 辊锻机机架应力云图（单位：MPa）

(a) 第 1 道；(b) 第 2 道；(c) 第 3 道；(d) 第 4 道

有限元计算结果显示，第 1 道机架最大应力最大，属于危险道次，我们应着重关注第 1 道机架各零件的应力情况，如图 6-6 所示。

有限元计算结果显示，锻辊轴颈过渡圆角处应力最大，达到 202.3 MPa。锻辊材料见表 6-2，调质热处理，硬度（HB）250～270，满足安全要求。锻辊和锻辊轴颈过渡圆角处会产生较大的应力集中，圆角过渡如果处理不好，常会在此处产生断裂，此处为锻辊的危险部分，辊锻机设计中，可以适当增加此处的圆角半径，来减少应力集中。

立柱应力云图显示，轴承孔会产生较大的接触应力，且轴承孔内侧应力明显大于外侧，这是由于轴承孔变形的几何非线性度，应力最大为 65.76 MPa，对比表 6-2，立柱应力值满足强度要求。

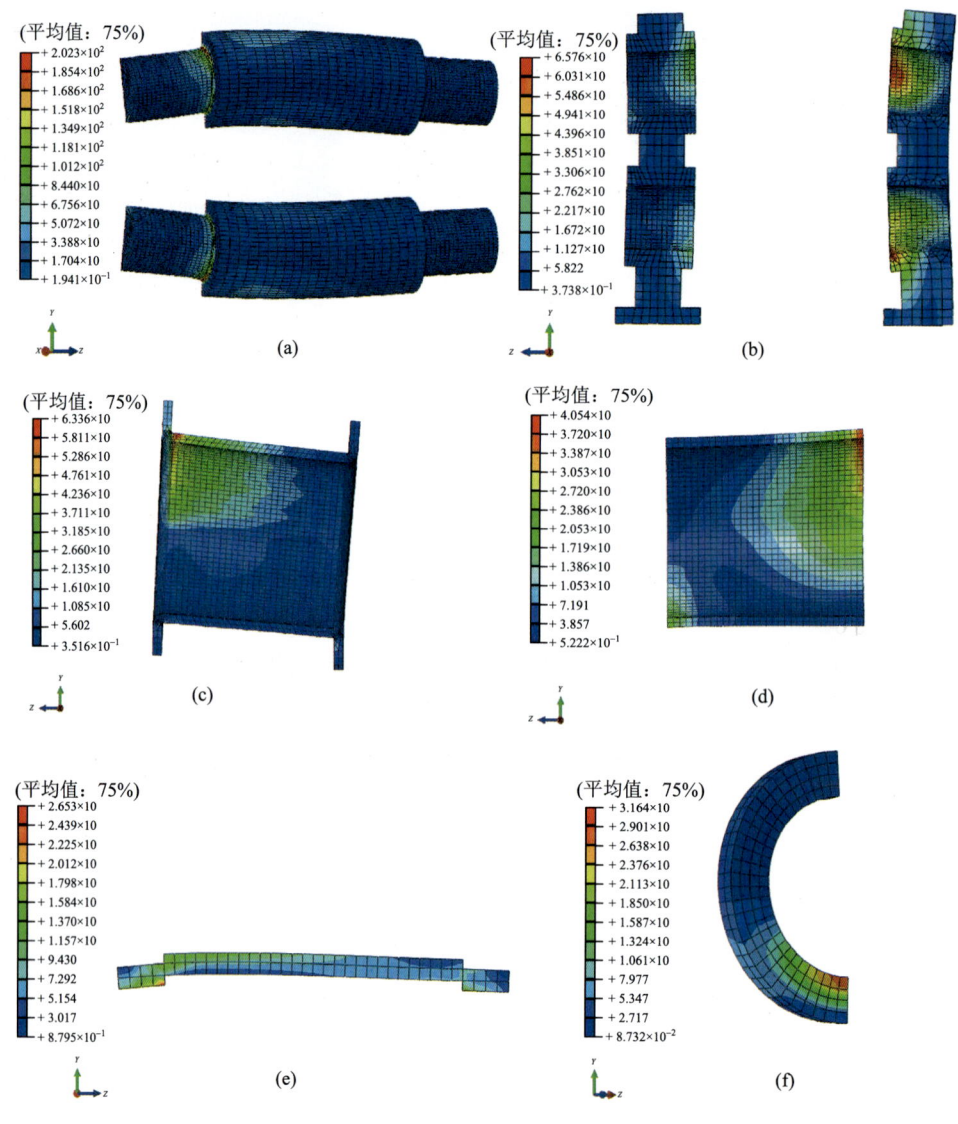

图 6-6 第 1 道各零件应力云图

(a) 上下锻辊；(b) 左右立柱；(c) 左立柱轴承；(d) 右立柱轴承；(e) 上横梁；(f) 端面轴承

上横梁受力较小，其在辊锻机机架中的主要作用是拉紧左右立柱，使机架成为一个封闭的整体，最大应力值为 26.53 MPa，远小于许用应力 115 MPa。

轴承的设计，应力是一个因素，主要还是考虑轴承表面的接触压强，由图 6-6 可知，左立柱轴承应力最大，本文仅以左立柱轴承为例，分析其表面接触压强分布，如图 6-7 所示。

第 6 章　大型长轴件精密辊锻用 1250 mm 辊锻机的研发与应用　**235**

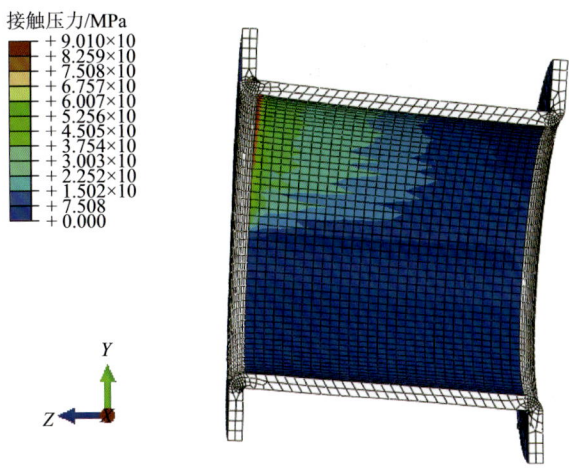

图 6-7　左立柱轴承表面压强

由内到外跟踪轴承顶部节点的接触压强，可得到接触压强沿轴承轴向分布曲线，如图 6-8 所示。

由图 6-8 可见，轴承表面压强由里至外逐渐减小，呈梯度分布，最内侧节点压强最大达到 80.9 MPa，接触压强向外侧急剧减小，到轴向距离 40 mm 处，梯度放缓，在轴承末段，表面接触压强为 0，轴承表面接触压力的梯度分布会加快轴承端泄的发生，迫使润滑油由高压区向低压区流动，加快轴承高压区的磨损，最后以适应锻辊轴颈的变形形状。轴承的设计应该计算轴承表面的平均压强。

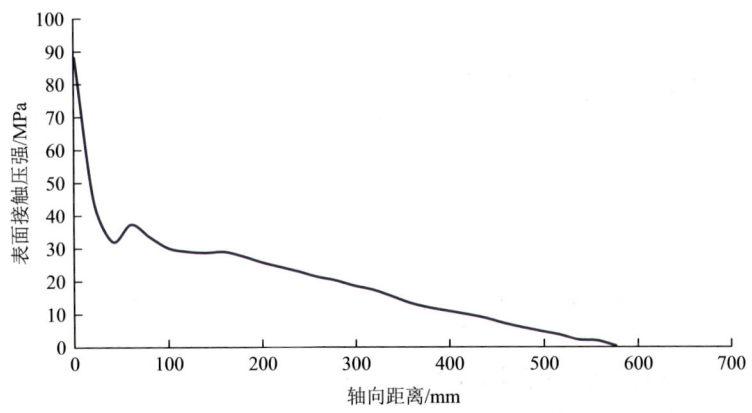

图 6-8　接触压强沿轴承轴向分布曲线

设轴承表面平均接触压强为 p_z，轴承孔压力为 N_z，轴承孔直径为 D_z = 540 mm，轴承孔长度 l_z = 1080 mm，可得到式（6-1）：

$$p_z = \frac{N_z}{D_z \cdot l_z} \qquad (6\text{-}1)$$

通过 history output 软件可以输出压力随计算时间的曲线，如图 6-9 所示。

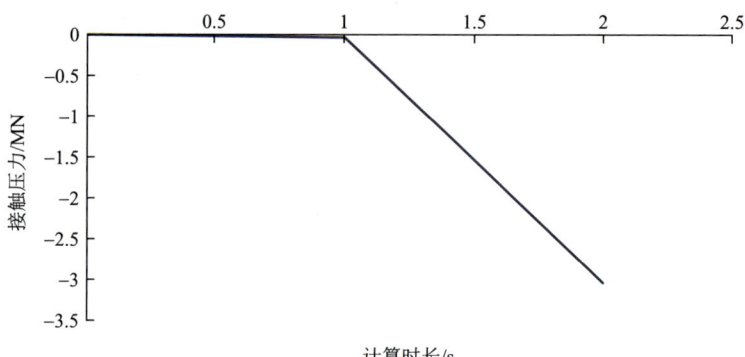

图 6-9 轴承表面接触压力随计算时长变化

由图 6-9 可知计算结束时，轴承表面压力为 3.04 MN，由于模型的对称，此处模拟出的压力是实际压力的一半，因此 N_z = 6.08 MN，将 p_z 代入式（6-1）可得轴承表面平均接触压强 p_z = 10.43 MPa，轴承材料 ZCuSn10P1 长期满载工作的许用压强最大能达到 15 MPa，满足要求。轴承设计中，可以优先增大轴承长度来增加轴承受力面积来减小接触压强，增大锻辊轴颈虽然也会增大轴承受力面积，但同时也会增大锻辊轴颈表面线速度和摩擦力矩，对发热不利。

6.3.4　1250 mm 辊锻机机架刚度分析[12]

在最大辊锻力 P 下，四道次机架纵向变形如图 6-10 所示。沿着从左到右方向跟踪锻辊底部上的节点，可得到锻辊底部纵向位移曲线，如图 6-11 所示。

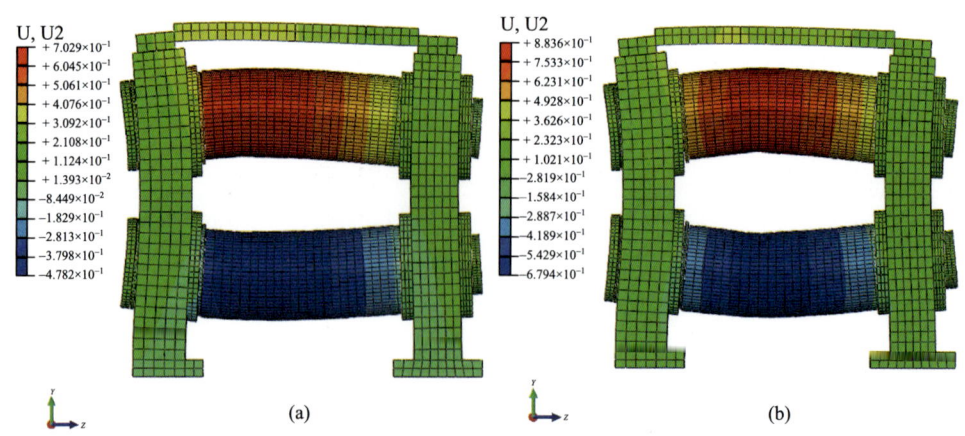

(a)　　　　　　　　　　　　　(b)

第 6 章　大型长轴件精密辊锻用 1250 mm 辊锻机的研发与应用

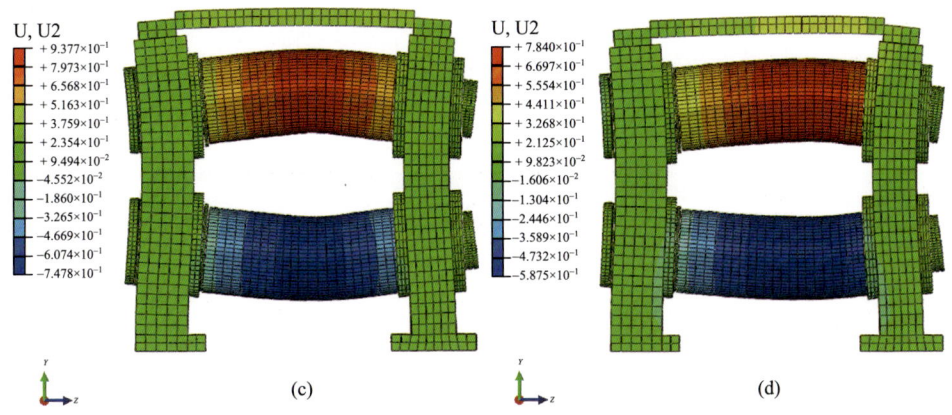

图 6-10　机架纵向变形

(a) 第 1 道；(b) 第 2 道；(c) 第 3 道；(d) 第 4 道

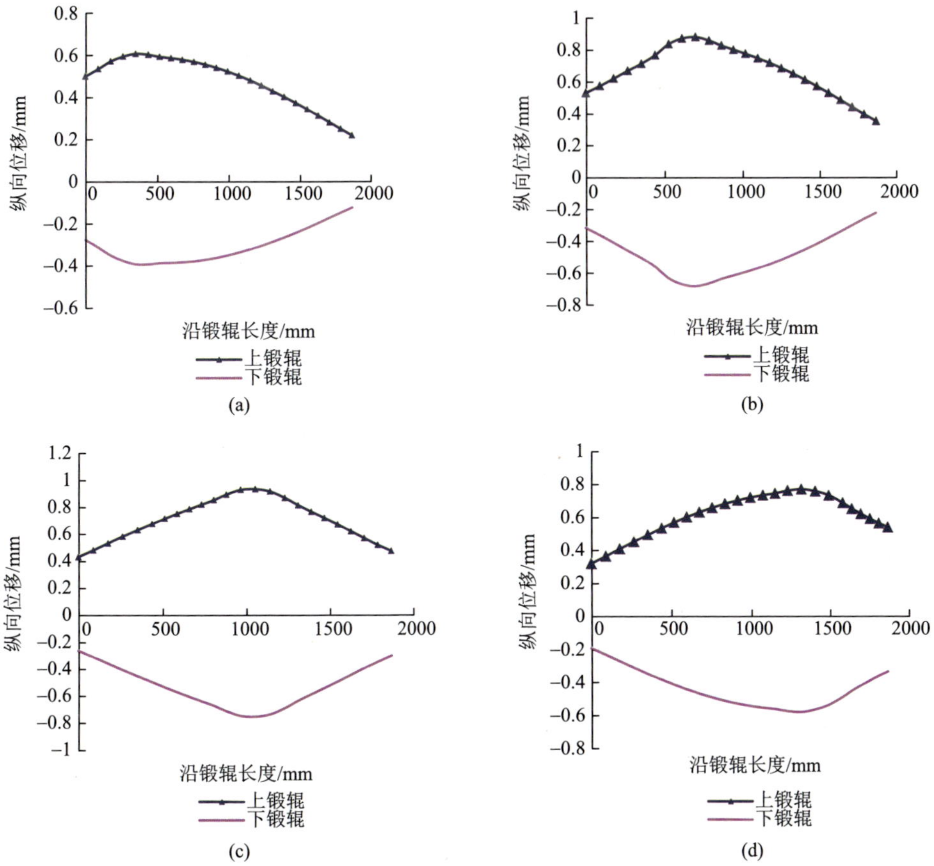

图 6-11　锻辊纵向位移

(a) 第 1 道；(b) 第 2 道；(c) 第 3 道；(d) 第 4 道

由图 6-10、图 6-11 可知，辊锻机机架的最大变形都是发生在锻辊受力部位，现整理得在最大径向辊锻力 P 下，四道次上下锻辊的最大变形量见表 6-3。

表 6-3 机架锻辊最大变形量

道次	上锻辊变形量/mm	下锻辊变形量/mm	变形和 Σf /mm
第 1 道	0.703	0.478	1.181
第 2 道	0.884	0.679	1.563
第 3 道	0.938	0.748	1.686
第 4 道	0.784	0.588	1.372

由图 6-10、图 6-11 和表 6-3 可得到如下结论：

（1）下锻辊由于更靠近底座，刚度要大于上锻辊，因此下锻辊变形小于上锻辊，上下锻辊变形呈不对称性。

（2）每道次锻辊的最大变形量都发生在锻辊受力部分中心，变形量沿两侧递减，锻辊受力部分的变形表征了机架在这一道次的刚度。

（3）每道次模具在锻辊上安排的位置不同，每道次机架的变形量均不相同，因此每道次机架的刚度均不相同，第 1 道变形量最小，刚度最好，第 3 道变形量最大，刚度最差。

由此可得辊锻机机架第 1 道刚度为

$$k = \frac{p}{\Delta f} = \frac{9000}{1.181} = 7620.7 \text{ (kN/mm)}$$

第 2 道刚度为

$$k = \frac{p}{\Delta f} = \frac{9000}{1.563} = 5758.2 \text{ (kN/mm)}$$

第 3 道刚度为

$$k = \frac{p}{\Delta f} = \frac{9000}{1.686} = 5338.1 \text{ (kN/mm)}$$

第 4 道刚度为

$$k = \frac{p}{\Delta f} = \frac{9000}{1.372} = 6559.8 \text{ (kN/mm)}$$

由于辊锻机多为制坯，实践证明上述计算所得刚度足够。轴承纵向的弹性变形很小，不足总变形量的千分之一，故忽略轴承的变形，机架在纵向的变形如图 6-12 所示。

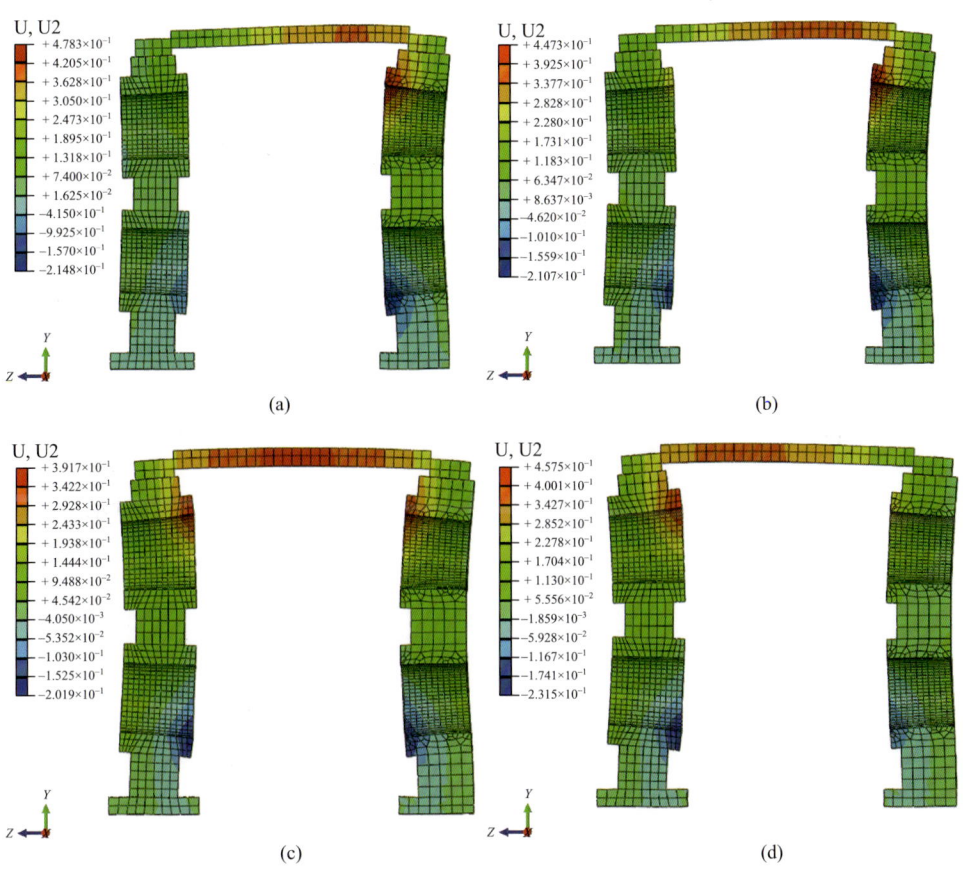

图 6-12　机架在纵向上的变形
(a) 第 1 道；(b) 第 2 道；(c) 第 3 道；(d) 第 4 道

立柱孔的变形表征了立柱的变形对机架的影响，由图 6-12 可知，立柱上下孔最大变形量均发生在孔内侧，整理的立柱孔在纵向的最大位移见表 6-4。

表 6-4　立柱孔在 Y 方向上的最大位移　　　　（单位：mm）

立柱		第 1 道	第 2 道	第 3 道	第 4 道
左立柱	上轴承孔	0.478	0.447	0.361	0.267
	下轴承孔	0.215	0.211	0.175	0.128
	两者和 h_1	0.693	0.658	0.536	0.395

续表

立柱		第 1 道	第 2 道	第 3 道	第 4 道
右立柱	上轴承孔	0.202	0.287	0.390	0.457
	下轴承孔	0.102	0.150	0.202	0.232
	两者和 h_r	0.304	0.437	0.592	0.689

由于载荷的作用不一定在锻辊的中点，而且左右立柱受力并不相同，因此左右立柱的变形也不相同，假设左立柱变形量为 h_l，右立柱变形量为 h_r，受力中心点距左立柱长度 x，锻辊在两立柱间长度为 l，则由简单几何学知识可知立柱变形量对锻辊影响量 $\Delta h'$ 为

$$\Delta h' = \frac{l-x}{l}h_l + \frac{x}{l}h_r \qquad (6\text{-}2)$$

已知锻辊在两立柱间长度 $l = 1907$ mm，将四道次下的受力中心点距左立柱长度 x 代入式（6-2），现整理得到数据如表 6-5 所示。

表 6-5　立柱变形量对锻辊变形量的影响　　　（单位：mm）

道次	x	h_l	h_r	$\Delta h'$
第 1 道	265.000	0.693	0.304	0.639
第 2 道	615.000	0.658	0.437	0.587
第 3 道	1056.000	0.536	0.592	0.567
第 4 道	1406.000	0.395	0.689	0.612

由表 6-5 可知，第 1 道和第 4 道略微偏大，这是因为一侧立柱离受力点越近，立柱受力就越大，而立柱轴承孔伸出端刚度较小，使变形加剧，增加了立柱变形的不均匀性，要改变这一现象可以在立柱轴承孔伸出端加筋。

通过上对辊锻机机架变形量的计算可得到机架各组成变形在总变形中的变形比，整理为表 6-6。

表 6-6　机架各个组成部分在机架变形中所占比例　　　（单位：%）

道次	立柱	锻辊
第 1 道	54.1	45.9
第 2 道	37.6	62.4

续表

道次	立柱	锻辊
第 3 道	33.6	66.4
第 4 道	44.6	55.4

由表 6-6 可知，除了第 1 道，其余道次大部分时间锻辊的变形均稍大于立柱的变形，要提高辊锻机机架的整体刚度，在坯料放置空间允许的情况下，可以优先增大锻辊直径，减小辊锻模具的内径尺寸，节约模具钢的使用。

6.4 1250 mm 辊锻机机架动态分析

6.4.1 动态分析技术现状

辊锻机是以动载荷的形式工作的，传统的静态和经验设计已不能满足工程实际的要求。在结构设计中，必须充分考虑各种动态因素的影响，因此进行结构动力学分析是很有必要的。这有助于确保结构的质量、安全、可靠性以及抗振等性能。模态分析技术是 20 世纪 60 年代发展起来的，静态分析中难以解决的结构动力特性、模态参数识别、建模和从力学特性出发的结构优化等问题得到了解决。通过多自由度系统的固有频率、固有振型、模态质量、模态刚度和模态阻尼比等模态参数的动态分析，可以预估系统在工作状态下的振动，在系统制造出来之前能够提前发现过大的振动、过高的噪声等一些不正常的现象。模态分析，可识别载荷的振动谱和来源，进而找出有害的振型和系统的薄弱位置，在此基础上通过改变系统的局部结构，使系统按其所要求改变其动态特性，从而达到符合要求的动态强度、动态刚度。

国外在结构动态涉及领域的研究十分活跃，以欧美为首的一些工业发达国家，对于结构动态设计的研究十分重视，并将其列为结构设计领域的重点发展方向之一。Anderson 和 Nayfeh[13]利用模态分析和试验相结合对分层的复合板进行了有限元分析，得到了复合板的固有频率和振型，为复合板的动态优化提供了技术指导和理论依据；Ye 等利用模态分析技术，对横轴缠绕式叶轮机进行了动态分析，得到了该叶轮机的动态特性，提出了叶轮机动态性能优化的若干建议，为横轴缠绕式叶轮机的改进提供了理论指导[14]；Bae 等利用模态分析技术对自动洗衣机进行了动力学分析，得到了自动洗衣机的固有频率和振型，为洗衣机设计过程中减小振动和降低噪声技术难题提供了合理的参考[15]。

我国动态设计领域也已有越来越多的学者开始利用模态分析技术来对汽车、液压机等复杂机械等进行动态分析。例如，沈浩等对客车车身进行模态分析，并对其进行有效的动态评估；季忠等对闭式数控回转头压力机机身进行模态分析，求出了压力机的前十阶固有频率和振型，并根据分析结果对结构进行改进，提高了机身的动态特性。

6.4.2 模态分析理论

静力分析适于模拟结构承受载荷后长期响应，如果加载时间很短，或载荷本身的性质是动态的，在分析中不能忽略结构的惯性，必须采用模态分析。工程机械应该具备与使用环境相适应的动态特性，如果辊锻机动态动力学特性不能与使用环境相适应，即机构模态与激励频率耦合会使机床产生共振，严重时会使整个机床发生抖振，机床噪声过大，局部产生疲劳破坏等。为此，提出辊锻机机架模态分析的目的如下：

（1）辊锻机机架的低阶固有频率应避开辊锻机的工作频率。
（2）辊锻机机架的弹性模态频率应避开电动机的工作频率。
（3）结构振型应尽量光滑。
（4）辊锻机机架在外部动载荷的激励下会产生强迫振动，对于辊锻机工作精度影响最大的振动方向要求振幅较小、基频较高。

根据振动理论，多自由度系统以某个固有频率振动时所呈现出的振动形态称为模态，此时系统各点位移存在一定的比例关系，称为固有振型。不论何种阻尼情况，机械结构上各点对外力的响应都可以表示成由固有频率、阻尼比和振型等模态参数组成的各阶振型模态的叠加。模态分析的核心内容是确定描述结构系统动态特性的模态数，引入相应的惯性力，将弹性体的动力问题简化为相应的静力问题，其动力有限元的基本方程为

$$M\ddot{\delta} + C\dot{\delta} + K\delta = F(t) \qquad (6-3)$$

式中，M——质量矩阵；

C——阻尼；

K——刚度矩阵；

δ——位移向量；

$F(t)$——作用力向量；

t——时间。

当 $F(t)=0$ 时，忽略阻尼 C 的影响，方程变为

$$M\ddot{\delta} + K\delta = 0 \qquad (6-4)$$

此时为自由振动，节点上各点做简谐运动，各节点的位移表示为

$$\delta = \phi e^{-j\omega t} \tag{6-5}$$

则有

$$(K - \omega^2 M)\phi = 0 \tag{6-6}$$

求出特征值 ω^2 和特征向量 ϕ，进一步求得系统各阶固有频率即模态频率，固有振型即模态振型。

模态频率和模态振型的求法很多，ABAQUS 软件提供了 Lanczos 和子空间迭代的特征值提取方法。对于具有很多自由度的系统，当要求大量的特征模态时，一般来说 Lanczos 方法的速度更快。当仅需要少数几个（少于 20）特征模态时，应用子空间迭代法的速度可能更快。采用 ABAQUS 软件对辊锻机装配体进行模态分析，尽管模型的几何形状具有对称性，但不能只对 1/2 模型进行建模，因为这样无法描述反对称振型。辊锻机机架是由多个零件组成的整体结构，各零件之间存在着不同类型的接触，为了准确模拟机架整体动态特性，必须尽可能合理地建立接触的等效动力学模型，并确定其动力学参数，在计算模态时，ABAQUS 软件是可以考虑接触的，如果一对接触面的接触状态对整个模型的影响不大，或者这一对接触面在整个分析过程中都紧密接触，可以将他们的接触关系改为绑定约束，这样大大减少计算接触状态所需的迭代，本章中左立柱和左立柱轴承、左立柱轴承和锻辊左端面采用绑定约束。

采用 ABAQUS 软件对辊锻机机架装配体进行模态分析，在分析中忽略阻尼对自身振动特性的影响，并且所施加的力载荷在模态分析中都不考虑。

6.4.3 模态分析结果[15]

在前文建模的基础上，输入材料的密度，立柱、横梁和锻辊取 $7.8 \times 10^3 \, \text{kg/m}^3$，轴承取 $8.9 \times 10^3 \, \text{kg/m}^3$。计算 1250 mm 辊锻机机架装配体前十阶固有频率，如图 6-13 所示。

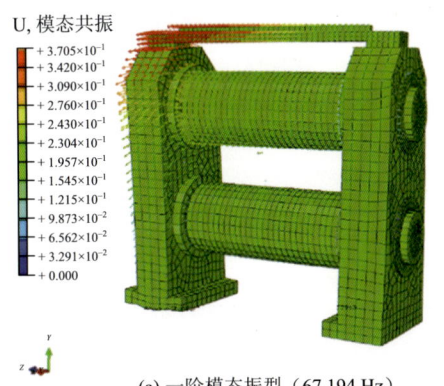

(a) 一阶模态振型（67.194 Hz）

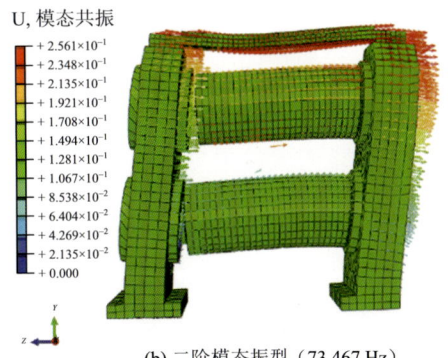

(b) 二阶模态振型（73.467 Hz）

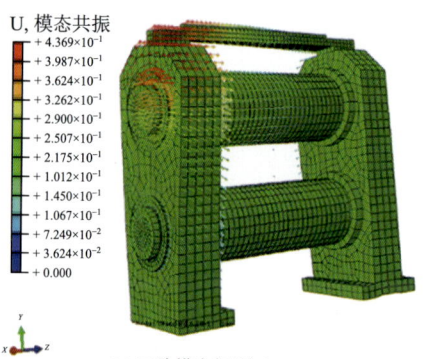
(c) 三阶模态振型（99.589 Hz）

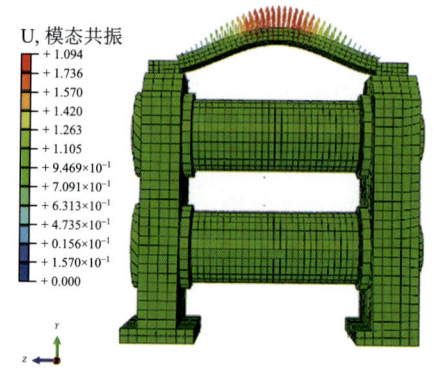
(d) 四阶模态振型（104.10 Hz）

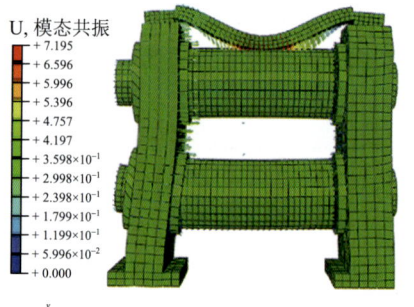
(e) 五阶模态振型（128.48 Hz）

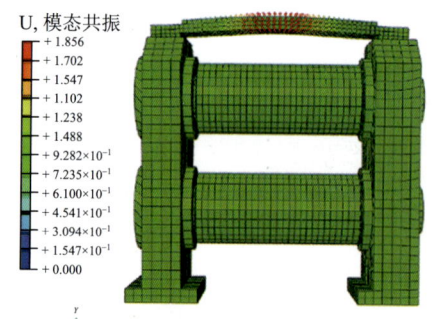
(f) 六阶模态振型（205.26 Hz）

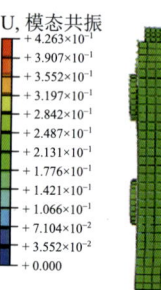
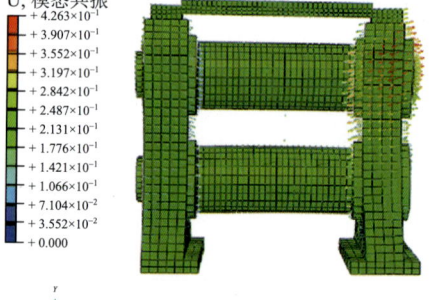
(g) 七阶模态振型（225.35 Hz）　　　　(h) 八阶模态振型（232.47 Hz）

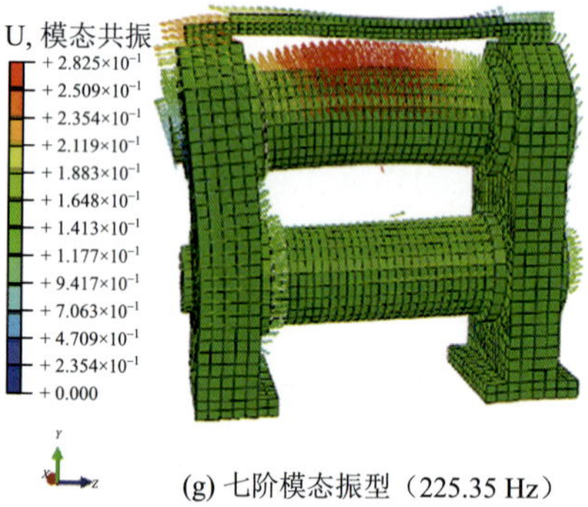

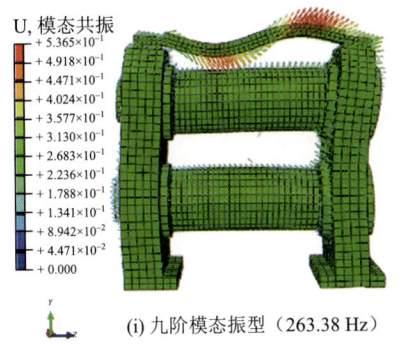
(i) 九阶模态振型（263.38 Hz）

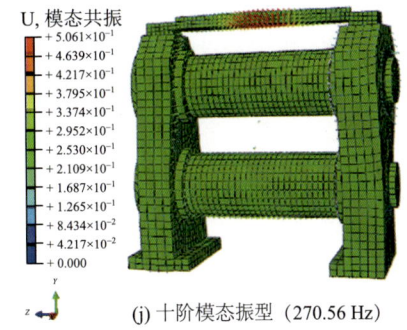
(j) 十阶模态振型（270.56 Hz）

图 6-13　前十阶模态

1250 mm 辊锻机的工作节奏是 8 r/min，对应的激振频率是 0.13 Hz，电机的最大转速是 1490 r/min，对应激振频率为 0~24.8 Hz，从图 6-13 可知，1250 mm 辊锻机机架装配体的最小振频为 67.194 Hz，远大于电机的频率，因此 1250 mm 辊锻机的设计是安全的，不存在共振的潜在危险。

各阶振型在各个自由度上激活的质量如表 6-7 所示。辊锻机机架装配体在绕 x 旋转自由度上具有显著质量，辊锻机装配体的主要振动形式表现为左右摆动。

表 6-7　各阶次有效质量

序号	x	y	z	x 旋转	y 旋转	z 旋转
1	26.62	2.26×10^{-6}	5.20×10^{-6}	70.51	1.05×10^{8}	1.13×10^{8}
2	3.30×10^{-6}	0.15	32.88	1.47×10^{8}	20.01	16.64
3	4.09	3.71×10^{-7}	7.34×10^{-9}	6.27	6.85×10^{6}	1.88×10^{7}
4	5.79×10^{-7}	0.38	4.64×10^{-2}	2.43×10^{6}	0.35	3.42
5	5.77×10^{-8}	0.29	8.16×10^{-2}	61059	2.15	0.25
6	1.02	9.79×10^{-6}	3.75×10^{-6}	16.485	2.63×10^{6}	6.01×10^{5}
7	2.13×10^{-6}	11.55	3.13	2.80×10^{7}	5.53	3.13
8	1.62	9.22×10^{-6}	5.04×10^{-6}	13.58	4.14×10^{6}	5568.40
9	1.87×10^{-5}	13.74	2.48	3.43×10^{7}	38.18	4.26
10	4.85	3.17×10^{-5}	4.99×10^{-5}	82.13	1.38×10^{7}	1.03×10^{6}
总计	38.20	26.11	38.61	2.09×10^{8}	1.33×10^{8}	1.33×10^{8}

6.5　机架瞬态动力学分析

6.5.1　模拟条件

为简化计算模型，节省计算时间，我们取受力时间 2.5 s，最大辊锻力 P 作用时间 1 s，如图 6-14 所示。

6.5.2 机架模型的建立

沿用前文中模态分析中的有限元模型,在模态分析步后再加上 Modal dynamics 分析步。由前述分析可知,辊锻机机架在第 3 道受力,机架刚性最差,因此本节重点介绍在第 3 道动载下,机架的变形和振动。在第 3 道锻辊受力处,施加图 6-14 中的动载,并跟踪图 6-15 中左立柱 b、c 点,右立柱 d、e 点,上横梁 a 点的位移,以分析在动载荷下机架的变形。

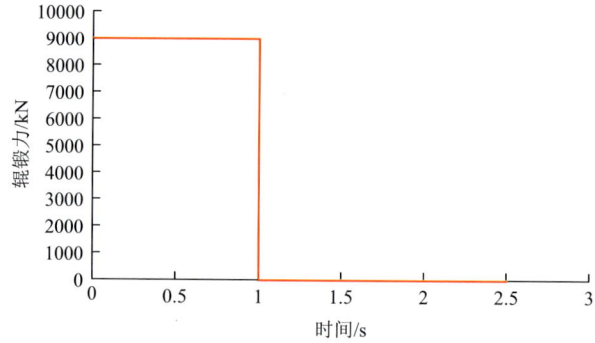

图 6-14 辊锻机脉冲输入载荷

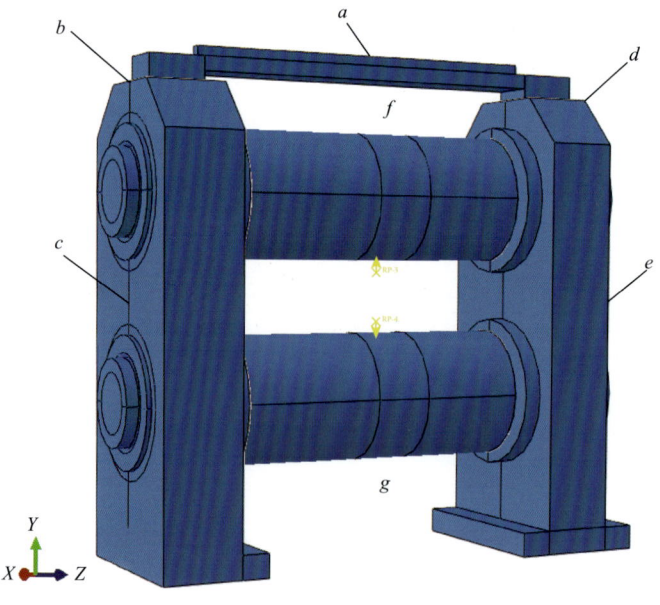

图 6-15 辊锻机机架跟踪点

阻尼的大小会影响振动的过程，阻尼越低，衰减越慢，且模型中的位移峰值会高一些。本实例采用直接模态阻尼，即与每阶模态相关的临界阻尼比，典型取值范围为 1%~10%，由于没有确切的实物数据，且为了放大振动过程，本次计算取较小阻尼比 3%。

6.5.3 变形计算结果

跟踪图 6-15 中左立柱 b、c 点，右立柱 d、e 点，上横梁 a 点的位移，以分析在动载荷下机架的变形。

由图 6-16～图 6-18 可知，机架在 x 方向上的位移很小，均是微米级，最大变形不超过 1 μm，可视为机架在 x 方向无振动。

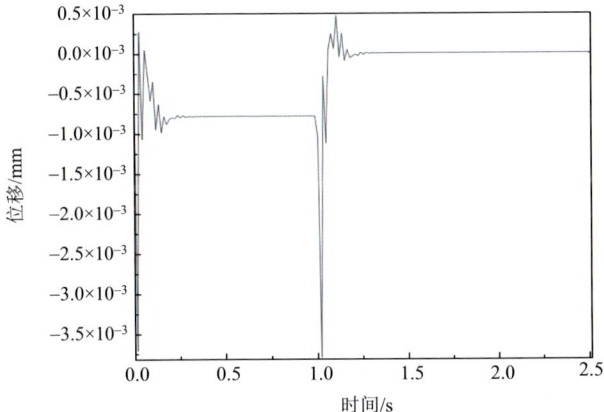

图 6-16　上横梁标记点 x 方向位移

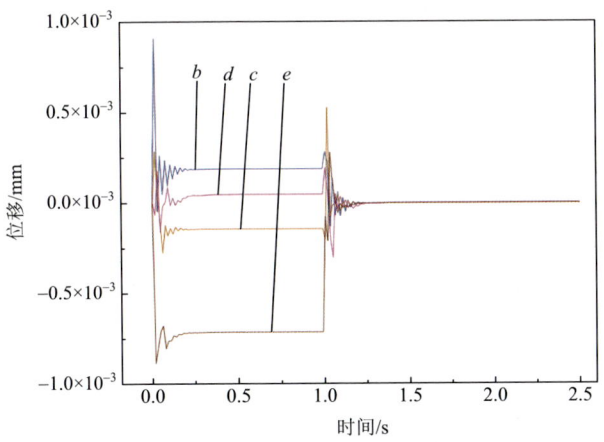

图 6-17　左右立柱标记点 x 方向位移

b. 左立柱上点；c. 左立柱中点；d. 右立柱上点；e. 右立柱中点

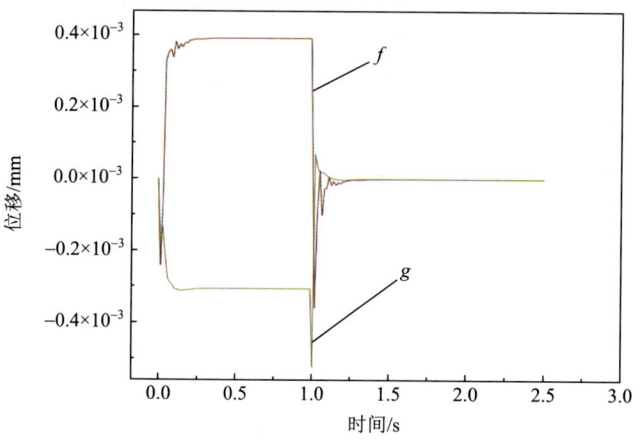

图 6-18　上下锻辊标记点 x 方向位移

f. 上锻辊；g. 下锻辊

由图 6-19～图 6-21 可知，上横梁在 y 向变形较大，最大振幅达到 1 mm，发生在加载载荷的初期，左立柱较右立柱刚度稍好，右立柱 y 向振幅稍高于左立柱，右立柱 d 点在卸荷初期有一个较大振颤，振幅达到 0.125 mm，下锻辊在卸荷初期有一个较大振颤，振幅达到 0.3 mm。机架是闭式机架，受力方向是 y 方向，在 y 方向上机架的刚性很大，根据机械振动理论，自由振动频率跟刚度的开方成正比，因此 y 方向机架的共振频率很高，所需要的激励频率也很高，而实际载荷很难有这么高的频率。

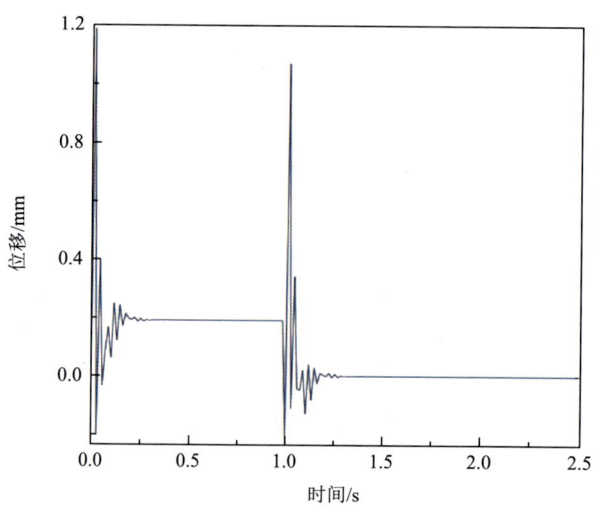

图 6-19　上横梁标记点 y 方向位移

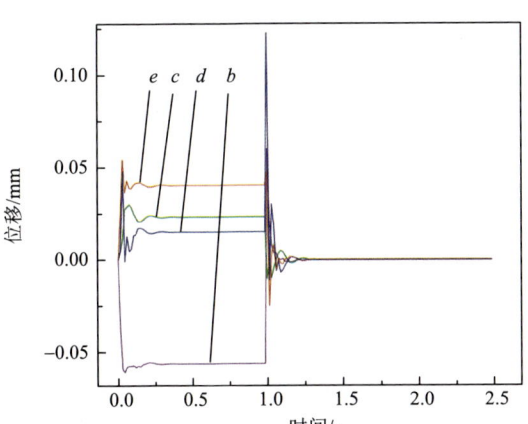

图 6-20　左右立柱标记点 y 方向位移

b. 左立柱上点；*c*. 左立柱中点；*d*. 右立柱上点；*e*. 右立柱中点

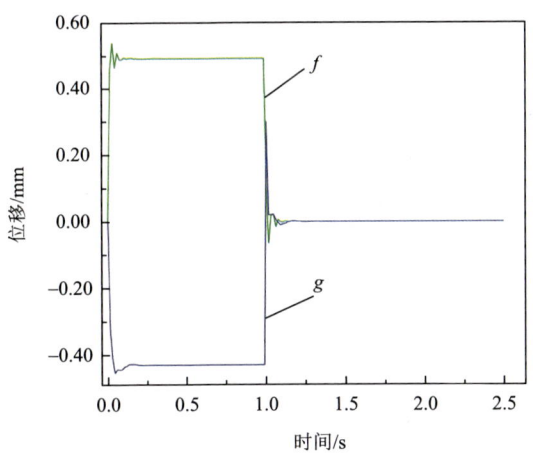

图 6-21　上下锻辊标记点 y 方向位移

f. 上锻辊；*g*. 下锻辊

图 6-22～图 6-24 可知，上横梁在 z 方向最大振幅可达 0.6 mm 左右。右立柱 d 点在卸荷初期有一个较大振颤，振幅达到 0.28 mm，相较于 x 方向和 y 方向，无论是载荷加载阶段还是卸荷阶段，左右立柱的振动频率较低，且振幅均较大，而且立柱上半段跟踪点 b、d 的振幅和位移均高于立柱中间跟踪点 c、e 的振幅和位移，出现了较明显的振动和在 z 方向上的弯曲。由于上横梁刚度低，立柱的左右振动同时也加剧了上横梁的上下振动，上下锻辊在 z 向的振动有稍许的不同步，载荷稳定加载后，上下锻辊的位移差 0.01 mm 左右，在卸荷初期，上下锻辊在 z 方向产生一个较大振动，振幅最大可达 0.2 mm。

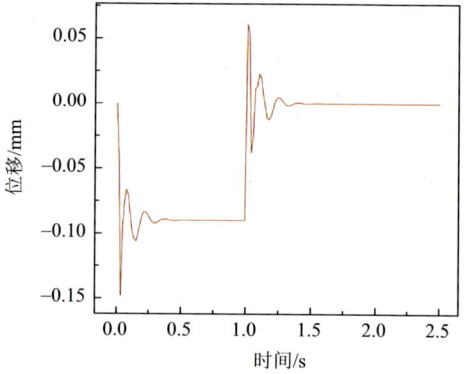

图 6-22　上横梁标记点 z 方向位移

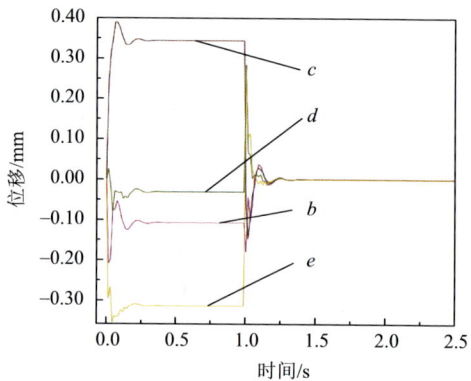

图 6-23　左右立柱标记点 z 方向位移

b. 左立柱上点；c. 左立柱中点；d. 右立柱上点；e. 右立柱中点

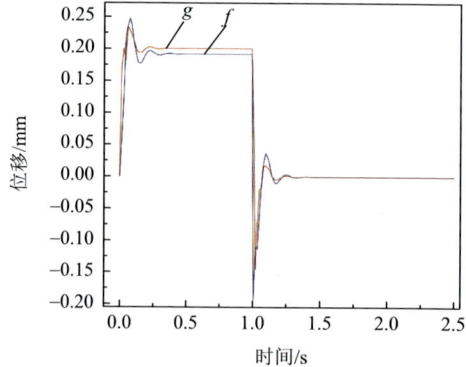

图 6-24　上下锻辊标记点 z 方向位移

f. 上锻辊；g. 下锻辊

综合以上分析，辊锻机机架的主要振动形式表现为左右摆动，上横梁刚度薄弱，立柱的摆动，使其产生了较大上下振动，这部分振动虽然对辊锻机工作精度和模具寿命影响较小，但会引起噪声，可以通过加高上横梁，提高上横梁刚度来减小振动。

6.6　1250 mm 辊锻机气动离合器、制动器动态特性分析

6.6.1　浮动镶块式气动摩擦离合器、制动器

在制动器、离合器、带传动和牵引传动中，摩擦是一种有用且必要的物理特性，在制动器和离合器中都要通过操纵机构在两摩擦面之间施加压力以产生所需的摩擦力，从而实现加速、恒速传动、打滑以便防止过载、减速、停车和固定。由于摩擦式离合器、制动器无论在何种速度时两轴都可以随时接合或分离，且分离迅速而彻底，结合过程则平稳，冲击、振动较小，同时从动轴的加速时间和所传动的最大转矩可以调节，加之其又有过载保护作用等优点，因而在高速传动机械中摩擦离合器、制动器得到了较普遍的应用[16]。

目前，在大中型锻压机械中广泛采用气动摩擦离合器和制动器，其结构形式复杂多样，每种结构形式都具备各自的特点，以满足不同锻压设备的要求。在辊锻机上用得比较多的是浮动镶块式气动摩擦离合器和制动器。如图 6-25 所示。

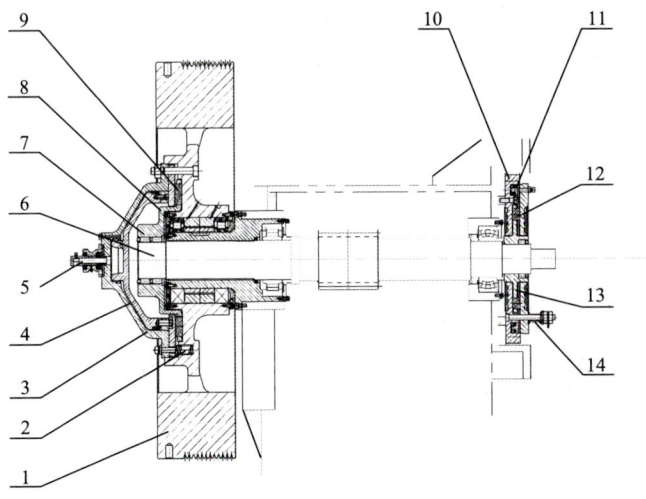

图 6-25　浮动镶块式气动摩擦离合器和制动器

1. 制动器飞轮；2. 离合器回复弹簧；3. 离合器气缸；4. 离合器活塞；5. 旋转接头；6. 飞轮轴；7. 离合器摩擦盘；8. 轴承；9. 摩擦块；10. 制动器气缸；11. 制动器活塞；12. 摩擦块；13. 制动器摩擦盘；14. 制动器制动弹簧

浮动镶块式气动摩擦离合器、制动器飞轮 1、离合器气缸 3 和离合器活塞 4 通过螺栓连在一起，相互之间不能相对转动，他们一起通过轴承 8 空套在飞轮轴 6 上，摩擦块 9 均匀地镶嵌在离合器摩擦盘 7 的一周，它们通过胀套与飞轮轴 6 固定，随飞轮轴 6 一起转动，制动器气缸 10 通过螺钉固定在机身上，摩擦块 12 均匀地镶嵌在制动器摩擦盘 13 的一周，它们通过胀套与飞轮轴 6 固定，随飞轮轴 6 一起转动。工作过程中，制动器气缸 10 进气，制动器活塞 11 向右运动，顶开制动器制动弹簧 14，制动器脱开，旋转接头 5 进气，推动离合器活塞 4 向右运动，压紧摩擦块 9 和制动器飞轮 1，从而将飞轮的转动通过摩擦块 9 传递到离合器摩擦盘 7 和飞轮轴 6 上，带动飞轮轴随飞轮一起转动，旋转接头 5 排气时，离合器回复弹簧 2 推动离合器活塞 4 向左运动，离合器脱开，制动器气缸 10 排气，制动器活塞 11 在制动器弹簧的作用下向左运动，压紧制动器摩擦盘 13，对飞轮轴 6 制动，飞轮轴 6 停止转动。

离合器和制动器的动作应该协调，离合器结合时，制动器应先脱开；制动器制动时，离合器应先脱开。否则，会引起摩擦材料发热和加快其磨损，甚至还可能会造成设备事故。离合器制动器的连锁控制方式有两类：刚性连锁和非刚性连锁。非刚性连锁中应用较为普遍的是气阀连锁。刚性连锁工作可靠，操作系统简单，动作迅速，但离合器轴要做成空心结构，内置顶杆，大型设备离合器制动器气缸结合力较大加上离合器制动器分开距离较大，会造成顶杆失稳等问题，因此大型设备中多采用气阀连锁的控制方式，如图 6-26 所示。

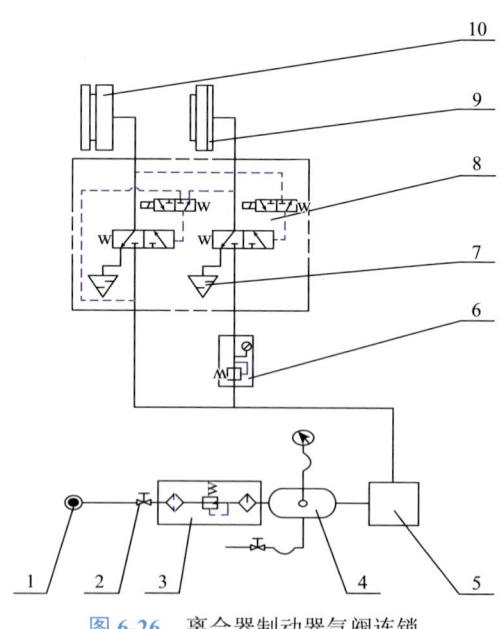

图 6-26　离合器制动器气阀连锁

1. 气源；2. 节流阀；3. 气源处理二联件；4. 储气罐；5. 通气块；6. 减压阀；7. 消声器；8. 正连锁阀；9. 离合器；10. 制动器

6.6.2 高压气体通过收缩喷管的流动

工程上广泛应用高压气体经收缩喷管流动，如图 6-27 所示。

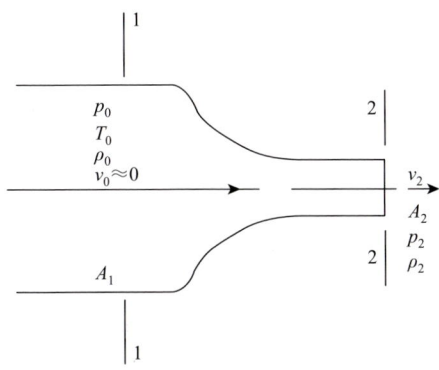

图 6-27 气体通过收缩喷管的流动

容器内气体经过收缩喷管流出。容器内气体处于滞止状态，其参数用 p_0、ρ_0、T_0、v_0 表示，其中 $v_0 = 0$。绝热出流过程中容器内气体滞止参数不变，喷管出口截面面积为 A_2、气体密度 ρ_2、流速 v_2、喷管出口及外部介质压力为 p_2。

取收缩喷管的入口和出口两个截面 1—1 和 2—2，列两截面可压缩气体的能量方程：

$$\frac{k}{k-1}\cdot\frac{p_0}{\rho_0}+\frac{v_0^2}{2}=\frac{k}{k-1}\cdot\frac{p_2}{\rho_2}+\frac{v_2^2}{2} \tag{6-7}$$

因为 $v_0 = 0$，则喷出管流速：

$$v_2=\sqrt{\frac{2k}{k-1}\cdot\frac{p_0}{\rho_0}\cdot\left(1-\frac{p_2\cdot\rho_0}{p_0\cdot\rho_2}\right)} \tag{6-8}$$

气体绝热流动时，有 $\dfrac{p_0}{\rho_0}=RT_0$，$\dfrac{p_2}{p_0}=\left(\dfrac{\rho_2}{\rho_0}\right)^k$，$\dfrac{\rho_0}{\rho_2}=\left(\dfrac{p_2}{p_0}\right)^{-\frac{1}{k}}$，则喷出管流速：

$$v_2=\sqrt{\frac{2k}{k-1}\cdot RT_0\cdot\left[1-\left(\frac{p_2}{p_0}\right)^{\frac{k-1}{k}}\right]} \tag{6-9}$$

依照 $q = \rho \cdot v \cdot A$，计算喷管出口的质量流量，将出流速度 v_2 和密度 ρ_2 代入，则得

$$q_m = \sqrt{\frac{2k}{k-1}} \cdot \frac{p_0}{\sqrt{RT_0}} \cdot A_2 \cdot \sqrt{\left(\frac{p_2}{p_0}\right)^{\frac{2}{k}} - \left(\frac{p_2}{p_0}\right)^{\frac{k+1}{k}}} \qquad (6\text{-}10)$$

式（6-10）表明，对于给定的 p_0、ρ_0、A_2，质量流量 q_m 仅是 p_2 的函数，q_m 与 p_2 的函数如图 6-28 所示。

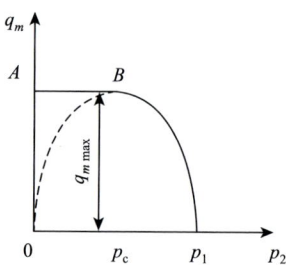

图 6-28 质量流量 q_m 与压力 p_2 的关系曲线

质量流量 q_m 在 B 点为最大值。B 点对应的 p_2 具有特殊值和特殊意义，p_2 的求解可以通过求解 $\dfrac{\partial q_m}{\partial p_2}$ 获得，这里省略烦琐的推导过程，直接给出结果，将图 6-28 中对应的 p_2 称为临界压力，用 p_c 表示，即

$$p_c = \left(\frac{2}{k+1}\right)^{\frac{k}{k-1}} \cdot p_0 \qquad (6\text{-}11)$$

代入绝热系数 $k = 1.4$，可得

$$\frac{p_c}{p_0} = 0.528 \qquad (6\text{-}12)$$

最大质量流量 q_m：

$$q_{m\,\max}^2 \sqrt{\frac{k}{RT_0} \cdot \left(\frac{2}{k+1}\right)^{\frac{k+1}{k-1}}} \qquad (6\text{-}13)$$

此时的临界速度 v_c：

$$v_c = \sqrt{kRT_c} = a(\text{声速}) \qquad (6\text{-}14)$$

由式（6-12）、式（6-13）和式（6-14）可知，当出口压力等于临界压力 p_c 时，即 $\dfrac{p_c}{p_0} = 0.528$，气体的临界速度恰好是声速，此时质量流量达到最大值。

实际上，在收缩管出口处，若上游（入口）压力 p_0 和温度 T_0 保持不变，降低下游（出口）压力 p_2，$q_{m\max}$ 并不会增大，这是因为下游速度达到声速时，气体向管外的传播速度，与上游传播的压力波相平衡，使流速不变，这种现象称为壅塞现象。

6.6.3 气动离合器、制动器物理模型

气动离合器、制动器均可以简化气缸模型[18]如图 6-29 所示。

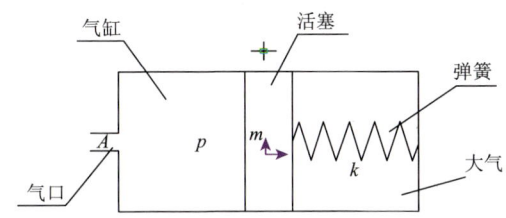

图 6-29 气动离合器、制动器气缸模型

设气缸内气压为 p，大气压力为 p_0，气口截面积为 A，活塞质量为 m，活塞面积为 S，活塞最大行程为 $x_{\max}$，气缸余隙体积为 V_0，气腔体积为 V，气缸内温度为 T，气体通过气口的质量流量为 q_m，弹簧刚度系数为 C。

为方便建立描述气缸运动的数学模型，对气缸的运动过程做如下假设。

（1）气体为理想气体，满足理想气体方程 $p = \rho RT$。
（2）运动过程中，气缸腔室内与外界没有热交换。
（3）气源压力 p_s 恒定，气源温度 T_s 为环境温度。
（4）气缸腔室中的气体热力过程为准静态过程。
（5）气缸的内外泄漏均可忽略不计。

1250 mm 辊锻机离合器、制动器参数如表 6-8 所示。

表 6-8 1250 mm 辊锻机离合器、制动器参数

参数	离合器	制动器
气源压力/MPa	0.47	0.60
活塞面积/m^2	0.56	0.17
活塞质量/kg	230	33
活塞行程/mm	3	3
气口截面积/mm^2	706.5	706.5
弹簧刚度/(kg/mm)	106.7	290.7

6.6.4 气动离合器、制动器动态特性仿真

气缸的进气过程可应用于离合器进气结合和制动器进气打开阶段。

气缸的进气可划分为三个阶段：

1）气缸等容余隙进气

此阶段指气缸从初始进气到克服弹簧力的作用使活塞运动的过程，该阶段气缸容积恒为余隙体积 V_0。

2）气缸变容进气

此阶段指的是气缸活塞从开始运动到活塞压紧摩擦块或者定位套的过程，此阶段气缸容积随时间是变化的。

3）气缸等容进气

此阶段指从气缸活塞压紧摩擦块或者定位套到气缸内气压和气源压力相平衡的过程，该阶段气缸容积恒为 $V_0 + Sx_{max}$。

进气腔的能量方程：

$$\frac{\mathrm{d}p}{\mathrm{d}t} = \frac{kRT_s q_m}{V} - \frac{kp}{V}\frac{\mathrm{d}V}{\mathrm{d}t} \tag{6-15}$$

$$V = V_0 + Sx_j \tag{6-16}$$

式中，R ——气体常数，干空气的气体常数 $R = 287.1 \text{ J/(kg·K)}$；

k ——绝热指数，空气 $k = 1.4$；

x_j ——气缸进气时，活塞的位移。

运动学方程：

$$ma_j = (p - p_h)S \tag{6-17}$$

$$a_j = \begin{cases} \dfrac{\mathrm{d}^2 x}{\mathrm{d}t^2} & (x < x_{max}) \\ 0 & (x = x_{max}) \end{cases} \tag{6-18}$$

式中，a_j ——气缸进气时，活塞的加速度。

流量方程：

$$q_m = \begin{cases} A \cdot p_s \cdot \sqrt{\dfrac{k}{RT_0} \cdot \left(\dfrac{2}{k+1}\right)^{\frac{k+1}{k-1}}} & \left(\dfrac{p}{p_s} \leqslant 0.528\right) \\ \sqrt{\dfrac{2k}{k-1}} \cdot \dfrac{p_s}{\sqrt{RT_s}} \cdot A \cdot \sqrt{\left(\dfrac{p}{p_s}\right)^{\frac{2}{k}} - \left(\dfrac{p}{p_s}\right)^{\frac{k+1}{k}}} & \left(\dfrac{p}{p_s} > 0.528\right) \end{cases} \tag{6-19}$$

气缸的排气过程可应用于离合器排气打开和制动器排气结合阶段。气缸的排气过程正好是气缸进气过程的逆过程，可划分为三个阶段：

1）气缸等容排气

此阶段指气缸从开始排气的瞬时到使活塞即将运动的过程，该阶段气缸容积恒为体积 $V_0 + Sx_{max}$。

2）气缸变容排气

此阶段指的是气缸活塞运动的过程，此阶段由于活塞运动，气缸容积由 $V_0 + Sx_{max}$ 减小到 V_0。

3）气缸等容余隙排气

此阶段指从气缸活塞运动到初始位置到气缸内气压减小到和当地大气压相平衡的过程，该阶段气缸容积恒为 V_0。

排气腔的能量方程：

$$\frac{\mathrm{d}p}{\mathrm{d}t} = -\frac{kRTq_m}{V} - \frac{kp}{V}\frac{\mathrm{d}V}{\mathrm{d}t} \tag{6-20}$$

$$V = V_0 + Sxp_{max} \tag{6-21}$$

$$T = \left(\frac{p}{p_s}\right)^{\frac{k-1}{k}} T_s \tag{6-22}$$

式中，x——气缸进气时，活塞的位移。

运动学方程：

$$ma_p = (p_0 - p)S \tag{6-23}$$

$$a = \begin{cases} \dfrac{\mathrm{d}^2 x}{\mathrm{d}t^2} & (x < x_{max}) \\ 0 & (x = x_{max}) \end{cases} \tag{6-24}$$

流量方程：

$$q_m = \begin{cases} A \cdot p \cdot \sqrt{\dfrac{k}{RT} \cdot \left(\dfrac{2}{k+1}\right)^{\frac{k+1}{k-1}}} & \left(\dfrac{p_0}{p} \leqslant 0.528\right) \\ \sqrt{\dfrac{2k}{k-1}} \cdot \dfrac{p}{\sqrt{RT}} \cdot A \cdot \sqrt{\left(\dfrac{p_0}{p}\right)^{\frac{2}{k}} - \left(\dfrac{p_0}{p}\right)^{\frac{k+1}{k}}} & \left(\dfrac{p_0}{p} > 0.528\right) \end{cases} \tag{6-25}$$

根据式（6-15）～式（6-19）可建立气缸进气过程中的数学模型，求解可得到缸内气压 p、活塞速度 u_j、活塞位移 x_j、活塞加速度 a_j 随时间的关系。根据式（6-20）～式（6-25）可建立气缸排气过程中的数学模型，求解可得到缸内气压 p、活塞速度 u_p、活塞位移 x_p、活塞加速度 a_p 随时间的关系。所求的方程组为变微分方程组，直接求其解析解比较困难，将上述参量无因次化，再利用 MATLAB 软件中的四级四阶龙格-库塔法（ode45 解法程序）求解方程组，可求得其数值解，其截断误差为 $o(h^5)$，这里 h 为积分步长，只要采取适合的步长，就可以得到满意的结果，本文取步长 $h = 0.1$ ms。

代入表 6-8 所示离合器、制动器参数，仿真结果如图 6-30、图 6-31、图 6-32、图 6-33 所示。

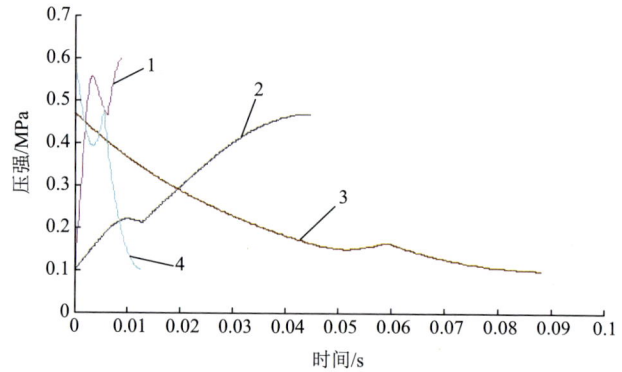

图 6-30　离合器、制动器气缸内气压随时间关系

1. 制动器打开；2. 离合器结合；3. 离合器打开；4. 制动器结合

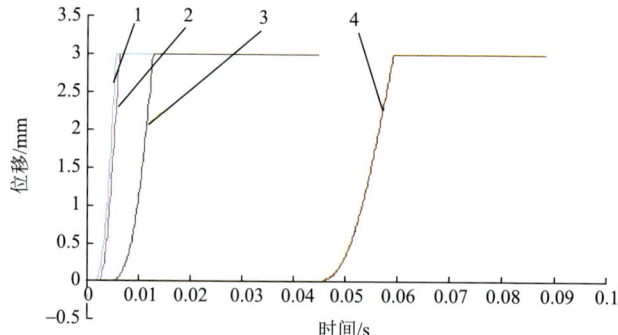

图 6-31　离合器、制动器气缸内活塞位移随时间关系

1. 制动器结合；2. 制动器打开；3. 离合器结合；4. 离合器打开

第 6 章　大型长轴件精密辊锻用 1250 mm 辊锻机的研发与应用　259

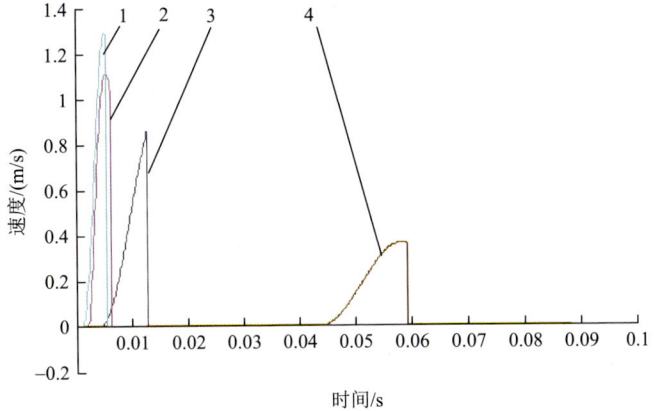

图 6-32　离合器、制动器气缸内活塞速度随时间关系

1. 制动器结合；2. 制动器打开；3. 离合器结合；4. 离合器打开

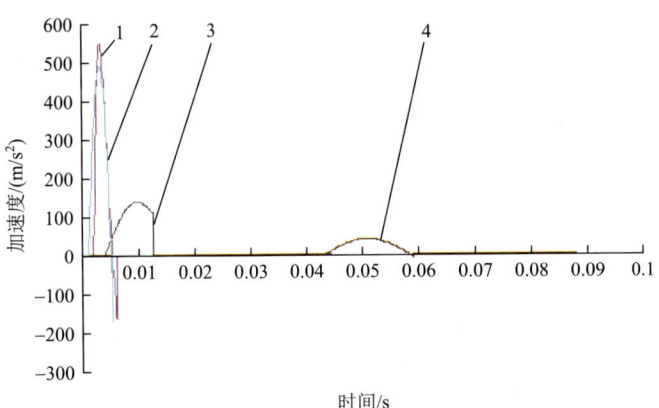

图 6-33　离合器、制动器气缸内活塞加速度随时间关系

1. 制动器打开；2. 制动器结合；3. 离合器结合；4. 离合器打开

由图 6-30 可知，离合器、制动器气缸内气压随时间变化过程中，在等容进气或排气阶段，气缸气压随时间是单调递增或单调递减的，在活塞运动过程中，受活塞运动对气缸体积的影响，气缸气压随时间函数近似于抛物线，函数曲线出现了波峰或波谷，具体可解释为，在活塞运动的后半阶段，受活塞惯性的作用，活塞一直保持高速前进，气缸进气产生的压力增大量小于气缸体积增大量，造成的气缸压力减小，在图 6-33 中表现为，在活塞运动的后半阶段活塞加速度减小，在制动器中活塞加速度甚至为负值，即活塞减速压靠摩擦块。制动器受气缸小、气源压力大、制动弹簧压力大等因素的影响，其压力随时间变化更快，表现出的函数曲线更陡，峰值高。

由图 6-31~图 6-33 可知,离合器、制动器整个动作过程耗时很短,均为毫秒级,耗时最长为离合器打开过程,为 88.4 ms。活塞的运动在整个离合器、制动器气缸的充放气过程中所占比例并不大,大部分时间都被气缸的等容充放气阶段所占据。离合器由于气缸体积较大,充放气量多,其动作过程耗时显著高于制动器动作过程。气缸活塞运动阶段,其加速度很高,因此活塞也是高速行进,制动器动作过程其活塞加速度和速度均明显高于离合器动作过程中活塞加速度和速度,高速行进的活塞会对摩擦块产生撞击,释放噪声和振动,同时也加速了摩擦块的磨损,因此制动器摩擦块的磨损速度会高于离合器摩擦块,实际生产情况也证明这一观点。

6.6.5 气动离合器、制动器协调性分析

气动摩擦离合器和气动摩擦制动器因具备很多优点而被广泛应用在机械压力机上。但由于目前对气动摩擦离合器和气动摩擦制动器实际动作过程中的内在本质缺乏更深入的研究,特别对两者相互协调性缺乏深入了解,以至于在调整、验收、使用和维修方面存在一定的盲目性,从而导致气动摩擦离合器和气动摩擦制动器在工作过程中发生干涉现象或动作迟缓而引起"闷车"。

气动摩擦离合器和气动摩擦制动器动作的协调性是指离合器与制动器在压力机工作过程中两者动作配合的性能,即在开车时制动器先脱开,离合器何时结合最合适;停车时离合器先脱开,制动器何时制动最好。

图 6-34 是离合器与制动器协调性动作图,要使气动摩擦离合器和气动摩擦制动器协调地工作,则图 6-34 中的 Δt_1 和 Δt_2 应越大越好。图 6-34 中的 Δt_2 不能太大,否则会发生"闷车"现象,此外 Δt_2 太大,离合器和制动器动作灵敏性差,这会直接影响调整模具的寸动行程和光电人身保护装置等动作的可靠性。图 6-34 中 Δt_1 太大,虽然对离合器与制动器的协调性无任何影响,但会降低压力机的生产效率。气动摩擦离合器和气动摩擦制动器协调性实质,一为相互之间不发生干涉,二为动作灵敏性高[19]。

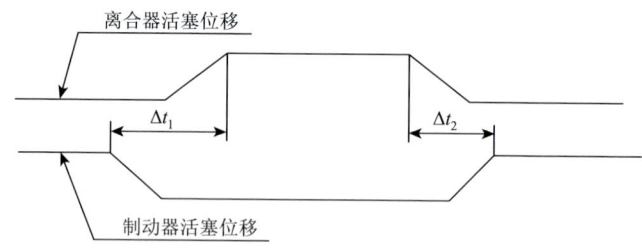

图 6-34 离合器与制动器协调性动作图

在离合器结合、设备动作时,先制动器打开,然后离合器结合,如图 6-35 所示,

制动器始点设为原点，类似于刚性连锁，使离合器活塞和制动器活塞同时运动到位移最大值。由仿真结果可知，此时离合器的始点 A 为负值，说明离合器在任意正时刻结合均可满足协调性要求。离合器、制动器同时进气，由于制动器气缸小，因此制动器首先动作，使传动的被动部分脱离制动状态；而离合器气缸大，进气时间长，所以后动作，在这种情况下，离合器和制动器的协调性是由其结构尺寸保证的[20]。

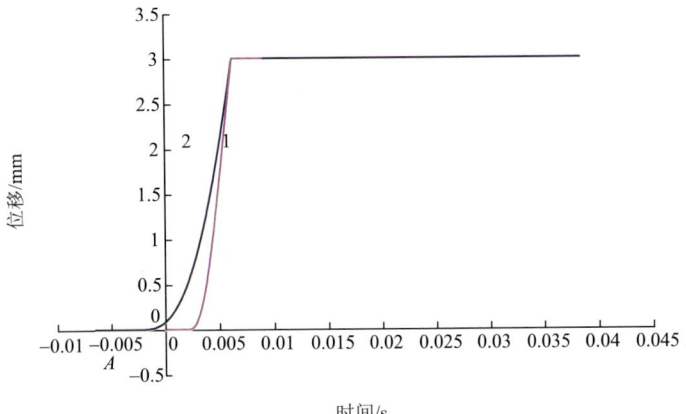

图 6-35　离合器结合时离合器制动器协调曲线

1. 制动器打开；2. 离合器结合

在制动器结合、设备制动时，离合器先打开，然后制动器结合，如图 6-36 所示，将离合器始点设为原点，使离合器活塞和制动器活塞同时运动到位移最大值。由仿真结果可知，此时制动器的始点 B = 53.7 ms，也就是说制动器应滞后离合器 53.7 ms 进气。

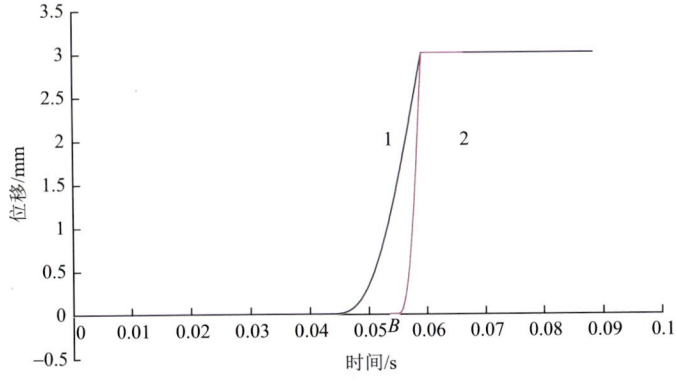

图 6-36　制动器结合时离合器制动器协调性曲线

1. 离合器打开；2. 制动器结合

离合器由于气缸尺寸大,排气过程时间显著延长,对制动不利,如式(6-19)所示,排气流量与气口截面积成正比,因此排气时间与气口截面积也近乎成反比,可以通过增加气口截面积并缩短排气管道长度来缩短离合器排气时间,目前国内压力机在排气口上普遍安装粉末冶金多孔陶瓷消声器,该消声器微孔直径为微米级,所以在使用一段时间后一定要进行清理,大型锻压设备在离合器旋转接头处一般会装有换向阀,使进气管道和排气管道分开,增大排气口尺寸,加快排气,如图6-37所示。

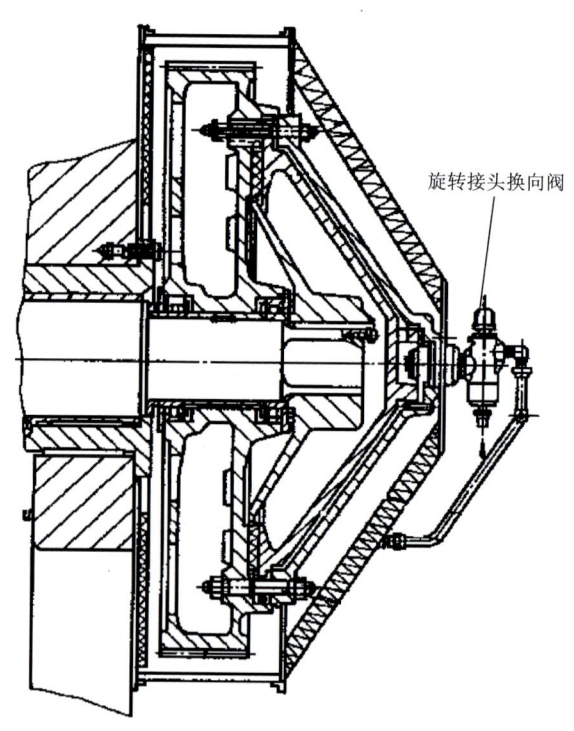

图 6-37 离合器旋转接头换向阀

6.6.6 入模角、制动角分析

当两个开始以不同速度向同一方向自由旋转的质量体接合时,高速质量体不仅为离合器上的摩擦功供给能量,而且还使低速质量体的速度和动能增大。

图 6-38 是摩擦离合器工作时飞轮和从动轴的结合过程,J 和 J' 分别为飞轮和辊锻机从动部分的转动惯量,ω 和 ω' 分别为飞轮和辊锻机从动部分的转速,T 为摩擦力矩。由于飞轮转动惯量远大于辊锻机从动部分的转动惯量,因此结合过

程中，ω 变化很小，忽略不计，为一常量，根据冲量定理，可得

$$Tdt = J'd\omega' \tag{6-26}$$

式中，$T = p \cdot S \cdot D$，D 为离合器的摩擦直径。式（6-26）是一阶线性微分方程，已知 p 随时间的函数表达式，代入初始条件，可以很容易求解得 ω' 随时间的表达式，前文的公式中，已经求得 p 的数值解，代入式（6-26）中，可求得 ω' 的数值解。

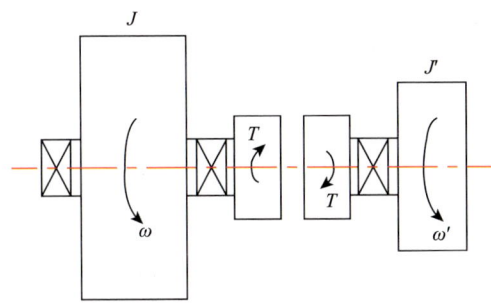

图 6-38　离合器摩擦结合过程

如图 6-39 所示，由于从动部分转速 ω' 随时间增加，变化速度加快，整个加速过程用时 23 ms，由前述可知，离合器结合后等容进气阶段用时 32.1 ms，也就是说离合器还在等容进气时，从动部分已经加速完毕，由于 1250 mm 辊锻机飞轮相较 1000 mm 辊锻机飞轮重量增加较大，为保障飞轮运行的安全，在飞轮轴上安装有卸荷套，这使得离合器径向尺寸有所增大，离合器的充放气时间略长。

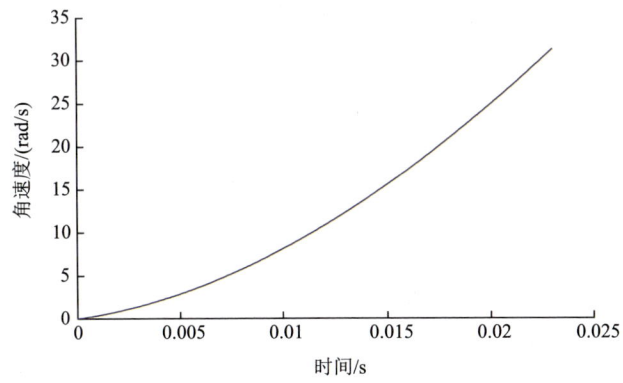

图 6-39　离合器结合过程中从动部分转速 ω' 随时间变化

辊锻入模角指辊锻机启动，到离合器完全结合，锻辊运动的那一段空行程，如图 6-40 所示。

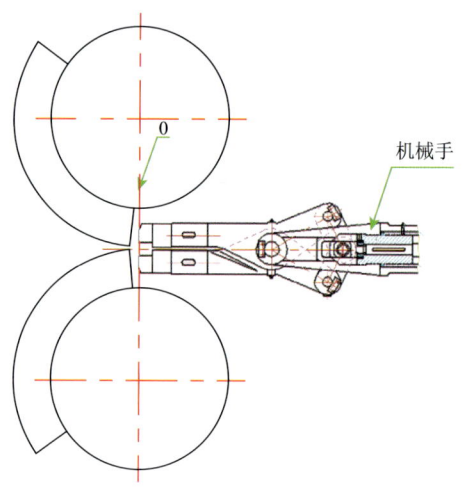

图 6-40 离合器入模角

α 的表达式如下：

$$d\alpha = \omega' / i\, dt \quad (6-27)$$

式中，i ——飞轮轴至锻辊的传动比，代入初始条件可得 $\alpha = 0.0153\ \text{rad} = 0.877°$，角度乘以辊锻模公称直径，换算成长度的话为 9.56 mm，也就是说辊锻机启动时，模具离机械手最少留出 9.56 mm 的空行程，才能保证辊锻时，离合器已经结合稳定。

辊锻时，入模角 α 越大，锻辊初始运动超前机械手就越多，因此就需要相应的减少机械手夹持料头的长度，这会影响辊锻工艺的调试。而减小离合器尺寸、增大气口截面积均有助于少入模角 α。

制动角是指制动时锻辊所转过的角度 θ。制动过程指离合器排气打开，制动器排气结合制动过程，包括气滞后阶段和机械制动阶段。由前述可知，制动器应滞后离合器 58 ms 排气，制动器开始排气到活塞接触摩擦盘用时 5.5 ms，锻辊空转用时共 63.5 ms，这段时间称为气滞后阶段。从制动器摩擦副瞬时启动到从动系统动能完全被制动器所吸收停止运转，这段过程称为机械制动，机械制动的方程表达式为同样为式（6-26）。θ 的表达式如下：

$$d\theta = \omega' / i\, dt \quad (6-28)$$

综合气滞后阶段和机械制动，带入初始条件可求得 θ 的数值解如图 6-41 所示。图 6-41 中，O 是零点，OA 段是气滞后阶段，AB 段为气缸余隙容积排气制动，即从制动器摩擦副贴合的瞬时起到气缸内气压减小到当地大气压为止的阶段，B 点以后是延长等压制动，即气缸气压减小到当地大气压瞬时起到从动系统的角

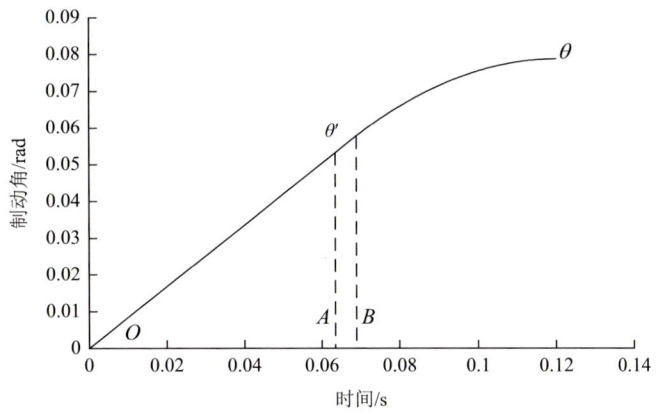

图 6-41 制动角 θ 随时间变化

速度为零瞬时止。可以看出，气滞造成的制动角 θ′ 占整个制动角 θ 的一大半，因此，提高离合器气缸的放气灵敏度才是减小制动角的关键。由仿真可知，制动角 θ = 0.0788 rad = 4.52°＜5°，满足需求。

辊锻机采用齿轮传动带动锻辊旋转，其从动部分的偏心力矩不大，一般不会因制动角过大而出现滑车的情况，大型辊锻机一般都装有一个液动低速回转机构，由径向柱塞液压马达驱动，在自动化辊锻中使辊锻模能够回到固定的原始位置或准确地停止在任意位置上。

6.7　1250 mm 辊锻机上 16 型钩尾框辊锻工艺设计

6.7.1　16 型钩尾框辊锻件的特点

（1）锻件重 160 kg，锻件展开长约为 2 m，属于长轴类锻件。需要模锻设备吨位较大，锻造工艺较为复杂。

（2）16 型钩尾框形状较为复杂，两头不对称，框板部截面积较小，在模锻成形中，两头的金属较难填充成形。

（3）准确合理地分布辊锻件各部位的截面积，避免造成模锻成形不能打靠的缺陷。

（4）锻件中间部位即框尾部与框板纵向截面有明显的高度落差，落差部位的 r 角设计要合理，避免造成填充不满的问题。

（5）钩尾框大小头端部、框板部和尾部不允许补焊，经探伤后不允许有裂纹、折叠等缺陷。

6.7.2　1250 mm 辊锻机辊锻钩尾框工艺的提出

钩尾框锻造工艺成熟发展主要经过了如表 6-9 所示的几个过程。

表 6-9　钩尾框锻造工艺发展状况

单位	工艺流程
江苏某厂	加热（燃气炉）→制坯（自由锻）→二次加热（燃气炉）→模锻（31500 kN 以上摩擦压力机）→折弯（液压机）→整形
辽宁某厂	加热→自由锻拔长制坯→加热→中间部位锻造→切边→加热→一端模锻→切边→校正→加热→另一端模锻→切边→校正（17 型钩尾框多火次加热锻造工艺）
机电所	感应炉加热→1000 mm 辊锻机上 4 道次部分精密辊锻→40000 kN 以上摩擦压力机或高能螺旋压力机上锻造→切边→折弯机折弯→整形（17 型钩尾框锻造工艺）
机电所	感应炉加热→1000 mm 辊锻机制坯→镦头机墩粗→燃气炉二次加热→8000 T 摩擦压力机模锻→切边→折弯机折弯→整形（16 型钩尾框锻造工艺）
机电所	感应炉加热→1250 mm 辊锻机制坯→500 kJ 对击锤模锻→切边→折弯机折弯→整形（16 型钩尾框锻造工艺）

注：机电所全称为北京机电研究所有限公司。

江苏某公司采用的钩尾框锻造工艺为两火次加热，该工艺能耗大，生产效率低，劳动条件差，材料利用率低，生产成本高，得到的产品表面质量较差。

辽宁某公司针对 17 型钩尾框在 10 t 锤上的分段掉头锻造工艺，降低了设备吨位，生产方式灵活，但多火次加热过程中由燃气炉加热造成的氧化皮会影响锻件的表面质量，在锻造过程中锻件轴向延伸率难以控制，模锻时不容易定位，对工人技术要求较高。

由机电所开发出 1000 mm 辊锻机上精密辊锻工艺，实现了小吨位模锻用设备成形大型锻件，加快了生产节拍，改善了工人劳动环境，降低了生产成本。

1000 mm 辊锻机是钩尾框辊锻成形的主要设备，但是其辊锻坯料最大直径为 160 mm，可以满足 17 型和 13 型钩尾框的辊锻工艺需求，但 16 型钩尾框具有端头截面积较大的特点，需要采用直径为 180 mm 的坯料，已超过 1000 mm 辊锻机设备能力极限，曾经采用过用镦头机专门镦粗大头的工艺方案，但是镦头工序增加了操作时间，使得坯料热量散失较多，需要回炉补温后再进行终锻工序，会造成能源浪费、氧化严重、操作困难等问题。

为了解决 16 型钩尾框基于 1000 mm 辊锻机两火次成形锻造工艺的不足，机电所开发设计了 1250 mm 辊锻机，使原来最大的辊锻坯料直径由 160 mm 增加到了 200 mm，能满足锻造 16 型钩尾框截面尺寸要求，实现了一火次成形，加快了生产节拍，同时提高了锻件的质量[21]。

16 型钩尾框的采用的工艺流程：

中频炉加热→1250 mm 辊锻机制坯→对击锤终锻→切边→整形→弯曲

6.7.3　1250 mm 辊锻机辊锻模具设计

（1）辊锻模设计流程。

根据钩尾框热锻件图如图 6-42 所示，计算出需要的下料尺寸。

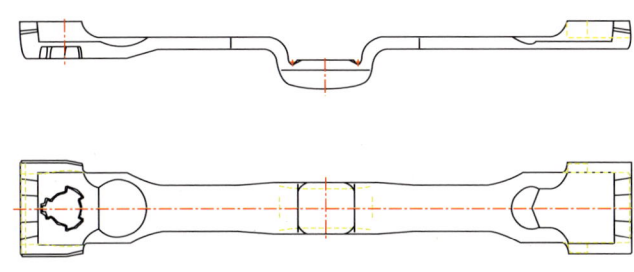

图 6-42　16 型钩尾框锻件图

通过计算钩尾框热锻件各个截面尺寸确定所需坯料的尺寸，合理准确地确定坯料直径尺寸大小，既能保证锻件模锻充满程度，又能避免由料径过大造成的辊锻模磨损及材料的浪费。式（6-29）为坯料尺寸的计算公式。

$$d_0 = \sqrt{\frac{4KF_{max}}{\pi}} \qquad (6-29)$$

式中，d_0——坯料直径（mm）；

K——截面增大系数（$1.1 \leqslant K \leqslant 2.0$）；

F_{max}——辊锻件最大截面积（mm^2）。

通过计算可得到 16 型钩尾框需要的圆形坯料直径为 180 mm。

考虑热变形过程中烧损情况，根据锻件体积按式（6-30）计算坯料体积：

$$V_0 = (V_D + V_M)(1+\delta)(mm^3) \qquad (6-30)$$

式中，V_0——坯料体积（mm^3）；

V_M——飞边体积（mm^3）；

V_D——锻件体积（mm^3）；

δ——金属热烧损率（%）。

通过计算得 16 型钩尾框锻造工艺所需的下料尺寸为 $\phi 180$ mm×875 mm。

（2）根据钩尾框热锻件图的尺寸绘制出展直的辊锻件图（第 4 道辊锻件）。

通过热锻件的截面图，按式（6-31）计算毛坯的各特征段的截面图。

$$F = F_D + 2K_F F_F \qquad (6-31)$$

式中，F ——毛坯截面积（mm²）；
　　　F_D ——锻件横截面积（mm²）；
　　　K_F ——飞边槽充满系数；
　　　F_F ——飞边横截面积（mm²）。

为保证模锻时将坯料放入锻模中，辊锻毛坯的端部区域的长度略短于锻件相应位置长度，可以避免模锻时出现折叠的缺陷，中间部位长度取和锻件长度相同即可。

截面有变化的过渡段长度 l_0，按式（6-32）计算。

$$l_0 = (0.5 \sim 0.86)\left(\sqrt{F_1} - \sqrt{F_2}\right) \qquad (6-32)$$

式中，F_1、F_2 ——过渡区段两个截面积（mm²）。

（3）辊锻道次的确定，1250 mm 辊锻机辊速较低，如果辊锻道次多，温度下降就明显，影响模锻成形效果，相反多道次辊锻可以减少辊锻力，每道次变形量较为平稳，提高模具使用寿命。辊锻道次 N 的确定由式（6-33）计算得出。通过计算得出辊锻过程需要 4 道次。

$$N = \frac{\lg \lambda_Z}{\lg \lambda_P} \qquad (6-33)$$

式中，$\lambda_Z = F / F_{\min}$；
　　　F ——坯料截面积（mm²）；
　　　$F_{\min}$ ——辊锻件最小截面积（mm²）；
　　　λ_P ——平均延伸系数。

（4）合理地分配各道次延伸系数，根据各道次延伸系数，设计得到辊锻工序各道次毛坯图。绘制辊锻件图顺序为：第 4 道锻件→第 3 道锻件→第 2 道锻件→第 1 道锻件。16 型钩尾框各道次辊锻件图如图 6-43 所示。

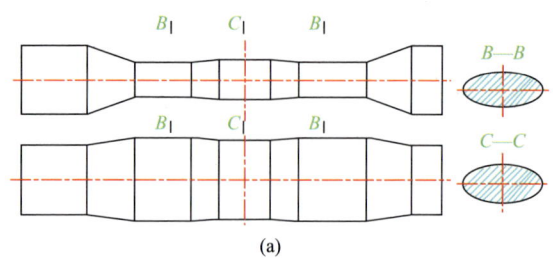

(a)

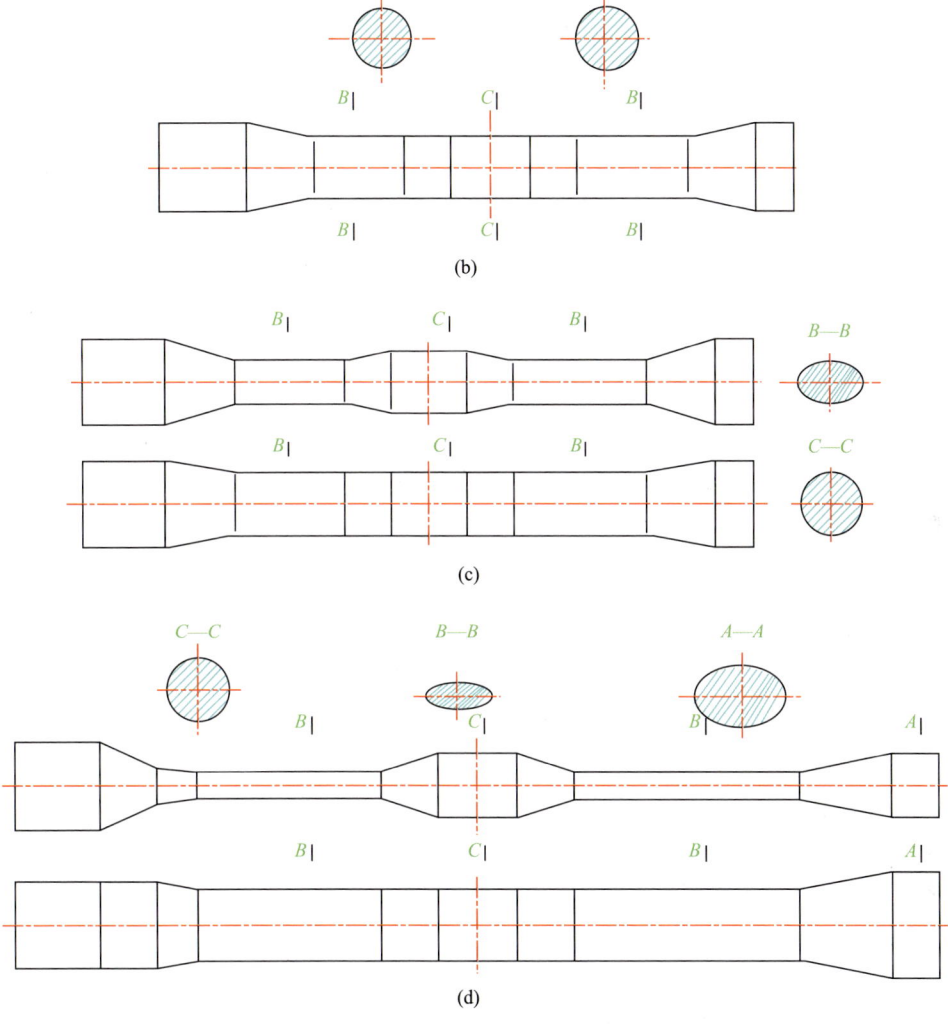

图 6-43 16 型钩尾框各道次辊锻件图

(a) 第 1 道；(b) 第 2 道；(c) 第 3 道；(d) 第 4 道

(5) 辊锻是通过辊锻模反向旋转的一种回转体成形工艺，其辊锻模为圆形，型槽的尺寸一般习惯以中心角表示，根据各道次辊锻件毛坯图，将辊锻件的直线长度划分成等截面段和变截面过渡段，设计辊锻模时，用圆周中心角 α（rad）代替辊锻件各区段直线长度，其中要考虑辊锻过程中的轧件相对模具的前滑率（S），辊锻件各区段直线长度与圆周中心角转换式（6-34）为

$$\alpha = \frac{L/(1+S)}{0.01745 \times R_P} \tag{6-34}$$

式中，S ——前滑率；

L ——轧件各区段长度；

R_p ——根据辊锻模孔型形状，设定的有效轧制半径。

6.7.4 辊锻模孔型设计

第 1 道采用椭圆形式孔型（图 6-44），由于圆料进入这种孔型不易出毛边，可以简化模具结构，容易加工。这一道的主要作用是分料，将端部与中部的材料分开，两端部在第 1 道模具中不变形，如图 6-45 所示保持原有圆形。

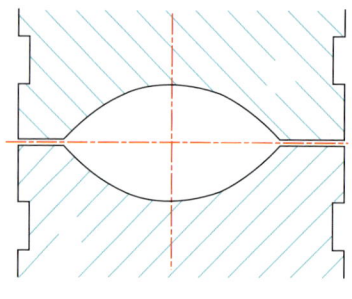 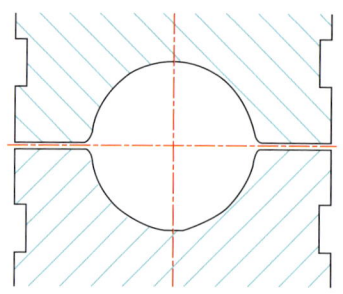

图 6-44 椭圆形式型腔图　　　　图 6-45 圆形式型腔

第 2 道前、后平板区段，采用圆形式孔型。两端和中部不变形区也同样采用圆形式孔型。辊锻过程比较稳定，轧件不易倾倒。

第 3 道框板部位采用的是椭圆形式孔型，两端和中部不变形区也同样采用圆形式孔型。

考虑模锻成形终锻件框板部的形状尺寸，需要得到的辊锻件图框板部位的形状为椭圆形，所以第 3 道到第 4 道框板部型槽系选择均为椭圆型槽系，这样更有利于模锻成形，工艺头形状为初始圆形棒料的形状，这样将辊锻件放入锻模中，不容易定位，造成产品一致性差，考虑以上现象钩尾框小头截面设计成图 6-46 所示的形状，该截面形状底部采用平面形式，有利于 16 型钩尾框辊锻坯料放入锻模中的定位。

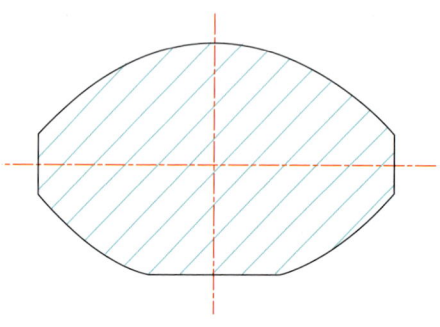

图 6-46 第 4 道次小头端截面图

6.8　16 型钩尾框辊锻变形过程数值模拟及结果分析

6.8.1　数值模拟软件和建模过程

1. 数值模拟软件和方法

用有限元法分析金属塑性成形过程中，理论模型的合理选择，求解方法的准确确定，关系着模拟真实性。对钩尾框辊锻三维金属塑性成形过程进行数值模拟，如下所示。

Qform 模拟分析软件是由俄罗斯 Quantor 公司开发研制而成，Qform 软件依据有限元法专门解决锻造问题，可以对各种锻造工艺进行数值模拟包括热锻、温锻、冷锻等，功能强大；该软件能全自动导向模拟过程完成，通过设定可以在一次模拟计算中设定多工序即一次性操作完成从原始坯料到最终的锻件的全部成形工艺；Qform 软件有折叠跟踪功能，能显示表面流线进行流线缺陷预警，对锻后产品的缺陷有一定的预判[22]。

Qform 模拟分析过程如下：

（1）前期准备工作，需要应用 Qform 软件 3D 几何编辑功能，将建立好的模型转换成 QShape 格式。

（2）添加新工序。这里可以添加连续工序，即一次性添加 16 型钩尾框四道次辊锻工序。

（3）对几何体进行设置，即辊锻模的旋转轴设定、每道次坯料初始位置。

（4）工件、模具参数，Qform 软件中拥有强大的材料库和设备库资料，因采用辊锻成形设备是国内首台 1250 mm 辊锻机，之前没有分析数据，需要将设备参数导入设备库里。

（5）停止条件、边界条件设定。停止条件可以从工艺过程的时间、距离、模具运动、模具旋转轴、最大载荷、最终位置中选取设定。工件和模具的边界条件的设定可以使模拟结果更加接近实际情况。工件的边界条件分为载荷、速度、压强、热耗、单位面积热耗、单位体积热耗、锻压操作手旋转等，模具边界条件为刚性固定、支撑、使用可能分离的体支撑、载荷、压强。

（6）模拟参数设定结束后，开始模拟计算。

（7）使用软件自带的子程序功能，对模拟结果进行有针对性的子程序运算。

2. 辊锻模建模过程

钩尾框辊锻模是曲面构造，不同截面的变化使得过渡区段截面变形较大，建模过程过渡区段造型和添加圆角难度较大，并且关联性很强，难以实现参数化建模。模具修改过程，除参数化部分个别的倒角修改难度较大，花费了大量的时间。本章的研究需要建四对辊锻模即八个模具造型。16 型钩尾框四道次辊锻模三维造型如图 6-47 所示。

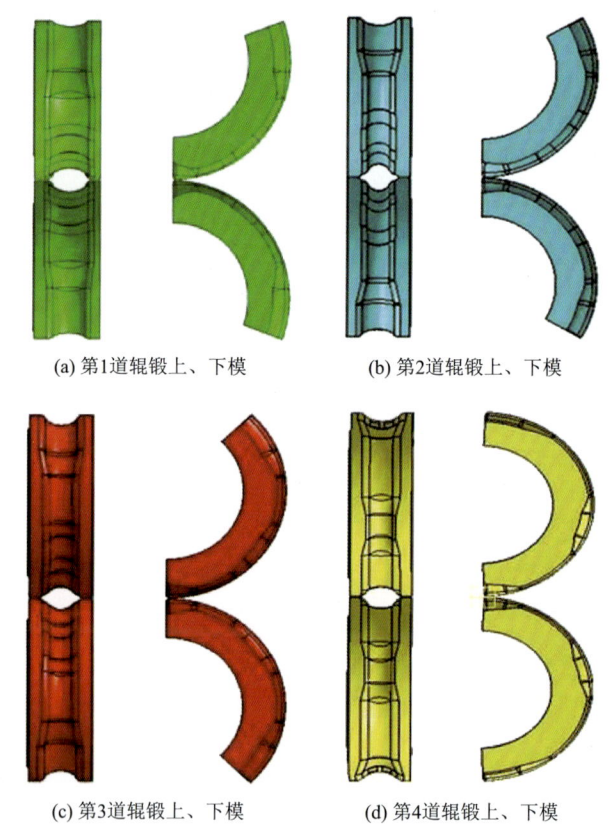

(a) 第1道辊锻上、下模　　(b) 第2道辊锻上、下模

(c) 第3道辊锻上、下模　　(d) 第4道辊锻上、下模

图 6-47　16 型钩尾框四道次辊锻模

6.8.2　辊锻过程模拟结果分析

1. 第 1 道变形过程模拟结果分析

辊锻工艺所需坯料的下料尺寸为 $\phi 180\times 875$ mm，经过四道次辊锻，图 6-48 为得到 16 型钩尾框模拟各道次辊锻件，通过对模拟结果的分析，在软件中对四道次辊锻件进行尺寸测量，并与理论设计尺寸进行对比见表 6-10。下面分别对每道次模具进行修正，进而得到满足模锻要求的辊锻件，即使辊锻件达到理论设计尺寸要求。

第 6 章　大型长轴件精密辊锻用 1250 mm 辊锻机的研发与应用　　273

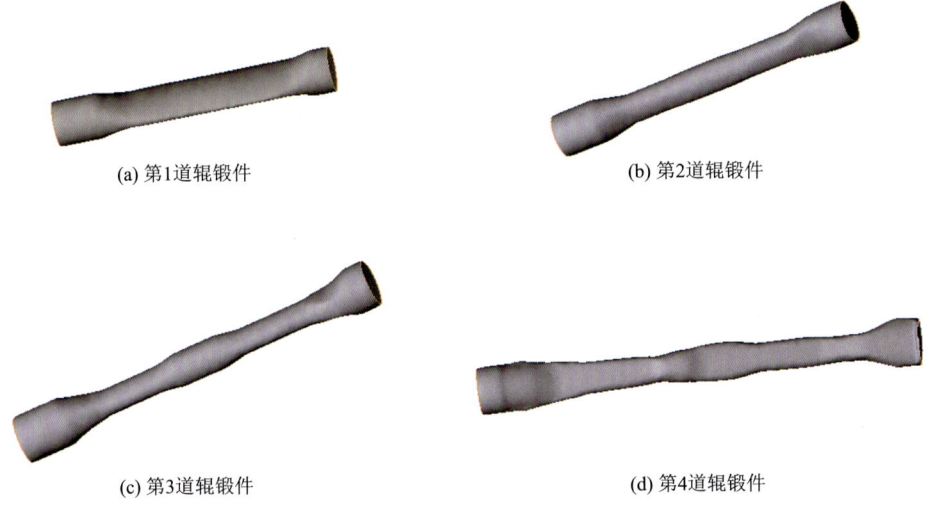

(a) 第1道辊锻件　　　(b) 第2道辊锻件

(c) 第3道辊锻件　　　(d) 第4道辊锻件

图 6-48　模拟得到的四道次辊锻件

表 6-10　各道次辊锻件的理论设计尺寸与模拟尺寸　　（单位：mm）

道次	理论尺寸	模拟尺寸
第 1 道	1138.1	1126.5
第 2 道	1323.9	1300
第 3 道	1455.2	1410.4
第 4 道	1954	1900

第 1 道辊锻工艺的作用是合理将坯料进行体积分配，主要成形部位是钩尾框前、后框板和中间位置，第 1 道辊锻模采用的椭圆形式孔型，辊锻过程中稳定性较好，以前坯料加热用的燃气炉，会在坯料表面产生较多的氧化皮，造成第 1 道辊锻过程出现打滑现象，坯料是由中频感应加热炉加热，少或者无氧化皮，加热后的圆棒料进入辊锻模型腔进行辊锻成形，得到的第 1 道次辊锻件如图 6-48（a）所示，不存在由前面道次残留的缺陷造成的型腔不匹配问题。

通过理论设计的第 1 道辊锻件图工艺头尺寸，调整咬入口位置，确定机械手送料位置参数，为后续道次机械手位置的确定提供参照，图 6-48（a）的第 1 道次辊锻件成形位置为钩尾框框板和中间部位，没有明显缺陷。

将模拟得到的辊锻件变形截面剖面分析，测量第 1 道次辊锻件长度以及变形截面尺寸，将测量结果与理论设计结果作比对如表 6-10 所示，发现模拟得到的辊锻件长度尺寸偏小，分析原因可能是在锻件直线长度转化成模具中心角度的前滑取值造成的，影响前滑值的因素包括辊锻机转速，而 1250 mm 辊锻机转速为 8 r/min，在前滑取值的时候，参考 1000 mm 辊锻机辊锻工艺前滑值偏大了，要重新选取较小的前滑值，才能适合 1250 mm 辊锻机上辊锻工艺。所以要对模具进行修改，使第 1 道辊锻件尺寸及各截面积达到理论设计要求。

2. 第 2 道变形过程模拟结果分析

钩尾框第 2 道辊锻模采用的圆形式孔型，第 2 道辊锻工艺延续成形第 1 道成形的钩尾框框板部及中间部位。经第 1 道辊锻件旋转 90°，直接进入第 2 道辊锻模，这样第 2 道辊锻工艺开始就受到上道次残留的成形问题影响，即开始出现型腔不匹配现象，第 2 道辊锻成形工艺主要是将第 1 道椭圆截面处辊锻成圆形截面，参考第 1 道修改的前滑值，将第 2 道辊锻模进行修正。

通过对辊锻件的分析与测量，并与理论设计尺寸比较，发现主要有两个问题①锻件整体长度偏长；②钩尾框后框板到小头的过渡段位置，仍有第 1 道残留的椭圆截面。

具体解决方案如下：①通过测量分析，辊锻件前框板部位变形区长度偏大，减小第 2 道辊锻模前框板部的长度，即减小框板部对应的中心角角度。②通过测量两道次对应过渡段尺寸，可以看出在钩尾框后框板到小头的过渡段位置，仍有第 1 道残留的椭圆截面，即该过渡段对应的第 2 道辊锻模圆心角偏小或者第 1 道圆心角偏大了，经过分析后发现问题是由第 2 道该过渡位置的变形区扇形角度偏小造成的，因而第 2 道辊锻模拟结束时板部到小头过渡段未充满型腔。

以上两个问题是相互关联的，减小前框板部位长度同时对后板位置与小头过渡区有影响，通过对以上现象的分析并对模具参数进行多次修改，最终得到最佳参数。将第 2 道模具型槽前框板部中心角调小 5°，后板部扇形角度由原来的 22°改为 30.5°（图 6-49），将模具参数进行修改后得到合格第 2 道辊锻件，第 2 道理论设计尺寸和模拟得到的辊锻件尺寸相差不多，将第 2 道模拟得到的辊锻件做剖面处理得到各变形部位的截面图与设计辊锻工步图吻合良好。

3. 第 3 道变形过程模拟结果分析

第 3 道辊锻过程，成形部位只有钩尾框前、后框板位置，第 3 道辊锻模和第 1 道一样采用的是椭圆形式孔型型槽系。将第 2 道辊锻件前后框板部位的圆形截面辊锻成形为椭圆截面，同样参考前两道次修改采用的前滑值，将第 3 道辊锻模进行修正，用修改后的前 3 道次模具进行数值模拟分析，得到的第 3 道辊锻件。

与理论设计图纸比对，发现以下问题①第 3 道辊锻件大头（工艺头）咬入口位置与第 2 道咬入口位置不匹配，使辊锻件工艺头处有凸棱，后续会产生折叠缺陷；②后框板前面部分有飞边出现，会造成第 4 道或者模锻成形时产生折叠缺陷；③中间部位前面部分未能充满型腔，导致截面积偏小，从而使钩尾框最终模锻成形时中间部位缺料。

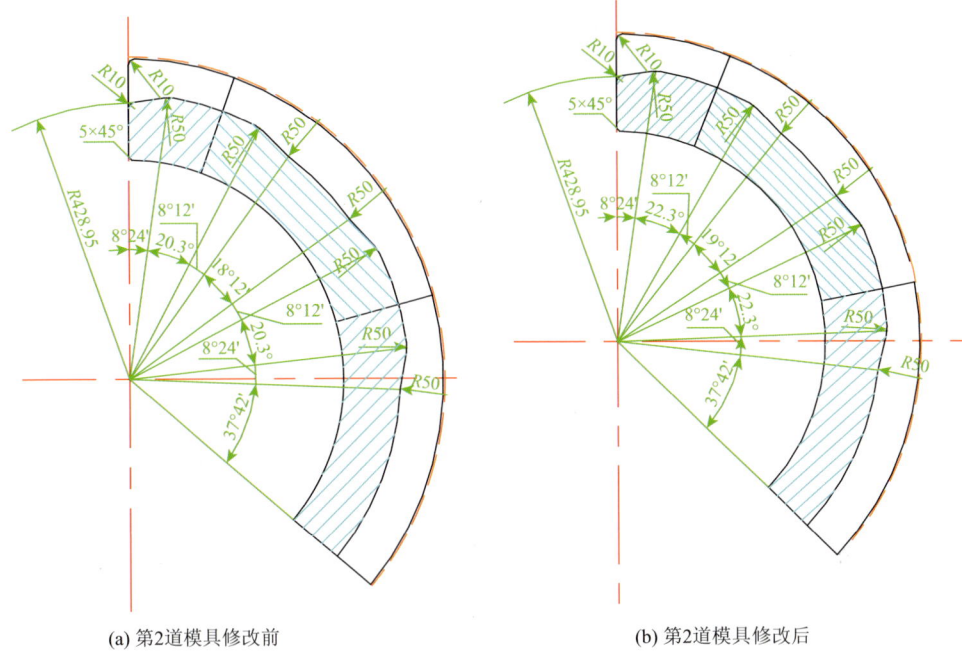

(a) 第2道模具修改前　　　　　　　　　(b) 第2道模具修改后

图 6-49　第2道模具修改前后

分析以上问题，可以看出咬入口位置相对工艺头方向前移了，即工艺头尺寸较少了，这就造成锻件整体往后移动了，前框板部位变长，从而使前板部变形截面进入了中间部位的型腔，所以未能与大截面积型腔接触发生变形，同样锻件中间部位也发生了后移，使得大截面积的中间部位进入了后框板的小截面型腔，所以产生了飞边缺陷。

解决方案为：首先调整第3道机械手送料位置，即辊锻咬入位置，解决由咬入条件不同造成的型腔不匹配问题，结果发现解决了后板部产生飞边的问题，中间部位偏后段出现了缺料现象，并且前板部和中间部位过渡段出现了飞边。经分析是由第3道辊锻模前框板部长度偏大造成的，将模具对应位置圆心角由原来16°减小3°变成13°，如图6-50所示，对修改后的模具再次进行模拟分析，得到的辊锻件长度尺寸和各变形截面的尺寸能达到理论设计的尺寸要求。

4. 第4道变形过程模拟结果分析

第4道辊锻工艺主要变形框板部位，第4道辊锻模同样采用的椭圆式孔型型槽系。由于第3道辊锻件为椭圆截面，第4道辊锻模仍采用的椭圆式型腔，为保证第4道辊锻过程的稳定性，工艺采取机械手不旋转，直接进入第4道辊锻模中进行辊锻。

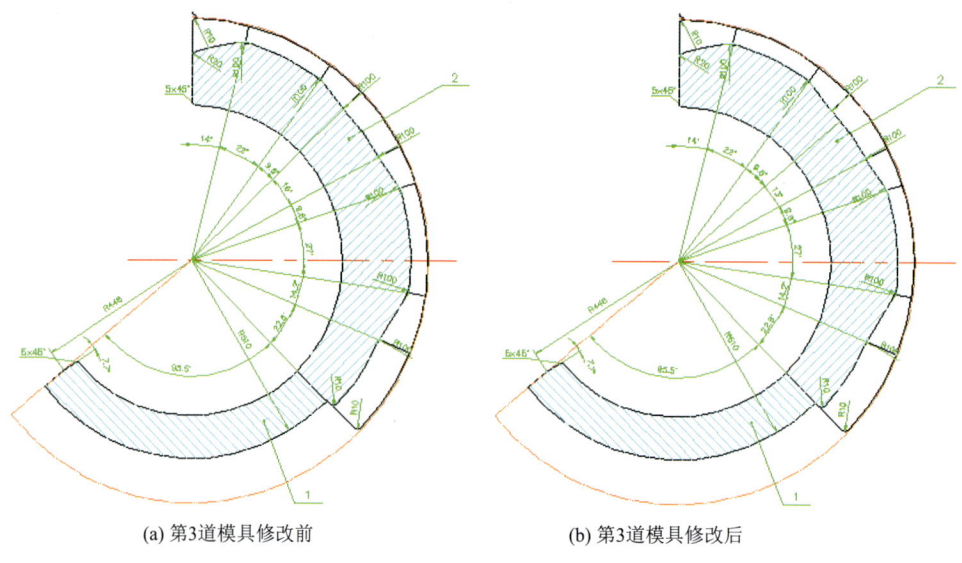

(a) 第3道模具修改前　　　　　　　(b) 第3道模具修改后

图 6-50　第 3 道模具修改前后

通过对模拟发现，第 4 道的咬入位置与前面道次的咬入位置不同，造成大头咬入部位有飞边产生，使整个第 4 道辊锻过程出现了不匹配现象，并出现了失稳现象，影响最严重的就是后框板部位，造成应该变形的部位没按型腔约束或没有变形，这会影响辊锻件的尺寸，辊锻件变短会导致模锻成形时两头充不满，相反辊锻件变长，模锻时会使坯料在模具型腔外面，容易造成折叠缺陷。

调整咬入口位置，将上面修改后的第 3 道辊锻件导入第 4 道模具进行模拟，得到第 4 道辊锻件长度为 1900 mm，理论设计尺寸为 1954 mm，分析原因为 1250 mm 辊锻机辊速低，坯料温度下降明显，造成展宽较大，第 4 道长度尺寸低于理论设计尺寸，设计时前滑值取值过大，相对中心角变小，实际辊锻件并没有达到理论的变形长度。经过以上分析，同样参考前两道次修改采用的前滑值，将对第 4 道辊锻模进行重新设计。用修改后的 4 道次模具进行数值模拟分析，得到第 4 道辊锻件。

通过对辊锻件各变形区的长度、整体长度、两头长度及各个截面面积（图 6-51）进行测量，并与理论设计图纸比对，发现问题如下：①咬入口位置需要调整，与上面道次咬入口位置不一致，造成型腔不匹配问题；②框板部截面宽度偏大，图 6-51（d）为第 4 道辊锻件框板部位截面图，锻件的整体长度偏短。

通过工艺头最终的理论尺寸及上续道次咬入口痕迹，调整机械手送料位置，同时解决了后续因咬入位置不同造成的型腔不匹配问题。在模拟过程中，将第 3、4 道间调整机械手送料过程旋转 90°，锻件长度能满足最终尺寸要求，并且同时

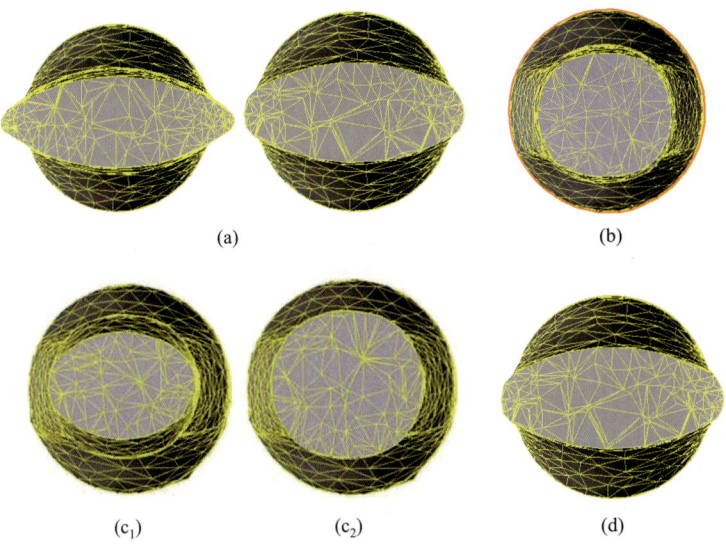

图 6-51　各道次辊锻件变形部位截面

(a) 第 1 道；(b) 第 2 道；(c_1) 第 3 道框板部；(c_2) 第 3 道中部；(d) 第 4 道主要变形截面

减小了框板部截面面积。由于此道次锻件较长，经过旋转后变形量较大，并进一步加大了延伸率，后容易造成失稳现象。

通过以上对 4 个道次的模具进行修正，对修正后的模具再一次进行数值模拟分析，分别对各道次的辊锻件长度进行测量，结果如表 6-11 所示。可以看出前 3 道模拟锻件长度略大于理论设计锻件长度，但是第 4 道长度却小于理论长度。

表 6-11　各道次辊锻件理论设计尺寸与模拟尺寸分析　　（单位：mm）

道次	理论尺寸	模拟尺寸
第 1 道	1138.1	1142.5
第 2 道	1323.9	1333.7
第 3 道	1455.2	1467.5
第 4 道	1954	1952.7

6.8.3　模拟辊锻过程等效应变场

等效应变反映了材料在不同部位压下量不同时变形程度，16 型钩尾框辊锻工艺四道次辊锻成形过程的各道次辊锻结束等效应变场分布如图 6-52 所示。

(a)　(b)

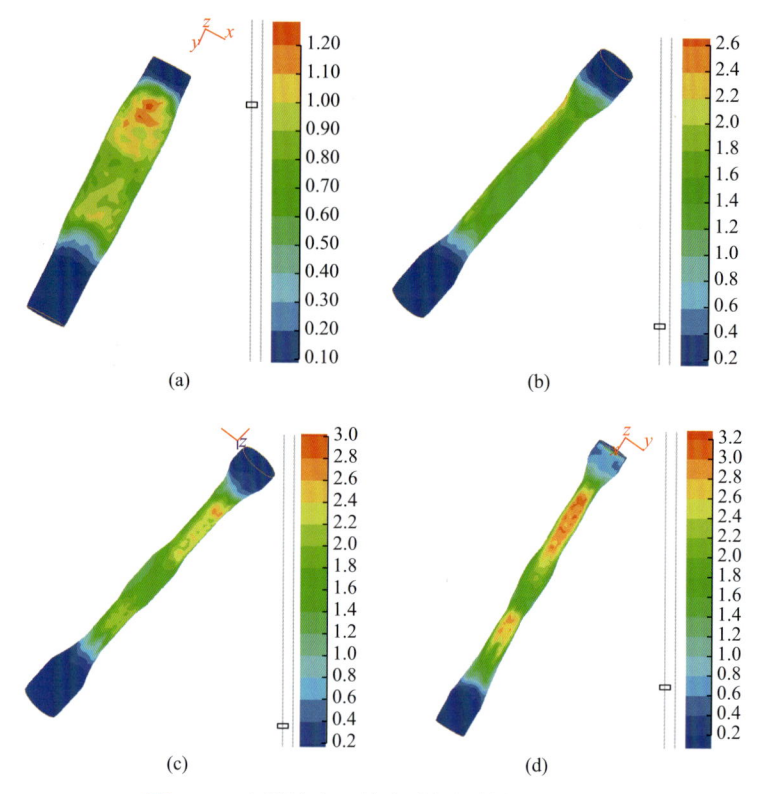

(c)　(d)

图 6-52　各道次变形结束时辊锻件等效应变图

(a) 第 1 道；(b) 第 2 道；(c) 第 3 道；(d) 第 4 道

图 6-52（a）为第 1 道的辊锻成形等效应变场，可明显看出最大变形部位产生于坯料被咬入的后壁部分即钩尾框框板位置，这是由于坯料初始状态是静止的，被咬入后随着锻辊一起运动，静止的坯料要与锻辊线速度一致需要一个加速过程，辊锻模与加速过程的辊锻件接触角度与时间较大，而且辊锻件越靠近中心线的部位压下量越大，进而导致坯料这部分的变形较大。

从图 6-52（b）中可以看出，坯料经 90°旋转进入圆形型槽，这时第 1 道辊锻件两侧面变形区域进入第 2 道型腔中心线部位，得到的变形较为均匀。

由图 6-52（c）所示，第 3 道辊锻主要成形钩尾框尾部，并且对前后框板部位进行预成形。由于压下量没有第 1 道那么大，因此变形较为均匀。

由图 6-52（a）、（b）、（d）等效应变场分析可知，第 3 道钩尾框尾部本不该在第 4 道发生变形，但在第 4 道辊锻过程中发生了明显的变形，说明第 4 道辊锻过程存在与第 3 道型腔不匹配的问题。通过模拟分析对设计方案进行调整，根据对模拟结果的测量，决定将第 4 道模具钩尾框尾部后面部分进行修改，并得到了合格的最终辊锻件。

6.8.4 辊锻变形过程的温度场

图 6-53 为 16 型钩尾框辊锻过程各道次结束时金属坯料的温度场分布。坯料在出中频炉的温度为 1200℃，辊锻结束时坯料温度有所下降，如图 6-53（a）所示，其中辊锻件变形区域的温度有明显下降，受到辊锻模激冷作用，该区域的金属长时间与模具接触，温度迅速下降。变形过程沿着纵向由变形区首端向末端，坯料的温度逐步降低，分析辊锻变形特点可知，从变形区首端到末端变形量逐渐减小，因此，在变形区末端会出现最低温度，至 1010℃。

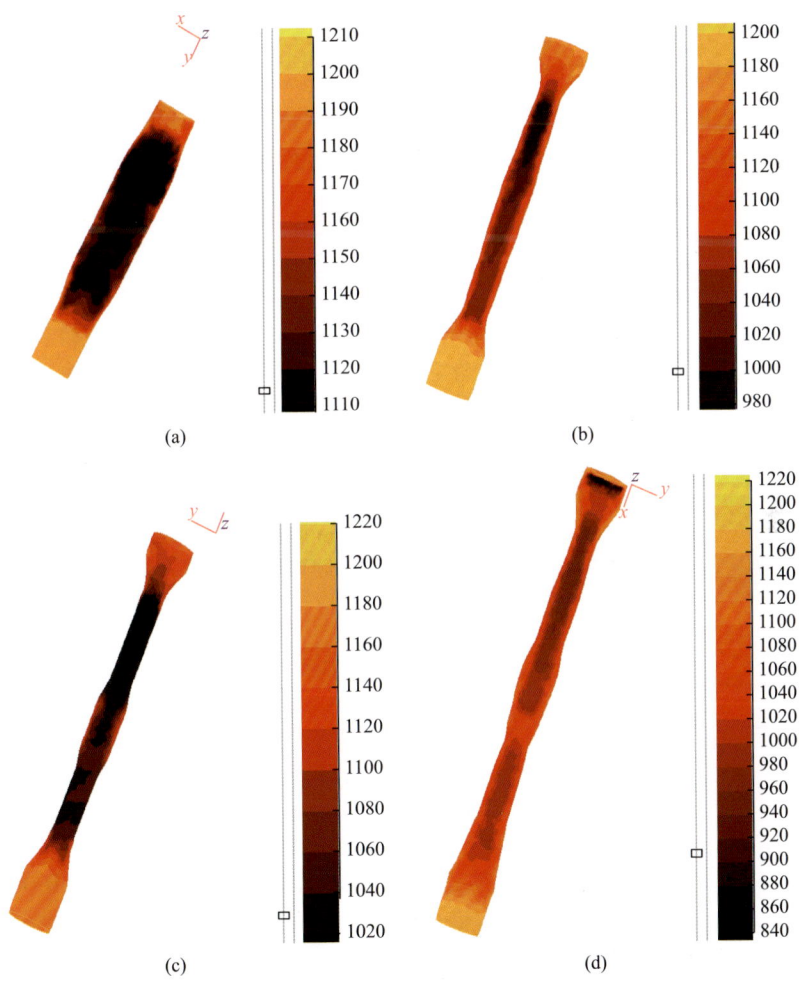

图 6-53 16 型钩尾框辊锻成形过程的温度场模拟结果
(a) 第 1 道；(b) 第 2 道；(c) 第 3 道；(d) 第 4 道

后续道次辊锻过程中，温度场变化规律与第 1 道辊锻基本一致，均为变形区域温度下降明显，但由图 6-53（b）、(d) 也可以看出，由上一道次经机械手旋转 90°进入下一道辊锻时，变形区温度有所回升，这是由于这道辊锻过程中上一道变形区域再次变形，从而有热变形补偿了温度损失。此外，不参与的变形的工艺头和钩尾框大头部位由于一直在空气中，与空气产生了热交换，温度也稍有下降。

4 道次辊锻过程中，锻件在变形过程中有变形热产生，所以锻件在辊锻过程中不只是简单的温度降低。4 道次辊锻件的温度场最高温度为 1170℃，最低温度为 1040℃。

6.8.5 影响钩尾框辊锻件长度的因素

1. 两种规格辊锻机的区别

在设计完成的 16 型钩尾框辊锻工艺过程中，在各道次匹配关系合理的情况下，影响锻件长度的主要因素有模具间隙、辊锻件温度、锻辊速度等。

模具间隙的设计范围通常选择 1~6 mm，模具间隙的不同，影响着辊锻过程的压下量、延伸率、坯料与模具的接触面积和辊锻扭矩，从而影响锻件的长度尺寸。在一定温度范围内温度越高，坯料越容易发生塑性变形，辊锻的扭矩越低，锻件长度尺寸越大。由于 1250 mm 辊锻机辊锻速度即锻辊每分钟的转数是恒定不可调控的，因此对 16 型钩尾框辊锻工艺影响辊锻件长度（y）的因素不考虑锻辊的速度，应主要考虑的因素为模具间隙（x_1），辊锻件温度（x_2）。表 6-12 为 1000 mm 辊锻机与 1250 mm 辊锻机的主要参数。

表 6-12 1000 mm 辊锻机和 1250 mm 辊锻机基本参数比较

技术参数	1000 mm 辊锻机	1250 mm 辊锻机
锻辊中心距/mm	990~1010	1240~1260
装模宽度/mm	1200	1400
锻辊转速/(r/min)	15	8
辊锻件最大直径/mm	160	200
辊锻件最大长度/mm	1920	2500

可以看出 1250 mm 辊锻机的辊速为 8 r/min，速度明显低于之前 1000 mm 辊锻机的辊速，所以在完成四道次辊锻过程，需要的时间较多，温度降低较明显，进而影响辊锻件的长度。

2. 调整模具间隙对辊锻件长度的影响

辊锻模具间隙指辊锻上下模间的距离，如图 6-54 所示，通过对多组不同模具间隙的第 4 道辊锻过程的数值模拟，分析模具间隙对辊锻件长度的影响。不改变其他模拟参数，将模具间隙 d（mm）取 6 组数值，分别为 1、2、3、4、5、6 进行数值模拟分析，得到表 6-13 不同模具间隙模拟得到的辊锻件长度，将这 6 组数据做出曲线图（图 6-55），可以看出当模具间隙由 2 mm 变成 1 mm 时，辊锻件长度没有随着模具间隙的减小而增加，分析辊锻过程，由图 6-56 可以看出当模具间隙为 1 mm 时，型腔不匹配问题较为严重，钩尾框辊锻件中间部位产生了飞边缺陷（图 6-56 红点表示产生飞边的位置），并有部分部位没有与型腔接触发生变形，该种不匹配现象是模具间隙变小时，钩尾框前板部位长度增加，导致辊锻件相对于模具在逐步整体后移，使部分小截面坯料错移到大型腔中未发生变形。

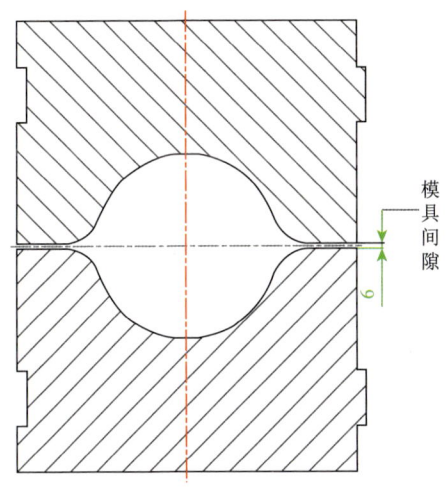

图 6-54　模具间隙

表 6-13　不同模具间隙模拟辊锻件长度值　　（单位：mm）

模具间隙	模拟辊锻件长度
1	2009
2	2006
3	1973
4	1945
5	1911
6	1880

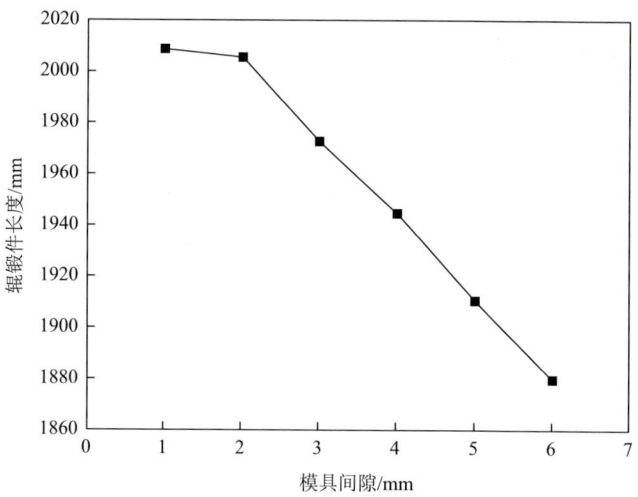

图 6-55 模具间距与辊锻件模拟长度关系曲线

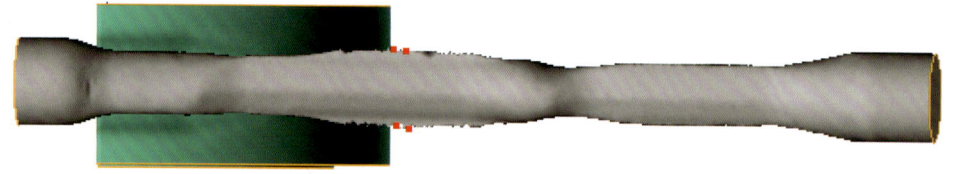

图 6-56 模具间隙为 1 mm 时所得辊锻件图

3. 坯料温度对辊锻件长度的影响

辊锻过程辊锻件随着时间发生着温度变化，辊锻成形过程中，辊锻件同时会产生变形热量，这里主要研究第 4 道辊锻过程辊锻件长度和温度的关系，但是辊锻件温度是从出中频炉开始到各道次成形的累加关系，必须对辊锻全过程分析温度变化。

中频炉出料温度分组取值分别为 1175℃、1200℃、1220℃、1235℃、1250℃。表 6-14 为坯料不同初始温度下得到的辊锻件的长度（模具间隙取初始设计 6 mm），用所得数据画出温度与辊锻件长度的曲线关系图 6-57。由图 6-57 可以看出辊锻件的长度随着温度的增加而加长。

表 6-14 坯料不同初始温度下得到的辊锻件的长度

初始料温/℃	模拟辊锻件长度/mm
1175	1865
1200	1880

续表

初始料温/℃	模拟辊锻件长度/mm
1220	1896
1235	1911
1250	1920

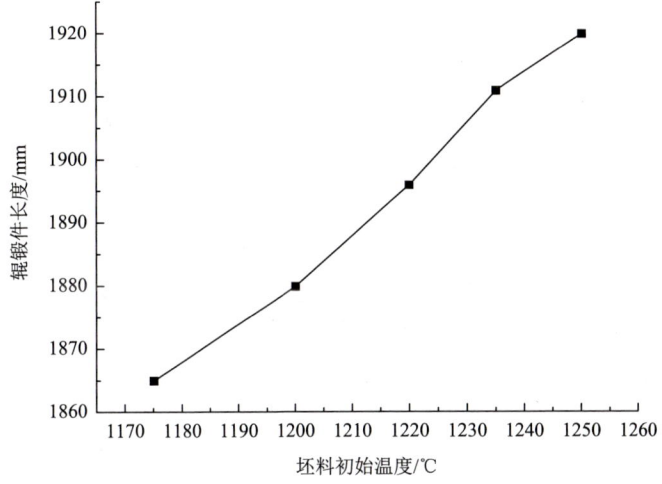

图 6-57　坯料温度与辊锻件模拟长度关系曲线

分析上述模拟研究数据，取 1200℃作为坯料的初始温度，模具间距调整为 3.5 mm，得到的辊锻件长度尺寸和理论设计尺寸 1954 mm 一致，满足模锻过程的需要。

6.8.6　辊锻过程中的扭矩和力

1. 辊锻扭矩模拟分析

1250 mm 辊锻机设计允许的最大扭矩 M_{max} = 500 kN·m。图 6-58 为 16 型钩尾框辊锻工艺各道次扭矩的模拟结果。16 型钩尾框辊锻工艺可以安全进行的首要条件就是各道次工序模具最大扭矩要满足 1250 mm 辊锻机的安全运行范围（表 6-15），即不能超过最大扭矩 M_{max}。

2. 辊锻力的模拟分析

验证辊锻机是否安全后，对第 4 道辊锻进行具体载荷分析，辊锻过程中锻件受力是一个很复杂的过程，辊锻件在 X、Y 方向的受力如图 6-59 所示，在 Z 方向的受力如图 6-60 所示，其中模具受到最大力是在 Z 向的压力，约为 2100 kN。

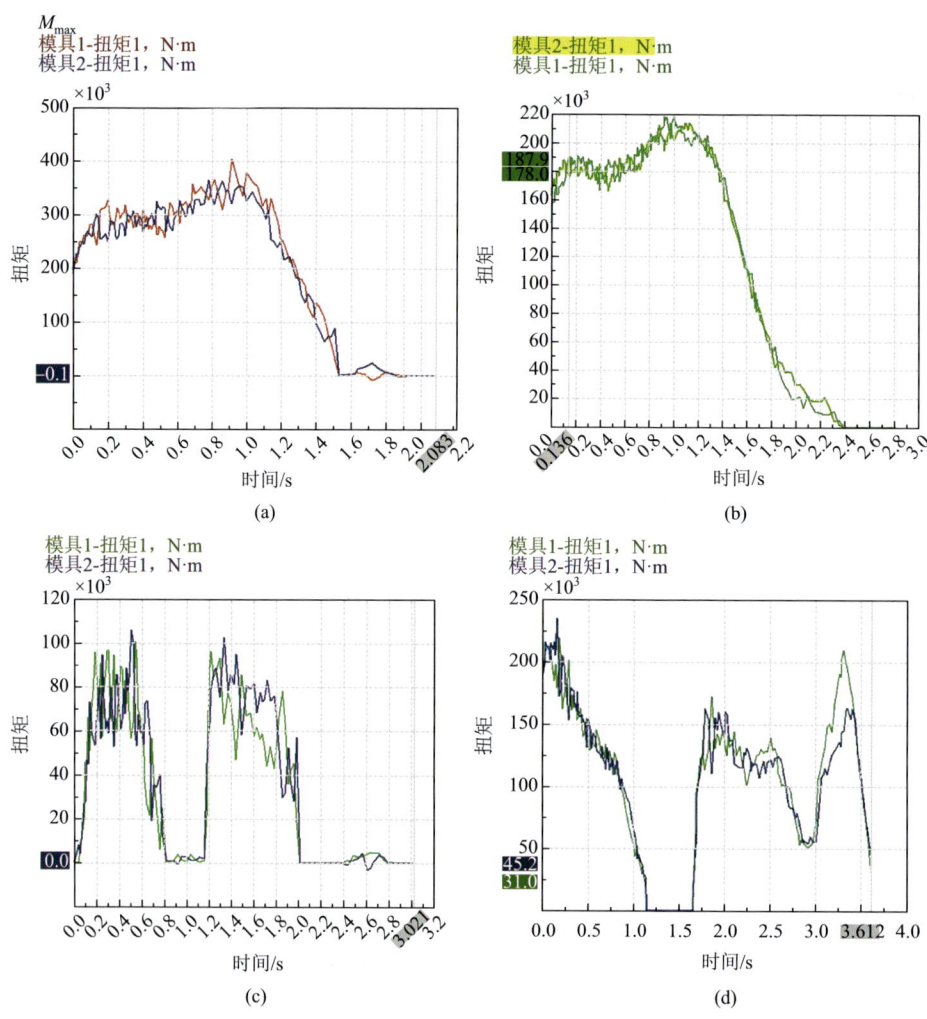

图 6-58 16 型钩尾框辊锻工艺各道次扭矩的模拟结果

表 6-15 16 型钩尾框辊锻工艺的安全性

道次	模拟最大扭矩	设备允许最大扭矩	是否能安全运行
第 1 道	$M = 408$ kN·m		安全
第 2 道	$M = 220$ kN·m	$M_{max} = 500$ kN·m	安全
第 3 道	$M = 110$ kN·m		安全
第 4 道	$M = 240$ kN·m		安全

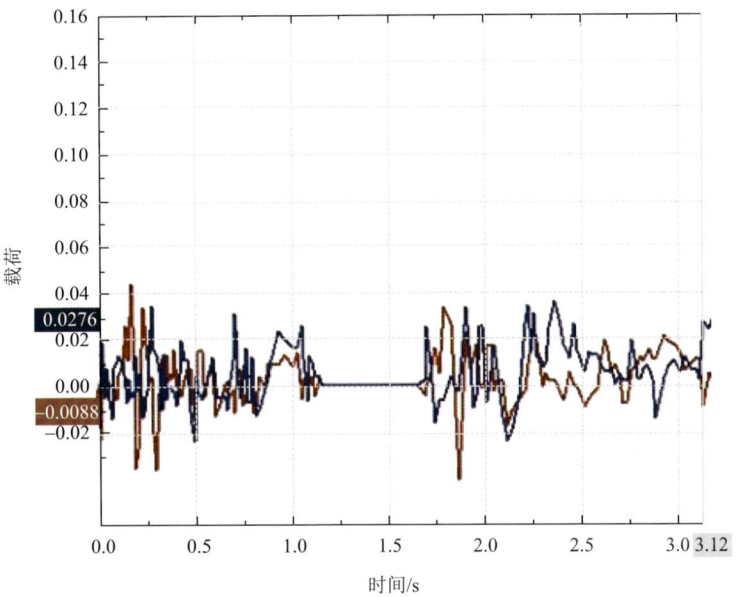

图 6-59　辊锻模 X、Y 方向受力曲线图

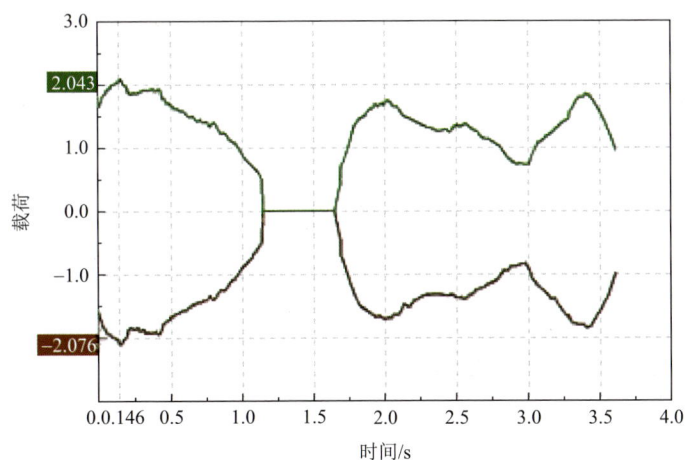

图 6-60　辊锻模 Z 方向受力曲线图

6.8.7 模锻过程数值模拟

1. 16 型钩尾框锻模建模

根据热锻件图设计锻模，其主要由型槽本体和飞边槽等部分组成，制造出来作为整个锻造成形工艺最后的成形型腔，锻模的准确性关系到最终锻件的合格与否，所以设计终锻模时必须细致地参考热锻件图。本文研究的 16 型钩尾框，大头位置有梅花形的深型腔（图 6-61），该位置在模锻成形时，模具磨损严重，所以在 16 型钩尾框锻模设计时，该位置设计成镶块式的，在发生磨损时直接将镶块进行更换，与更换整体锻模相比较，大大地节约了模具成本。

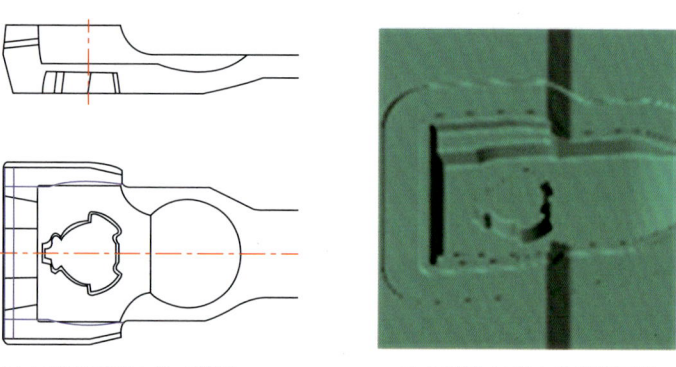

(a) 16 型钩尾框大头二维图　　(b) 16 型钩尾框大头锻模下模

图 6-61　16 型钩尾框大头部位二维、三维图

利用三维造型软件终锻件进行三维造型，造型后利用造型软件相关模块的功能，直接导出模具三维图如图 6-62 所示。

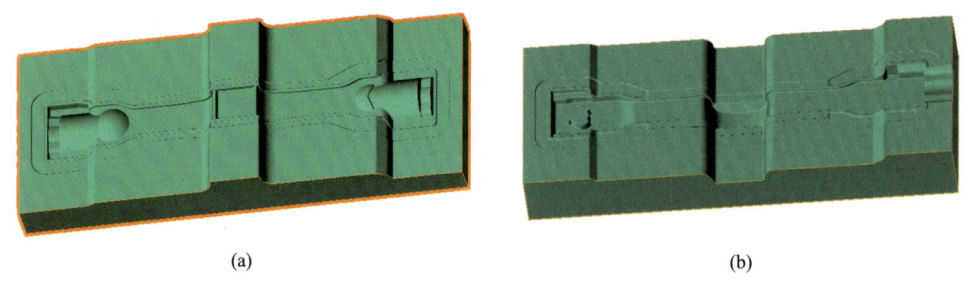

(a)　　　　　　　　　　　　　　(b)

图 6-62　16 型钩尾框终锻模三维图
（a）终锻上模；(b) 终锻下模

2. 16 型钩尾框模锻过程数值模拟

与辊锻工艺模拟过程类似，添加连续工序，设置载入锻模模具。使用定位功能将工件摆放到合适位置（图 6-63）。

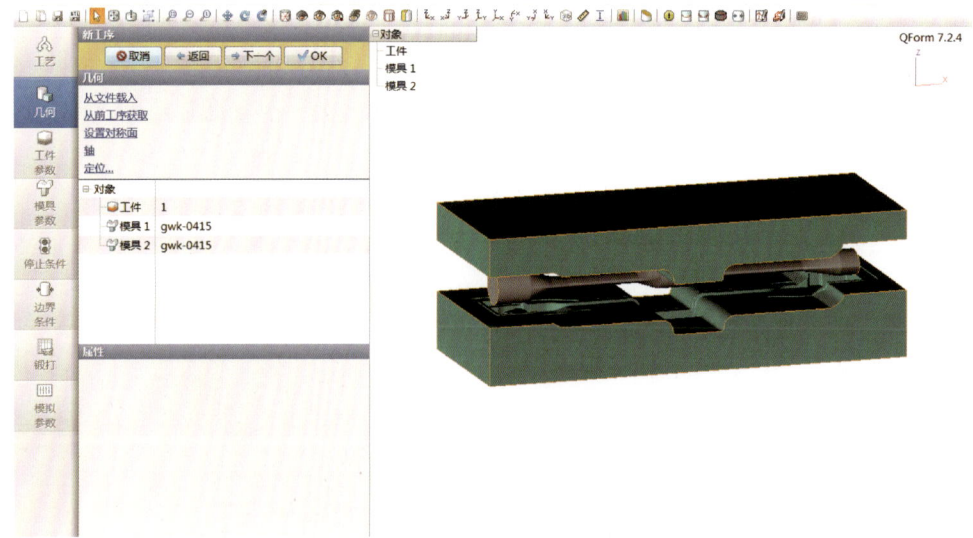

图 6-63　工件定位

工件参数同前工序一致，默认设置就可以。模具参数需要自己创建，因为模锻成形工序使用对击锤进行锻造，所以需要自己新建工程文件，设置对击锤的参数，然后再定义模具驱动。

下面停止条件，这里以模具闭合也就是打靠为停止条件。为了精确，这里选择模具上的某一点来确定此闭合条件，选择模具飞边仓部一点。将鼠标移动到模具仓部，看右下方会有鼠标此时所在的坐标，记录下来，然后填写在停止条件中点的坐标即可。

设置锤击次数，根据生产情况，设置空气中冷却时间和模具上冷却时间以及打击能量。

3. 终锻模拟结果

将第 4 道辊锻件直接进行终锻模拟，此时锻件的温度完全由辊锻件的温度决定。根据模拟结果可知，终锻锻件的充满程度同样良好，并且尺寸和形状达到要求（图 6-64），图 6-65 为模锻结束时的有效应力，最大打击力约为 200000 kN，锻件局部最高温度约为 1090℃，最低温度约为 1000℃（图 6-66）。

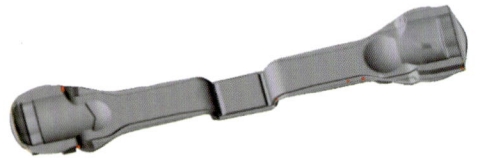

图 6-64　16 型钩尾框模锻结果

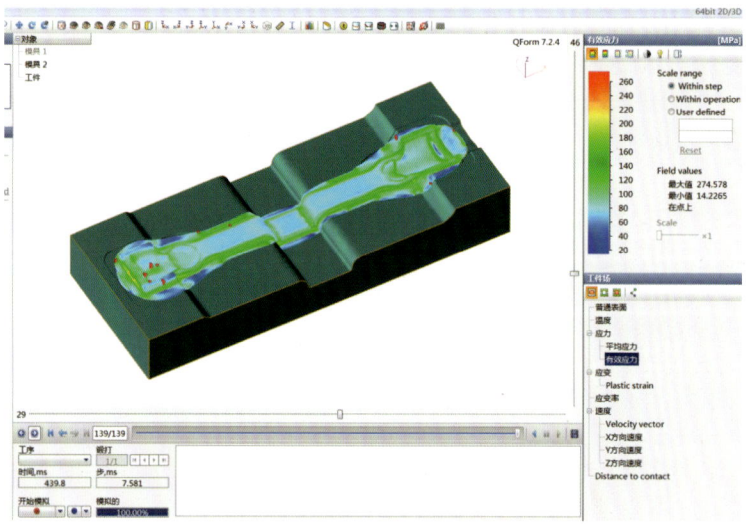

图 6-65　模锻结束时的有效应力

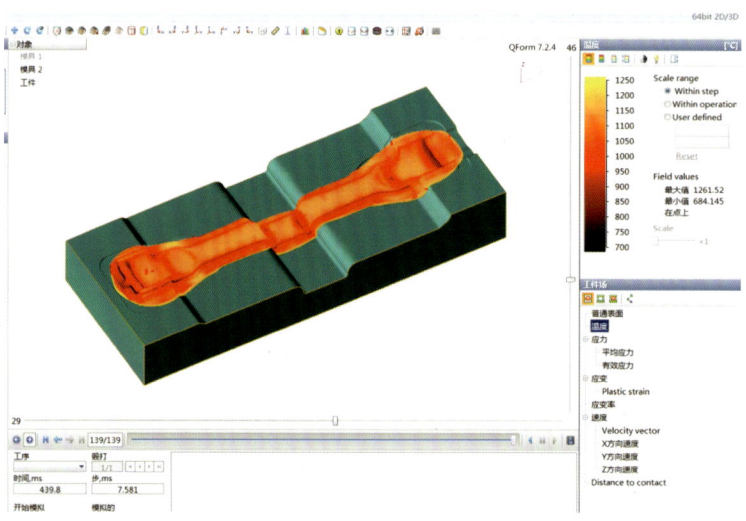

图 6-66　模锻结束后的温度场

6.9 16型钩尾框辊锻-整体模锻工艺试验研究

6.9.1 试验设备

在 500 kJ 对击锤上进行 16 型钩尾框的锻造生产，其工艺流程为
入库检查→下料→中频炉感应加热→辊锻制坯→500 kJ 对击锤模锻→切边→弯曲

生产线主要设备如图 6-67 所示，依次为中频加热炉（加热）、1250 mm 辊锻机（制坯）、500 kJ 对击锤（模锻）、10000 kN 液压机（切边）、折弯机（弯曲）。

(a) 中频加热炉

(b) 1250 mm辊锻机

(c) 500 kJ对击锤

(d) 10000 kN压力机

(e) 折弯机

图 6-67 生产线主要设备

6.9.2 工艺试验

16 型钩尾框辊锻制坯工艺采用四道次辊锻完成，辊锻模按照优化后的模具尺寸形状进行加工制造。坯料材料为 25 MnCrNiMo，坯料尺寸为 ϕ180 mm×875 mm，坯料加热温度为 1200℃，模具材料均采用 5CrNiMo 钢，对击锤上锻模采用天然气预热如图 6-68 所示，加热温度为 250～300℃。采用水基石墨润滑，降低模具表面温度，改善模具与锻件摩擦条件，防止锻件粘模，提高模具使用寿命。

图 6-68 对击锤上模具预热装置

6.9.3 现场调试过程

现场设备调试结束后，进行模具安装和热调试工作，主要调试阶段为辊锻工艺调试和整线调试，辊锻工艺调试首先要先确定各道次机械手送料位置即咬入口位置，当各道次咬入口不匹配时会使辊锻件工艺头端出现凸棱（图 6-69），模锻成形时产生折叠现象，并且由咬入口位置造成后面型腔不匹配问题，如图 6-70 所示。

图 6-69　工艺头处产生的凸棱

图 6-70　型腔不匹配造成带飞边的辊锻件

图 6-71 所示为试验中 16 型钩尾框辊锻工艺各道次辊锻结束得到的辊锻件的现场照片。

(a) 第1道辊锻件

(b) 第2道辊锻件

(c) 第3道辊锻件

(d) 第4道辊锻件

图 6-71　各道次辊锻件图

经过对各道次坯料的实际测量，钩尾框的辊锻件的形状尺寸满足锻件图设计要求，可以看出四道次辊锻过程得到的辊锻件没有出现折叠、飞边和充不满等缺陷，能为后续的模锻工艺提供合适的辊锻坯料。并且数值模拟和现场试验所得到的辊锻件温度均能保证在 1100℃左右，其温度能满足后续模锻的温度要求，且模锻后锻件温度保证切边工序的温度要求。

图 6-72 为完成切边工序得到的终锻件。经过弯曲工序和后续加工工序得到的 16 型钩尾框成品如图 6-73 所示。

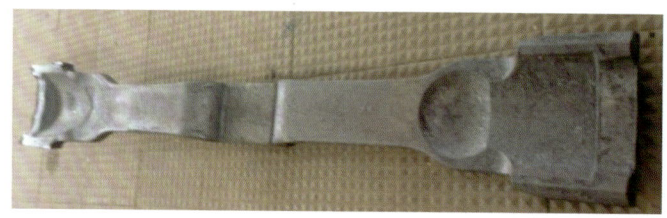

图 6-72　完成切边工序的终锻件

图 6-73　现场试验得到的 16 型钩尾框

6.9.4　试验结果

通过生产试验验证了设备的稳定性和工艺设计的合理性，并且在生产实际中发现了一些模拟过程未出现的问题。例如，辊锻过程由失稳造成的辊锻件单侧出现分边，导致模锻成形时单侧出现大飞边[23]，对侧未能充满型腔的问题，验证了基于数值模拟的 16 型钩尾框成形工艺的正确性。

参 考 文 献

[1]　陈杰鹏. 1250 mm 辊锻机关键部件静力学与动力学分析[D]. 北京：机械科学研究总院，2013：6-55

[2] 杨光.16型钩尾框辊锻工艺过程数值模拟与试验研究[D].北京：机械科学研究总院，2015：10-50
[3] 陈杰鹏，蒋鹏，孙国强.1250 mm 辊锻机的结构设计与主要技术参数确定[C].武汉：第十三届全国塑性工程学术年会，2013
[4] Sharan A M. Dynamic Behavior of lathe spindles with elastic supports including damping by finite element analysis[J]. Shock and Vibration Bulletin，2001（51）：83-97
[5] （英）Zienkiewicz O C，（美）Taylor R L. 有限元方法[M]. 曾攀，译. 北京：清华大学出版社，2008
[6] Koc M，Altan T. Application of two dimensional（2D）FEA for the tube hydroforming process[J]. International Journal of Machine Tools and Manufacture，2002：1285-1295
[7] Ghofrani，ReZa M，White，et al. Modeling of a precision closed-die forging[J]. American Society of Mechanical Engineers，1996：8
[8] Chenot J L，Tronel Y，Soyris N. Finite element calculation of thermo-coupled large deformation in hot forging[J]. Conduction，Radiation and Phase Change，1992：493-511
[9] 潘紫微.4 m 斜刃剪切机架有限元分析[J].重型机械，1999（2）：39-41
[10] 李德军，李培武，管延锦，等.22 MN 液压机整体框架式机身的有限元分析[J].塑性工程学报，1995，2（3）：55-62
[11] 陈先宝，王卫卫，王静.J36-800B 压力机的动态有限元计算[J].重型机械，1994（4）：50-53
[12] 陈杰鹏，蒋鹏，孙国强.1250 mm 辊锻机工作部分刚度有限元分析[J].锻压技术，2013，38（3）：94-97
[13] Anderson T J，Nayfeh A H. Natural frequencies and mode shapes of laminated composite plates：experiments and FEA[J]. JVC/Journal of Vibration and Control，1996，2（4）：381-414
[14] Ye Z Q，Ma H M，Bao N S，et al. Structure dynamic analysis of a horizontal axis wind turbine system using a modal analysis method[J]. Wind Engineering，2001，25（4）：237-248
[15] Bae S，Lee J M，Kang Y J，et al. Dynamic analysis of an automatic washing machine with a hydraulic balance[J]. Journal of Sound and Vibration，2002，257（1）：3-18
[16] 陈杰鹏，蒋鹏，张艳朝，等.1250 mm 辊锻机机架动态特性有限元分析[J].锻造与冲压，2013（21）：42-48
[17] 杨耀峰，张晓燕，魏引焕.摩擦离合器的理论分析与设计[J].陕西科技大学学报，2004，22（2）：64-67
[18] 罗小辉，傅晓云，李宝仁.一种高速气缸模型的仿真研究[J].机床与液压，2006，34（8）：150-151
[19] 赵升吨，高民，谢关煊，等.气动摩擦离合器与制动器动作协调性的研究[J].重型机械，1997（1）：24-37
[20] 李忠民.热模锻压力机[M].北京：机械工业出版社，1990
[21] 杨光，蒋鹏，杨勇，等.16 型钩尾框辊锻制坯工艺[J].锻造与冲压，2015（17）：68-71
[22] 蒋鹏，刘寒龙.金属塑性体积成形有限元模拟-QForm 软件应用及案例分析[M].北京：中国水利水电出版社，2015
[23] 杨光，蒋鹏，杨勇，等.防失稳槽结构在长弧线辊锻模中的应用及效果[J].锻压技术，2015，40（6）：1-5

第7章

核电汽轮机用超大叶片精密辊锻技术的初步研究

7.1 引言

特大型末级长叶片是第三代核电常规岛汽轮机组中的关键部件。叶片的排气面积越大，汽轮机的效率也越高，开发更大面积的特大型叶片是发展大容量高效率核电汽轮机的关键。因末级叶片长期工作在高温、高压或半高压和海水的恶劣环境中，叶片应具有高强度、高耐腐蚀、高疲劳强度、抗蠕变等性能。特大型叶片对性能的高要求，归根结底是由叶片的材质、晶粒组织、锻造流线等内在品质来保证。采用锻造工艺生成制造的大叶片能够满足这些要求，因此研发特大型核电叶片成形技术是制造高品质叶片的保障，是汽轮机高新技术发展的关键之一。

末级大叶片是核电常规岛汽轮机中的关键零部件，目前的锻造工艺是通过普通制坯-模锻来生产，需要的设备打击力巨大，世界上现有装备水平都也难以满足其打击力的需求。本章根据钢质大型长轴件精密辊锻的原理，提出了一种新的核电常规岛汽轮机末级大叶片精密辊锻工艺，期望精密辊锻制坯后达到锻件尺寸，模锻时这部分坯料不参与变形，也不消耗模锻力，这样模锻工序的成形力可以大幅度降低，从而使在国内现有大型设备上锻造 72 in（1 in = 2.54 cm）超大叶片成为可能。本章内容就是按这一思路进行的初步研究工作的总结[1]。

7.2　国内外汽轮机叶片相关技术状况

7.2.1　特大型末级长叶片发展现状

第三代核电常规岛汽轮机组与传统的超超临界火电汽轮机组相比，核电汽轮机组的蒸汽压、温度要低，转速大多为半速，开发大排汽面积的特大型叶片是提高核电汽轮机效率的关键[2-6]。

东芝和三菱公司开发了用于核电的 72 in 和 74 in 半速叶片，西门子拥有 1829 mm（72 in）半速叶片，并最早应用于 Olkiluoto 电厂的芬兰 5 号机组。西门子可以不同的项目要求提供三种不同长度末级叶片的半速核电汽轮机技术，具体见表 7-1。

表 7-1　西门子 50 Hz 核电低压模块

排气面积/m²	末叶片长度	转子重量/t
20	55 in（1397 mm）	220
26	67 in（1700 mm）	310
30	72 in（1829 mm）	310

我国于 20 世纪 80 年代引进西屋公司 300 MW、600 MW 汽轮机技术，当时的末级大叶片长度为 869 mm。之后我国三大核电装备制造厂分别研发了用于 AP1000、CAP1400 的末级长叶片。

上海电气开发了四种规格的长叶片，分别为 1250 mm、1420 mm、1710 mm 和 1905 mm，均为整圈自锁阻尼叶片，名义排气面积为 15 m²、20 m²、26 m² 和 30 m²，其中 1396 mm 叶片已安装于多台核电机组，首台机组用于阳江 CPR1000 项目，而 1710 mm 叶片为桃花江 AP1000 项目新设计开发，1905 mm 将用于我国 CAP1400 核电机组[7]。

哈汽公司开发核电末级叶片长度为 1375 mm，用于 AP1000 第三代核电汽轮机，排气面积为 17.7 m²；于 2013 年开发了用于 CAP1400 的 1800 mm 末级叶片，排气面积为 26 m²，为整体围带阻尼叶片。

东方电气开发的核电末级叶片长度 1430 mm，为叶身带凸台单片叶片，环形排气面积 18.7 m²，近期研制的 1651 mm 末级长叶片也通过验收。表 7-2 列出了我国第二代核电汽轮机的主要参数。

表 7-2　我国第二代核电汽轮机主要参数

参数	最大连续功率/MW	转速/(r/min)	主蒸汽压/MPa	主蒸汽温度/℃	排气压力/MPa	末叶片长/mm	电厂热效率/%
秦山一期	330	3000	5.34	268.2	0.00491	869	33.5
秦山二期	689	3000	6.41	279.9	0.00539	980	36.1
秦山三期	728	1500	4.51	257.6	0.00490	1320	35.3
大亚湾	984.7	3000	6.34	265.5	0.00735	945	33.7
岭澳	990.3	3000	6.34	265.5	0.00735	945	34.2
田湾	1060	3000	5.88	274.3	0.00470	1200	33.0

由表 7-2 可见，我国第二代核电汽轮机功率由秦山一期的 300 MW 发展到了田湾核电站的 1060 MW，装机容量一直在增加。全速汽轮机的末级叶片长度随着功率的增加而增加，其中秦山三期的半速汽轮机末级叶片的长度比田湾 1000 MW 的全速机的长。表 7-3 列出了国内第三代核电汽轮机主要参数，从表中可以看出三代汽轮机末级叶片的长度明显比二代的要长许多。

表 7-3　国内第三代核电汽轮机参数

参数	最大连续功率/MW	转速/(r/min)	主蒸汽压/MPa	主蒸汽温度/℃	末叶片长/mm	电厂热效率/%
AP1000	1250	1500	5.5	271	1372	36.6
EPR1600	1755	1500	7.5	290	1430	37.0

7.2.2　叶片锻造技术现状

从上面末级大叶片的发展可以看到随着核电汽轮机组容量的增加，末级叶片汽道长度也在增加，并出现了汽道长度为 1800～1900 mm 的超大叶片。按汽轮机叶片汽道长度的分类见表 7-4。

表 7-4　末级叶片根据气道长度分类

类别	小叶片	中叶片	大叶片	特大叶片	超大叶片
气道长度/mm	<500	500～1000	1000～1500	1500～1880	>1880

核电汽轮机叶片除了工作在温度高、压力大和潮湿腐蚀的恶劣环境，自身还在高速旋转，这样的叶片需要很高的组织性能要求，现在均采用锻造工艺来生产。按叶片锻造工艺可以分成精锻、精密级、普通级和小余量紧公差锻造[8-12]。

精锻叶片具有很高的精度，叶身型面不需要机械加工，只需要少量精抛光，需要加工的为叶根、凸台、叶冠及进出汽边。叶身的单边余量在 0.3～0.7 mm，锻件公差只有普通锻件公差的 1/3，叶片精锻能获得合理的金属流线和均匀细小的晶粒组织，提高了叶片的力学性能，精锻叶片的叶身型面不需要机加工，大大地提高了材料利用率和节约大量机加工工时。

精密级模锻的叶片单边余量为 3～3.5 mm，锻造公差为 0～3 mm，需对坯料进行优化，但因自由锻制坯不能精确控制坯料尺寸造成锻件质量不理想。

普通级模锻叶身的单边余量为 4.5～6 mm，锻件公差为 0～4.5 mm，一般采用自由锻制坯，锻件精度低，后续机加工时间长，材料利用率也不高。小余量紧公差锻造的叶片，叶身单边余量为 1～2 mm，锻件公差为 0～2 mm，有叶根镦头和叶身拔长工序，坯料具有较好的一致性和较高的材料利用率。

目前，伯乐、蒂森 ATC 及蒂森 Remschield（原西屋公司 Winston·Salem 厂）和日本三菱公司为世界三大汽轮机中、大叶片毛坯供应商，基本控制了全球各大电气公司的汽轮机大叶片精锻毛坯，约占全球大叶片毛坯总量的 1/3，剩余部分为普通模锻叶片毛坯。

伯乐公司的锻造主要设备为 355 MN 离合器式螺旋压力机和 315 MN 液压螺旋压力机，采用精锻工艺，单边余量为汽道长度的 1/1000，正公差为余量的 2/3，负公差为余量的 1/3；蒂森的主要设备为 630 kJ、550 kJ、350 kJ 对击锤和 160 MN 电动螺旋压力机，采用精锻工艺，设计余量为 1～2 mm，公差为 1.5～2.5 mm，而三菱公司为自制的 250 MN 液压螺旋压力机，采用小余量紧公差锻造工艺。俄罗斯 ZTL 厂主要设备是 100 MN 电动螺旋压力机、25 t 和 16 t 模锻锤，采用普通模锻工艺，设计余量为 3～5 mm，正公差为 4 mm，负公差为 –2 mm。

国内的主要叶片生产厂家有无锡透平叶片有限公司、天仟重工有限公司、红原航空锻铸工业公司、贵州新艺机械厂等，分别采用 355 MN 螺旋压力机、电动螺旋压力机、对击锤和模锻锤锻造各种类型的叶片。

无锡透平叶片有限公司采用精密级模锻工艺生产 Q1050L 叶片，自由锻制坯采用 750 kg 空气锤，采用 112 MN 螺旋压力机锻造 2 次，然后采用 1200 t 压力机切边，再加热校形和砂冷回火；采用小余量紧公差锻造工艺流程先油压机镦头→拔长叶身→螺旋压力机模锻。红原航空锻铸工业公司的主要设备是 160 MN 电动螺旋压力机和 630 kJ 对击锤，采用普通模锻锻造叶片，红原厂还和西北工业大学联合开发了钛合金叶片精锻工艺。天仟重工有限公司的主设备为 250 MN 电动螺旋压力机和 8 t 电液锤，采用自由锻制坯和普通模锻工艺可以锻造 50 英寸级叶片。株洲车辆厂（430 厂）主要设备是 80 MN 液压螺旋压力机和 112 MN 电动螺旋压力机，采用精锻工艺生产航空小叶片。贵州新艺主要设备是 31250 kN 和 20000 kN 电动螺旋压力机，采用精锻工艺锻造航空小叶片。

目前国内学者主要针对普通叶片锻造和航空发动机钛合金小叶片精锻开展了大量的工作。赫树本和崔树森[13]研究了等温热校形工艺对复杂钛合金叶片的影响，并制订了最优的热校形工艺以获得最佳校形效果。余继华等[14]研究了某航空发动机整流叶片的锻造工艺，提出了多种工艺措施，如采用多段折线分模、预补偿叶身型线厚度和采用小方榫头等，解决了复杂型面叶片扭转和难以锻造成形等问题。关红等[15]通过研究锻造温度、变形程度、热处理参数和冷却方式等工艺条件对 GH2150 高温合金航空发动机叶片组织性能的影响，设计了叶身单边余量为 0.3~0.7 mm 的精锻工艺；盖超和张美娟[16]分析了汽轮机叶片模锻工艺余量计算、叶片材料在锻造成形过程中的变形规律后，提出了一种型面余量设计方法。邵勇等[17, 18]采用有限元法优化了叶片截面预成形结构和精锻叶片模具三维型面。汪宇等[19-21]研究了精锻过程中卸载冷却对带阻尼台叶片形状偏差的影响，得到了这一因素对叶片形状偏差的影响规律。张立新[22]在优化日立 RL1016 汽轮机叶片锻坯、DZ865R 叶片无余块锻造工艺和复合切边模等方面做了一定研究，取得了一些成果。还有学者在叶片制坯、锻坯优化和缺陷研究等方面开展了工作[23, 24]。

从上面的分析可以看出，国内大多学者对叶片锻造的研究主要集中在航空小叶片和 40 英寸级汽轮机叶片，国内大多厂家都是采用普通级模锻工艺，设计余量和公差都很大，除无锡透平有 355 MN 的螺旋压力机，设备吨位也明显不足，难以锻造大叶片。

在 2011 年以前，因锻造设备吨位和锻造工艺的限制，国内还没有能力锻造 67 英寸级（1700 mm）以上特大型叶片的能力，完全依赖进口，价格昂贵。为了实现特大型叶片的国产化，2011 年 6 月无锡透平叶片厂花巨资从德国引进了 355 MN 离合器式螺旋压力机，投产后，采用普通模锻工艺，成功锻造出了 67 in 核电用大叶片才实现了国产化。

随着第三代核电技术的投入使用，高效率、大容量核电汽轮机的发展，特大型末级动叶片的尺寸已达到 70 英寸级，72 in 的特大型叶片已经设计完成并投入使用。世界上能够生产 70 英寸级叶片的厂家除了奥地利的伯乐公司，国内无锡透平叶片有限公司在进行试制，但叶片锻件都存在不同程度的超厚和超重。

现阶段对叶片成形工艺的研究主要集中在模锻方面，对精密辊锻技术成形叶片，特别是超大长叶片精密辊锻技术研究还鲜见报道，对该技术的研究，可以实现在小吨位设备上生产大吨位设备的锻件，并大幅节省设备投资[25]。

7.2.3　叶片锻造工艺数值模拟

传统锻造工艺和模具设计往往需要依靠设计人员的经验和试错方法，一般很难得到最优的工艺设计方案。这种传统的设计方法往往带有很大试探性，给现场工艺调试工作带来很大的工作量,并带来严重的材料和时间的浪费,锻件质量得不到保证。

随着计算机计算能力的增加,有限元技术也得到快速地发展,有限元数值模拟技术也广泛应用于叶片锻造工艺的设计和优化中,并逐渐成为分析叶片锻造技术强有力的工具。有限元技术可以模拟叶片锻造成形整个过程的详细细节,包括叶片填充型腔情况、金属流动规律、应力应变分布、温度场分布、微观组织分布、模具受力分析以及卸载后的残余应力应变分布等。

目前对叶片锻造工艺数值模拟主要集中在对模锻以及模锻时各种场量、摩擦、金属流线及金属填充锻模型腔等研究,对叶片精密辊锻过程中金属成形模拟的报道很少,本文将对叶片辊锻工艺方面进行研究。

7.2.4 特大型叶片精密辊锻多场耦合数值分析

数值模拟技术已经成为金属塑形加工领域验证新技术和新工艺的强有力的工具。金属塑性变形是一个复杂的多场量综合作用的过程,变形过程受变形温度、变形速度、摩擦润滑、模具结构等众多条件的影响,变形过程金属微观组织也发生一系列演变,这些场量的变化和微观组织的演变在实际生产过程很难观察得到,通过数值模拟分析可以将这种演变再现出来,为工艺分析提供了依据。图 7-1 表示了金属塑性变形过程变形、热传导和相变之间的相互作用。

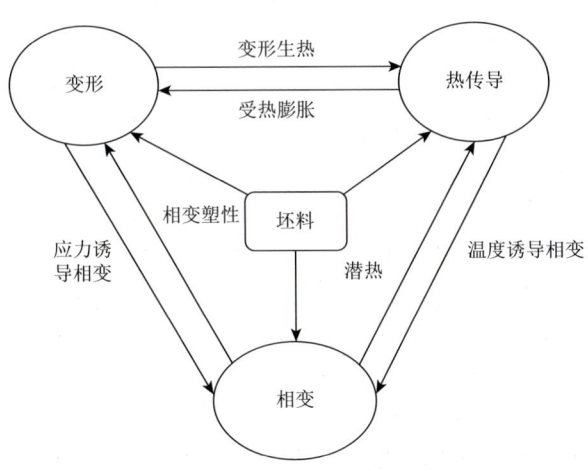

图 7-1　金属塑性变形过程中变形、热传导和相变之间的关系

72 in 叶片精密辊锻技术是一些新研发的成形技术,叶片尺寸很大,材料也很昂贵,如果采用实物制造的方法来验证工艺方案的正确,无疑是一个费力、费时和费钱的过程,本章主要采用 Deform 3D 软件来进行变形、热传导和动态再结晶

组织演变多场量耦合数值模拟，来验证精密辊锻技术设计的正确性。

在研究材料的热变形行为时，通过线性回归的方法计算出了双曲正弦形式的 Arrhenius 本构方程的材料参数：

$A = 1.6966 \times 10^{16}$、$\alpha = 0.007668$，$n = 5.965$，$Q = 438389$ J/mol。

在 Deform3D 软件里面选择双曲正弦材料的本构关系，代入参数后可以写成：

$$\dot{\varepsilon} = 1.6966 \times 10^{16}[\sinh(0.007668\sigma)]^{5.965}\exp\left(-\frac{438389}{8.314T}\right) \quad (7-1)$$

在材料库的晶粒参数模块采用 Yada 模型，峰值应变表达式为

$$\varepsilon_p = 0.0132\dot{\varepsilon}^{0.1049}\exp[37259.6/(RT)] \quad (7-2)$$

临界应变与峰值应变的关系为

$$\varepsilon_c/\varepsilon_p = 0.6$$

动态再结晶动力学模型表示为

$$X_{\mathrm{dyn}} = 1 - \exp\left[-0.693\left(\frac{\varepsilon - \varepsilon_c}{\varepsilon_{0.5}}\right)^2\right] \quad (7-3)$$

$$\varepsilon_{0.5} = 0.0012\dot{\varepsilon}^{0.2025}\exp[49696/(RT)] \quad (7-4)$$

动态再结晶晶粒尺寸表达式为

$$d_{\mathrm{DRX}} = 4920.3\varepsilon^{-0.1973}\dot{\varepsilon}^{-0.09411}\exp[-57268.5(RT)] \quad (7-5)$$

动态再结晶晶粒尺寸初始值设置：①重新加热的工序，初始平均晶粒尺寸为始锻温度时的原奥氏体晶粒尺寸，初始动态再结晶晶粒尺寸为 0；②同一加热火次不同工序将上一工序结束的动态再结晶参数作为下一工序的初始值。

7.3 特大型叶片精密辊锻技术方案与模锻坯料算法

7.3.1 叶片特点和工艺流程确定

从图 7-2 中可以看出，72 in 特大型叶片由叶根、叶身、叶冠和中间凸台拉筋四部分组成，叶根、叶冠部分形状比较简单，截面形状为平行四边和矩形，成形较容易。叶片难成形的部分为叶身，不但叶身截面面积与叶根截面面积相差巨大，而且叶身具有变截面、变弦宽、有扭角且同一截面的厚度不一样，如果坯料计算不准确，容易在辊锻过程中产生侧弯，较薄一侧（出气侧）出现充不满等缺陷。出现侧弯是由坯料截面压下量不均匀造成的，压下量大的延伸大，而压下量小的区域延伸小，使得同一截面金属流动速度不一样而形成侧弯。本章的主要内容是研究坯料分配方法，保证各道次压下量相等，消除侧弯等缺陷。

因此，72 in 叶片具有叶身长、型面薄、扭角大，叶根与叶身截面变化急剧，带有叶冠和叶身阻尼台，形状十分复杂，锻造所需设备吨位大等特点，成形难度大。

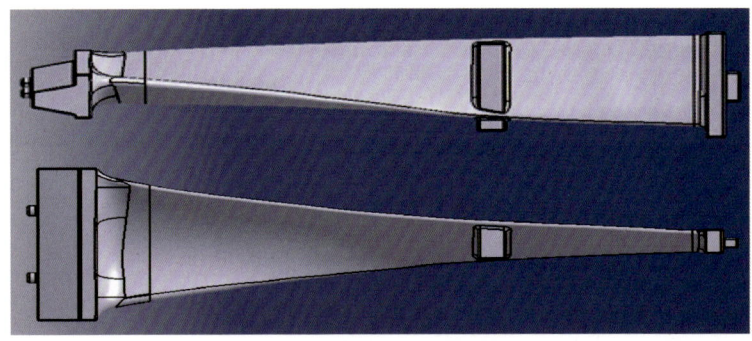

图 7-2　72 in 叶片三维图

72 in 叶片对晶粒度要求高于 4 级，尺寸精度要求叶身单边余量为 6 mm，公差为 0~2 mm。

机电所通过研究核电叶片用钢 1Cr12 Ni3 Mo2VN 的变形行为，计算叶片成形辊锻坯料尺寸，研发适合特大型叶片近净形成形技术，提出了一种镦锻-模锻-辊锻成形技术来生产 72 英寸级长叶片的技术方案，叶根部分采用镦粗成形聚料，利用辊锻局部成形拔长叶身部分，保证了叶片各区段都能获得一定的锻造比，从而保证叶片锻件的内部组织和机械性能。

设计特大型核电叶片精密辊锻模锻联合成形技术流程如下[26]：

下料→加热→镦头（30 MN 油压机）→加热→模锻开坯（250 MN PZS1120f 电动螺旋压力机）→切边（30 MN 油压机）→清理→（高温回火）→加热→精密辊锻（1600 mm 辊锻机）→模锻叶根（250 MN PZS1120f 电动螺旋压力机）→切边（30 MN 油压机）→终锻（250 MN PZS1120f 电动螺旋压力机）→切边（30 MN 油压机）→整形（250 MN PZS1120f 电动螺旋压力机）→热处理（预备热处理＋淬火＋2 次回火）→性能检测→冷校形→全尺寸检测→去应力退火→喷丸→打中心孔→终检→入库

叶片属于薄板类锻件，叶根部分截面形状比较简单，因此也较容易成形。然而叶身呈薄片状，其轴向各截面的几何形状和尺寸都是变化的，具有变截面、变弦宽、有扭角且同一截面的厚度不一样，若坯料计算不准确，容易在辊锻过程中产生侧弯且较薄一侧（出气侧）出现充不满等缺陷。出现侧弯是由坯料截面压下量不均匀造成的，压下量大的延伸大，而压下量小的区域延伸小。因此，需要研究一种坯料分配方法，保证各道次压下量相等，消除侧弯等缺陷。

7.3.2 叶片精密辊锻原理

坯料在辊锻过程中受到高度方向压缩变形，坯料尺寸在高度、宽度和长度三个方向都发生变化，截面面积减小，长度增加，一般用延伸系数表示辊锻变形的程度，延伸系数可以表示为

$$\lambda = \frac{l}{l_0} = \frac{F_0}{F} \tag{7-6}$$

选择合理的延伸系数 λ 是计算辊锻坯料关键。

图 7-3 所示为叶片闭式辊锻原理图，叶片成形辊锻采用闭式模具结构，单道次延伸系数可以选 2～3。

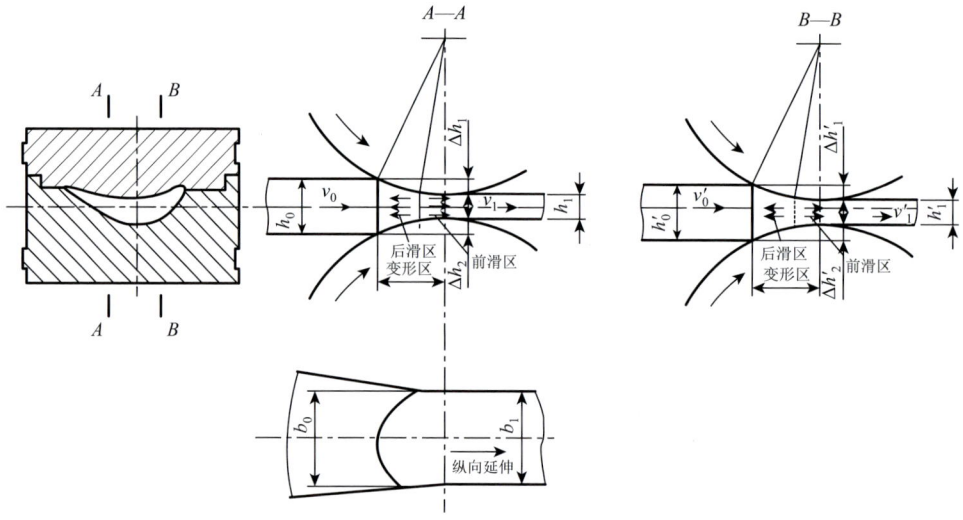

图 7-3 叶片闭式精密辊锻原理

因采用闭式结构，叶身在辊锻成形的过程中，叶身处在型腔凹槽里面，由于型腔的限制，金属很难向两侧流动，基本没有普通辊锻的宽度方向的展宽量，因此可以认为叶片在辊锻过程中宽度是不变的，即 $b_0 = b_1$，高度方向减少的金属都是往长度方向延伸。如果出气侧（如 A—A 截面）在轧辊出口的速度 v_1 或长度 l_1 和进气侧（如 B—B 截面）在轧辊出口的速度 v_1' 或长度 l_1' 不相等，则会造成叶片往速度慢一侧弯，因此要保证叶片不发生侧弯的计算时应保证 $v_1 = v_1'$ 或 $l_1 = l_1'$。如果分模面上下金属流动的速度不一样，叶片还可能出现上下弯的情况，不过这种上下弯曲不像侧向弯曲那样不能校正，是可以校正的。因此计算时首先要保证不出现侧弯的缺陷。

7.3.3 辊锻坯料尺寸计算方法

72 in 叶片叶身扭转角度为 81°，如果直接带角度进行成形辊锻，模具要承受很大的侧向力，影响模具寿命。精密辊锻技术采用的方法是先将叶片所有特征型面旋转一定的角度，使扭转角度 0°，如图 7-4 所示。所有特征型面旋转完后的叶身形状如图 7-5 所示，叶身扭角在最后一次成形辊锻时扭转完成，辊锻坯料尺寸计算都是基于图 7-5 的扭转叶身来进行。

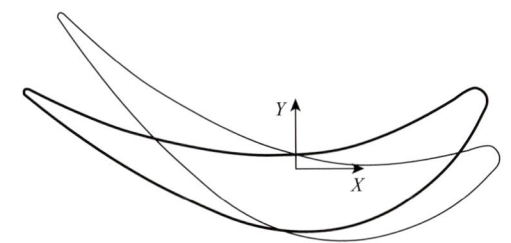

图 7-4 叶片特征型面旋转至水平位置

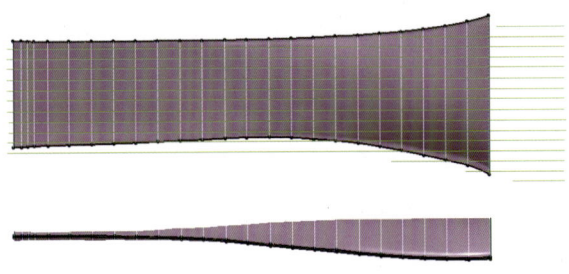

图 7-5 各特征型面旋转为水平位置的叶身

计算方法假设：①锻件体积不可压缩，变形过程体积不变；②各辊锻道次叶身宽度尺寸保持不变；③轧辊出口处金属流动速度相等。

计算第一步是将叶身网格化，长度方向按各特征型面距离划分成如图 7-5 所示网格，宽度方向按一定间隔距离划分成等距网格，如图 7-6 所示。

图 7-7 所示为第 n 道次，长度方向第 i 和 $i+1$ 个特征型面与宽度方向第 j 和 $j+1$ 个截面所组成的计算单元，计算单元的宽度 B 为划分单元的间距，为固定值，每道次的长度 L_n 可以根据每道次的延伸率计算得到。每道次的计算单元中高度尺寸 $\left(H_{i+1}^{j+1}\right)_{n+1}$ 可以根据式（7-7）进行迭代计算得到。

$$\left(H_{i+1}^{j+1}\right)_{n+1} = \frac{1}{\lambda_n}\left[\left(H_{i+1}^{j+1}\right)_n + \left(H_i^j\right)_n + \left(H_{i+1}^j\right)_n + \left(H_i^j\right)_n\right] - \left[\left(H_i^j\right)_{n+1} + \left(H_i^{j+1}\right)_{n+1} + \left(H_i^j\right)_{n+1}\right]$$

(7-7)

式中，第 n 道次的初始值为叶片锻件叶身划分为计算单元的初始值。第 $n+1$ 道次第一个特征型面的高度尺寸根据文献[5]所说的计算方法得到，宽度方向上第一个截面尺寸可采用桥部厚度尺寸。

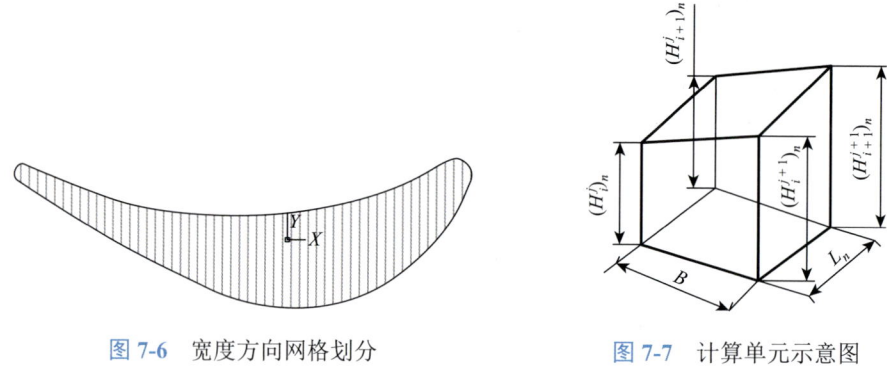

图 7-6　宽度方向网格划分　　　　图 7-7　计算单元示意图

根据式（7-7）计算得到各道次坯料叶身形状如图 7-8 所示。各道次模具型槽的长度根据锻模设计手册的方法计算，前滑值取 3%。

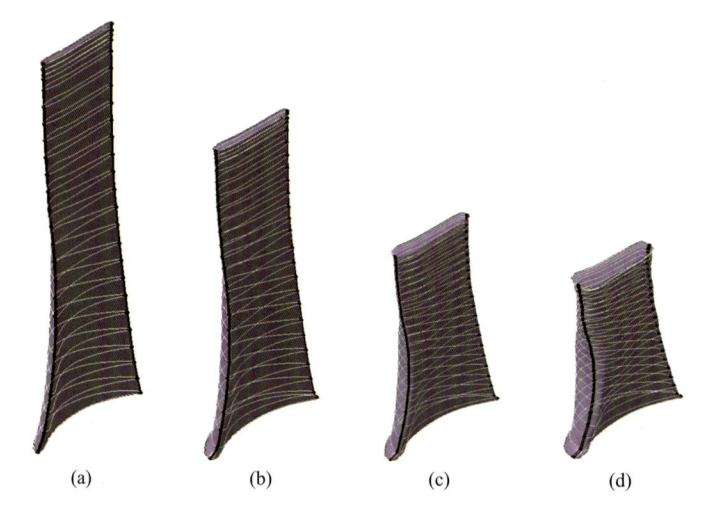

图 7-8　各道次坯料叶身
（a）第 3 道；（b）第 2 道；（c）第 1 道；（d）模锻开坯

7.3.4　模锻开坯坯料尺寸计算

因大叶片闭式成形辊锻时宽度方向尺寸不会增加，故各个特征截面的宽度尺寸和终锻件的宽度尺寸是一样的，各特征型线高度尺寸也根据式（7-7）计算得到，锻件总面积可以根据锻造主设备吨位计算获得，计算公式如下：

$$F = \frac{P \cdot q}{K} \tag{7-8}$$

式中，F——锻件投影面积（含飞边槽），cm^2；

P——设备吨位，kN；

q——变形系数，变形程度小取 1.6，变形程度中等取 1.3，变形程度大取 0.9～1.1；

K——系数，热锻和精压取 80 kN/cm^2，轮廓简单去 50 kN/cm^2。

根据锻件投影面积可以计算出模锻开坯件的长度。

7.3.5 大叶片原材料尺寸选取原则

大叶片原材料尺寸选取的方法有三种，一是根据叶根最大截面积选取，制坯时拔长叶身，叶根部分在制坯时不发生变形，金属流线呈现为平行状态。二是根据叶冠处的最大截面积来选取，通常叶冠的截面积要比叶根处的小很多，制坯时叶根部分的坯料需要大量镦粗聚料来保证有足够的金属，金属流线呈现为蒜头形状。三是综合考虑叶冠、中间凸台和叶根的三处的截面情况，叶根处需要镦粗聚料而叶身需要拔长减小截面面积。

考虑大叶片最终产品的综合性能，以第三种制坯工艺为佳。因为在大叶片的整个锻造生产过程中，坯料长度方向的延伸变形基本上都是在制坯工序中完成的。如果以叶根最大截面积来选取棒料直径，势必使得坯料直径大、长度短，从而造成叶身部分的拔长系数过大，容易在叶冠部分形成缩孔、折叠等缺陷。叶根在制坯时没有发生变形，只在终锻时有变形，这对通常采用火次锻造的大叶片来说，叶根经过多次加热，势必会造成晶粒粗大，对大叶片的最终性能有一定影响。而采用叶根镦粗和叶身拔长的制坯工艺，可以保证叶根、叶身在各个工序都会有足够的变形量发生动态再结晶细化晶粒，进而能够保证大叶片具有良好的整体综合性能。

在设计终锻整形模时需要考虑如下一些因素：①由于大叶片模具尺寸一般比较大，模具温度不均匀会造成模具局部收缩和模具固有的弹性形变，对大叶片锻件的尺寸精度会造成较大的影响。②大叶片都是采用多火次锻造，每次加热锻造完成后，由于叶片面积大、叶身薄，冷却速度较快，且在大叶片不同的部位冷却速度不一样，金属收缩量不一样，因此大叶片发生变形，从而影响叶片的精度。在设计整形模时应考虑这些因素对叶片尺寸精度的影响，将叶身各个特征型面的尺寸控制在公差范围内。

7.4 镦头工艺多场耦合分析

7.4.1 镦头工艺方案确定

大叶片制坯技术对于大叶片成形至关重要，坯料分配的合理性直接关系到叶片最终尺寸精度、微观组织结构和性能。

镦头工序为大叶片精密辊锻工艺流程的第 1 道工序，是对坯料进行初步的材料分配，主要是叶根部分的聚料，是后续工艺的基础。图 7-9 为 72 in 叶片的截面和计算毛坯图，从图可以看到叶片各部分截面面积变化剧烈。

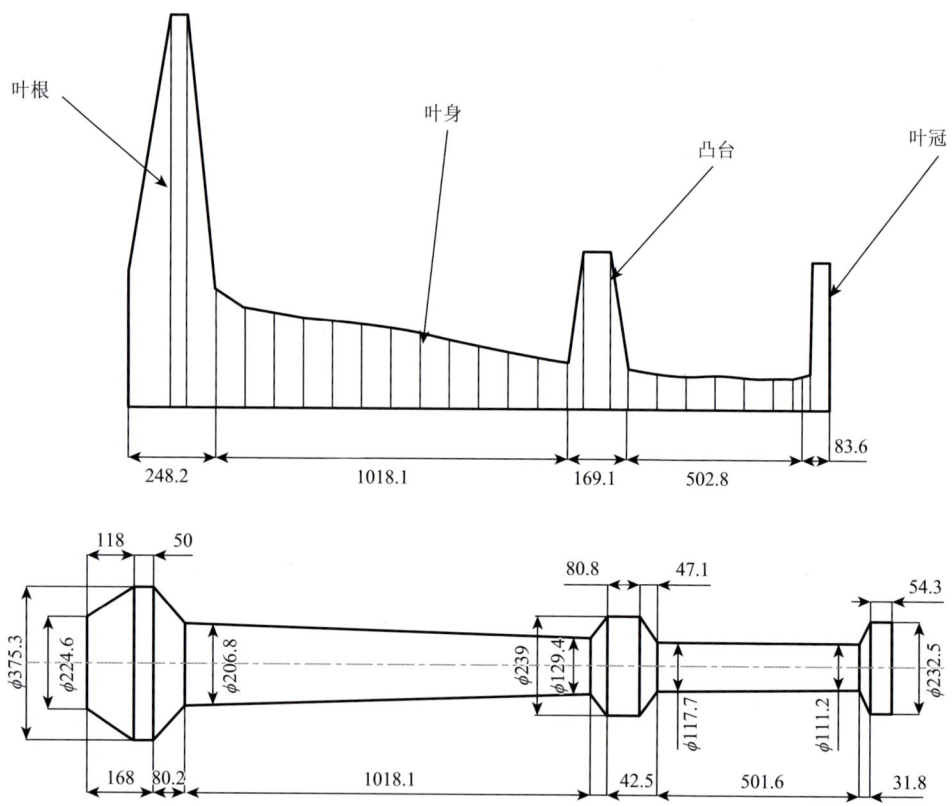

图 7-9　72 in 叶片截面面积和计算毛坯图

根据前述的大叶片原材料尺寸的综合考虑叶根、叶冠和凸台的方法选取，按截面面积最小的叶冠部位选取原材料直径，根据计算毛坯直径选取下料尺寸为

ϕ232 mm×1252 mm 的圆棒料，下料质量为 415 kg，叶根镦粗聚料到 ϕ380 mm 时，全部长度的高径镦粗比达到 5.4，超出稳定镦粗条件高径比的极限值 4.65，镦粗聚料时的会发生失稳现象，因镦粗工序是在现有设备 30 MN 油压机上进行，超过了该设备最大装模高度，故镦头工艺难以进行。在综合考虑大叶片叶根、叶身和凸台截面面积和设备最大装模高度及镦粗失稳情况后，确定原材料下料尺寸为 ϕ240 mm×1170 mm，此时全部长度的高径镦粗比为 4.9，与镦粗不失稳临界条件比较接近，可在 30 MN 油压机上完成镦头工序。

为了确保叶根部分在终锻时有足够的金属材料，设计了开式、闭式和半开式三种镦头工艺方案进行比较，三种工艺的模具结构如图 7-10 所示。

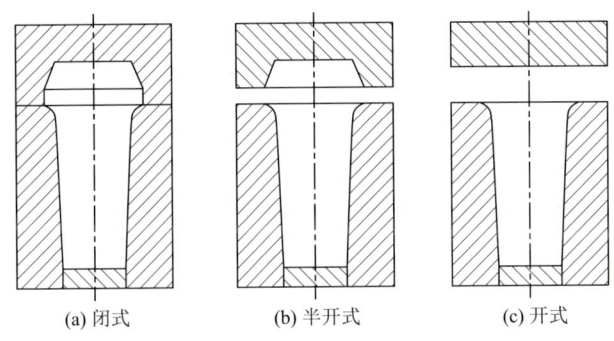

图 7-10　三种镦头方案模具结构

图 7-11 所示的为原材料和三种镦头工艺方案锻造完成后的锻坯图。

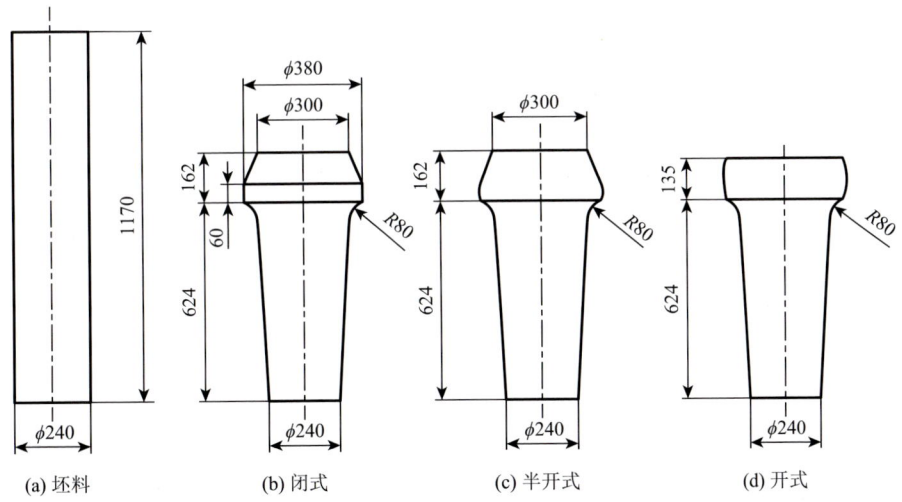

图 7-11　原材料及三种镦头工艺坯料

闭式镦头工艺虽然可以获得精确的镦头坯料尺寸,但是下料尺寸也要求精确并且严格控制加热温度,如果下料尺寸偏差较大或温度变化,则会在上下模分模处形成横向的飞边,对后续工序不利。开式镦头坯料的叶根部分与计算毛坯图不符,对终锻成形叶根不利。综合考虑闭式和开式优缺点,采用半开式镦头方案,如图 7-11(c)所示,既保证了叶根处坯料的分布,也消除了闭式镦头因下料误差造成的横向飞边。

7.4.2 镦头工艺模拟分析

因镦头设备已经确定,为了验证三种镦头工艺的可行性和能否符合现有设备的生产能力,通过数值模拟来验证三种方案的成形力、成形能量和填充模具情况,分析金属流线、应力应变场、温度场以及优化工艺、模具参数。

模拟参数设置如下:模具设置为刚体,预热温度为 200℃,材料温度设置为 1110℃,平均晶粒尺寸和初始晶粒尺寸均设置为原奥氏体晶粒尺寸 76 μm,油压机下行速度为 50 mm/s,摩擦系数为 0.3,环境温度为 20℃,热传导系数为 0.02 N/[s/(mm·℃)]。

分别对闭式,开式和半开式镦头工艺进行了模拟,模拟得到成形力和成形能量如表 7-5 所示。

表 7-5 三种镦头工艺预测的镦头成形力和能量

镦头方式	镦头力/kN	镦头能量/kJ
闭式	56300	2390
开式	15100	2570
半开式	24000	2360

从表 7-5 中可以看到,模拟预测的三种镦头工艺所需的成形能量,由于开式镦头工艺叶根压镦粗的变形量比其余两种镦头工艺都要大,镦头行程最长,所需要的能量最多,而闭式和半开式镦头的上模模具结构相同,叶根的变形程度基本相同,镦头行程也相同,这两种工艺所需的成形能量基本是一样的,镦头变形后坯料的形状和型腔充填如图 7-12 所示,图中坯料上的点表示模具与坯料的接触状态。

从图 7-12(a)中可以看到,闭式镦头坯料与上下模具基本完全接触,没有多余金属从上下模间流出形成飞边,坯料尺寸也很准确,因为头部坯料和上模直壁接触,金属流动受到限制,造成锻造力是三种工艺中最大的,达到了 56300 kN 远超过 30 MN 油压机的公称压力,因此在实际操作过程中模具可能出现打不靠的情

第 7 章 核电汽轮机用超大叶片精密辊锻技术的初步研究　309

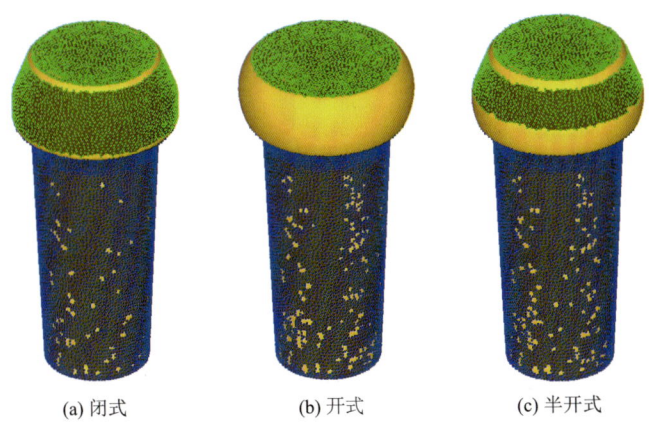

(a) 闭式　　　　　(b) 开式　　　　　(c) 半开式

图 7-12　三种镦头工艺成形情况模拟

况。图 7-12（b）是开式镦头的坯料填充模具情况，叶根呈鼓形且外表面为自由状态，金属流动不受约束，所需要的成形力最小，但压下行程却是最大的，成形所需的能量最大。

图 7-12（c）为半开式镦头的坯料填充型腔情况，因上下模间留有 60 mm 的间隙，镦头上模可以保持一定的型腔，坯料在最后填充阶段没有模具限制，可以有效地减小镦头所需的成形力，模拟预测的成形力为 24000 kN，比闭式镦头工艺方案要小很多，30 MN 的油压机完全可以满足镦头的力能要求。

图 7-13 所示为镦头过程中，镦头成形力与能量和位移的关系，从 7-13（a）中可以看出，三种镦头工艺在镦头过程中，在开式阶段锻造力的增加是一样的，当镦头行程达到 364 mm 时，开式镦头的镦头力的增加仍是缓慢增加，而闭式和半开式的锻造力曲线增加得比较快，这是因为在 364 mm 时，坯料已经开始和上模的型腔开始接触，模具型腔限制了金属的流动，使得镦锻力的增速增加。当行程达到 390 mm 时，闭式镦头工艺的锻造力直线增加，这是因为金属已经和闭式上模的直壁型腔开始接触，金属流动进一步受到限制，直至镦头工艺结束，镦头力达到 56300 kN。而半开式模具的间隙使得金属流动不受限制，镦头力仍是保持原来的增速增加，镦头结束时镦头力为 24000 kN。

图 7-13（b）是三种镦头工艺镦头能量与行程的关系，可以看到三种工艺的镦头能量增加的速度是一样的，半开式和闭式镦头工艺的能量曲线是一致的，当行程达到 370 mm，这两者的镦头能量增速增加，直至结束，所需能量分别为 2360 kJ 和 2390 kJ，能量基本相同，而开式镦头的能量保持原来的增速。开式镦头的行程要比前两者的大，锻造所需的能量也要大一些，达到 2570 kJ。

从上面的分析可以看到，半开式镦头工艺为三个工艺中最优的，采用半开式镦头工艺，叶根处坯料尺寸精度和闭式镦头相当，但可以有效地减小镦头所需

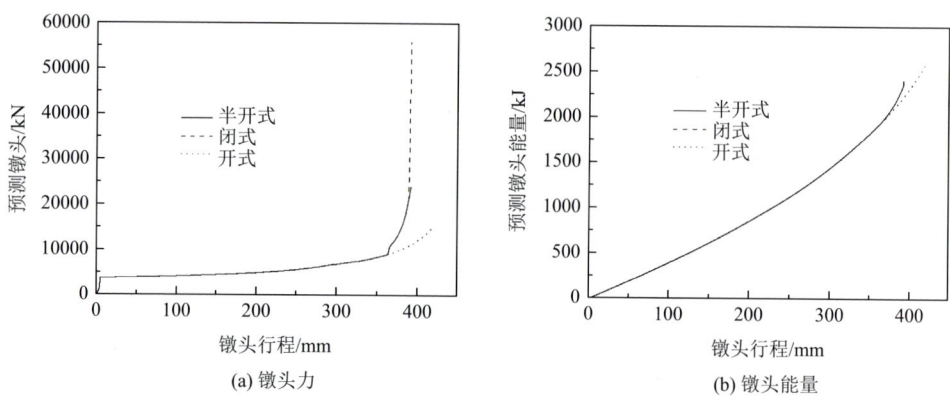

(a) 镦头力

(b) 镦头能量

图 7-13 镦头工艺力能与位移的关系

的锻造力，而且对坯料下料尺寸要求也不用太精确，具有一定的容错性，预测出来的锻造力和锻造能量均在 30 MN 油压机能力范围内，镦头工艺采用半开式镦头工艺。

7.4.3 半开式镦头场量分析

图 7-14 为半开式镦头的终锻时表面和芯部的温度场，图 7-14（a）显示坯料表面降温最快的部位位于锻件两端，模具最先接触的部位，特别是叶冠处，最低温度已降到 418℃，温度降得快。图 7-14（b）为坯料芯部温度场分布，芯部的温度比较均匀。整个坯料最高温度为 1120℃，比坯料加热温度高 10℃，表明金属在变形时机械能转化为热能，使得坯料温度升高。

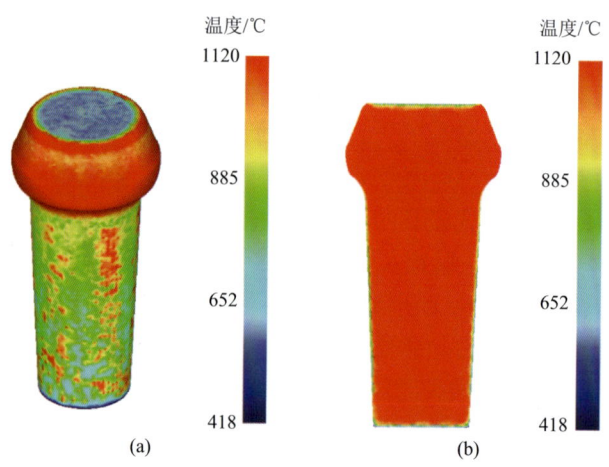

图 7-14 半开式镦头温度场

（a）表面温度场；（b）芯部温度场

图 7-15 为半开式镦头终锻时表面和芯部等效应力场。应力主要集中叶根部，等效应力平均值在 150 MPa 左右，叶冠和叶身的等效应力较小，靠近叶冠的应力基本等于 0，没有发生变形。

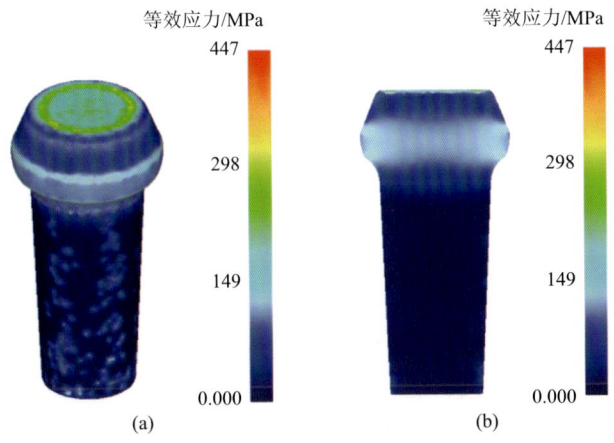

图 7-15　半开式镦头等效应力场

（a）表面应力场；（b）芯部应力场

图 7-16 所示为半开式镦头终锻的表面和芯部应变场，最大应变位于叶根中心部位，等效应变达到 1.5 左右，和镦粗变形的应变分布很相似，叶冠部分应变为 0 与应力场分布相吻合，表明叶冠在镦粗时没有变形。

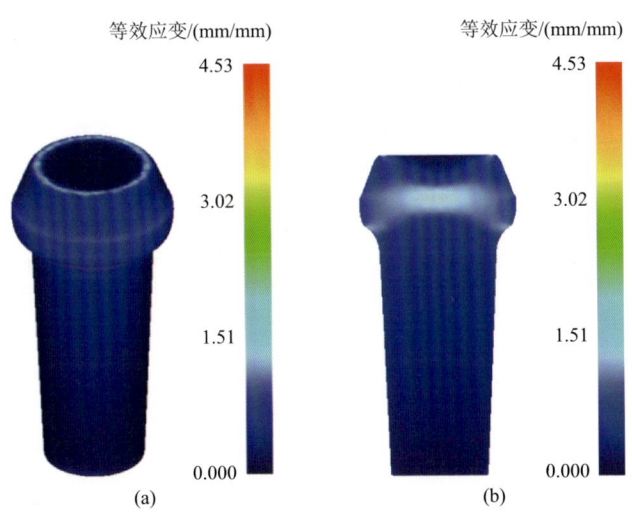

图 7-16　半开式镦头应变场

（a）表面应变场；（b）芯部应变场

图 7-17 为半开式镦头不同行程时的金属流动速度场。从图中可以清楚看到在镦粗的过程中,随着叶根部分的充满,金属形成一个漩涡状的速度场,坯料外面的金属向中心流动,随着行程的增加和下模的充满,漩涡逐步向上移动,直至叶根与叶身的交界处。

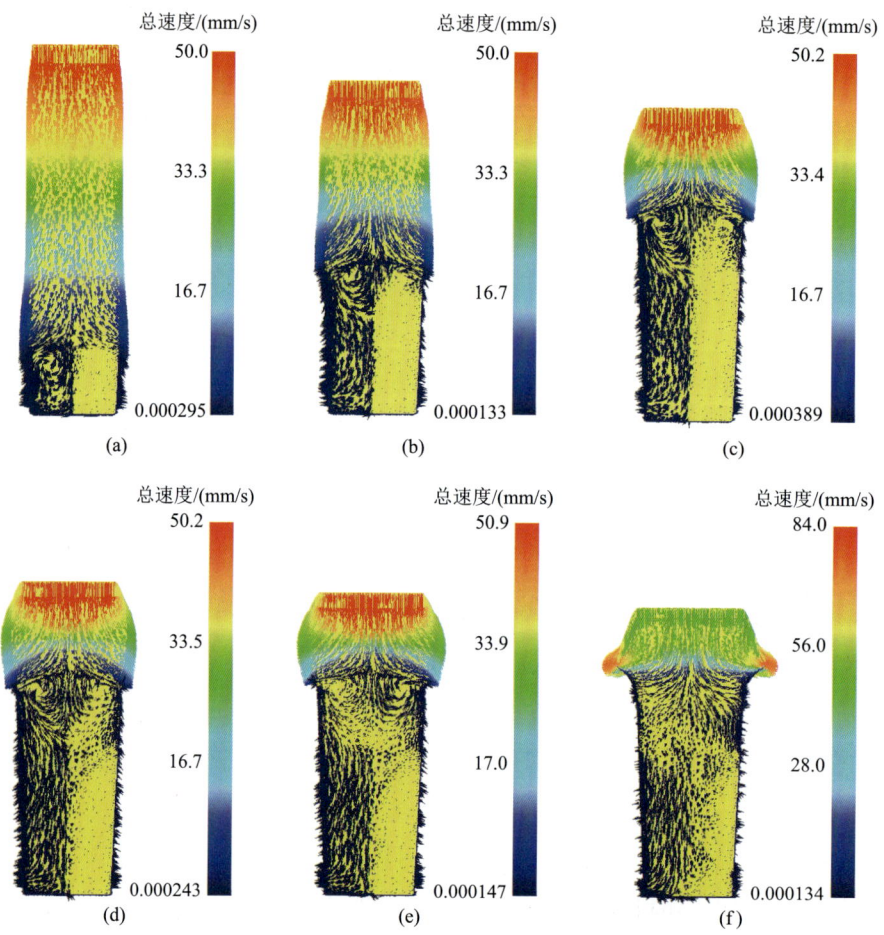

图 7-17　半开式镦头金属流动速度场

(a) 150 mm；(b) 250 mm；(c) 300 mm；(d) 330 mm；(e) 360 mm；(f) 393 mm

7.4.4　动态再结晶组织演变模拟

图 7-18 所示为动态再结晶体积百分数随镦头行程的演变过程。

第 7 章　核电汽轮机用超大叶片精密辊锻技术的初步研究

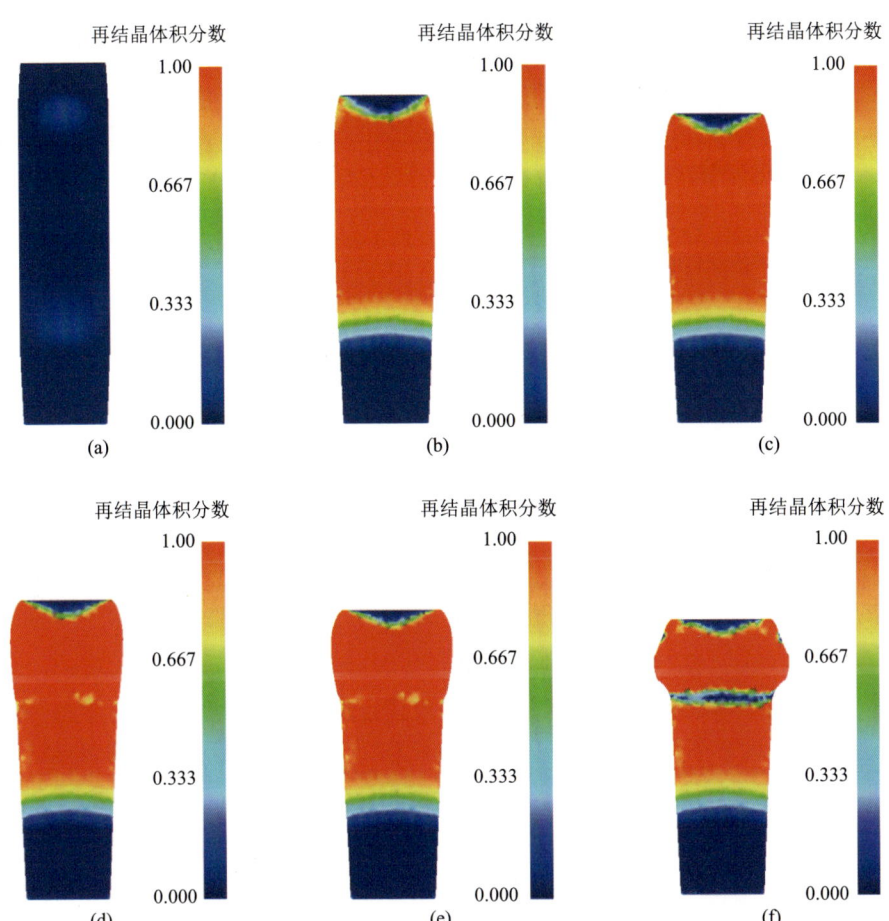

图 7-18　半开式镦头动态再结晶体积分数

(a) 150 mm；(b) 250 mm；(c) 300 mm；(d) 330 mm；(e) 360 mm；(f) 393 mm

可以看出，开始 150 mm 的行程，基本没有发生动态再结晶 [图 7-18 (a)]，随变形量的增加，坯料叶根和叶身的一半发生了完全动态再结晶，叶根处的再结晶组织演变和简单镦粗的组织演变是相似的，但是在叶根和叶身过渡处，由于外面冷却的金属随金属漩涡流动到中间，在这个部位的再结晶体积分数在减小 [图 7-18 (d)、(e)、(f)]。在叶冠和叶身靠近叶冠一半由于在整个变形过程中变形量很小，没有达到发生动态再结晶的临界应变条件，一直没有发生动态再结晶，在叶身中间凸台位置处有一个部分动态再结晶区域。

图 7-19 为终锻时动态再结晶晶粒尺寸和平均晶粒尺寸分布图，动态再结晶晶粒平均直径在 60 μm 左右，坯料的平均晶粒尺寸分布中间凸台至叶冠基本为原奥氏体晶粒大小，发生动态再结晶的部分集中在叶根至中间凸台这部分区域。

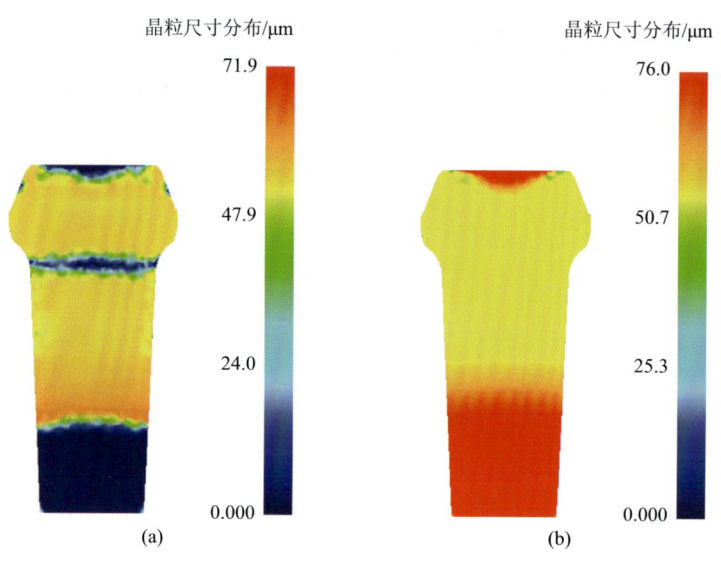

图 7-19 终锻时晶粒尺寸分布

(a) 动态再结晶晶粒尺寸；(b) 平均晶粒尺寸

为了清楚分析坯料各部分组织变化的规律，在如图 7-20 所示的 5 个位置设置特征点，跟踪这 5 个特征点的组织变化。图 7-21 是 5 个特征点处的动态再结晶体积分数的变化。

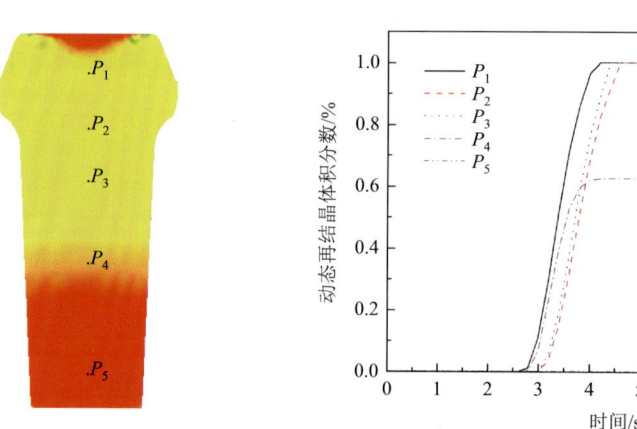

图 7-20 设置特征点位置　　图 7-21 特征点的动态再结晶体积分数

可以看出 P_1 和 P_3 点处的动态再结晶体积分数变化规律是一样的，除了 P_1 比 P_3 早完成动态再结晶。P_2 点由于金属涡流，部分未发生动态再结晶的金属流到 P_2 处，造成动态再结晶体积分数下降。P_4 位于叶身凸台处，这里是不完整动态再结晶区域，动态再结晶体积分数一直在 60%左右。P_5 位于叶根处，这里没有发生动态再结晶，体积分数为 0。图 7-22 为 5 个特征点处的动态再结晶晶粒直径和平均晶粒直径随时间的变化关系，发生完全动态再结晶的 P_1 和 P_3 点的在锻造完成后的平均晶粒直径即为动态再结晶晶粒直径为 56.6 μm 和 57.1 μm，P_2 点的再结晶粒直径为 22.8 μm，平均晶粒尺寸为 57.7 μm，处于部分动态再结晶区域的 P_4 点处的再结晶晶粒直径为 60 μm，锻后平均晶粒直径为 60 μm。

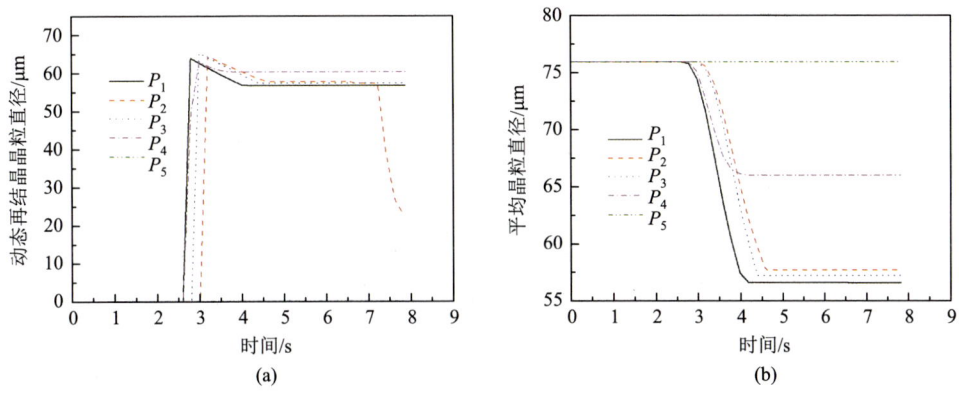

图 7-22 特征点处动态再结晶晶粒直径（a）和平均晶粒尺寸（b）随时间的变化关系

总的来说，镦头的坯料再结晶晶粒尺寸比较大，有部分原奥氏体晶粒没有发生动态再结晶，晶粒直径为原奥氏体晶粒直径，而发生动态再结晶的晶粒尺寸也比较大，为 57 μm 左右，这是因为油压机运动速度慢，应变速率低（图 7-23），动态再结晶晶粒尺寸较大。

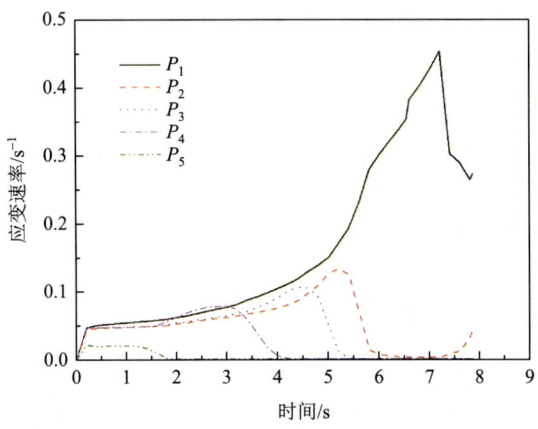

图 7-23 各特征点等效应变速率

7.5 模锻制坯多场耦合分析

7.5.1 工艺参数优化

目前国内外叶片生产厂家主要采用制坯整体模锻成形的技术生产叶片,各叶片厂家有采用径向锻造机制坯,也有采用自由锻制坯,制坯后采用整体模锻工艺成形,这种工艺在生产 72 英寸级特大型叶片时遇到了挑战,由于叶片面积大,所需的锻造力也很大,目前主要叶片厂家的设备均达不到 72 in 叶片所需的锻造力,存在叶片欠压和超重等问题。

本文提出的模锻制坯工艺为特大型叶片精密辊锻技术生产坯料,从前面坯料计算可知,叶片在辊锻过程中不会出现展宽的变形,叶片的宽度完全靠模锻开坯来保证,成形辊锻工艺只用来拔长叶片叶身,模锻制坯工艺的成功与否直接关系这项新技术能否顺利研制成功,是这项技术的关键工序。这部分的主要内容是设计了长叶片模锻制坯工艺,采用正交试验方法和数值模拟优化了工艺参数,最后采用优化后的参数进行了多场量耦合数值模拟分析模锻制坯工艺。

模锻制坯工艺是采用天仟重工有限公司现在的主机 PZS1120f 电动螺旋压力机来实施的,该设备的最大锻造力为 250 MN,根据设备的最大吨位确定模锻制坯锻件的最大投影面积,锻造力除了与材料和锻件投影面积有关外,还与成形时的应变速率、温度、摩擦系数以及模具结构(桥部厚度和出模圆角)有关。因应变速率与锻造设备的成形速度相关,锻造设备选定后,应变速率可以认为是确定的,最终确定采用锻造温度、摩擦系数、桥部厚度和出模圆角作为优化参数进行优化以获得最小的锻造力和锻造能量。

图 7-24 为模锻制坯锻件三维图,该坯料形状和尺寸是根据第 3 章所述的辊锻制坯方法,计算出叶身各特征型面的尺寸,结合锻件图设计出来的。图 7-25 为模

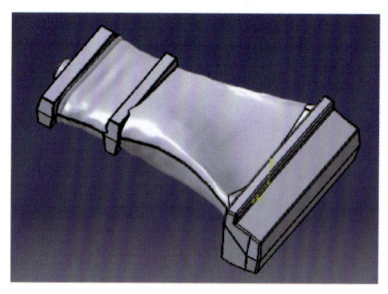

图 7-24 模锻制坯锻件

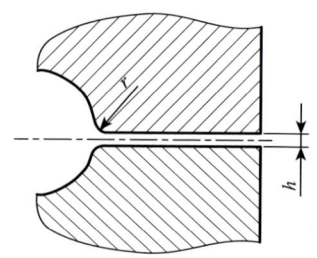

图 7-25 制坯模具桥部结构

锻制坯模具桥部结构图，因是制坯模具，模具不设仓部，模具结构简单，只有桥部厚度 h 和出模圆角 r 两个参数。

正交试验方法可以利用较少的试验次数研究多个试验因素对优化目标的影响，得到最优目标值的最佳因素组合。根据前文的分析，影响模锻制坯锻造力和锻造能量的因素有锻造温度 A（T）、摩擦系数 B（μ）、桥部厚度 C（h）以及出模圆角 D（r），采用这四个参数作为正交试验的因素，每个因素取三个水平，设计因素水平表（表 7-6）。

表 7-6 正交试验水平因素表

水平	因素			
	A 锻造温度 T/℃	B 摩擦系数 μ	C 桥部厚度 h/mm	D 出模圆角 r/mm
1	1180	0.2	6	2
2	1150	0.3	8	3
3	1120	0.4	10	4

模锻制坯所采用的坯料来自半开式镦头工艺生产的坯料，模具采用刚性模型，预热温度为 200℃，设备速度为 400 mm/s，锻造温度和摩擦系数按表 7-6 的值进行设置。

7.5.2 正交试验结果

正交试验采用 3 水平 4 因素表 L9（34），不考虑各因素之间的相互作用，正交模拟试验安排和结果如表 7-7 所示。

表 7-7 正交试验安排和结果

试验次数	因素				结果	
	A 锻造温度	B 摩擦系数	C 桥部厚度	D 出模圆角	锻造力 F/kN	能量 E/kJ
1	1	1	3	2	343000	5830
2	1	2	1	1	462000	6200
3	1	3	2	3	449000	6440
4	2	1	2	1	398000	6420
5	2	2	3	3	364000	6510
6	2	3	1	2	631000	7370
7	3	1	1	3	522000	7270
8	3	2	2	2	465000	7370
9	3	3	3	1	427000	7440

7.5.3 极差分析

将第 j 列因素 m 水平的试验结果的和用 $K_{j,m}$ 表示；平均值用 $k_{j,m}$ 表示，$k_{j,m}$ 值的大小可以反映第 j 列因素的优水平和优组合，R_j 表示第 j 列因素的极差，R_j 值的大小反映了第 j 列因素波动时，优化指标的波动幅度，R_j 越大，说明第 j 列因素对优化指标的影响越大，根据极差可以判断因素的主次顺序。锻造力 F 和锻造能量 E 的极差分析结果如表 7-8 所示。

表 7-8 锻造力 F 和锻造能量 E 的极差分析表

结果		因素			
		A	B	C	D
锻造力 F /kN	K_1	12540000	1263000	1615000	1287000
	K_2	13930000	1291000	1312000	1439000
	K_3	14140000	1507000	1134000	1335000
	k_1	4180000	421000	538333.3	429000
	k_2	464333.3	430333.3	437333.3	479666.7
	k_3	471333.3	502333.3	378000	445000
	R	53333.3	81333.3	160333.3	50666.7
主次顺序		C＞B＞A＞D			
锻造能量 E /kJ	K_1	18470	19520	20840	20060
	K_2	20300	20080	20230	20570
	K_3	22080	21250	19780	20220
	k_1	6156.7	6506.7	6946.7	6686.7
	k_2	6766.7	6693.3	6743.3	6856.7
	k_3	7360	7083.3	6593.3	6740
	R	1203.3	576.7	353.3	170
主次顺序		A＞B＞C＞D			

从表 7-8 锻造力的极差 R 可以看到影响锻造力的因素重要程度顺序是桥部厚度＞摩擦系数＞锻造温度＞出模圆角，根据极差分析，得出获得最小锻造力最优因素组合为（C3B1A1D1）。锻造力与各因素的关系如图 7-26 所示，锻造力随温度升高而降低，随摩擦系数增加而增加，随桥部厚度增加而降低，这些趋势都比较明显；锻造力随出模圆角的变化有所波动，没有明显的增加或减小的趋势，但极差是四个因素中最小的。

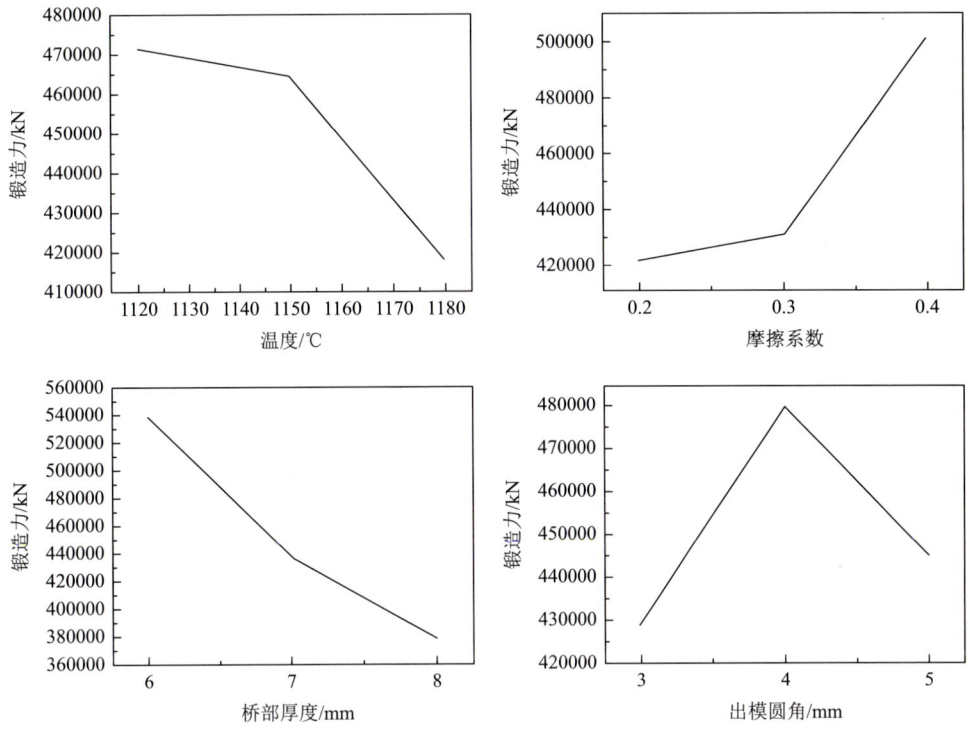

图 7-26　各因素与锻造力的关系

从表 7-8 锻造能量的极差 R 可以得到影响锻造能量的因素重要顺序是锻造温度＞摩擦系数＞桥部厚度＞出模圆角，除锻造温度对锻造能量极差能造成一些波动，其余三项对锻造能量的影响的波动都比较小，这是因为坯料加热温度高使得晶体原子越容易跃迁，宏观表现出金属更容易变形，而且温度升高减弱了第三相粒子对位错运动的钉扎，所需要的变形能就越小；而其余三项因素均不会对原子迁移和位错运动的改善造成影响，宏观表现出来的就是锻造能量没有太大的波动。

7.5.4　多场量耦合模拟分析

根据上述对正交试验优化的结果，采用锻造温度 1180℃、润滑系数 0.2、桥部厚度 10 mm、出模圆角 3 mm，因锻造时重新加热，初始晶粒尺寸和平均晶粒尺寸均设置为 98 μm，其余参数与正交试验时设置的参数一致，进行多场量耦合模拟。

1. 锻造力与锻件充填分析

图 7-27 为锻造力、锻造能量与行程的关系图，采用最优方案模拟得到的终锻

锻造力为304000 kN，锻造能量为5680 kJ，与正交试验的结果比较发现，采用最优因素水平组合的模拟值是最小的。

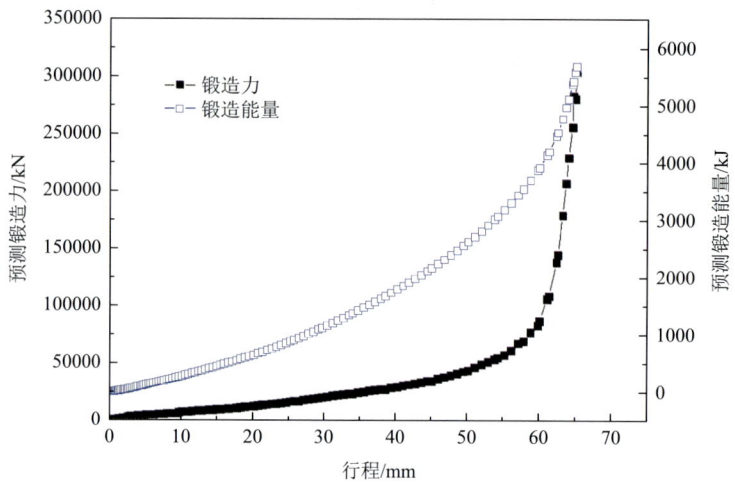

图 7-27　锻造力和锻造能量与行程的关系

即使采用最优方案，模拟计算得到的锻造力为304000 kN，要大于PZS1120f电动螺旋压力机的最大锻造力 250000 kN，在实际的生产中会出现模具打不靠和锻件欠压、充不满的问题。不过为了保证模锻制坯锻件有足够的宽度和一定的长度，最大限度地减少在成形辊锻阶段的展宽量，允许在高度方向存在一些欠压量，这部分欠压量将在成形辊锻工序消除掉。

图 7-28 所示为锻造力在 229000 kN 时的坯料充填型腔情况，除叶冠部分出气侧有小部分型腔未充满外，其余的均已充满，此时锻件的欠压量为 2.7 mm，不会对叶片成形辊锻造成太大的影响。从图中还可以看到进气侧的飞边要比出气侧的飞边大很多；图 7-29 揭示了出现这种现象的原因，是因为在模锻开始阶段坯料定位不稳，坯料向进气侧发生了偏转，所以出气侧叶冠处缺料而进气侧料过多，多余金属流向飞边，造成进气侧飞边较大（图 7-28）。

2. 温度场分析

图 7-30 为模锻制坯件终锻时坯料表面和沿长度方向剖面的温度分布场，以及设置的 4 个跟踪点。与模具接触的部位降温比较快，飞边处由于金属流动比较剧烈，温升效果比较明显，坯料内部温度比较均匀，仍保持在始锻温度 1180℃左右，但由于金属变形产生能量，温度都有所上升，P_1 和 P_4 的温度上升了 6℃，如图 7-31 所示。

第 7 章　核电汽轮机用超大叶片精密辊锻技术的初步研究　321

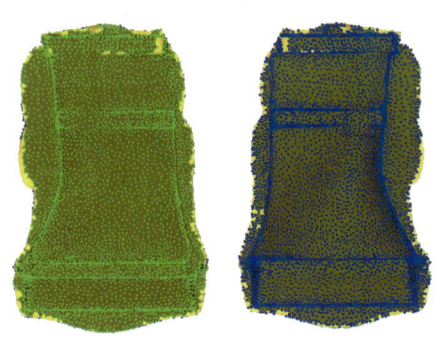

图 7-28　锻造力 229000 kN 时坯料充填型腔

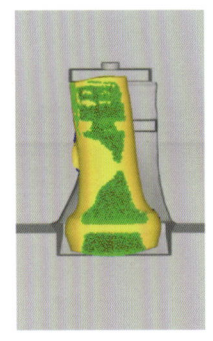

图 7-29　坯料发生偏转

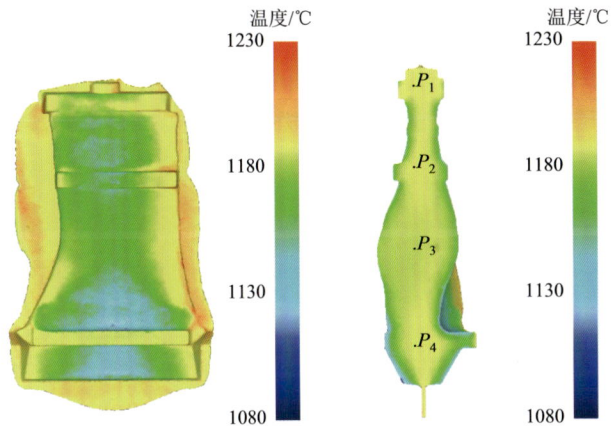

图 7-30　模锻制坯终锻时坯料温度场及追踪点位置

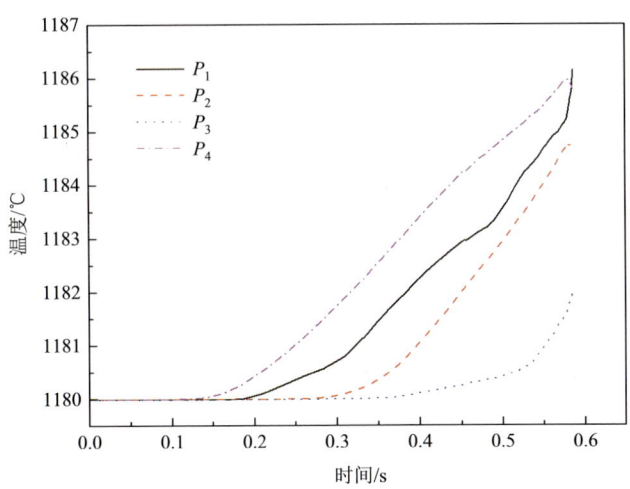

图 7-31　跟踪点温度随时间的变化

3. 应力场和应变场

图 7-32（a）所示为沿坯料长度方向截面和横向的应力场分布情况，各个截面处的等效应力均在 115 MPa 左右，叶冠处的等效应力较大，达到 160 MPa，表明叶冠处变形比较剧烈，这是因为叶冠处截面面积小。

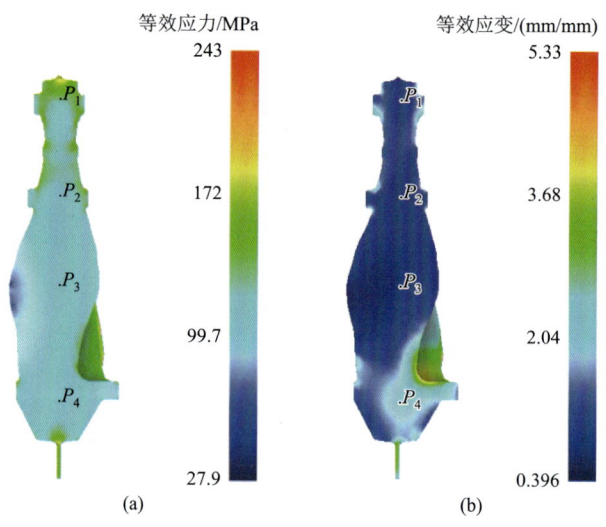

图 7-32　模锻制坯坯料长度方向截面的应力场和应变场
（a）应力场；（b）应变场

图 7-32（b）为沿坯料长度方向截面的应变场分布情况，等效应变的变化比较大，最大的 P_4 点处的等效应变达到了 2.2，表明该处的变形很大，有利于动态再结晶的发生，最小的地方位于叶身最厚处，应变只有 0.396，也达到了动态再结晶的临界条件。

4. 速度场和应变速率场

图 7-33 为模锻制坯终锻时的速度场和等效应变速率场，金属流动速度最大的位置位于飞边处，最大等效应变速率位于出模圆角处，锻件芯部的等效应变速率比较均匀。

图 7-34 所示为跟踪点的金属流动速度与等效应变速率随时间变化的情况，图 7-34（a）显示各点金属流动的速度差异比较大，最大的达到了 1400 mm/s，最小的只有 200 mm/s。图 7-34（b）显示各点的应变速率比较均匀，都在 5 s^{-1} 左右，除叶根处的 P_1 点在终锻时变化比较大。

第 7 章 核电汽轮机用超大叶片精密辊锻技术的初步研究 323

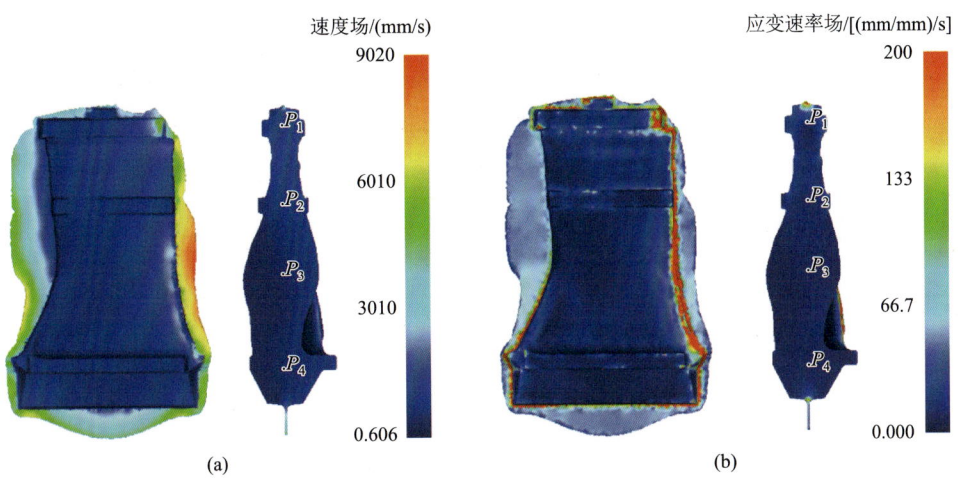

图 7-33 模锻制坯速度场（a）和等效应变速率场（b）

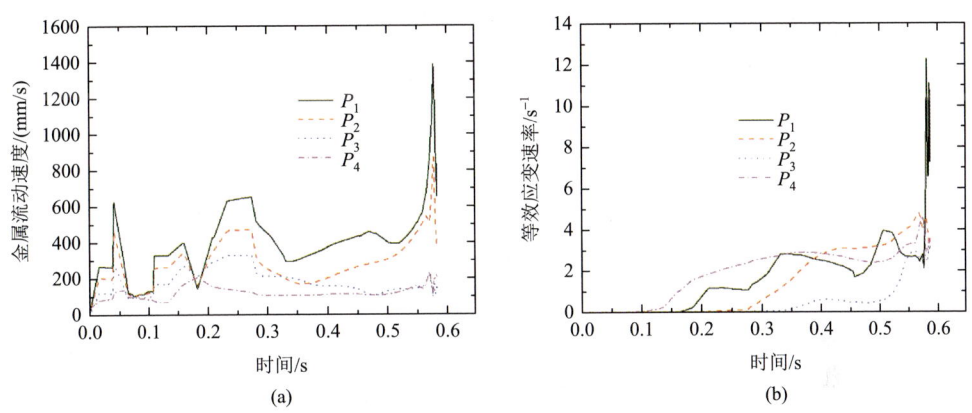

图 7-34 跟踪点的速度（a）和等效应变速率（b）随时间的变化

5. 动态再结晶组织演变

图 7-35 所示为动态再结晶体积分数在长度方向截面上的演变情况，从图可以看到整个坯料除了叶身最厚处，与下模接触的部位没有发生动态再结晶，整个坯料均发生完全动态再结晶。

图 7-36 为跟踪点的动态再结晶动力学曲线，P_1、P_2、P_4 点先后发生完全动态再结晶，而 P_3 则发生没有完全动态再结晶。

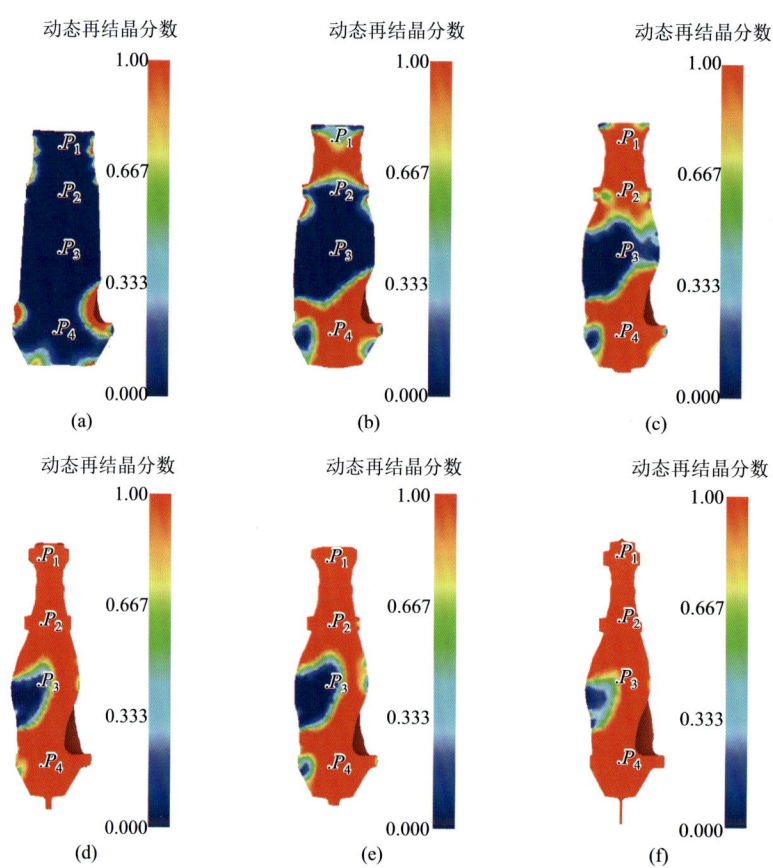

图 7-35 动态再结晶体积分数演变过程

（a）0.26 s；（b）0.39 s；（c）0.46 s；（d）0.51 s；（e）0.56 s；（f）0.59 s

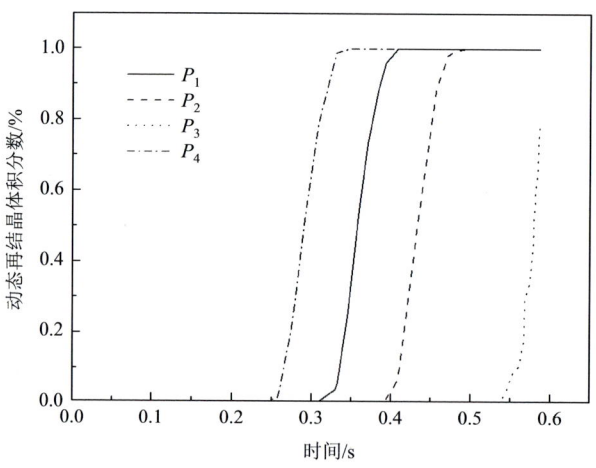

图 7-36 跟踪点动态再结晶动力学曲线

图 7-37（a）为终锻时坯料动态再结晶晶粒尺寸分布图，再结晶晶粒尺寸比镦头的再结晶晶粒尺寸要小，在 P_3 点处，由于这里的应变最小，有部分未发生动态再结晶。图 7-37（b）为跟踪点的晶粒尺寸随时间的变化曲线，终锻时 P_1 点处的动态再结晶晶粒直径为 45.2 μm，P_2 点处的为 43.7 μm，P_3 点处的为 47 μm，P_4 点处的为 45.5 μm。

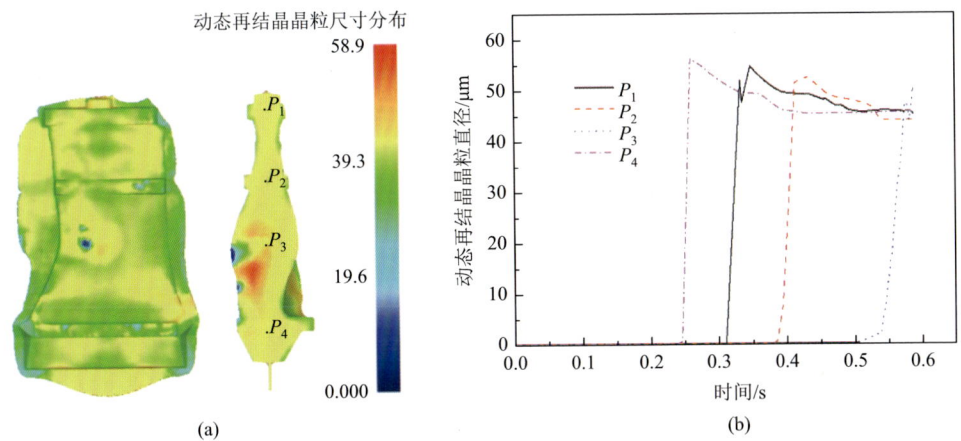

图 7-37　动态再结晶晶粒尺寸分布（a）及跟踪点动态再结晶晶粒尺寸变化（b）

图 7-38（a）为坯料平均晶粒尺寸的分布情况，除了 P_3 点靠近模具处的平均晶粒尺寸接近原奥氏体晶粒尺寸，说明这部分金属没有发生动态再结晶，这里的晶粒在后续的辊锻成形时可以细化。图 7-38（b）表示的跟踪点处平均晶粒尺寸与时间的关系，P_1、P_2、P_4 的平均晶粒尺寸已发生完全动态再结晶，即为动态再结晶的晶粒尺寸。

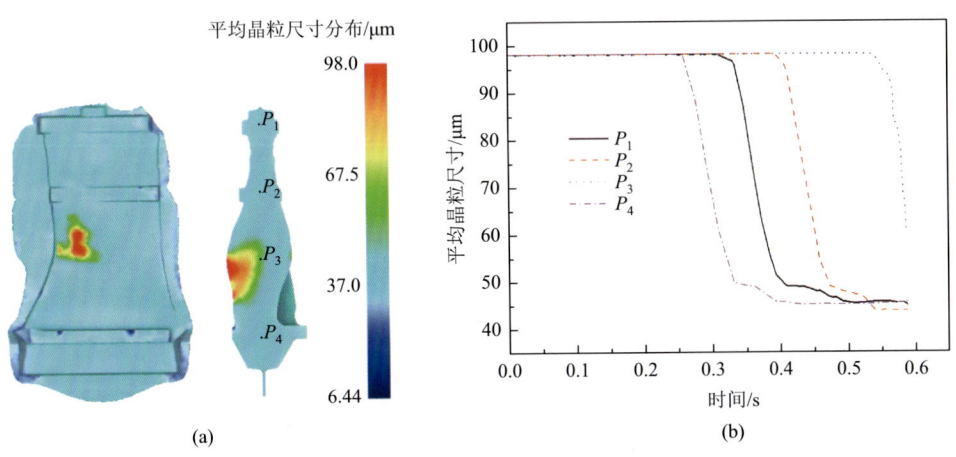

图 7-38　平均晶粒尺寸分布（a）及跟踪点处平均晶粒尺寸变化（b）

本小节通过正交试验方法优化了模锻制坯工艺参数，得到了最优模具结构尺寸，通过数值模拟验证了现有设备基本可以满足模锻制坯工艺的要求；通过多场耦合模拟分析了模锻制坯工艺的各种场量变化和最终再结晶组织的演变，除了叶身底部有部分金属未发生动态再结晶，其余部分都发生了完全动态再结晶，晶粒尺寸得到了细化，平均晶粒尺寸在 45 μm 左右。

7.6 精密辊锻工艺多场耦合分析

7.6.1 精密辊锻模拟参数

精密辊锻工艺是特大型叶片精密辊锻技术的核心内容，这工艺将原来整体模锻叶身改为成形辊锻来完成。辊锻主要使坯料发生长度方向上的延伸变形，而高度方向压缩的金属只向长度方向流动，不向宽度方向流动，非常适合板片类锻件的成形；它的另一个特点是辊锻是一个连续的、逐步的变形过程，变形时只有部分毛坯与模具接触，所需的变形力较小，可以实现在小设备完成大设备的生产的锻件。特大型叶片精密辊锻技术就是利用辊锻这些特点来研究的。这部分内容主要研究以模锻开坯的锻坯作为辊锻成形的坯料，通过多场耦合数值模拟来分析特大型叶片精密辊锻的成形性、各种场量的分布以及辊锻过程中动态再结晶组织的演变[27-29]。

根据计算出来的各道次辊锻的坯料，设计了三道次辊锻模（图 7-39），模具采用闭式结构，在第 3 道需要扭转叶片扭角，增加了一个扭转模具。

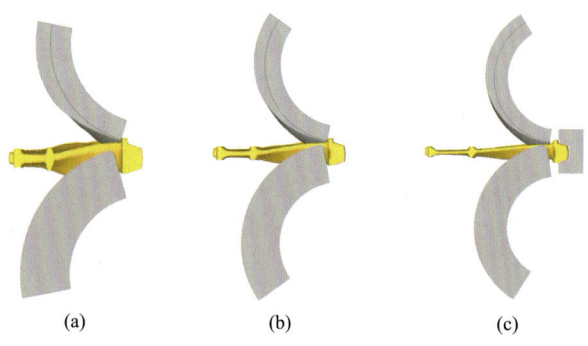

图 7-39 特大型叶片三道次精密辊锻

（a）第 1 道；（b）第 2 道；（c）第 3 道

第 7 章 核电汽轮机用超大叶片精密辊锻技术的初步研究

辊锻参数设置与模锻的差别是模具运动的方式改变了，辊锻模具是旋转的，转速设置为 8 r/min，辊锻初始温度为 1150℃，原奥氏体晶粒尺寸设置为 87 μm，第 3 道扭转模具的转速设置 4.39 r/min，在辊锻结束时完成扭角，其他参数与模锻设置的一样。

因辊锻是一个连续的、局部的变形过程，选取叶身长度方向的截面进行分析（图 7-40），因叶根、叶冠和凸台在辊锻时不变形，这里不做分析。

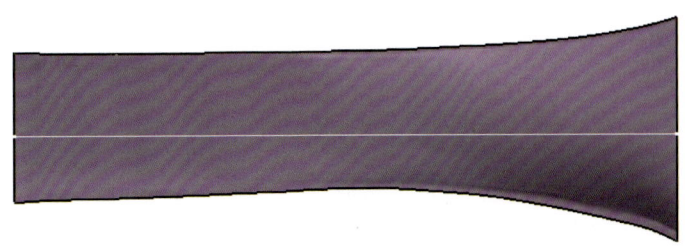

图 7-40　成形辊锻分析截面位置

7.6.2　精密辊锻力能分析

1600 mm 辊锻机是专为特大型叶片精密辊锻技术而开发的，需要辊锻机有足够的轧制力、扭矩和能量来保证工艺顺利实施，通过轧制力和扭矩分析可以为辊锻机的设计提供必要的参数。图 7-41 为各道次辊锻轧制力在辊锻过程中的变化曲线，最大轧制力出现在第 2 道辊锻叶身后半段时，轧制力为 9576 kN；最大力矩出现在第 1 道辊锻叶身最厚处时，最大值为 2550 kN·m。

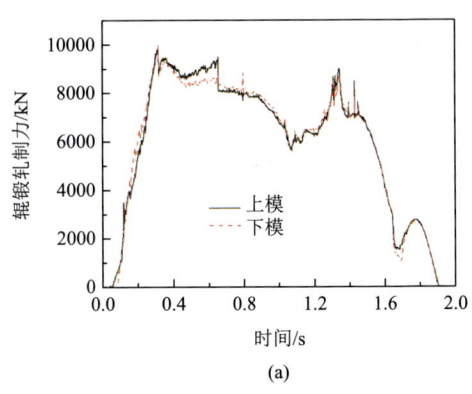

(a)

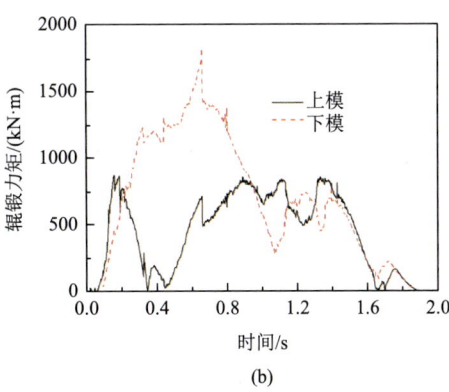

(b)

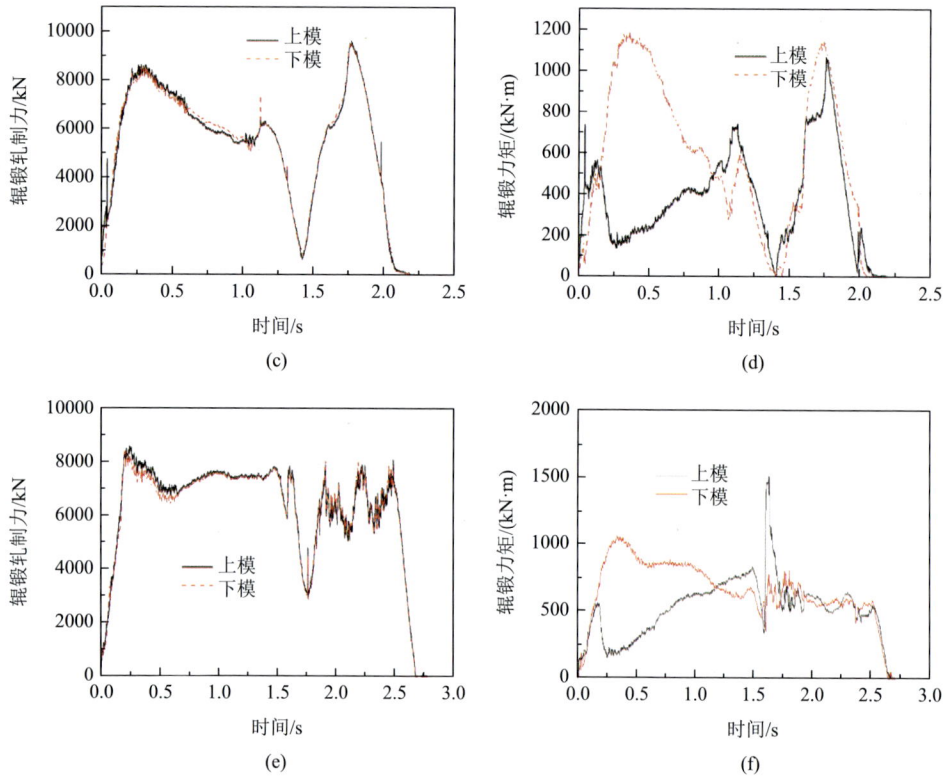

图 7-41 精密辊锻各道次辊锻轧制力和辊锻力矩

(a) 第 1 道轧制力；(b) 第 1 道力矩；(c) 第 2 道轧制力；(d) 第 2 道力矩；(e) 第 3 道轧制力；
(f) 第 3 道力矩

辊锻过程另一个重要参数辊锻能量是设计辊锻机需要考虑的，经计算三道次辊锻所需的能量分别为 1990.2 kJ、2027 kJ 和 2792 kJ，第 3 道所需的能量最多。

7.6.3 第 1 道辊锻多场耦合分析

图 7-42 为第 1 道辊锻温度场随时间的变化情况，与模具接触的表面降温比较多，但芯部由于变形，温度都有不同程度的上升。

图 7-43 为第 1 道辊锻的应力场随时间的变化，可以看到，坯料的应力场随着辊锻的进行在移动，变形结束后，整体坯料应力场为零。

第 7 章 核电汽轮机用超大叶片精密辊锻技术的初步研究

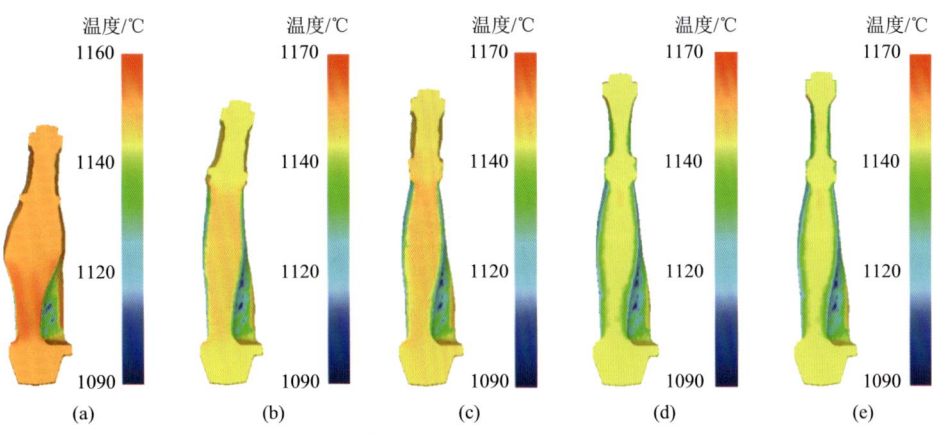

图 7-42 第 1 道辊锻坯料温度场随时间的变化
(a) 0.5 s；(b) 1 s；(c) 1.2 s；(d) 1.49 s；(e) 2 s

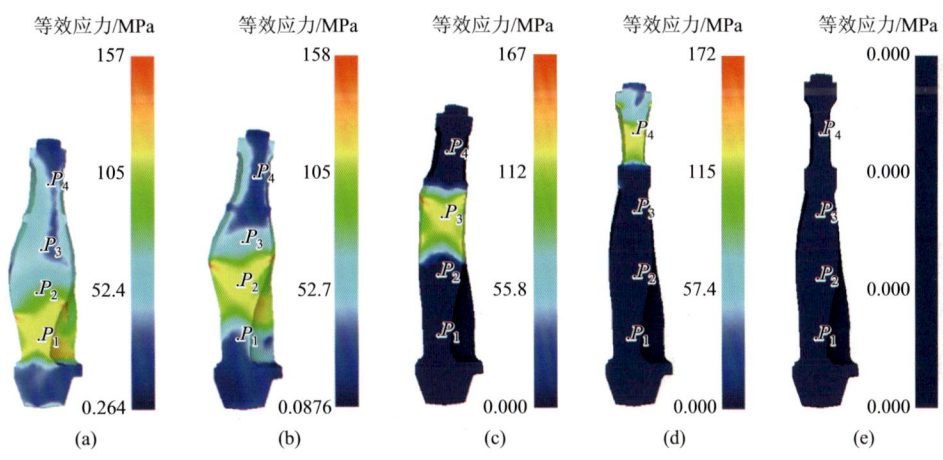

图 7-43 第 1 道次辊锻坯料应力场随时间的变化
(a) 0.3 s；(b) 0.56 s；(c) 0.9 s；(d) 1.4 s；(e) 2 s

为了观察坯料中心各点的场量的变化情况，在如图 7-43 所示的四个位置设置了跟踪点。图 7-44 为这四个点的随辊锻进行的等效应变和等效应变速率变化情况。从图 7-44（a）中可以看到，等效应变在变形发生后很快增加，在跟踪点区域变形结束后，等效应变保持不变，应变值达到了临界应变值，都能够发生动态再结晶。图 7-44（b）所示的等效应变速率则呈现出波峰状态，特征点开始变形时，等效应变速率增加很快，变形结束后，减小得也很快。四个点的等效应变速率值分别为 2.52 s^{-1}、1.86 s^{-1}、2.88 s^{-1} 和 2.96 s^{-1}。

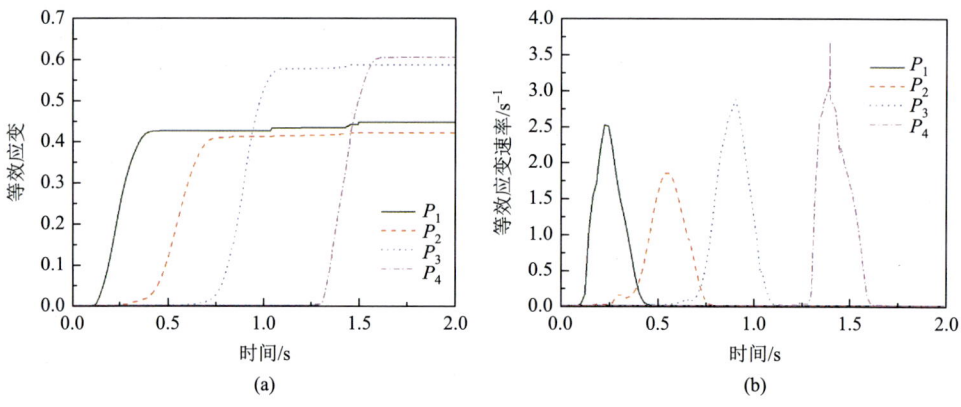

图 7-44 跟踪点等效应变（a）和等效应变速率（b）与时间的关系

图 7-45 为坯料平均晶粒尺寸随辊锻进行而发生的演变过程，可以看到随着辊锻的进行，叶身平均晶粒尺寸在逐渐减小，表明发生了动态再结晶，而叶根、叶冠和凸台处还保留原奥氏体组织，没有发生动态再结晶。

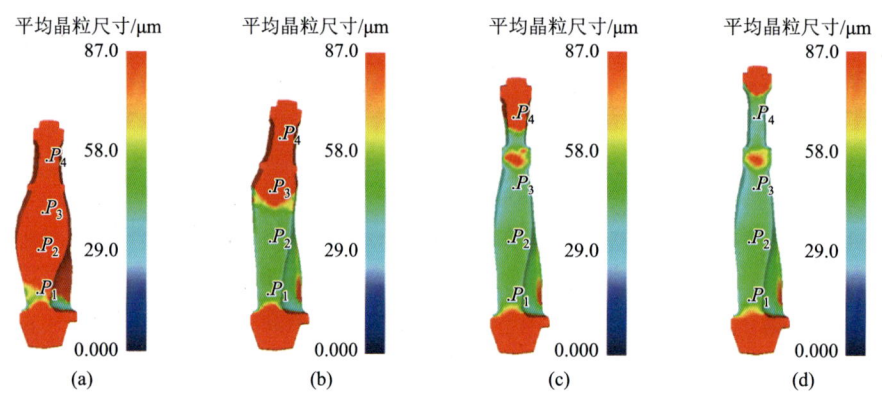

图 7-45 坯料平均晶粒尺寸演变过程
(a) 0.3 s; (b) 0.8 s; (c) 1.36 s; (d) 2 s

图 7-46 为四个跟踪点的平均晶粒尺寸随时间的变化，P_1 最先发生变形，也最先完成动态再结晶，平均晶粒尺寸 47.3 μm，随辊锻的进行，P_2、P_3 和 P_3 点先后发生动态再结晶，平均晶粒尺寸为 45.8 μm、43.3 μm 和 41.5 μm。

7.6.4 第 2 道次辊锻多量耦合分析

因精密辊锻三道工序在同一火次内完成，第 2 道次辊锻模拟的初始条件为第一次辊锻结束时的状态。第 2 道次辊锻的温度场、应力场和应变场的分布和

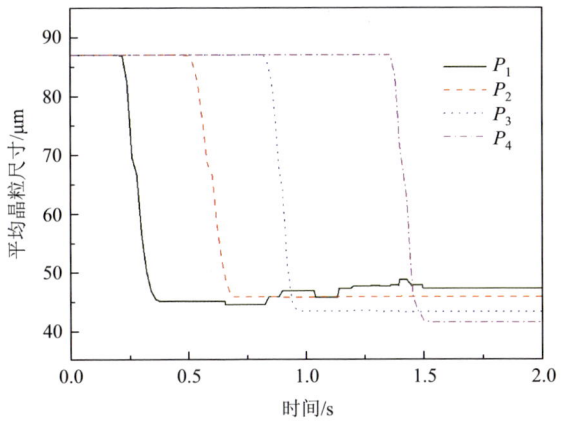

图 7-46　跟踪点平均晶粒尺寸变化

第 1 道类似，这里就不再进行描述。这里将在长度截面上设置四个跟踪点，重点分析跟踪点的场量值随时间的变化，来反映辊锻时叶片内部各种场量的演化过程，跟踪点的位置设置和第 1 道次一样。

图 7-47（a）所示为四个跟踪点的等效应力变化，特征点处坯料从开始变形时等效应力开始增加直到最大值，坯料离开变形区又回到 0，四个点的等效应力很接近，分别为 125 MPa、120 MPa、122 MPa 和 124 MPa。

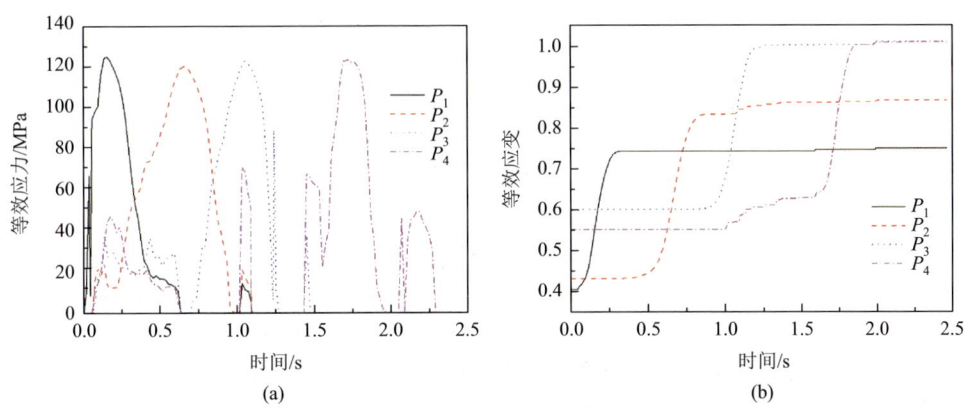

图 7-47　跟踪点等效应力（a）和等效应变（b）与时间关系

图 7-47 所示为跟踪点等效应变在辊锻过程中的变化情况，应变值不是从 0 开始，这是因为上一道次的残余应变，随变形的增加，等效应变继续增加，变形结束后等效应变保持不变。

图 7-48 为坯料平均晶粒尺寸分布的变化过程，整体晶粒尺寸有所细化，为

30 μm 左右。叶根和部分叶冠处仍未发生动态再结晶，为原奥氏体晶粒组织，但凸台处受到叶身变形的影响，也发生动态再结晶，晶粒尺寸有所细化。

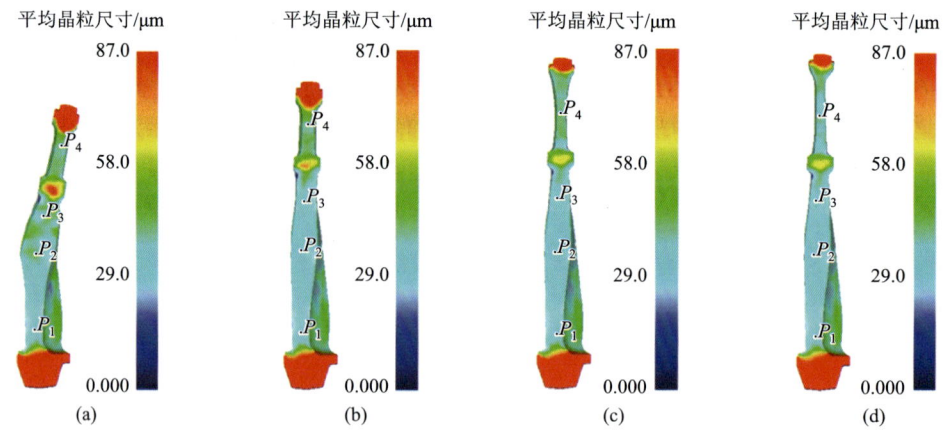

图 7-48　第 2 道精密辊锻平均晶粒尺寸
(a) 0.6 s；(b) 1.2 s；(c) 1.8 s；(d) 2.4 s

图 7-49（a）为跟踪点平均晶粒尺寸的变化情况，变形结束后的晶粒直径分别为 34.6 μm、37.6 μm、32.3 μm 和 37.9 μm，与第 1 道辊锻后平均晶粒尺寸相比得到了细化。图 7-49（b）为各跟踪点的等效应变速率，呈现典型局部变形特征，开始变形应变速率增加，结束变形应变速率也消失了，各点的应变速率为 2～2.5 s^{-1}。

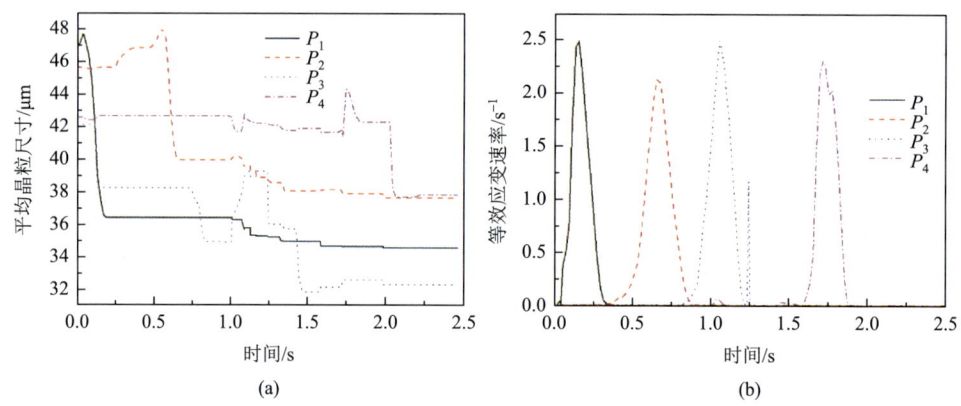

图 7-49　跟踪点平均晶粒尺寸变化（a）与等效应变速率变化（b）

7.6.5　第 3 道辊锻多场耦合分析

第 3 道精密辊锻模拟的初始条件为第 2 道结束时的坯料状态，四个跟踪点的位置保持不变，分析各场量在四个跟踪点处的变化情况。第 3 道与前两道不同点是第 3 道增加了一个扭转模具，来完成叶片扭角的功能。

图 7-50（a）为四个跟踪点的等效应力随时间变化曲线，可以看到各点的等效应力很杂乱，主要来自上一道次辊锻的残余应力和扭转叶身时产生的应力，虽然应力很杂乱，但是四个特征点依次发生变形的特征还是很明显。图 7-50（b）为等效应变与时间的关系曲线，各点都存在很大的残余应变，第 3 道次应变值在前两道的基础上进行了叠加，P_3 点的应变值最大，达到 1.64，表明整个辊锻过程中这里的变形很剧烈。

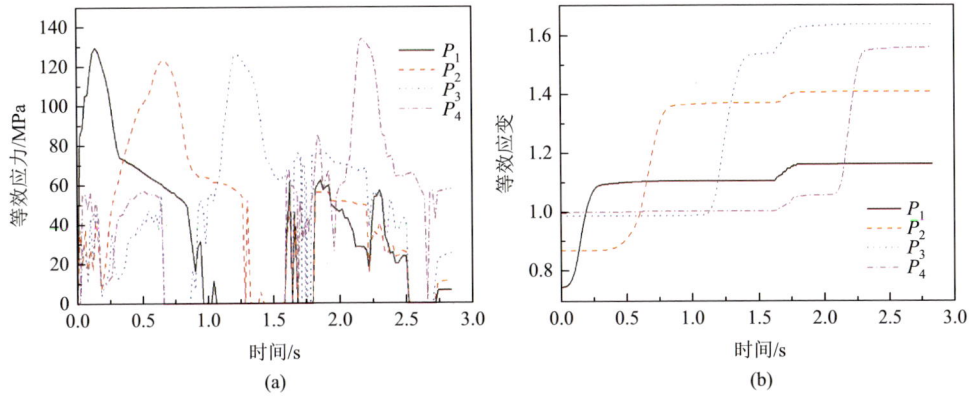

图 7-50 跟踪点等效应力（a）和等效应变（b）与时间关系

图 7-51 为坯料平均晶粒尺寸随时间的演变过程，整个叶身的平均晶粒尺寸和第 2 道次相比变化不是很大，在 P_1 和 P_3 点处出现晶粒细化现象 [图 7-51（d）]。凸台处的晶粒尺寸进一步得到细化，而叶根因没有变形，仍保持原奥氏体组织。

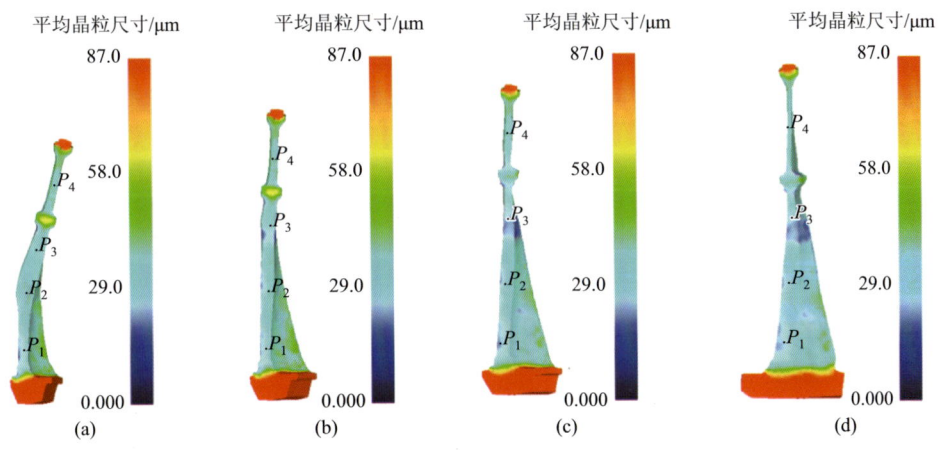

图 7-51 第 3 道精密辊锻平均晶粒尺寸
(a) 0.66 s；(b) 1.22 s；(c) 1.9 s；(d) 2.84 s

图 7-52（a）为跟踪点平均晶粒尺寸的变化情况，变形结束后的晶粒直径分别为 24.4 μm、31.9 μm、22.2 μm 和 36.8 μm，与第 2 道次辊锻后平均晶粒尺寸相比尺寸更小。图 7-52（b）为各跟踪点的等效应变速率，仍然呈现典型局部变形特征，开始变形应变速率增加，结束变形应变速率也消失了，各点的应变速率稍有增加为 2.3～3.6 s^{-1}。

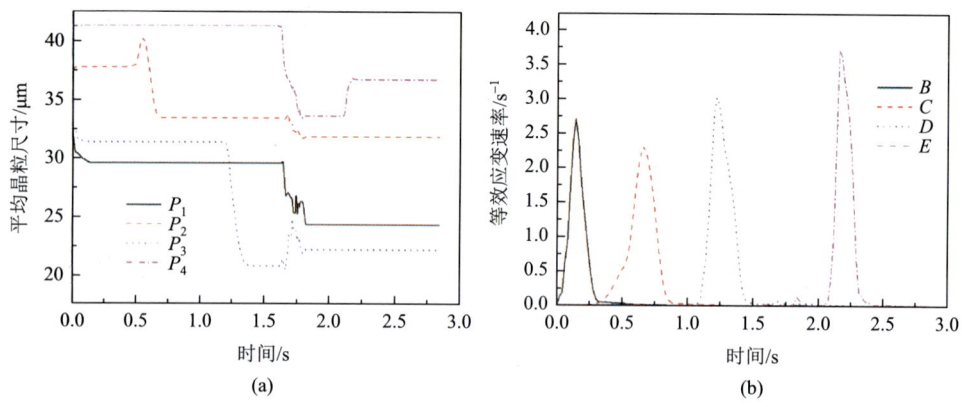

图 7-52　跟踪点平均晶粒尺寸变化（a）与等效应变速率变化（b）

本小节通过有限元模拟计算精密辊锻工艺最少需要轧制力 9576 kN，辊锻力矩 2500 kN·m 和轧制能量 2792 kJ，为 1600 mm 辊锻机设计提供比较可靠的数据。接着通过多场耦合模拟，分析了每一道次的各种场量随时间的变化和平均晶粒尺寸的变化，通过三道次辊锻可以明显地细化晶粒。

7.7　超大型叶片叶根模锻与叶片终锻多场耦合分析

7.7.1　叶根模锻成形分析

叶根模锻工序是在精密辊锻成形结束后，立即在 PZS1120f 电动螺旋压力机上进行，叶根模锻工序是为了减少终锻整形的成形力，只成形叶根部位。图 7-53 为叶根锻模与精密辊锻成形的叶片。

因叶根模锻在精密辊锻结束立即进行，属同一火次锻造，模拟初始条件为第 3 道精密辊锻的结束状态，上模运动速度设置为 400 mm/s。

第 7 章 核电汽轮机用超大叶片精密辊锻技术的初步研究　335

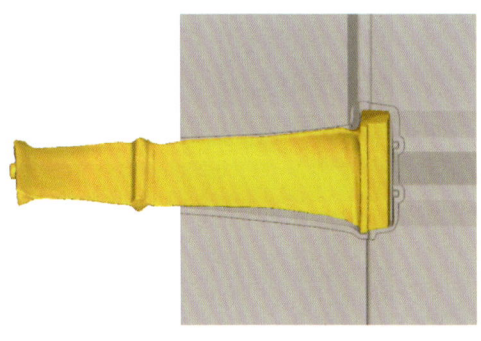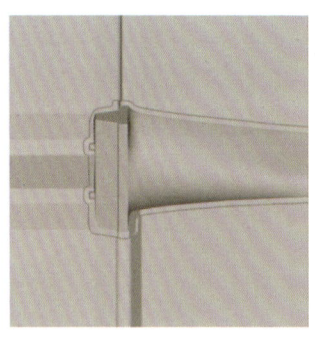

图 7-53　叶根锻模与精密辊锻成形的叶片坯料

图 7-54 为叶根模锻模具打靠时坯料充填模具型腔情形，叶根部分已完全充满，并形成了飞边，而叶身中间有一部分未与模具接触，这样可以有效减小锻造力，接触部分的叶身也得到了整形。此时的锻造力为 267000 kN（图 7-55），稍微超过 PZS1120f 的 250000 kN 公称吨位，实际会出现模具打不靠的情形，可以通过多次锻打来弥补。

图 7-54　叶根模锻模具充填型腔

图 7-55 为叶根模锻预测的锻造力和锻造能量，终锻时的锻造能量为 2930 kJ。

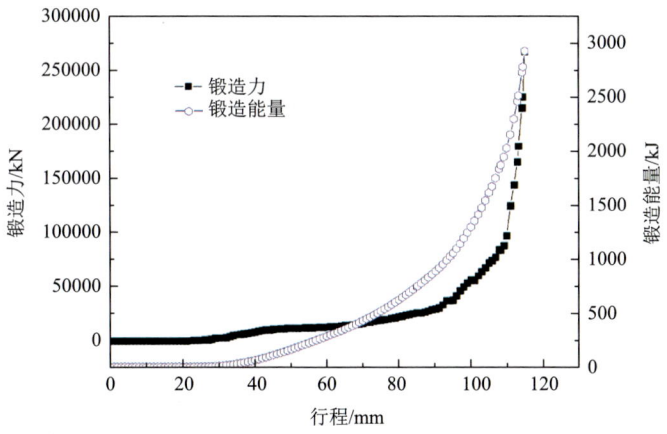

图 7-55　叶根模锻预测的锻造力和锻造能量

7.7.2 叶根模锻多场耦合分析

为了观察叶根模锻过程中，叶根处动态再结晶演变过程，在叶根最高的横向截面设置了如图 7-56 所示的跟踪点，分析跟踪点处的各场量的变化。

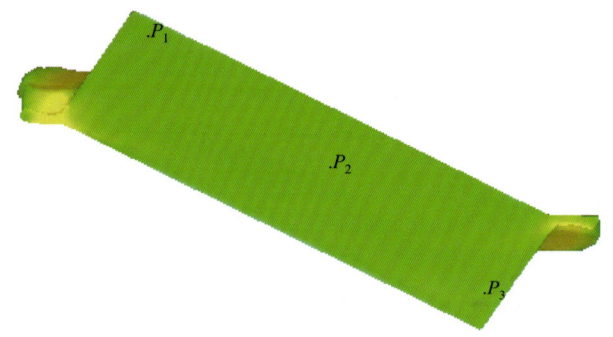

图 7-56　叶根跟踪点位置

图 7-57 为叶根模锻时该截面平均晶粒尺寸演变过程，随上模的压下，叶根开始发生变形和发生动态再结晶，平均晶粒尺寸开始细化，平均晶粒尺寸在 40 μm 左右，P_1 点位于锻件最外侧，这里最后充满，也是最后发生再结晶，晶粒尺寸为叶根处最大的位置。

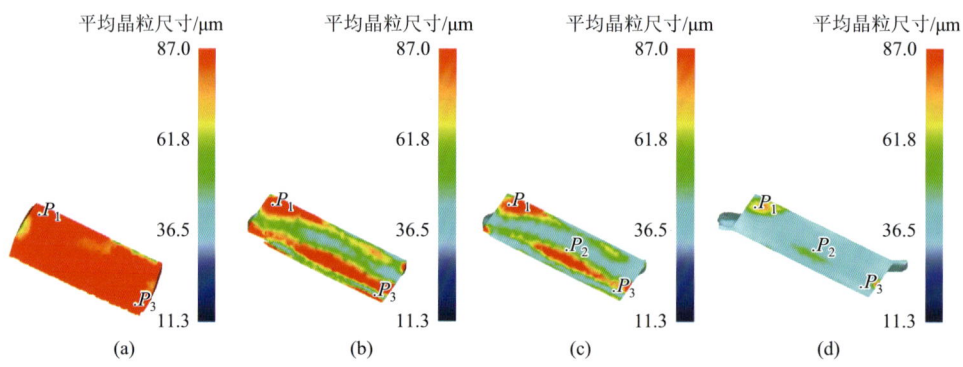

图 7-57　叶根模锻时叶根处平均晶粒尺寸变化过程
(a) 0.02 s；(b) 0.22 s；(c) 0.24 s；(d) 0.28 s

图 7-58 为跟踪点处平均晶粒尺寸随时间的变化关系，随着再结晶的发生，叶根处的平均晶粒减小，P_1 点晶粒尺寸最大为 60 μm，P_2、P_3 点处的分别为 40.7 μm 和 37.1 μm。

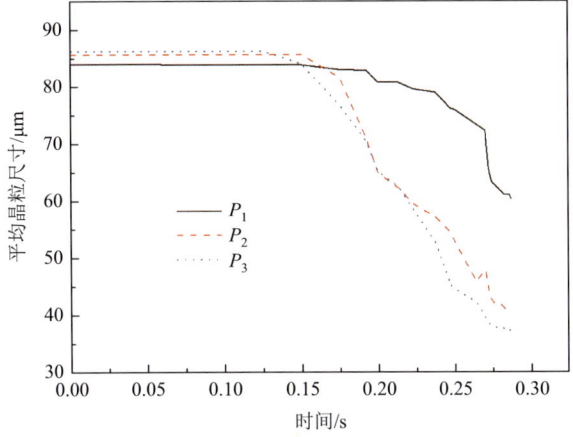

图 7-58　跟踪点平均晶粒尺寸与时间的关系

图 7-59 为跟踪点各场量与时间的关系，温度随变形加剧而有所升高，由于坯料本身温度较高，温升效果不明显，最高升温 5℃ 左右，位移 P_3 点 [图 7-59（a）]；模具打靠时各点的等效应力都在 110 MPa 左右，应力比较均匀，反映出模具受力较均匀 [图 7-59（b）]；图 7-59（c）所示为等效应变的变化状况，P_1 点处的等效应变最小，P_3 点处最大，与动态再结晶平均晶粒尺寸分布相吻合；图 7-59（d）所示为等效应变速率与时间的关系，P_3 点处的应变速率最大，峰值达到了 $8\ \text{s}^{-1}$，三点平均应变速率在 $3\sim 5\ \text{s}^{-1}$ 左右。

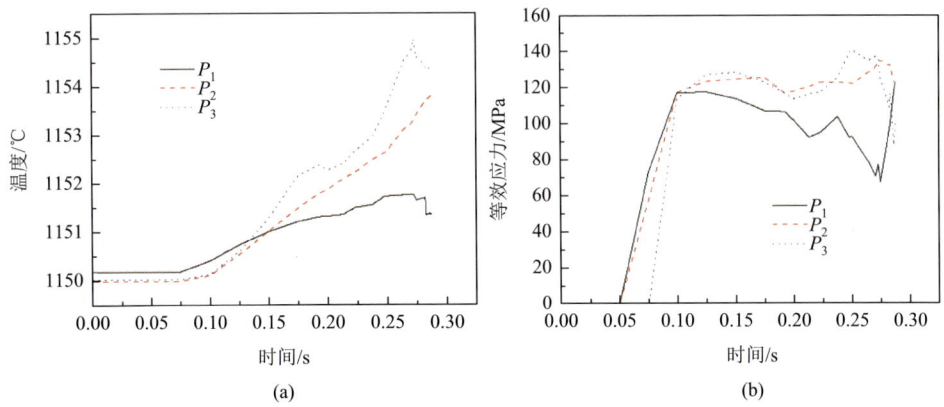

(a)　　　　　　　　　　　　　(b)

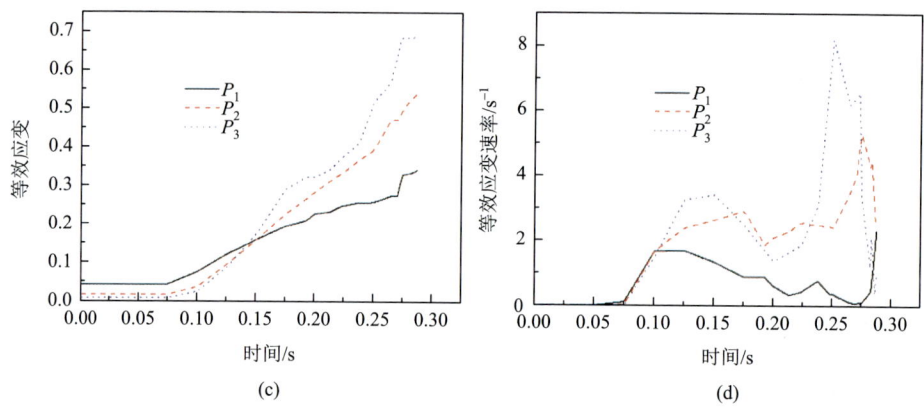

图 7-59 跟踪点各场量的变化

(a) 等效应变；(b) 温度；(c) 等效应力；(d) 等效应变速率

这小节分析了叶根模锻充填模具型腔和锻造所需力能，证明 PZS1120f 电动螺旋压力机基本能够满足叶根模锻的要求；分析了叶根模锻时平均晶粒尺寸的变化和各场量的变化，叶根处锻造完成后晶粒尺寸存在不均匀性，最后充满的位置平均晶粒尺寸较粗大。

7.7.3 叶片终锻成形分析

叶片终锻是精密辊锻工艺最后一个成形工序，主要是叶冠和凸台的成形以及叶根和叶身的校形，叶片锻件最终尺寸靠终锻来保证，因整个叶片都需要与模具接触，成形力非常大。图 7-60 为叶片终锻模与叶根模锻后切边的坯料，为了保证叶片终锻后的晶粒度，切边后的坯料直接进行终锻，动态再结晶数值模拟的初始条件为上一道工序结束的坯料状态，其他设置条件都不变。

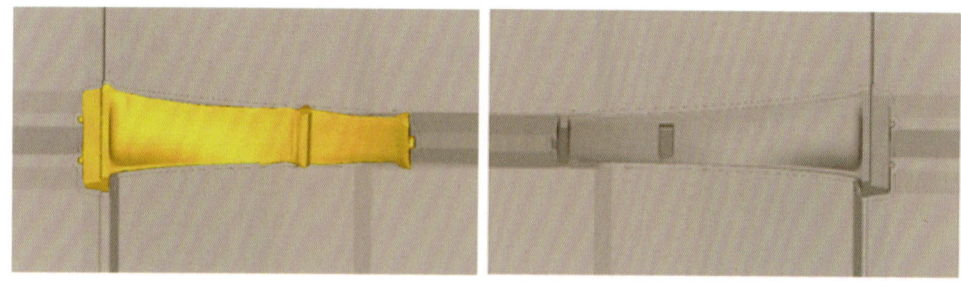

图 7-60 叶片终锻模与叶根模锻后的叶片坯料

图 7-61 为模具打靠时叶片成形的情形，型腔基本已充满，但是成形力却很大，

达到了 528000 kN（如图 7-62），远超设备吨位的 250000 kN，锻造能量为 2420 kJ。实际情况模具可能打不靠，出现一定的欠压量。当锻造力达到设备最大吨位时，金属充填模具型腔的情形如图 7-63 所示，这时上下模还差 2 mm 打靠，也就是说叶片存在 2 mm 的欠压量，此时叶根、叶冠和凸台基本已充满，这 2 mm 的欠压量在锻件误差范围内。

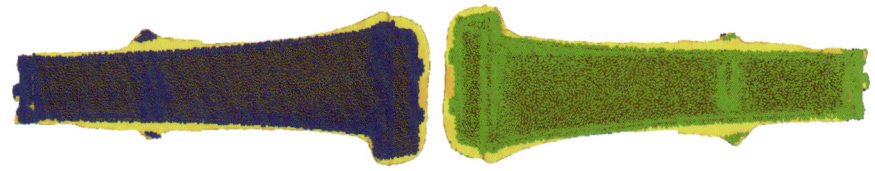

图 7-61　模具打靠时叶片成形情况

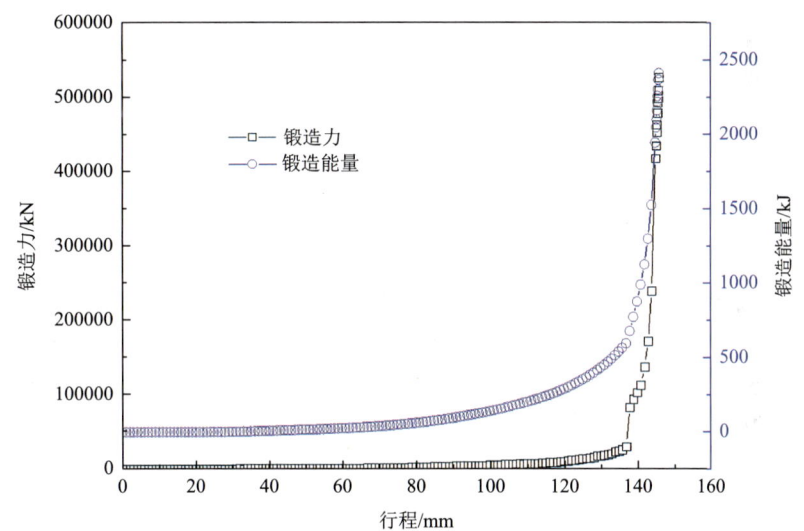

图 7-62　叶片终锻力与行程曲线

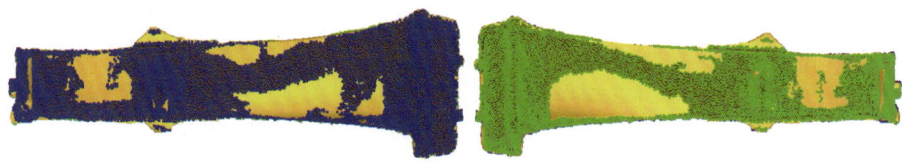

图 7-63　锻造力达到设备最大值时叶片成形情况

7.7.4 叶片终锻多场耦合分析

图 7-64 为叶片终锻时平均晶粒尺寸分布演变过程，$P_1 \sim P_5$ 点为跟踪点设置位置，用来观察各场量的变化过程。从图 7-64 中可以看到在终锻时，只有叶根、叶冠和凸台位置发生了比较明显的动态再结晶，晶粒尺寸有所减小，叶身部分的平均晶粒尺寸在整个整形过程中基本没有发生变化，这是由于叶身没有发生变形，叶身部位的应变值达不到发生动态再结晶的临界应变值而没有发生动态再结晶，终锻完成后晶粒组织仍保持原辊锻结束时的组织。

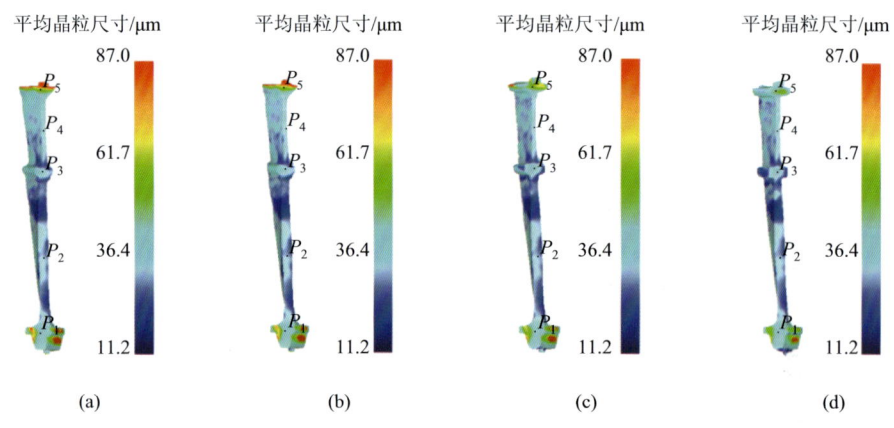

图 7-64 叶片平均晶粒尺寸变化过程

(a) 0.06 s；(b) 0.21 s；(c) 0.33 s；(d) 0.36 s

图 7-65 为五个跟踪点平均晶粒尺寸与时间的变化关系，从图中可以看到，除叶根处 P_1 点和叶冠处的 P_5 点的平均晶粒尺寸有明显减小，叶身处的晶粒尺寸基本没有变化，终锻结束时，叶冠处 P_5 处的平均晶粒尺寸为 48 μm 左右，叶根 P_1 点处的为 38.4 μm。

图 7-66 为等效应力场的变化，最先接触的是叶根、凸台与叶冠，凸台处的应力最大，随着模具的下行，整个叶身与模具逐渐接触，叶身所受应力也逐渐增大，在凸台和叶冠位置逐渐出现飞边，最后锻造力达到设备极限时变形结束，整个叶身等效应力分布比较均匀，叶身处的等效应力在 150～170 MPa 之间，比制坯和成形辊锻工序的应力值大。

第 7 章　核电汽轮机用超大叶片精密辊锻技术的初步研究　341

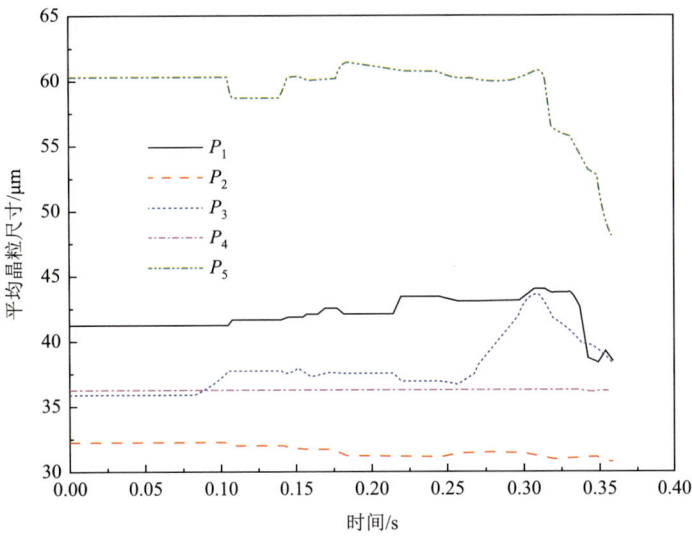

图 7-65　跟踪点处平均晶粒尺寸与时间的关系

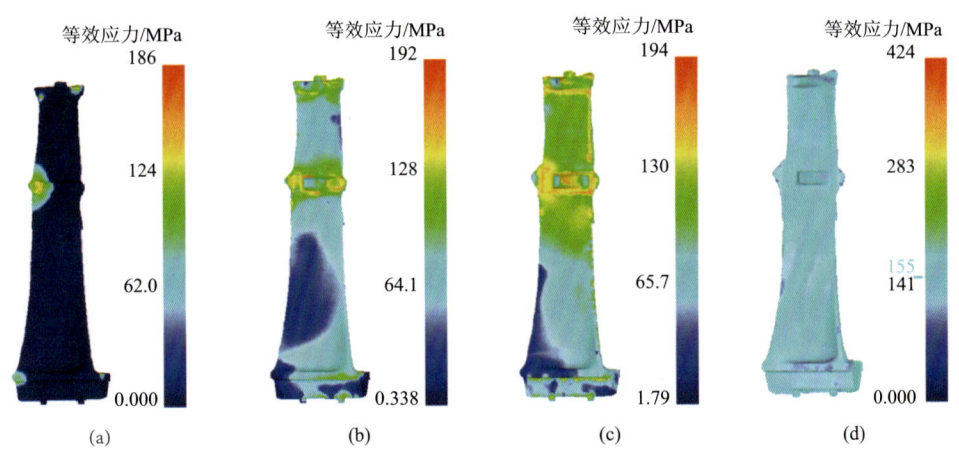

图 7-66　终锻过程中等效应力的变化
(a) 0.08 s；(b) 0.26 s；(c) 0.35 s；(d) 0.36 s

图 7-67 为跟踪点处各场量随时间的变化关系。图 7-67（a）为等效应变与时间的变化，等效应变初始值整个变形过程等效应变的积累，可以看到只有 P_3 和 P_5 的应变的增加比较大，达到发生动态再结晶的应变临界值，其他部位三个跟踪点的应变基本没有变化。图 7-67（b）为跟踪点等效应力的变化曲线，在终锻即将结束时，等效应力急剧增加；等效应变速率在终锻最后阶段急剧增加，因为这时刚开始变形，而且叶片高度尺寸很小，模具下行速度快使得应变速率要比制坯工步的都大。

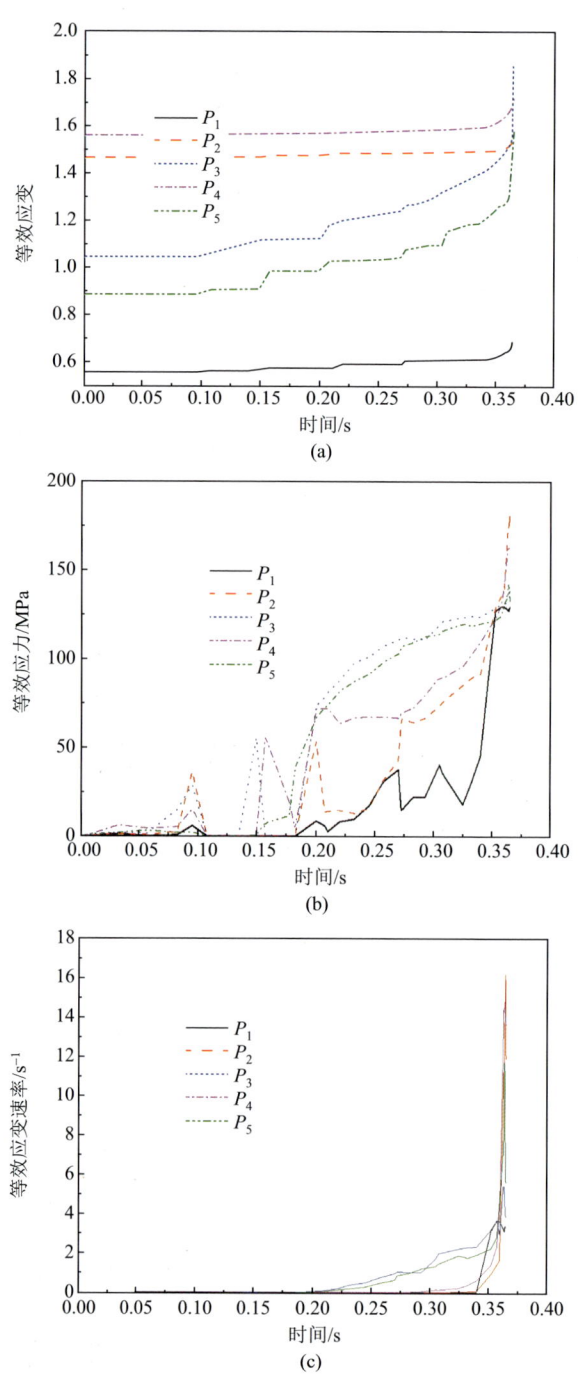

图 7-67 跟踪点各场量与时间的关系

（a）等效应变；（b）等效应力；（c）等效应变速率

7.7.5 叶片整形分析

图 7-68 为切边后的 72 in 叶片，将切边后的叶片直接放回到终锻模里面进行整形。模拟设置和终锻设置一样，动态再结晶初始条件为叶片终锻时状态。

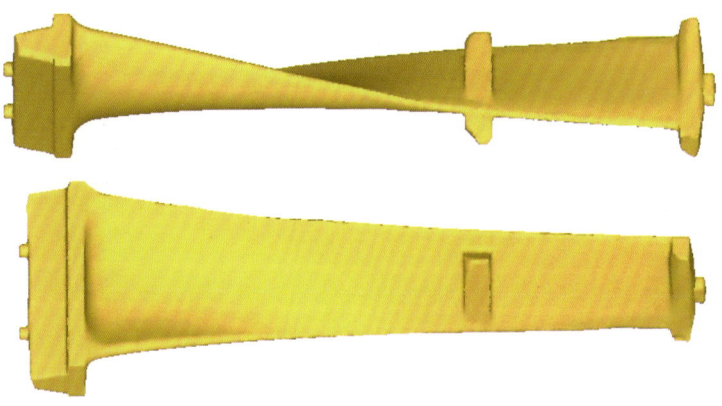

图 7-68　终锻切边后的 72 in 叶片

图 7-69 为预测的模锻力，在模具接触到叶片后，模锻力迅速增加到 374000 kN，也超过了 PZS1120f 电动螺旋压力机的最大打击力，模锻时模具不能打靠，锻件欠压现象仍然存在，但 2 mm 以内的欠压量已经比现在的采用制坯模锻的工艺的欠压量小了很多，且在锻件尺寸偏差的范围内。

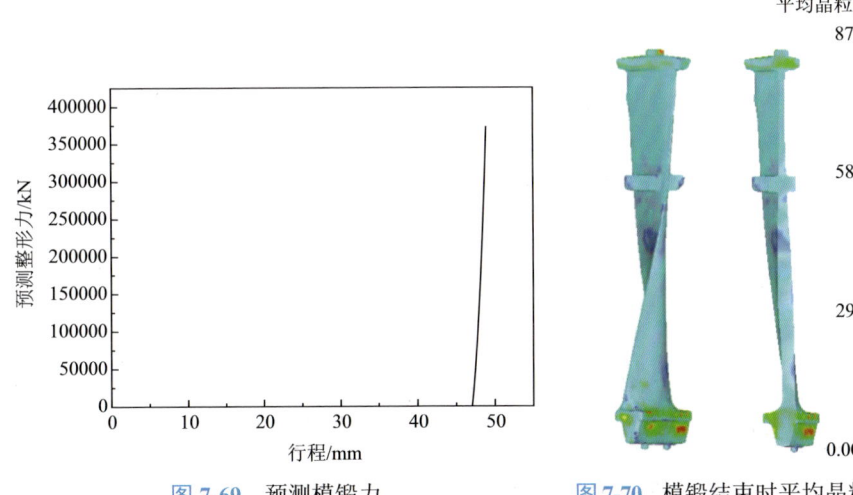

图 7-69　预测模锻力　　　　图 7-70　模锻结束时平均晶粒尺寸分布

图 7-70 为整形结束时，叶片平均晶粒尺寸分布图，除叶根和叶冠的平均晶粒尺寸较大外，达到 40～45 μm，而叶身和凸台的平均晶粒尺寸比较均匀，范围在 22～38 μm 之间；精密辊锻工艺可以比较好地控制叶片最终的晶粒尺寸。

通过对终锻和整形工艺的数值模拟分析，采用 PZS1120f 电动螺旋压力机终锻成形 72 in 特大型叶片最终会存在约 2 mm 的欠压量，在锻件尺寸偏差范围内，叶身平均晶粒尺寸比较均匀，叶根和叶冠处平均晶粒尺寸较大一些。

7.8 多火次锻造对 1Cr12Ni3Mo2VN 组织影响

7.8.1 多火次锻造对叶根组织影响

1. 实验方案

由特大型叶片近净成形技术的工艺流程可知，在整个叶片锻造生产过程中需要经过三次加热，多火次的加热势必会对材料的组织造成影响，而且核电用叶片对晶粒的要求是达到 4 级，因此研究多火次加热对 1Cr12Ni3Mo2VN 组织的影响，对控制叶片最终锻件的组织和产品性能显得很重要。

前述模拟分析可知，叶根的变形发生在镦头、模锻制坯和叶根模锻三道工序，这三道工序都需要加热，为了验证多火次加热对叶片根部晶粒组织的影响，采用 Gleeble3500 热模拟机来模拟多火次变形，试样加工成 $\phi 8 \text{ mm} \times 15 \text{ mm}$。

图 7-71 为叶根热模拟实验方案，以 5℃/s 加热速度将试样加热到 1180℃，保温 5 min，使试样充分奥氏体化，然后以 10℃/s 的速度降到变形温度进行压缩变

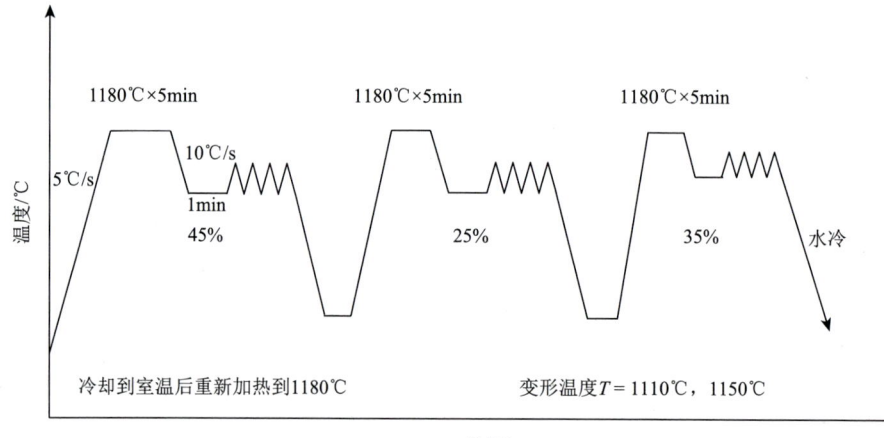

图 7-71 叶根热模拟实验方案

形，变形量为 45%，应变速率为 $0.1\ s^{-1}$，变形完后水冷到室温，以保持变形后的组织形貌，然后重复前面的加热和保温过程，进行第二和第三次压缩变形，变量分别为 25% 和 35%，应变速率分别是 $2\ s^{-1}$ 和 $5\ s^{-1}$，模锻制坯叶根处变形很不均匀，考虑到 Gleeble 热模拟实验机的最小压缩高度和试样的高度，第二次压缩变形取 25%。变形温度为 1150℃ 和 1110℃，研究变形温度对晶粒组织的影响，在 1110℃ 每火次变形后保留一个试样，观察中间道次的晶粒组织，实验参数见表 7-9。

表 7-9　叶根热模拟实验参数

试样编号	第一火次（镦头 45%）		第二火次（模锻 25%）		第三火次（模锻 35%）	
	变形温度/℃	应变速率/s^{-1}	变形温度/℃	应变速率/s^{-1}	变形温度/℃	应变速率/s^{-1}
1	1150	0.1	1150	2	1150	5
2	1110	0.1	1110	2	1110	5
3	1110	0.1	1110	2	结束	
4	1110	0.1	结束			

2. 实验结果与分析

图 7-72 所示为 1110℃ 时三火次锻造的晶粒组织形貌，图 7-72（a）为 4 号试样模拟镦头工序后的晶粒组织，晶粒比较粗大，平均晶粒尺寸未达到 53.1 μm，且晶粒大小不均匀。该道工序应变速率为 $0.1\ s^{-1}$，变形速度慢，再结晶晶粒有足够的时间长大，且后续变形引起再结晶晶粒变形而发生新的动态再结晶，造成晶粒粗大且不均匀，实验结果与镦头模拟得到 P_1 点平均晶粒尺寸为 56.6 μm 比较吻合。

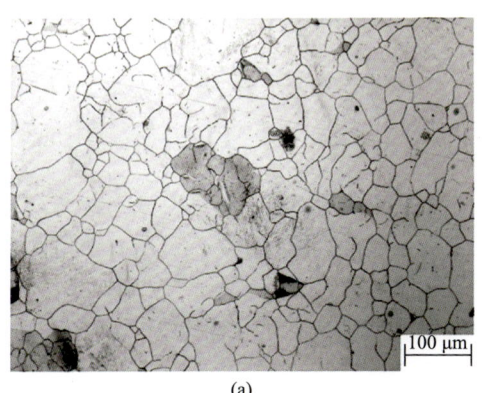
(a)

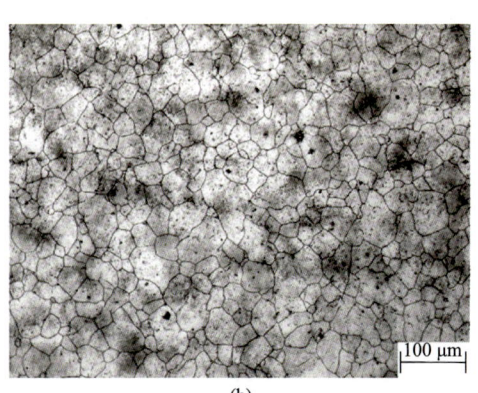
(b)

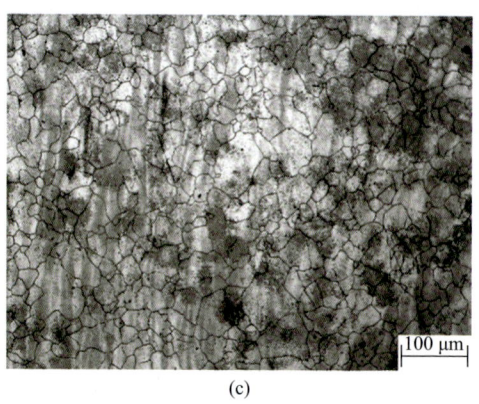

(c)

图 7-72 不同加热火次变形后的晶粒组织形貌

(a) 一次加热变形；(b) 两次加热变形；(c) 三次加热变形

图 7-72（b）为 3 号试样经过两次加热变形后叶根处的晶粒组织形貌，晶粒的均匀性有所改善，尺寸也有所细化，平均晶粒尺寸为 43.2 μm，与模锻制坯模拟得到的 45 μm 也比较接近。

图 7-72（c）为 2 号试样经过三次加热变形后的晶粒组织形貌，这道工序的晶粒组织有所细化，但是晶粒组织仍不太均匀，平均尺寸为 37.75 μm，达到了 6.5 级，叶根有些部位没有发生完全动态再结晶，造成晶粒组织不均，与叶根模锻模拟的结果吻合得比较好。

图 7-73 是温度分别为 1150℃和 1110℃时，经三火次变形后的组织形貌，可以看到 1150℃变形的晶粒组织要比 1110℃的要粗大一些，平均晶粒尺寸分别为 39.98 μm 和 37.7 μm，加热温度对最终的晶粒尺寸影响比较大。

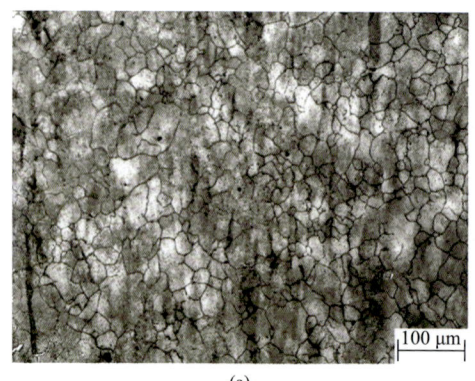

(a)

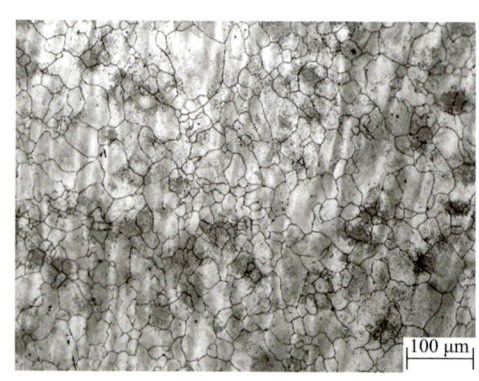

(b)

图 7-73 经三火次加热变形后的晶粒组织形貌

(a) 1150℃；(b) 1110℃

7.8.2 多火次锻造对叶身组织影响

1. 实验方案

叶身在整个工艺流程中，在镦头工序中变形比较小，在模锻制坯和近净成形辊锻的工序的变形比较大，仍然采用 Gleeble3500 热模拟机来模拟叶身的多火次变形，试样尺寸为 $\phi 8$ mm×15 mm。

图 7-74 为叶身热模拟实验方案，以 5℃/s 加热速度将试样加热到 1180℃，保温 5 min，使试样充分奥氏体化，然后以 10℃/s 的速度降到变形温度进行压缩变形，第一道镦头变形量为 20%，应变速率为 0.1 s^{-1}，变形完后水冷到室温以保持变形后组织形貌，然后重复前面的加热和保温过程，进行第二和第三次压缩变形，变量分别为 50% 和 42%，应变速率分别是 2 s^{-1} 和 5 s^{-1}，这些变形参数均是参考第 4 章模拟的结果，叶身成形辊锻在一火次内完成，在热模拟时以一次压缩变形代替，变形参数如表 7-10 所示。

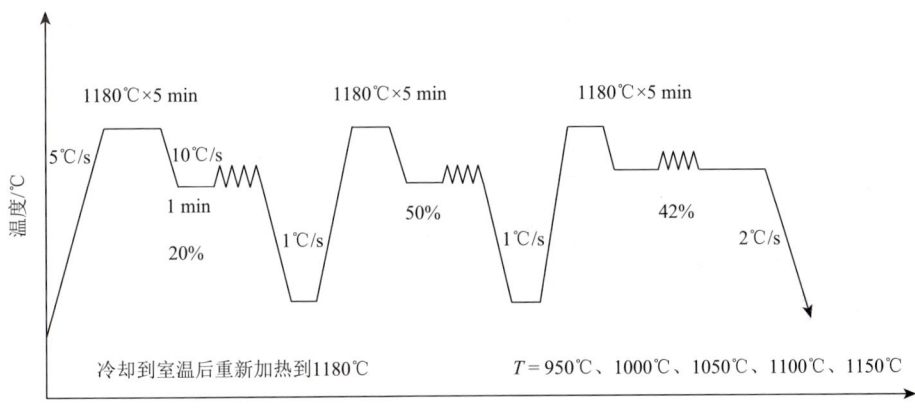

图 7-74 叶身热模拟实验方案

表 7-10 叶身热模拟实验参数

试样编号	第一火次（镦头 20%）		第二火次（模锻 50%）		第三火次（辊锻 42%）	
	变形温度/℃	应变速率/s^{-1}	变形温度/℃	应变速率/s^{-1}	变形温度/℃	应变速率/s^{-1}
1	1110	0.1	1150	2	1150	5
2	1110	0.1	1150	2	结束	
3	1110	0.1	结束			
4	1110	0.1	1150	2	1100	5
5	1110	0.1	1150	2	1050	5

续表

试样编号	第一火次（镦头20%）		第二火次（模锻50%）		第三火次（辊锻42%）	
	变形温度/℃	应变速率/s^{-1}	变形温度/℃	应变速率/s^{-1}	变形温度/℃	应变速率/s^{-1}
6	1110	0.1	1150	2	1000	5
7	1110	0.1	1150	2	950	5
8	1110	0.1	1100	2	1100	5

2. 实验结果与分析

图 7-75 为 1、2 和 3 号试样不同加热火次变形的组织形貌，图 7-75（a）为 3 号试样，模拟一火次镦头后的动态再结晶晶粒，晶粒尺寸比较粗大的等轴晶，平均晶粒尺寸为 54.5 μm，在晶界处还有动态再结晶发生，这是油压机变形速度慢造成的，与镦头数值模拟 P_3 点处的平均晶粒尺寸 57.1 μm 比较接近。

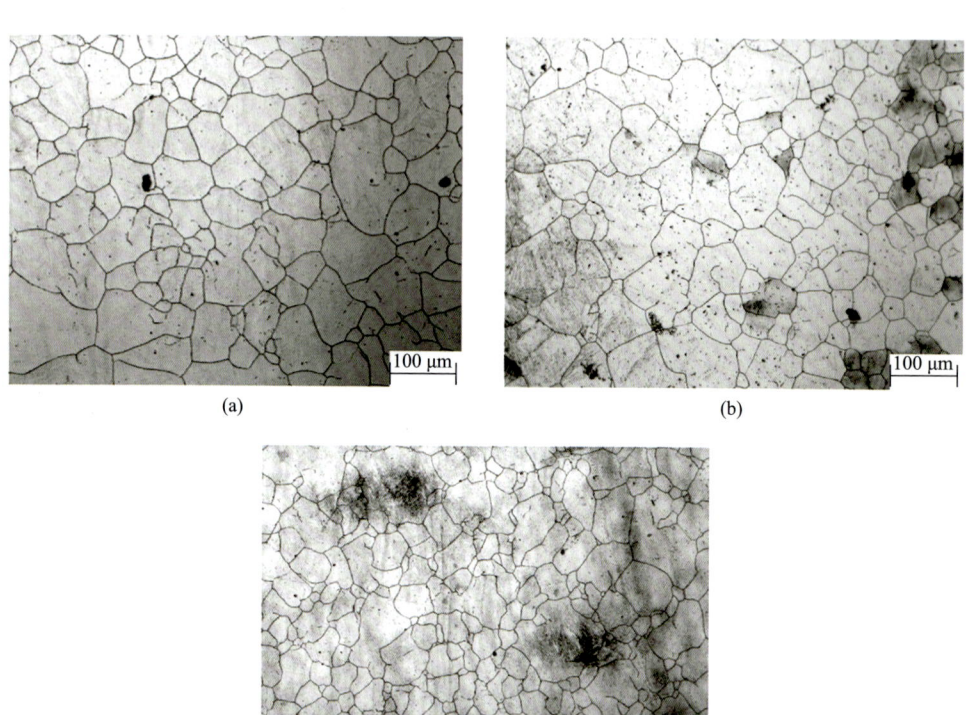

图 7-75 不同火次晶粒组织形貌

（a）一次加热变形；（b）两次加热变形；（c）三次加热变形

图 7-75（b）为模拟 2 号试样，两火次模锻制坯后的晶粒形貌，晶粒尺寸有所细化，平均晶粒尺寸为 45.5 μm，晶粒尺寸比较均匀，与模锻制坯数值模拟的 45 μm 吻合较好。

图 7-75（c）为模拟 1 号试样，三火成形辊锻后的组织形貌，晶粒尺寸要比前两道工序的更细，而且比较均匀，平均晶粒尺寸为 33.6 μm，达到了 6.5 级，与三次辊锻结束后数值模拟的得到 P_2、P_4 的平均晶粒尺寸 31.9 μm 和 36.8 μm 很接近。

图 7-76 为 4 号和 8 号试样的组织形貌，4 号试样和 8 号试样的区别在第 2 道工序的变形温度为 1150℃，8 号试样的变形温度为 1100℃，可以看到晶粒组织很接近，但 8 号试样的晶粒尺寸更细小一些，测量得到平均晶粒尺寸分别为 31.56 μm 和 31.14 μm，说明前一道工序对后一道工序的组织具有一定的遗传性，最终的晶粒组织主要由最后一道工序决定。

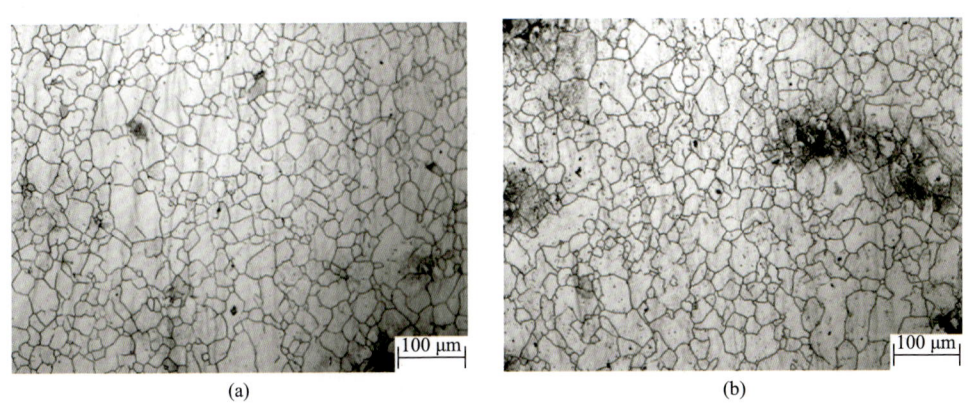

图 7-76 第二次加热温度不同，第三次加热温度相同变形后的组织形貌
(a) 4 号试样；(b) 8 号试样

图 7-77 为前两道工序变形条件一样，第 3 道工序变形温度不一样时，变形后的晶粒组织形貌，可以看到随着辊锻温度的降低，晶粒尺寸也在减小，在 1050℃ 以上进行变形，晶粒组织均为完全动态再结晶组织［图 7-77（a）、(b)、(c)］，1 号试样的晶粒尺寸为 33.6 μm，4 号试样的为 31.14 μm，5 号试样为 28.23 μm。在 1000℃ 以下变形时，试样发生了不完全动态再结晶，晶粒组织为原奥氏体晶粒和再结晶晶粒的混合组织，原奥氏体晶粒组织比较粗大，始锻温度低于 1000℃ 的锻件，将会出现不完全动态再结晶组织，应采取合适的锻后热处理工艺，将原奥氏体晶粒细化。

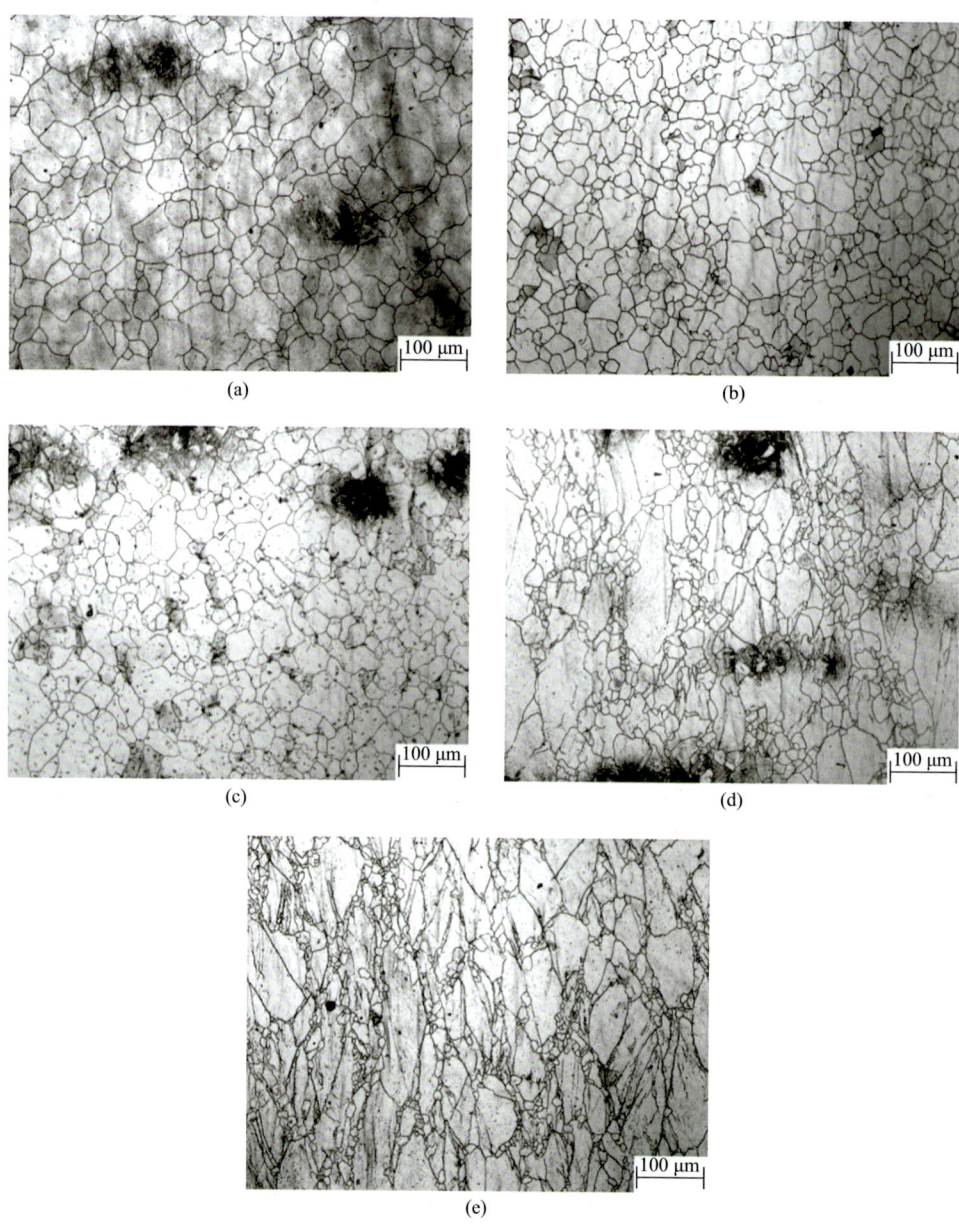

图 7-77 前两道次变形条件一样,第 3 道次变形温度不同的晶粒组织

(a) 1 号试样;(b) 4 号试样;(c) 5 号试样;(d) 6 号试样;(e) 7 号试样

7.9 特大型叶片精密辊锻工艺试验验证

7.9.1 镦头工艺试验

1. 试验材料及模具

特大型叶片精密辊锻技术是一项流程很长的工艺,是个环环相扣的系统工程,每个环节、每道工序能否实现都关系着这项新技术能否顺利地进行,因此每道工序都需要进行试验验证以确保这个工序能够实施,并为下一道工序提供合理的坯料。到目前为止,已经对这项新技术的镦头工艺和模锻制坯工艺进行了试验验证,取得了比较满意的结果,下面分别介绍这两道工序的试验和取得结论。

镦头工艺是特大型叶片精密辊锻技术的第 1 道工序,主要功能是为叶根部分聚料,是整个流程的基础,试验在 30 MN 油压机上进行。

镦头试验用材料为 1Cr12 Ni3 Mo2VN,下料尺寸为 ϕ241 mm×1170 mm,数量 2 件。采用燃气炉加热,加热温度为 1130±20℃,保温 2 h,模具温度预热到 200℃,模具用石墨乳润滑。图 7-78 为镦头试验用的模具结构图,为了获得尺寸比较精确的叶根部分形状,试验模具采用闭式结构,30 MN 油压机最大压力设置为 26000 kN,为了在镦头过程中不超过额定载荷而保护压力机。

2. 试验结果与分析

镦头后的两个锻件如图 7-79 所示,当叶根部分镦到如图 7-79(a)所示的形状时,油压机吨位显示为 26000 kN,此时的吨位已达到油压机设置的最大值,但上下模具并没有打靠,并且已经开始形成横向的飞边,若压力机没有设置上限值,成形力还将继续增加,这与数值模拟的预测的闭式镦头压力大于 30000 kN 的压力很吻合。由于实际的坯料的直径要比计算尺寸大 1 mm,造成坯料过多,在上下模结合处形成飞边,这也说明闭式镦头需要精确的下料尺寸来保证工艺的顺利实施。

图 7-79(b)是第二根坯料镦头后锻件的实物图片,油压机在镦头过程中,当坯料与闭式模具的直壁接触时立即停止了加压,在整个镦锻过程中,油压机显示的吨位为 16800~26000 kN,在 1680 t 时还没有与上模斜壁接触,随着继续加压继续,坯料与上模斜壁接触,吨位显示也在增加,直到人为停止,最大吨位显示为 25000 kN,这与半开式镦头的模拟预测的 24000 kN 符合得也比较好。

从图 7-79 中还可以看出,坯料底部温度降得比较快,与模拟的温度场分布也吻合很好。

352 钢质大型长轴件精密辊锻技术

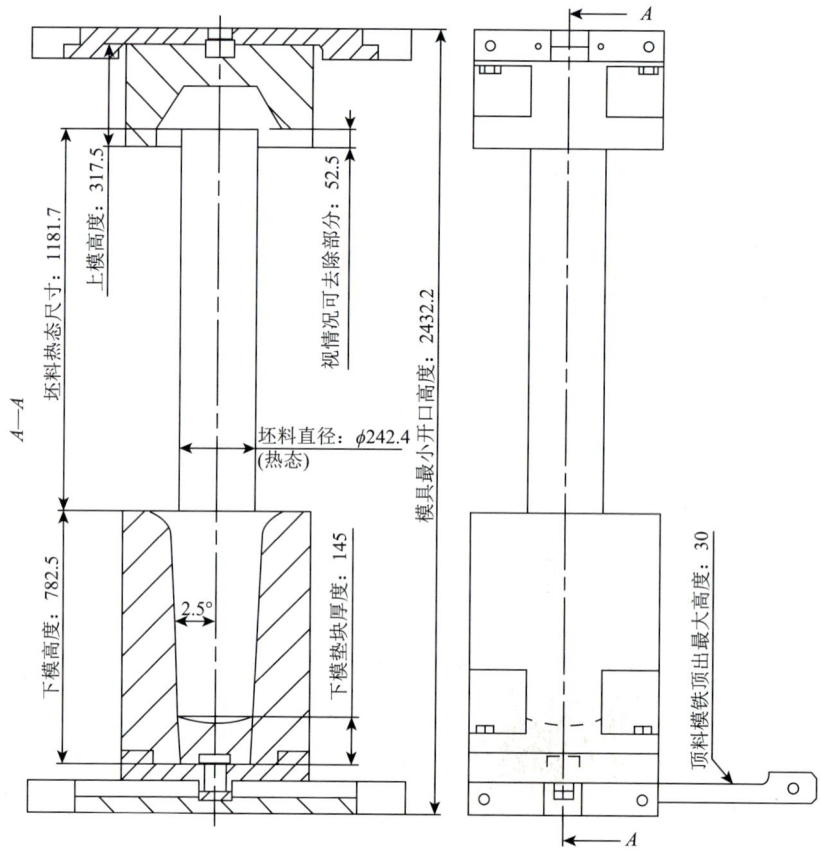

图 7-78 镦头试验模具

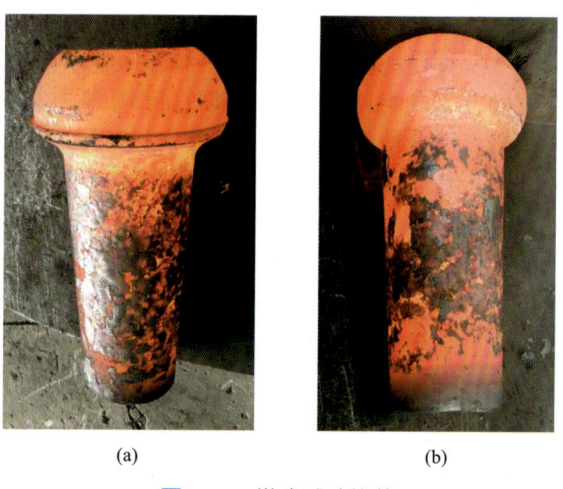

图 7-79 镦头试验锻件
（a）第一根；（b）第二根

7.9.2 模锻制坯试验

1. 试验材料和模具

模锻制坯为特大叶片精密辊锻技术的第 2 道工序，具有承前启后的作用，它将镦头后的坯料进行模锻制坯，为后一道精密辊锻工序提供坯料，叶片的宽度靠模锻制坯来保证，试验在 PZS1120f 电动螺旋压力机上进行。

图 7-80 为模锻制坯试验采用的模具，坯料为镦头试验后的锻件（图 7-79）。加热温度 1180℃，模具预热温度 200℃，喷石墨乳润滑剂，本次试验共锻制了两根坯料。

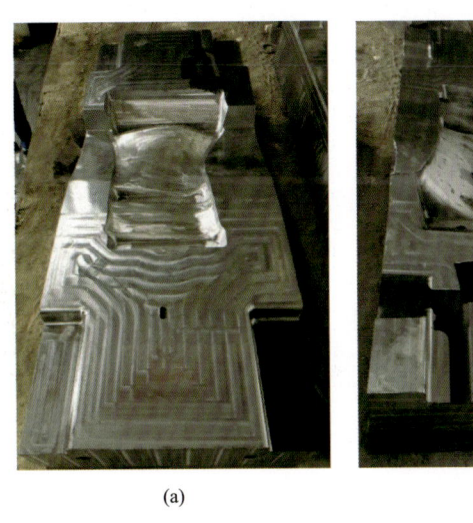

(a) (b)

图 7-80　制坯模锻试验模具和坯料

(a) 上模；(b) 下模

2. 试验结果与分析

将 PZS1120f 电动螺旋压力机打击力设置到最大，锻造时先轻打一次定位，然后重击 2 次，两个锻件显示的最终打击力分别为 223460 kN 和 213690 kN。图 7-81 为模锻制坯后的锻件，两个锻件均有不同程度的欠压和未充满，叶冠部分出气侧未充满程度更严重一些，进气侧的飞边比较大，结合数值模拟的结果分析，可以确定是坯料在锻造时发生了向进气侧偏转造成的，在实际生产时应当采取措施防止坯料偏转。

实测两个锻件桥部厚度分别为 12.9 mm 和 12.8 mm，欠压量分别为 2.9 mm 和 2.8 mm，与模锻制坯模拟预测的 2.7 mm 欠压量吻合得比较好。因锻造力基本已达到设备的最大吨位，再增加打击次数也难以将模具打靠，而且会对压力机和模具造成损坏，因此只能从后续成形辊锻工艺来解决欠压量的问题。

(a)

(b)

图 7-81 制坯模锻锻件
（a）锻件一；（b）锻件二

试验验证了模锻制坯工艺的可行性和 PZS1120f 电动螺旋压力机基本能够满足模锻制坯的要求，可以为后续成形辊锻工艺提供合格坯料。

7.9.3　试验小结与展望

通过实际试验，验证了镦头工序和模锻制坯工序，可以得出以下结论：

30 MN 油压机能满足镦头工艺要求。试验证明闭式镦头工艺虽然可以提供尺寸精度较高的坯料，但对坯料下料要求严格。根据镦头工艺数值模拟分析与试验结果，实际生产将采用半开式镦头工艺，可以消除下料尺寸误差、加热温度变化等对镦头质量的影响。

模锻制坯工艺能够为后续成形辊锻工艺提供合格坯料，PZS1120f 电动螺旋压力机基本满足模锻制坯要求。坯料在锻造过程中会发生偏转，造成叶冠出气侧充不满，实际生产需采取措施防止。

通过分析叶片闭式辊锻原理，分析了大叶片闭式成形辊锻的特点，这些特点决定叶片在辊锻时，金属流动朝长度方向，宽度方向基本没有金属流动，为确保叶片在辊锻过程中不发生侧向弯曲，引入了金属流过各个特征截面的速度相等的条件，提出了一种迭代算法计算大叶片辊锻坯料尺寸，并根据该算法计算了辊锻各道次的坯料尺寸；讨论了大叶片原材料尺寸选取的原则，采用综合考虑叶根、叶冠和凸台拉筋三部分的截面面积和各部分的变形情况来选择原材料。

通过多场耦合模拟的特大型叶片精密辊锻技术的各个工序，分析了各个工序的可行性和成形后的晶粒组织状态，结果证明特大型叶片精密辊锻技术可以制造出尺寸合格、晶粒组织符合要求的叶片。

特大型叶片精密辊锻成形技术还有后续工作需要继续进行研究，通过多场耦合模拟分析和镦头、模锻制坯工序试验工作的顺利进行，充分验证了这项技术的可行性，相信采用这项技术将能够生产出合格的特大型核电叶片。

参 考 文 献

[1] 贺小毛. 1Cr12 Ni3 Mo2VN 核电特大型叶片省力成形方法及组织控制[D]. 北京：机械科学研究总院，2017：18-57

[2] 程凯，王恭义，彭泽瑛，等. 运用现代 CAE 工具开发大容量汽轮机的关键部件——末级长叶片[J]. 热力透平，2012，41（1）：1-6

[3] 黄瓯，余炎. 我国百万千瓦级以上核电汽轮机组现状及发展[J]. 发电设备，2010，24（5）：309-314

[4] 吕方明，危奇，鲁录义，等. 汽轮机长叶片弯曲与轴系扭转耦合振动研究[J]. 动力工程学报，2014，34（6）：443-449

[5] 生丽华. 大功率核电汽轮机现状、发展方向及对策[J]. 东方电气评论，2011，25（1）：53-56

[6] 陆伟，彭泽瑛，周英，等. 半速大容量核电汽轮机末级长叶片开发[J]. 华东电力，2010，38（11）：1771-1774

[7] 刘希涛，蒋浦宁. AP1000 核电汽轮机的创新设计特点[J]. 热力透平，2011，40（4）：225-230

[8] 李湘军，黄钟藩，陈位超，等. 电站汽轮机大叶片锻造技术选择[J]. 发电设备，2010，24（2）：150-153

[9] 钟杰，胡楚江，郭成. 叶片精密锻造技术的发展现状及其展望[J]. 锻压技术，2008，33（1）：1-5

[10] 全荣，陈尔昌. 国外叶片锻造技术概况[J]. 航空制造技术，1994（4）：8-9

[11] 赵升吨，赵承伟，邵中魁，等. 现代叶片成形工艺的探讨[J]. 机床与液压，2012，40（21）：167-170

[12] 毛君，张瑜，李深亮，等. 叶片辊轧过程动力学仿真研究[J]. 锻压技术，2013，38（1）：76-80

[13] 郝树本，崔树森. 复杂形体钛合金叶片等温热校形工艺研究[J]. 材料工程，1996，24（4）：40-43

[14] 余继华，黄艳松，余三山. 某航空发动机压气机整流叶片锻造工艺研究[J]. 机械工程师，2014（12）：287-288

[15] 关红，崔树森，汪大成. 高温合金叶片精密成形技术研究[J]. 材料科学与工艺，2013，21（4）：143-148

[16] 盖超，张美娟. 汽轮机叶片模锻工艺余量设计的探讨[J]. 热加工工艺，2008，37（17）：76-79

[17] 邵勇，陆彬，任发才，等. 基于变形均匀的叶片锻造预成形拓扑优化设计[J]. 上海交通大学学报，2014，48（3）：399-404

[18] 邵勇，陆彬，陈军，等. 精锻叶片模具三维型面优化技术[J]. 上海交通大学学报，2012，46（10）：1616-1621

[19] 汪宇，刘郁丽，杨合. TC4 叶片精锻过程中摩擦对模具应力及温度场的影响[J]. 中国有色金属学报，2010，20（S1）：452-456

[20] 汪宇，刘郁丽，杨合，等. 带阻尼台叶片多向模锻过程温度分布研究[J]. 精密成形工程，2010，2（4）：48-51

[21] 汪宇，刘郁丽，杨合. 带阻尼台叶片精锻过程卸载冷却对形状偏差的影响[J]. 机械科学与技术，2011，30（12）：2111-2115

[22] 张立新，孙奇，于湃，等. 优质 GH2132 合金叶片锻件屈服强度不合格的原因[J]. 物理测试，2013，31（4）：49-52

[23] 赵俊伟，陈学文，史宇麟，等. 大型锻件锻造工艺及缺陷控制技术的研究现状及发展趋势[J]. 锻压装备与制

造技术，2009，44（4）：23-28

[24] 张国新. 汽轮机叶片锻坯优化设计[J]. 锻压技术，2008，33（4）：19-21

[25] 林锦棠，贺小毛，蒋鹏. 核电汽轮机大叶片锻造生产技术现状[J]. 锻造与冲压，2016（13）：41-45

[26] 贺小毛，蒋鹏，黄健宁，等. 核电大叶片镦头工艺设计[J]. 锻造与冲压，2016（13）：49-52

[27] 贺小毛，蒋鹏，林锦棠，等. 1Cr12Ni3Mo2VN 核电用叶片钢高温本构关系[J]. 塑性工程学报，2016，23（4）：96-100

[28] He X M，Jiang P，Zhou L，et al. Hot Deformation Behavior of 1Cr12Ni3Mo2VN Martensitic Stainless Steel[C]. Zhuhai：2017 International Conference on Materials Science，Energy Technology and Environmental Engineering（MSETEE 2017），2017

[29] He X M，Jiang P，Lin J T，et al. Design and Optimization of Die Preforming Process for Long Last-stage Blade of Nuclear Power[C]. Auckland：2017 2nd International Symposium on Material Science and Technology（ISMST 2017），2017

关键词索引

B

不均匀变形 …………………… 4

C

超大叶片精密辊锻 …………… 294

D

大吨位螺旋压力机 …………… 97
大型长轴件精密辊锻 ………… 13
等效应变场 …………………… 147
动态特性仿真 ………………… 256
动态再结晶组织演变 ………… 312
多场耦合数值分析 …………… 299
多火次锻造 …………………… 305

G

共轭曲线方程 ………………… 66
辊锻 …………………………… 1
辊锻变形区 …………………… 3
辊锻成形过程模拟 …………… 73
辊锻机 ………………………… 1
辊锻机械手 …………………… 10
辊锻孔型 ……………………… 29
辊锻力 ………………………… 14
辊锻力矩 ……………………… 14
辊锻模 ………………………… 1

H

后壁 …………………………… 32
换模平台 ……………………… 167
回转成形 ……………………… 17

J

机架动态分析 ………………… 241
极差分析 ……………………… 318
加强型辊锻机 ………………… 70
近精密辊锻技术 ……………… 139
精密辊锻 ……………………… 1
精密辊锻件图 ………………… 56
精密辊锻模锻复合成形 ……… 174
精密辊锻中的飞边 …………… 80
静力有限元分析 ……………… 229

K

快换模架及辅助装置 ………… 167

M

模具型槽曲面 ………………… 32
模态分析理论 ………………… 242

Q

汽车前轴锻件 ………………… 33
汽车前轴精密辊锻 …………… 7

前壁 …………………………… 32
前滑 …………………………… 4
前轴精密辊锻 ………………… 32
切边校正复合模架 …………… 130
切边校正工艺复合化 ………… 130

R

热模锻压力机 ………………… 6
热收缩率 ……………………… 61

S

三次样条拟合 ………………… 69
瞬态动力学分析 ……………… 245

T

铁路火车钩尾框精密辊锻 …… 7

W

弯曲模 ………………………… 88
温度场 ………………………… 198
物理模拟试验 ………………… 106

X

协调性分析 …………………… 260

Y

延伸率 ………………………… 58
叶根模锻 ……………………… 334
叶片锻造 ……………………… 296
预锻模 ………………………… 181

Z

正交试验 ……………………… 316
制坯辊锻 ……………………… 1
终锻模 ………………………… 56
纵向突变截面 ………………… 32